KB076459

진흙 속의
호랑이

진흙 속의 호랑이

Tiger Im Schlamm

2023년 4월 25일 초판 1쇄 발행

저 자	오토 카리우스
번 역	진중근, 김진호

편 집	오세찬
디 자 인	김애린
마 케 팅	이수빈

발 행 인	원종우
발 행	㈜블루픽
주 소	(13814)경기도 과천시 뒷골로 26, 그레이스 26, 2층
전 화	02-6447-9000
팩 스	02-6447-9009
이 메 일	edit@bluepic.kr

가 격	24,000원
I S B N	979-11-6069-141-5 03840

Tiger im Schlamm

by Otto Carius

진흙 속의
호랑이

오토 카리우스 지음
진중근·김진호 옮김

길찾기

전사한 이들의 명예를 기리고,
살아있는 이들의 결코 잊지 못할
불멸의 전우애를 떠올리기 위해 집필된 이 책을
제502 중전차대대 2중대 전우들에게 바칩니다.

차 례

TIGER IM SCHLAMM

부록

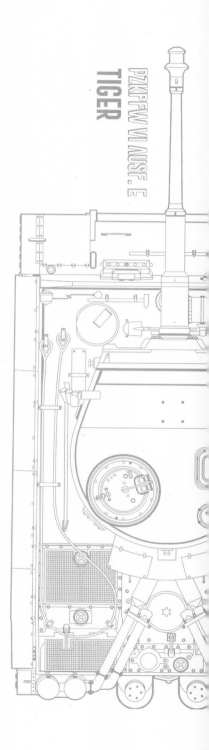

PZKPFW VI AUSF. E
TIGER

서문 〰〰〰〰〰〰〰〰〰〰〰〰〰〰〰〰

전 세계 여러 출판사에서 제2차 세계대전에 관한 책들을 출간하고 있다. 나를 비롯한 독일 국방군 장병들에게는 참으로 고마운 일이다. 많은 영화와 TV 프로그램, 각종 언론 매체들에 의해 독일군 장병들의 명예가 크게 실추되었지만 이러한 서적들 덕분에 우리는 명예를 회복했고 국방군의 이미지도 재조명되고 있다. 특별히 감사하게도 전사한 전우들을 추모해 주는 분위기다. 그들은 모든 서유럽 국가 출신의 자원병들과 함께 생존을 위해 공산주의에 맞서 싸웠지만, 온갖 비방으로 명예가 더럽혀졌다. 그러나 스페인 장병들로 편성된 '청색 사단Blauen Division'과의 작전들도 내게는 지금까지 좋은 기억으로 남아 있다.

유감스러운 일이지만 우리는 국내 전쟁기념물들이 파괴되거나 훼손된 여러 사태를 똑똑히 기억하고 있다. 그러나 최근에는 브레멘, 함부르크, 본에서 '무명 탈영병'을 위한 기념물들이 엄숙한 분위기 속에 건립되고 있다(1944년 12월 31일까지 공식적으로 집계된 국방군 탈영병이 전쟁 발발부터 종결까지 총 5년 동안 약 7백만 명 군인들 가운데 단지 1,408명뿐이라는 점은 주목할 만한 사실이다).

1945년 이후의 독일인들만큼 대담하고 뻔뻔한 민족도 없다. 스스로 부끄럽다 느낄 정도로 자기 자신을 완전히 기만하는 데 성공해서다. 최근 들어 진실을 담은 자료들이 발굴되고 있지만, 과거사를 바로잡기에는 여전히 미흡하다. 수많은 전직 제3제국 선동가들 덕분에 과거사 '재조명'은 크게 성공한 듯하다. 덕분에 우리 스스로 과거의 전통을 조롱거리가 되게 해버렸다. 하지만 놀랍게도 과거 우리의 적이었던 자들 중에는 제2차 세계대전 중에 국방군과 모든 독일인이 올린 성과를 인정하고 감탄하는 이들도 있다.

모든 군인은 '국가의 법률에 따라' 자신의 의무를 다해야 한다. 군인은 스스로 주적主敵을 결정하지 않는다. 언제나 그렇듯 주적은 정치가들이 결정하고 군인은 그 결정에 따를 뿐이다. "군인의 운명은 포화 속에서 또는 거리에서 죽는 것이다Mourir au feu ou sur la route, c'est le métier di soldat."라는 나폴레옹의 격언은 오늘날에도 여전히 모든 군인에게 유효하다. 수많은 전투에서 그래왔던 것처럼, 최전선에서 전투를 치른 전 세계의 장병들은 이러한 공통 운명에 공감한다.

　　1945년 이후로도 전 세계 어느 곳에서든 전쟁은 계속되고 있다. 20세기에 연합국들은 두 차례 세계대전 이후 승리감에 도취됐고, 그 결과 두 번이나 세계 평화를 잃어버리고 말았다. 그들에게는 신중함과 고대 그리스적 절제력이 부족했다. 가까운 미래에는 정치가들이 최고의 영광스러운 전투와 그 후 이어질 승리의 열광 속에서도 항상 정치적 목표를 주시하는 책임 있는 결정권자가 되기를 기대한다.

　　모든 인간은 평화와 자유로운 삶을 원한다. 우리는 인간으로서의 권리만을 주장하는 경향이 있다. 하지만 인간으로서의 의무에도 마땅히 주목해야 한다.

　　우리는 또한 젊은 세대가 항구적인 세계 평화의 질서를 이뤄내길 기대한다. 그 전제조건은 전 세계 국가들이 타협과 협상을 할 준비가 되어야 한다는 것이다.

　　우리 과거 세대의 참전 용사들은 각자가 겪은 쓰라린 경험을 통해 이것을 알게 되었다. 전사한 전우들을 대신해서 다음과 같은 교훈을 전하고자 한다. "전쟁은 최악의 정치적 선택이다!"

오토 카리우스

1960년 초판 서문 〰〰〰〰〰〰〰〰〰〰〰

처음에는 그저 제502 중전차대대에서 함께한 나의 전우들을 위하고
자 하는 마음으로 전선에서의 경험을 책으로 남기기로 결심했다.

1945년 이후 독일 참전 용사들을 향한 중상모략 — 의도적이든 아니
든 — 은 국내외에서 조직적으로 이뤄졌다. 이 원고를 책으로 완성하면
서 그들을 변호하는데 조금이나마 기여할 수 있지 않을까 한다. 대중은
전쟁의 실상과 독일군 장병들의 실체를 알아야 할 권리가 있다.

이 책에서 나는 특별히 전차부대 전우들에 관해 기술했다. 고통스럽
고 힘겨운 시기를 함께한 우리는 모두가 공감할 기억을 지니고 있다.
다른 부대 혹은 다른 병과에서 복무했던 전우들과 마찬가지로 우리는
모두 각자의 의무를 다하려 노력했기 때문이다.

이 책에서 주로 다루는 사건은 1944년 2월 24일부터 3월 22일까지 전
투이며, 전쟁 기간 중 사단과 군단에서 지속적으로 작성된 전투보고서
를 참조했다. 따라서 이 부분에 대해서만큼은 정확히 기술할 수 있었
다. 당시 나는 보고서를 획득하여 우편으로 우리 집으로 부쳤는데 그
덕분에 현재까지 보존할 수 있었다. 다른 전투에 관해서는 나 자신의
기억과 여타 공문서들을 참조하였다.

오토 카리우스

일러두기

1. 본서의 번역은 오토 카리우스의 저서인 《TIGER IM SCHLAMM》 제5판을 준거한다. 따라서 책의 구성 또한 원서를 그대로 따르며 부록에 수록된 문서도 원서에 실린 것 외에는 싣지 않는 것을 원칙으로 한다.
2. 등장하는 지명 대다수는 독일식으로 표기한다. 현재 해당 지역은 러시아 및 에스토니아, 라트비아 등의 영토이므로 본서의 지명을 지도나 현대 자료와 대조한다면 해당 지역의 영문 또는 러시아어 표기를 기준으로 찾아봐야 한다.
3. 상황 묘사나 명칭 표기 중에는 일부 사실과 차이가 있거나 맞지 않는 것들이 존재한다. 원저를 존중하고자 본서에서는 이를 바로잡지 않는 대신 각주를 통해 차이를 설명하였다.
4. 군사 용어는 현재 대한민국 육군에서 사용하는 용어에 최대한 가깝게 번역하였다.
5. 본서에 등장하는 독일 국방군 및 친위대 계급은 아래의 표를 참조하기 바란다.
6. 본문에 등장하는 '러시아'는 시대 배경상 '소련'이라 표기하는 것이 타당하나, 저자의 의도를 존중하여 '러시아'라는 표기를 유지했음을 미리 밝힌다.
7. 화포의 구경은 통상 mm(밀리미터)로 표기하는 것이 원칙이나, 본서에서는 당시 독일군의 표기법에 따라 cm(센티미터)로 표기하였음을 미리 밝힌다.

<독일 국방군 계급표>

Soldat	병 계급 통칭
Gefreiter	이병
Obergefreiter	일병~상병
Stabsgefreiter	병장
Unteroffizier	하사
Feldwebel	중사
Oberfeldwebel	상사
Stabs/ Hauptfeldwebel	원사
Leutnant	소위
Oberleutnant	중위
Hauptmann	대위
Major	소령
Oberstleutnant	중령
Oberst	대령
Generalmajor	소장
Generalleutnant	중장
General/Generaloberst	대장
Generalfeldmarschall	원수

<무장친위대 계급표>

Mann, Schütze	병
Oberschütze	상급병
Sturmmann	돌격병
Rottenführer	분대지도자
Unterscharführer	하급반지도자
Scharführer	반지도자
Oberscharführer	상급반지도자
Hauptscharführer	본부반지도자
Sturmscharführer	돌격반지도자
Untersturmführer	하급돌격지도자
Obersturmführer	상급돌격지도자
Hauptsturmführer	최상급돌격지도자
Sturmbannführer	돌격대지도자
Obersturmbannführer	상급돌격대지도자
Standartenführer	연대지도자
Brigadeführer	여단지도자
Gruppenführer	집단지도자
Obergruppenführer	상급집단지도자
Obergruppenführer	최상급집단지도자
Reichsführer-SS	SS 제국지도자

독일 철십자 훈장 등급 일람

	2급 1939년형 철십자장	Das Eiserne Kreuz 2. Klasse	1939~1945년 총 230만 명 수훈
	1급 1939년형 철십자장	Das Eiserne Kreuz 1. Klasse	1939~1945년 총 33만 명 수훈
	기사 철십자장	Das Ritterkreuz des Eisernen Kreuzes	1939~1945년 총 7,361명 수훈
	백엽 기사 철십자장	Das Ritterkreuz des Eisernen Kreuzes mit Eichenlaub	1940~1945년 총 890명 수훈 ※ 오토 카리우스 포함
	백엽검 기사 철십자장	Das Ritterkreuz des Eisernen Kreuzes mit Eichenlaub und Schwertern	1941~1945년 총 156명 수훈
	다이아몬드 백엽검 기사 철십자장	Das Ritterkreuz des Eisernen Kreuzes mit Eichenlaub, Schwertern und Brillanten	1941~1945년 총 27명 수훈
	황금 다이아몬드 백엽검 기사 철십자장	Das Ritterkreuz des Eisernen Kreuzes mit Goldenen Eichenlaub, Schwertern und Brillanten	한스 울리히 루델 대령 유일하게 수훈

* '백엽栢葉'은 유럽 참나무 잎Eichenlaub을 뜻한다. 해당 어휘의 번역으로 백엽 외에 곡엽槲葉, 유엽槽葉 등의 단어가 사용되고 있으나, 본서에서는 가장 널리 통용되는 표현인 '백엽'을 사용하였다.
* 현재 독일 정부는 2차 대전 당시 수여된 철십자장을 정식으로 인정하지 않는다. 단 1957년에 독일 연방군에서 비 나치화 정책의 일환으로 대전 당시 철십자장을 하켄크로이츠 대신 백엽 문양이 들어간 훈장으로 교환해준 바가 있으며, 독일 국방군 출신으로 전후에 창설된 독일연방군에 입대한 이 가운데 대전 중 철십자장 수훈자들은 약장 형식으로 정복에 패용했다.

진흙
속의 호랑이

OTTO
CARIUS

TIGER IM

SCHLAMM

1. 조국이 부르다
Das Vaterland ruft

"대체 저런 애송이와 뭘 하겠다는 건지 알 수가 없네." 카드놀이 중이던 한 녀석이 말했다. 그들은 마주 보고 바싹 다가앉았다. 서로의 무릎 위에 큰 트렁크를 올려놓고 스카트Skat[1] 카드놀이로 작별의 아쉬움을 달래고 있었다.

'저런 애송이와 뭘 하겠냐…' 나를 향한 말이었다. 열차가 덜컹거리며 라인평원Rheinebene[2]을 지나 동쪽으로 달리는 동안 나는 차창에 기대서서 멀어져가는 하르트Haardt 산맥[3]을 바라보았다. 마치 안전한 항구에서 미지의 세계를 향해 떠나는 배를 탄 기분이었다. 때때로 입영통지서가 잘 들어 있는지 가방 속을 확인했다. 포젠Posen[4]의 제104보병-보충대대라고 기록되어 있었다. 보병은 당시 모든 병과 가운데 으뜸이었다!

함께 있던 또래 중에서 나는 가장 왜소하고 어렸기에 무시를 당해도 딱히 불쾌하지는 않았다. 나쁘게 받아들일 것 없이 반대로 생각해보면

---

1 | 독일에서 인기 있는 3인용 트럼프 카드 게임. 각 수트Suit에서 6 이하를 제외한 카드 32장을 각 플레이어가 나눠 갖고 시작하여 61점 이상을 먼저 득점한 사람이 승리한다.

2 | 프랑크푸르트 근교 비스바덴부터 바젤까지 남북으로 펼쳐진 평원.

3 | 라인란트-팔츠 주州의 산맥.

4 | 중세 이래 상업도시로 번성했던 곳. 현재는 폴란드 포즈난Poznań.

충분히 이해될 만한 부분이었다. 나는 이미 징집검사에서 두 번이나 유예처분을 받았으니까. 이유는 '체중 미달'이었다! 그토록 엄청난 모멸감을 두 번이나 느꼈지만 남몰래 눈물만 훔치며 말없이 이겨내야 했다. 그런데 젠장! 실제 전장에서는 누구도 체중 따위를 문제 삼지 않았다!

그 사이 우리 독일군은 가는 곳마다 승리했다. 전례 없는 승리로 폴란드를 제압했으며 놀라운 초반 일격으로 프랑스군을 단 며칠 만에 무너뜨렸다. 전쟁이 발발하자 나의 아버지도 군에 다시 소집되어 프랑스 전역에 나갔다. 어머니는 나와 남동생, 그리고 모두가 떠나버린 황량한 국경 지역의 고향에 돌아가도 된다는 승인을 받았고, 이제는 혼자서 집안 살림을 꾸려나가야 했다. 그리고 나도 이제 열여덟 번째 생일을 포젠에서, 그것도 난생 처음 홀로 맞아야 했다. 내 부모님 덕분에 지금까지 얼마나 행복한 유년시절을 보냈는지 이제야 깨달았다! 언제 그리고 어떻게 집으로 다시 돌아가서 피아노를 치거나 첼로, 바이올린을 연주할 수 있을까? 나는 불과 수개월 전까지 대학에 진학해서 음악을 전공하려고 했다. 그러다가 생각을 바꿔 열심히 기계공학을 공부했다. 전공을 살려 나는 대전차병과에 지원했는데 그 병과에서는 1940년 초 지원병을 선발하지 않는다는 통보를 받고 보병으로 입대할 수밖에 없었다. 그래도 괜찮았다. 입대 자체가 내게는 중요했으니까!

어느덧 내가 탄 객차는 조용해졌다. 모두 각자 많은 생각에 잠겨 있는 듯했다. 장시간 여행은 그런 사색을 하기에 좋은 기회였다. 포젠에 도착했을 때는 다리가 저리고 허리가 뻐근했다. 그러나 우리는 더 상념에 젖을 필요가 없었기에 매우 기뻤다.

제104보병-보충대대의 한 분대가 우리를 인솔하러 와 있었다. 걸을 때 발을 맞추라는 등의 지시를 받으며 부대에 이르렀다. 병사들의 막사에서는 아름다움을 전혀 느낄 수 없었다. 나는 40명이 함께 사용하는 어느 내무반에 침상을 배정받았고 개인 공간은 매우 좁았다. 우리에게 부여된 과업은 조국을 수호하는 고귀한 행동과는 거리가 멀었다. 선임병들은 우리를 성가신 '이방인'으로 취급했기에, 우리가 한 것이라곤 그곳에서 살아남으려는 투쟁이 전부였다. 내게 한층 더 절망적이었던 것은 수염이 없다는 것이었다. 오직 거친 수염만이 진정한 남성의 징표로 여겨졌기에 처음부터 내겐 남들 앞에 나설 기회조차 없었다. 크게 중요한 일은 아니지만 일주일에 한 번만 면도하는 것을 부러워하는 이들도 있었다. 혼이 빠질 정도로 힘들고 고된 일과가 진행되었다. 싫증이 날 정도로 훈련이 반복될 때 또는 야외훈련 중 훈련장의 진창에서 뒹굴 때면 나는 막시밀리아네움Maximilianeum[5]을 떠올리곤 했다. 어쨌든 머지않아 비로소 그 기초군사훈련의 가치를 알게 되었다. 포젠에서 배운 지식을 사용해서 위기를 모면한 적이 많았다. 어떠한 불쾌한 일도 수 시간 내에 잊을 수 있었고 군 복무 자체와 상급자들, 우리 부대원들의 얼빠진 행동 탓에 일어나는 분노도 이내 사라졌다. 실제로 우리는 이 모든 것이 나름의 의미가 있었음을 깨달았다.

두 차례 세계대전에서 독일 청년들은 조국을 위해 흔쾌히 전선에 나갔고 희생정신으로 전투에 임했다. 한 나라가 그런 젊은이들로 가득하다면 정말 행복한 것이다. 누군가 청년의 머릿속에 가득 찬 이상理想을 악용했더라도, 전쟁 뒤 우리가 경험했듯, 어느 누구도 그 청년들을 비난할 자격은 없다. 우리의 상실감은 너무나 컸다. 그러나 오늘날 젊은이들이 그런 절망적인 상황을 겪지 않기만을 바랄 뿐이다. 만일 영원한 평화가 정착되어 어떤 민족에게도 군대 따윈 필요 없는 시대가 도래한다면 금상첨화일 것이다.

나의 희망은 오직 포젠에서 보병 부대의 기초군사훈련을 우수한 성

---

5 │ 현재 독일 뮌헨에 위치한 건물로 장학 재단과 주의회가 있으며, 과거에는 장학 재단과 학교로 활용되기도 했다.

적으로 수료하는 것이었다. 하지만 결과는 실망스러웠다. 특히 완전군장 행군이 문제였는데 처음에는 15킬로미터로 시작해서 매주 5킬로미터씩 증가하더니 마지막에는 50킬로미터를 걸어야 했다. 한 가지 불문율이 존재했다. 인문계 고교졸업생Abiturienten[6]은 기관총을 메고 행군해야 한다는 것이었다. 아마도 그들은 가장 약골이자 얼간이라 불리던 내 의지력의 한계를 시험해 보고 싶었을 터다. 행군을 마치고 부대에 돌아온 어느 날 발목에는 건초염이, 발바닥에는 메추리알만 한 물집이 잡혀 있었다. 이 정도는 그리 큰일도 아니었다. 우리는 다름슈타트Darmstadt로 이동해야 했다. 그래서 포젠에서는 보병으로서의 능력을 더는 검증 받을 수 없게 되었다. 고향 집과 가까워서 부대 생활이 한층 더 즐거워졌고, 짧은 시간이었지만 주말 휴가를 받으려 더 열심히 훈련에 임했다.

어느 날 중대장이 기갑병과 지원자 열두 명을 차출한다고 공지했을 때 귀가 솔깃했다. 그쪽으로 마음이 쏠리기 시작했다. 자동차 정비 자격증 보유가 필수 조건이었다. 그러나 중대장은 나를 향해 불쌍하다는 듯 쓴웃음을 지으며 그 열두 명 명단에 나를 넣었다. 아마도 그는 나 같은 약골을 다른 곳으로 쫓아낼 수 있어서 좋았을 것이다. 물론 내가 결정한 일이긴 했으나 마음이 가볍지만은 않았다. 아버지는 기갑병과는 무조건 안 된다고, 그 외 항공기 조종사를 포함한 다른 어떤 병과든 선택해도 상관없다고 수차례 강조한 탓이었다. 아마 내가 전차 안에서 화상을 입고 비참하게 죽을지도 모른다고 걱정하는 듯했다. 어쨌거나 이제 나는 검은색 전차 승무원복을 입었다! 절대로 나는 그날의 결심을 후회하지 않는다. 오늘날 다시 입대한다 해도 나의 선택은 당연히 기갑

---

6 | 대입 수학능력시험인 아비투어Abitur를 준비하는 학생, 인문계 고교인 김나지움 Gymnasium 졸업생을 의미함.

병과 하나뿐일 것이다.

파이힝엔Vaihingen의 제7전차-보충대대에서 나는 다시 신병 생활을 해야 했다. 전차장은 좀처럼 흠이 없는 완벽한 사나이며 훌륭한 전우인 아우구스트 델러August Dehler 하사였다. 나의 직책은 탄약수였고 체코슬로바키아제 신형 전차인 38(t)[7]를 수령했을 때 우리는 모두 자신감에 가득 차 있었다. 구경 3.7센티미터 주포와 체코제 기관총 두 정도 막강한 화력이라고 느꼈다. 장갑판을 보고 열광했다. 그러나 나중에 알게 되었지만, 그 장갑은 단지 심리적인 보호장치일 뿐이었다. 단 며칠 만에 이 장갑이 보병의 소총탄만 간신히 막아낼 수 있음을 깨달았다.

홀슈타인Holstein의 푸틀로스Putlos에서 전차 운용을 위한 주특기와 단차전투기술Spielregeln der Panzerei[8]을 숙달했고 훈련장에서 실탄사격까지 경험했다. 제21전차연대가 1940년 10월에 파이힝엔에서 창설되었다. 이 연대는 러시아 전역 직전, 오어드루프Ohrdruf의 훈련장에서 제20기갑사단 예하로 소속이 변경되었다. 기갑병과 고급교육과정은 기계화 보병 부대들과 함께 제병협동훈련으로 시행되었다.

1941년 6월에 전투식량을 보급받았다. 그 순간 이제 드디어 전장에 나간다는 것을 깨달았다! 하지만 어디에서 전투를 개시하게 될까? 우리가 동프로이센Ostpreußen으로 이동할 때까지도 그 부분은 전혀 알지 못했다. 동프로이센의 농부들이 우리에게 이런저런 얘기들을 해주었지만 우리는 여전히 그저 경계 작전으로 국경 지역에 배치될 줄만 알았다. 그러나 푸틀로스에서 수중으로 해안에 접근하여 상륙하는, 소위 '잠수전차

---

[7] 체코슬로바키아의 ČKD에서 개발한 경전차. 1939년에 독일이 체코슬로바키아를 병합하면서 독일군 장비로 편입됐다. 독일 국방군 제식명인 Pz.Kpfw. 38(t)의 (t)는 노획 코드로 체코를 의미하는 'tschechisch'의 약자이다.

[8] 직역하면 전차 승무원의 훈련 규칙이지만 현대적인 의미로 해석.

Tauchpanzer'⁹ 운용 훈련을 받았는데, 이는 영국을 적으로 상정한 것이었기에 국경 배치는 다소 실망스러운 일이었다. 하지만 우리는 이제 동프로이센에 와 있고 의구심은 이내 사라졌다.

6월 21일 저녁 국경으로 이동했다. 상황 회의에서 곧 개시될 작전에 최종적인 확신을 가졌다. 모두가 겉으로는 의연한 표정이었으나 속으로는 매우 흥분하고 있었다. 그날 밤 긴장감은 극에 달했다. 이른 아침에 폭격기와 슈투카 부대들이 칼바리야Kalwarya 남쪽 어느 숲 외곽에 있는 우리 사단 상공을 지나 동쪽으로 굉음을 내며 날아갈 때, 우리 심장은 터질 것만 같았다. 우리 중대장은 자신의 전차에 라디오 수신기를 설치했다. 우리는 모두 함께, 공격개시시간을 의미하는 X시 5분 전에 공식적으로 러시아의 전쟁 개시 방송을 들었다. 우리 중 일부 장교와 부사관을 제외하면 실전 경험을 지닌 이는 아무도 없었다. 실탄사격도 단지 훈련장에서의 경험이 전부였다. 우리가 믿을 사람은 가슴에 철십자 훈장과 돌격 휘장을 달고 평정심을 유지하는 '베테랑Alten'들 뿐이었다. 속이 울렁거렸다. 우리가 공격하는 순간 러시아군의 화포도 불을 뿜어댈 것이라는 생각이 들었다. 그러나 사방이 고요했고 공격명령을 하달 받았을 때는 해방감까지 느껴졌다.

---

9 │ 하천에서 기동하는 심수도하가 아닌 잠수해서 바다를 건너는 전차.

2. 나폴레옹의 진군로를 따라가다
Auf Napoleons Spuren

우리는 칼바리야 남서쪽 국경 지역의 거점들을 돌파했다. 120킬로미터 거리를 기동한 뒤 저녁 무렵 올리타Olita[10]에 도착하자 마치 백전노장이 된 기분이었다. 행군을 멈추자 더 기뻤다. 온종일 극도로 긴장한 상태로 기동한 탓이었다. 모든 승무원이 자기 위치를 지키고 모든 화기가 언제든 불을 뿜도록 준비해야 했다.

나는 전차 내에서 최악의 자리인 탄약수석에 있었다. 전차 밖의 상황이 보이지도 않았고 신선한 공기를 마실 수도 없었다. 전차 내부의 뜨거운 열기도 견디기 힘들었다. 농가들이 나타날 때마다 긴장 속에서 신중히 움직여야 했지만 그곳에는 사람 모습따윈 전혀 보이지 않았다. 호기심에 가득 찬 나는 매번 전차장이 상황을 알려줄 때까지 기다려야 했다. 전차장이 처음으로 러시아인들의 시체를 발견했다고 말하자 나는 몹시 흥분했다. 기대 반 우려 반으로 적과의 첫 번째 조우를 고대했다. 하지만 그런 일은 벌어지지 않았다. 우리 중대는 선두에 위치한 전위부대에 속하지 않아서였다. 만일 선두부대의 진출이 중단되면 그제야 전투에 투입되리라 예상했다.

우리는 큰 어려움 없이 첫날 목표인 올리타의 비행장 일대에 도달했

---

10 | 현재 리투아니아의 알리투스.

다. 다행히 먼지투성이가 된 전투복을 벗었고 세탁과 샤워할 물을 찾았다. 너무나 기뻤다.

샤워를 그만둘 생각이 전혀 없는 우리 포수는 이렇게 말했다. "이렇게 전쟁이 계획대로 진행되리라고는 전혀 생각지도 못했어."

"세상에, 이렇게 멋진 전쟁이 있다니!" 전차장 델러 하사가 내내 물속에 있고 싶은 양 양동이에 연신 머리를 넣었다가 빼면서 말했다. 나는 지금껏 초긴장 상태였다. 그때마다 델러 하사가 지난해 프랑스 전역에 참전했다는 것만 떠올리며 자신감을 가졌지만 아무래도 첫 번째 전투인지라 조금은 겁이 났다. 모든 화기를 꺼내서 닦아야 했다. 포탑 전체가 온통 모래투성이여서 마치 모래밭 같았다. 만일 전투가 벌어진다면 기관총 사격은 불가능할지도 몰랐다. 화기들을 광이 나도록 닦으며 저녁 식사를 할 생각에 한껏 기분이 들떴다.

숲 외곽 저 너머에는 파괴된 러시아 전투기들의 잔해가 널려 있었다. 우리 공군의 첫 번째 공습에서 당한 것이다. 화기를 정비하며 내내 그쪽을 응시하던 통신병이 이렇게 말했다.

"우리 공군 전우들이 여기를 완전히 초토화했네요."

모두 땀과 먼지에 찌든 전투복을 벗자 표정이 더 밝아졌다. 나도 모르게 갑자기 몇 년 전 열심히 수집하던 담뱃갑이 떠올랐다. 거기에 붙은 작은 스크랩 그림에는 '적지에서의 야영'이라고 적혀 있었다.

그때 갑자기 우리 머리 위로 뭔가가 휙휙 지나갔다. 우리는 모두 땅바닥에 엎드렸다. "젠장, 돼지 새끼!" 내 옆에 있던 전차장이 말했다. 적의 기습사격을 향한 욕설이 아니었다. 자신의 저녁밥이었던 빵을 깔아 뭉갠, '미숙한' 나에게 내뱉은 말이었다. 첫 번째 교전이 내겐 그리 낭만적이지만은 않았다.

러시아군은 아직 비행장 주변 숲속에 은거해 있었고 이날의 첫 번째 충격 이후 평정심을 되찾고 우리를 향해 사격하기 시작했다. 정확한 상황 파악은 제쳐두고 우리는 일단 전차로 뛰어올랐다. 무슨 일이 벌어지는지 확인하는 것은 그다음 문제였다. 그리고 오래전부터 훈련해온 그대로 첫 야간전투를 치렀다. 당시 상황이 얼마나 심각한 건지 잠시 뒤 깨달았는데 그에 비해 모두가 정말로 침착하게 행동했다. 나 자신도 놀라울 따름이었다.

다음날 올리타에서 네만Njemen강 강습 도하를 지원하는 전차전에 참가했을 때는 우리가 마치 백전노장이라도 된 기분이었다. 그러나 매우 큰 압박감을 느꼈다. 아군 전차 — 몇 대는 기능 고장을 일으켰는데 — 들의 성능이 러시아군 전투차량의 그것과 거의 대등한 탓이었다.

아군의 진출 상황은 원활했다. 피우수트스키Pilsudski 일대를 확보한 뒤 빌나Wilna[11]로의 돌파는 성공적이었다. 6월 24일 빌나가 함락되자 우리는 매우 사기 높았고 자만심마저 느낄 정도였다. 모두가 이미 뭔가를 경험했다고 믿었고 행군의 피로감이 심했지만 그런 것도 잊을 만큼 들떴다. 우리는 기동을 멈추면 그곳에 쓰러져 시체처럼 잠들어 버렸다.

근심 걱정 따위는 전혀 없었다. 도대체 누가 이런 진격을 막을 수 있단 말인가? 아마도 우리 가운데 누군가는 그 옛날 위대한 프랑스 황제 나폴레옹과 똑같은 길로 행군하고 있음을 생각해 봤을지도 모른다. 그는 129년 전 같은 날 같은 시각에, 연전연승을 구가한 자신의 군대에 공격명령을 하달했다. 이토록 놀라운 일이 정말로 우연의 일치였을까? 아니면 히틀러는 위대한 나폴레옹이 저지른 실수를 답습하지 않겠다는 것을 증명하고 싶었을까? 어쨌든 모든 군인은 우리의 탁월한 능력과 행운을 믿었다. 그리고 미래를 예측할 수는 없어도 맹렬히 돌진하려는, 전쟁을 빨리 끝내려는 의지만은 충만했고 그것만으로도 좋았다.

우리는 가는 곳마다 리투아니아 주민들에게서 큰 환대를 받았다. 그

---

11 │ 현재 리투아니아의 수도인 빌뉴스Vilnius.

들은 우리를 해방군으로 인식했다. 그 어디서든 우리가 점령하기 직전에 유대인 상점들은 이미 약탈과 방화로 엉망이 되어 있었는데 그 광경은 경악을 금치 못할 정도였다. 독일에서 벌어진 '수정의 밤Die Kristallnacht'[12] 같은 사건이 벌어졌을 때나 가능한 일이라고 생각했다. 폭도들의 광기가 얼마나 심했는지 우리조차도 분개하고 그들을 비난했다. 하지만 이런 상념에 잠길 여유는 없었다. 우리는 계속해서 진격해야 했기 때문이다.

7월 초에 이르도록 우리는 뒤나Düna강[13]까지 추격전에 참가했다. 이어 다음과 같은 명령이 하달되었다. "전진, 전진 그리고 밤낮없이 한 번 더 전진하라." 조종수들에게는 실행 불가능한 요구였다. 녹초가 된 동료가 잠시나마 휴식을 취하도록 나도 조종수석에 앉았다. 지독한 흙먼지만 없었다면 좋았을 것이다! 주기동로에 깔린 엄청난 흙먼지 속에서 숨을 쉬려 천으로 입과 코를 막았다. 줄곧 우리는 전차 내에 관측창을 접어두었는데 이제는 그것을 통해서만 밖을 볼 수 있었다. 밀가루 같은 미세한 흙먼지가 전차 내부를 뒤덮었고 전투복도 땀에 찌들어 몸에 찰싹 달라붙은 데다가 머리부터 발끝까지 굵은 흙먼지가 온몸을 감쌌다.

마실 것이라도 충분했다면 견디기가 좀 수월했겠지만 현실은 그렇지 못했다. 적들이 우물에 독극물을 풀었을지도 모른다는 우려 탓에 우물물을 마시는 것은 공식적인 명령으로 금지되었다. 그래서 잠시 기동을 중지하면 우리는 전차 밖으로 나와서 물웅덩이를 찾았고 흙탕물이라도 녹조 부유물들을 제거하고 입술만 축인 뒤 다시 출발해야 했다.

우리는 민스크를 향해 진격하여 그 도시 북부에서 벌어진 전투에 참

---

12 | 1938년 11월 9일~11월 10일 나치스 돌격대(SA)와 독일인들이 독일 전역의 유대인 상점과 유대교당을 공격한 폭동 사건.

13 | 다우가바Daugava강. 러시아의 발다이 구릉에서 발원하여 벨라루스와 라트비아를 거쳐 발트해로 흐른다.

가했다. 그 뒤 첫 거대 포위망이 형성되었다. 이어 베레시나Beresina 강을 건너 비쳅스크Witebsk로 나아갔다. 전차부대의 공격 속도는 그대로였다. 그러나 보급부대들이 정상적으로 후속하지 못했고 행군 중인 보병 부대도 최선을 다하고 있었겠지만 전혀 따라올 기미가 보이지 않았다. 우리가 이용하는 주기동로 좌·우측 지형은 적이 없는 듯했다. 나중에 알게 됐지만 그 지역에는 적 게릴라들이 은거해 있었다. 이에 후방에 남은 아군 취사부대가 그들의 표적이 되었고 그 결과 군용빵 Kommissbrot은 우리에겐 매우 귀한 특식이 되었다.

급한 대로 닭고기, 오리고기가 배급되긴 했지만 매번 같은 식단에 물리기 시작했다. 빵과 감자가 간절해 떠올리기만 해도 침이 고이곤 했다. 하지만 그런 건 진격 중인 군인들에게 별로 중요하지 않았고 승전 특보 팡파르와 북소리를 듣고 있노라면 다른 생각은 이내 사라졌다.

7월 8일 우리는 피격당해 나는 처음으로 전차 탈출을 경험했다. 우리는 전선 최선두에 있었고 완전히 폐허가 된 울라Ulla에서 벌어진 일이었다. 뒤나강 교량은 이미 파괴되어 아군 공병부대가 부교를 설치해 놓았다. 우리는 그 부교로 다우가바강 방어선을 돌파했는데, 대안 상의 숲 끝자락에 다다르기 직전 적군의 집중포격을 받았다. 순식간에 벌어진 일이었다. 대전차포 한 발이 우리 전차를 향해 날아왔고 장갑판 금속이 찢어지는 폭음과 함께 어느 동료의 비명이 들렸다. 그걸로 끝이었다! 대전차 포탄이 통신수 위치의 장갑판을 관통했다. 누가 명령을 내리거나 말거나 우리는 거의 반사적으로 전차에서 탈출했다. 나는 도로 옆 고랑으로 뛰어내려 포복을 하면서 얼굴을 만져보았다. 그제야 내게도 상처가 났음을 깨달았다. 통신병은 왼팔을 잃었다. 우리는 모두 러시아제 4.7센티미터 대전차 포탄[14]에도 뚫리는 체코제 저질 강판에 욕

---

14 | 45밀리미터 구경 53-K 대전차포(M1942)의 포탄으로 추정된다.

을 퍼부었다. 적 포탄의 파편보다 전차 장갑판의 조각과 리벳들이 오히려 더 큰 피해를 일으킨 탓이었다.

야전구호소로 이송된 뒤, 부서진 치아는 쓰레기통에 버리고 얼굴에 박힌 파편은 그대로 두기로 했다. 군의관은 시간이 지나면 얼굴에 박힌 파편이 저절로 나올 거라고 진단했는데, 그의 판단은 정확했다.

나는 차량을 얻어 타고 다시 전선으로 향했다. 불타는 마을들을 보면서 방향을 정확히 판단할 수 있었다. 비쳅스크 바로 앞쪽에 머물렀던 우리 중대에 복귀했다. 밤하늘은 불타는 도시를 따라 핏빛으로 물들었다. 이튿날 우리가 비쳅스크를 함락하고 나자 우리는 이 전쟁이 이제야 서서히 시작되고 있음을 느꼈다.

이때부터 계속해서 진군, 방어전, 섬멸전 그리고 추격전이 번갈아 이어졌다. 나는 3주간 일어난 일들을 일기장에 몇 줄로 간단히 기록해 놓았다.

• 7월 11일부터 16일까지

: 비쳅스크 — 스몰렌스크Smolensk 일대의 적 부대를 포위하려 데미도프Demidow — 두홉시나Duchowschtschina를 경유, 야르체보Jarzewo(스몰렌스크 — 모스크바 간의 고속도로)까지 진격함. 라치노Ratschino 일대에서 드네프르Dnjepr강 도하를 위한 전투를 실시함.

• 7월 17일부터 24일까지

: 야르체보 일대, 보프Wop[15] 강변에서 방어전을 수행함. 보프강과 보트르야Wotrja 강변의 진지에서 방어전을 수행함. 스몰렌스크 포위망에

15 | 드네프르강의 지류.

갇힌 적 부대를 섬멸하려 전투를 치름.

- 7월 25일부터 26일까지
: 뒤나강 상류에서 추격전을 수행함.

- 7월 27일부터 8월 4일까지
: 옐냐Jelnja와 스몰렌스크에서 대규모 방어전을 수행하였으며, 보프 강변과 브제로이Bjeloj전방에서 방어 전투를 실시함.

이렇게 무미건조한 전투 사실들을 나열한 이면에는, 함께 전투를 치른 이들만이 오로지 느낄 수 있는 역경이 숨겨져 있다. 이 전투들에 대한 상세한 설명이 오히려 다른 이들에게 과장된, 그릇된 추측을 초래할 수 있을 것이다. 따라서 이것에 대한 자세한 기술은 하지 않는 것이 좋을 듯싶다. 무엇보다도 내가 이 모든 전투들을 치렀지만 탄약수였던 나의 위치, 내가 본 것만으로 당시의 모든 작전을 관측할 수도, 설명할 수도 없는 상황이었기 때문이다.

당시 우리는 모두 현재에 만족했고 어떤 고난도 감수해야 했다. 서로 힘을 합쳐 최선을 다해야만 성공할 수 있음을 알고 있었기 때문이다. 그러나 때때로 일부 몇몇이 자신의 과업과 의무를 이행하지 않을 때는 엄청난 분노가 치밀었다. 언젠가 치열한 전투가 끝난 뒤, 타는 듯한 갈증을 참으며 식수를 기다렸지만 끝내 보급되지 않았던 적이 있었다. 당시 소문에 의하면 대대장이 우리가 커피를 끓일 물로 목욕 준비를 지시했다고 했다. 도저히 이해할 수 없는 몰상식한 상급자의 행동에 우리 모두는 크게 분노했다. 그러나 나중에 알고 보니 목욕을 했다는 어느 상관의 이야기는 누군가 지어낸 우스갯거리였다. 단지 군인들의 저속한 농담, 이야깃거리 소재 중 하나였던 것이다. 이에 우리는 곧 그 이야기를 그저 웃기는 일로 받아들였다.

3. T-34와 처음으로 맞서다
Die ersten T 34

　우리를 충격에 빠뜨린 사건이 또 하나 있다. 러시아군이 전장에 처음으로 투입한 T-34 전차가 바로 그 원인이었다. 적군의 기습은 대성공이었다. 도대체 이해할 수 없는 것은 우리 군의 '지도부'가 이토록 우수한 최신형 전차의 존재를 몰랐다는 것이었다. T-34는 강력한 장갑과 우수한 7.62센티미터 주포를 장착하고 최적의 형상을 갖추고 있었다. 전쟁이 종식될 때까지 우리에게 무척이나 두려운 존재였고 모든 독일군 전차에게도 위협적이었다. 우리에 맞서서 대량으로 투입된 이들을 과연 우리는 어떻게 대처해야 했을까? 당시 우리가 T-34를 향해 사격한 전차포탄은 아무리 명중해봐야 그저 전차 장갑판을 두드리는 수준이었다. 러시아군 병사들이 전차 안에서 평온하게 카드놀이도 할 만한 정도였다. 아군이 보유한 가장 강력한 대전차 화기는 3.7센티미터 대전차포였지만 그나마 이것도 T-34의 포탑링을 명중해 포탑을 움직이지 못하게는 할 수 있었고, 그러면 적 전차를 ― 운이 좋으면 ― 전투 불능 상태가 되게 할 수 있었다. 그렇다고 해도 사실상 우리 상황은 매우 절망적이었다!

　그들을 파괴할 유일한 무기는 8.8센티미터 대공포였고, 이 포만이 적의 최신형 전차에 효과적으로 대응할 수 있었다. 이전에는 멸시받던 대공포부대들이 이제는 경의를 표해야 할 대상이 되었다.

러시아군은 마치 우리의 당황스러움을 아는 듯 그날 처음 우리를 정면으로 바라보곤 '우라ypa! 우라!'[16]를 외치며 공격했다. 그들의 함성을 들은 우리는 아군 보병이 '후라Hurra!'[17]라고 외치며 공격하는 줄 알았지만 이내 그들이 적군임을 깨달았다. 당시 예측건대 우리는 모스크바를 목전에 두고 있었다. 하지만 서서히 불길한 예감이 엄습했다. 신속히 전역을 종결하기가 힘들 것 같다는 생각이 들었다.

1941년 8월 4일에 나는 에를링엔Erlingen의 제25전차보충대대로의 전속 명령을 받았다. 하지만 전장을 떠나는 아쉬움에 더해 한편으로는 안도를 느껴 머릿속이 복잡했다. 전출 3일 전에 나는 하사로 진급했다. 에를링엔에서는 자동차 운전과 전차 조종 면허를 취득했고 이어서 제8기 장교후보생 교육과정에 참가하기 위해 베를린 근교 뷘스도르프Wünsdorf로 이동했다.

1942년 2월 1일, 나는 이 과정에서 불합격 통지를 받았다. 나는 그 사실을 진지하게 받아들이지 않았다. 우리 소대에서 함께 온 게르트 마이어Gert Meyer와 클라우스 발덴마이어Klaus Waldenmeier도 마찬가지였다. 불합격 이유 중에는 아마도 나의 돌발적인 질문도 있었을 것이다. 특히나 해서는 안 될 질문이었다. 그러나 나의 의문을 칠판에 표현해야겠다는 나름의 이유가 있었다. 그 질문은 바로 "예비역 장교도 사람인가요?"였다. 이것으로 교관들에게 좋은 평가를 받지 못했다. 어쨌든 결국 우리는 그 교육과정에서 탈락해 여전히 중사 계급의 장교후보생 신분으로 수료했다. 그러나 전혀 개의치 않았다. 소위로 임관한 이들은 보충대대에서 장교로서 임무를 수행해야 했지만 우리는 즉시 전에 근무하던 연대로 복귀했다. 우리는 모두의 위로를 받으며 그곳을 떠났

---

16 │ 러시아군의 '만세!'를 뜻하는 함성 또는 구호.

17 │ 독일군의 '만세!', '와!'를 뜻하는 함성 또는 구호.

다. 특히 훈육대장 ― 우리 모두 그를 대단히 존경했다. 훌륭한 인물이었고 훈육대를 정성을 다해 이끌었다. ― 은 우리를 환송하면서 격려해주었다. 우리가 최전방에서 단시간 내에 능력을 갖출 것이며, 그곳에서 장교가 될 자격을 더 쉽게 검증받으리라 확신한다고 했다. 정말 그의 말이 옳았는지도 모른다. 오늘날까지도 그 훈육대장의 얼굴을 떠올리곤 한다. 또한 훈육대장이었던 필립Philip 대령이 현재 서독 연방군에서 안더나흐Andernach의 교육연대장으로 임명되었다는 소식을 들었다. 우리 독일군에게는 참으로 다행스러운 일이라고 본다.

4. 원대 복귀하다
Beim alten Haufen

제21연대는 그샤츠크Gshatsk 일대에서 동계 방어진지를 구축하고 있었고 우리는 그곳으로 복귀했다. 연대의 피해는 극심했다. 1941년과 1942년 사이 겨울 혹한에 시행된 후퇴작전에서 거의 모든 전투차량을 상실했고 단 한 개 중대만이 전차를 보유하고 있었다. "마침 잘 왔네. 기다리고 있었어. 이제 너희가 뭘 배웠는지 좀 보여봐!" 복귀한 우리에게 건넨 전우들의 첫 인사였다. 그 말 뒤에 뭔가 숨겨져 있는 듯 그들은 히죽히죽 웃었고 우리에게는 좋은 일이 아님을 직감했다. 제설분대를 지휘하라는 임무를 받게 된 것이다. 그 임무는 전차가 기동할 때 빙설지에 빠지지 않도록 도로에 쌓인 눈을 제거하는 일이었다. 설원에서 검은색 기갑병과 군복을 입고 전차 앞에 서 있는 것은 정말로 멋진 그림이었다! 어쨌든 우리의 임무는 예상과는 달리 순조로웠다. 전차승무원복을 입고 보병 임무에 투입된 전우들보다는 우리 여건이 훨씬 더 좋았다. 아군 장비와는 전혀 다른 러시아군 장비는 부러울 만큼 좋았다. 그래도 독일에서 정비가 완료된 전차 몇 대를 수령했을 때는 정말이지 기뻤다. 제10중대에 전차가 완편되었고 나도 드디어 소대를 지휘하게 되었다. 1942년 3월부터 6월 말까지 우리는 그샤츠크 동계방어진지와 뱌지마Wjasma 동쪽 일대에서 러시아군과 치열한 전투를 치렀다. 그 뒤 시춉카Ssytschewka 일대까지 진출하는 데 성공했고 그곳에서 우리는 브제로이 동부에서 벌어진 공격 전투에 참가했다.

　이러한 사이에 나는 진급 통보를 받았는데 며칠 뒤 하마터면 진급을 못 할 뻔한 사건이 발생했다.

　나의 소대는 어느 숲을 가로지르는 도로에 있었다. 내 조종수가 이렇게 말했다. "정말 좋은 곳이네요." 맞는 말이었다. 전방과 후방이 온통 수풀과 덤불로 덮여 있어서 완전히 은폐된 곳이었다. 길 반대쪽에는 적군도 아군도 없는 비무장지대가 펼쳐졌다. 우리와 조금 떨어진 곳에 아군 대전차포 한 문이 배치되어 있었고 몇몇 보병은 우리 전차들 사이에 분산해서 휴식을 취하고 있었다. 전차 네 대의 조종수와 탄약수들은 배식을 받으러 간 상황이었다. 나는 그저 곧 식사할 생각에만 빠져 있었다. 그런데 갑자기 우리 쪽으로 소총탄들이 날아왔다. 러시아군의 공격이 시작된 것이다. 전차 승무원 절반이 자리를 비웠고 즉각 전투를 할 수 있는 전차도 없었다. 어찌할 바를 몰랐던 나는 조종수석으로 내려가 전차를 몰고 숲에서 빠져나왔다. 무선통신이 되지 않자 다른 전차들도 그저 내 뒤를 따라 숲에서 이탈했다. 무전이 두절되면 소대장을 따라 후속한다는 규정대로 행동한 것이다.

　수백 미터 정도 이동했을 무렵, 나는 문득 얼마나 큰 실수를 했는지 비로소 깨달았다. 대전차부대원들과 몇몇 보병들은 우리 전차들이 퇴각한다고 보았을 것이다. 우리를 향한 믿음이 깨졌을 것이 분명했다. 나는 재빨리 방향을 돌려 그곳으로 돌아가 진지를 점령했다. 이미 적군의 공격을 물리친 아군 보병들은 참호 속에서 평온한 상태로 휴식 중이었다. 대전차 소대장은 나를 보더니 이렇게 말했다. "어이쿠, 영웅님들 납셨구먼! 배짱이 없으면 애초부터 최전방에 나오지나 말지!" 나는 허탈했다. 다시는 그런 일이 벌어지지 않게 하겠다고 스스로 다짐했다.

　그 뒤 며칠 동안 그 사건은 정말 악몽 같은 일이었다. 인간이 얼마나 순식간에 그렇게 경솔한 행동을 할 수 있는지, 그리고 얼마나 나쁜 결과를 초래할 수 있는지 깨달았다. 전투준비가 되어 있지 않았다고 해도 나는 그 자리를 지켰어야 했다. 경솔한 행동을 한 뒤 불과 몇 분만에 깨닫긴 했지만, 이미 전차를 출발시켰을 때 나는 돌이킬 수 없는 실수를 저지른 것이었다. 이 일은 내게 커다란 교훈이 되었고 부하들을 평가해야 할 때에는 특히나 이 일을 항상 머릿속에 떠올렸다. 다행스럽게도 오렐Orel[18] 북쪽으로 이동하기 전에 나의 잘못을 만회할 기회가 왔다. 덕분에 적어도 떳떳한 마음으로 진급을 기다릴 수 있었다. 그러나 그전에 먼저 본부중대의 공병소대장 임무를 받아 특별작전지역의 지형을 숙지해야 했다.

[18] 현재 러시아의 오룔Орёл.

5. 대참사
Eine Katastrophe

우리는 전선에서 멀리 떨어진 후방의 벙커 안에 있었다. 어느 날 아침 중대장이 격앙된 목소리로 나를 불렀다. "카리우스, 저기 좀 봐! 마치 주간영상Wochenschau[19]에서나 볼 수 있는 장면이잖아! 도대체 저런 게 가능이나 한 거야?!" 새로 창설된 공군지상전투사단Luftwaffen-Felddivision[20]이 우리 숙영지를 지나 전선으로 이동 중이었다. 온몸에 전율을 느꼈다! 눈으로 보고도 믿기지 않을 만큼 멋진 모습이었다. 식량 주머니에서부터 화포에 이르기까지 모든 물자가 최신형이었다. 그저 말로만 듣던 무기들도 있었다. MG42[21]와 구경 7.5센티미터 장포신 대전차포를 비롯한 다른 장비들도 그저 놀라울 따름이었다. 이전까지

---

19   Die Deutsche Wochenschau. 한국의 대한뉴스처럼 영화관에서 영화 시작 전에 일주일 간 발생한 사건들을 편집해서 보여주던 선전영상.

20   히틀러는 1941~42년 육군의 심각한 병력 손실 이후, 이듬해 동부전선의 하계공세를 위해 추가적인 지상군을 요구했고, 공군은 1942년 9월 12일 히틀러의 지시에 따라 200,000명의 병력을 육군에 지원해야 했다. 그러나 괴링은 병력을 양도하는 대신 20개의 지상전투사단을 창설했다(롬멜과 함께 전선에서 p.290 참조).

21   MaschinenGewehr42, 1942년에 기존의 MG34를 대체할 목적으로 개발된 독일군의 다목적 기관총. 높은 신뢰성과 빠른 발사 속도로 유명하며 특유의 발사음에서 딴 히틀러의 전기톱Hitler's buzzsaw라는 별명으로도 잘 알려졌다. 전후 서독군과 독일연방군이 운용한 MG3의 원형이 되었다.

이런 장비들을 상상할 수도 없었기에 우리도 언젠가 전투력을 복원하면 이렇게 무장할 수 있겠다는 희망을 품게 되었다. 또한 그들이 전방에 투입되었으니 이번 겨울에 우리는 이곳에서 아늑한 시간을 보낼 수 있겠다는 생각도 들었다.

최신예 장비들을 가까이서 보고 싶어 했던 중대장은 우리를 데리고 최전방 상황을 정찰할 겸 그 부대가 숙영지를 편성한 곳으로 향했다. 그러나 그곳의 상황은 정말 충격적이었다. 마치 어느 훈련장의 분위기를 보는 듯했다. 부사관들은 세련된 챙이 달린 모자를 쓰고 있었고 진지에 투입된 병사들도 하릴없이 우두커니 앉은 모습이 무기력해 보였다. 전투 휴식을 취하는 분위기였다. 게다가 고장을 방지하기 위해서인지 MG42 기관총은 포장을 뜯지도 않은 상태였다. 공군 전우들은 우리에게 당시까지 공개되지 않은 최신식 무기를 보여줄 생각 따윈 없는 듯했다. 불길한 예감이 들었다. 만일 러시아군이 이곳을 급습한다면 무슨 일이 벌어지게 될까? 러시아군은 아군이 화기를 배치하기도 전에 이곳을 모조리 짓밟아버릴 것만 같았다.

안타깝게도 우리의 우려는 곧 현실이 되고 말았다. 어느 날 아침, 북동쪽에서 들려오는 음산한 소음에 잠이 깼다. 몇 분 동안 그쪽으로 귀를 기울이다가 더는 벙커에 앉아 있을 수 없겠다는 생각으로 밖에 나갔다. 밖에는 서 있기 힘들 정도로 거센 눈보라가 휘몰아치고 숨쉬기도 어려울 지경이었다. 러시아군이 공격하기에는 기가 막힌 날씨였다. 우리는 상급부대의 경보 발령을 기다리지 않고 중대에 비상을 걸었다. 우리 예감은 틀리지 않았다. 잠시 뒤 러시아군이 우리 군 진지를 돌파했다는 보고가 들어왔다.

우리는 공군지상전투사단의 지휘소를 찾아갔는데 사단장은 넋이 나간 표정으로 어찌할 바를 몰랐다. 그는 예하 부대들의 위치조차 알지 못했다. 아군의 대전차포 부대들이 대응하기도 전에 러시아군 전차들이 이들을 짓밟아버렸다. 러시아군이 아군의 최신 장비들을 모조리 탈취했고 공군지상전투사단 병사들은 사방으로 뿔뿔이 흩어져버리고 말았다. 그나마 다행인 일이라면 혹시 함정에 빠질까 우려한 적들이 초전에 승리한 뒤 진격을 중단했다는 것이다. 때문에 우리 연대가 나섰고 가까스로 적군의 돌파구 확장을 차단할 수 있었다. 그야말로 절체절명의 위기상황이었다.

행군 중이던 어느 기계화보병부대가 한 마을에 이르렀다. 그때 독일 공군 군복을 착용한 자들이 아군 보병들에게 손을 흔들며 인사를 했다. 그와 동시에 그들의 소총은 일제히 불을 뿜었다. 무시무시한 순간이었다. 그들은 노획한 아군의 동계 군복을 입은 러시아 군인들이었다. 그 뒤로 상부에서는 공군 복장을 착용한 이들을 모두 사살하라는 명령을 하달했다. 러시아군이 그 복장으로 위장했을 가능성 탓이었다. 또한 이 지시로 낙오한 아군의 공군 병사들까지 희생되는 안타까운 일도 있었다. 그 뒤 며칠 몇 주간 MG42 기관총 격발소리가 들릴 때면 분명히 러시아군이 쏘아대는 거라는 생각이 들었다. 전쟁 기간 중 단 한 번도 그런 최신식 화기가 우리에게 보급된 적은 없었고 기계화보병 장병 대부분도 러시아군에게서 노획한 총기를 쓰는 것에 만족해야 했다.

상급 지휘부의 오판을 생각하면 분노가 치밀었다. 그들은 훈련이 덜 된 미숙한 부대에 최상의 무기를 보급하고 곧장 전선에 투입했다. 만일 그 병력과 장비를 우리에게 주었더라면 더 잘 운용했을 거라는 생각이 들었다. 예를 들어 그 뒤 몇 주 동안 브제로이—코젤스크Koselsk—쉬니치Sminitschie의 남부 지역에서 벌어졌던 공방전에 투입했더라면 훨씬 더 좋았을 것이다!

이제 막 임관한 소위[22]로 공병소대장 임무를 수행했던 나는 매우 힘

---

22 │ 1942년 10월 1일에 소위로 임관함.

든 과업들을 그럭저럭 잘 해냈다. 우리 임무는 전차 기동로의 지뢰를 제거하는 일이었고 임무 수행 중 손에 가벼운 찰과상만 입었는데 그 정도로 잘 수행해낸 데에 뿌듯함을 느꼈다. 이제야 비로소 아군 공병 부대원들이 얼마나 대단한 일을 하는지도 깨달았다.

나는 전에 근무했던 전차 1중대로 복귀했다. 매우 기뻤다. 한때 내 전차장이었던 아우구스트 텔러도 만났다. 그 사이에 그는 중사Feldwebel로 진급했고 나와 같은 소대에 있게 되었다. 그때부터 우리는 함께 전투에 참가했다. 우리 대대는 이 전역이 시작된 이래로 그곳에서 최대의 인명 손실을 입었다.

러시아군은 대전차소총Panzerbüchse을 다수 보유하고 있었는데, 모든 아군 전차를 완전히 관통할 수 있는 화력을 지니고 있었다. 이 화기 탓에 우리 쪽 손실도 매우 컸다. 여러 전우가 전차 내부에서 중상을 입고 구출되거나 치명상으로 사망했다. 야간전투에서는 완전히 속수무책이었다. 러시아군은 우리가 가까이 접근할 때까지 기다렸다가 정확히 조준해서 사격했고 우리가 그들을 발견해도 이미 늦은 시점이었다. 게다가 야간에는 전차 조준경으로 조준하기도 불가능했다.

사실상 이 상황을 극복할 방법은 없었다. 그래서 모두 몹시 힘들어했다. 다행히 그즈음 소량이지만 최초로 장포신 7.5센티미터 포를 탑재한 4호 전차와 강화된 장갑 및 구경 5센티미터 장포신으로 무장한 3호 전차를 보급받았다. 러시아에서 우리의 희망을 되찾을, 다시 사기를 올릴 시점이었다. 그 전까지는 아군 전차에의 불신으로 절망적인 분위기였지만 신형 장비를 수령한 뒤로는 약간의 용기를 얻었다. 그래서 이전에 실패했던 플로스카야Ploskaja를 통과하여 베차예바Betzajewa에 대한 공격을 다시 감행했다.

어느덧 1943년 1월이었다. 나는 곧 내려올 휴가 통제령은 전혀 알지도 못한 채 들뜬 마음으로 고향에서 보낼 휴가를 계획했다.

휴가 시작 전날 저녁이었다. 아우구스트 델러는 자신의 전차를 진지에서 빼내려 수신호로 유도하고 있었다. 혹한에서 전차를 보호하기 위해 구축한 진지였다. 경사진 미끄러운 비탈길에서 양모 군화를 신은 델러 중사가 전차의 왼쪽 궤도 앞으로 미끄러져 궤도에 깔렸다. 그 순간 조종수는 상황을 전혀 눈치채지 못했다. 나머지 승무원들이 소리를 질러 전차를 정지시켰지만 이미 전차의 궤도가 델러의 허벅지를 짓누른 상태였고 그는 외마디 비명도 지르지 못한 채 즉사했다. 가장 소중한 친구 한 명을 이렇게 잃어버리고 말았다.

정말 휴가가 필요한 순간이었고 고향에 가서 부모님을 뵐 생각에 들떠 있었다. 그러나 내게는 그런 즐거움이 허용되지 않는 듯, 제500보충대대로 전출하라는 전보가 도착했다. 너무나 큰 좌절감을 느끼며 나는 어째서 옛 전우들과 함께 중대에 있을 수 없는지 궁금했다.

복잡한 심정으로 푸틀로스에 도착했다. 그곳에서 다시금 전차포 사격 훈련을 받아야 하는 것을 알고 있었지만, 전선에 있던 원 소속부대로 돌아가고 싶은 마음이 간절했다. 훈련장 통제본부에 전입신고를 했다. 동부전선에서 온 참전 경험이 있는 장교들과 몇 개 중대가 이곳에서 최신형 전차인 '티거Tiger' 운용 훈련을 받아야 한다는 것을 알게 되었다. 이 전차는 어느 날 갑자기 유명해졌지만 당시까지 그 전차의 제원에 대해서는 전혀 공개되지 않은 상태였다. 나도 개발 중이던 '티거'의 시제품 몇 개를 본 적은 있었으나 그 형상이 그리 마음에 들지는 않았다.

교육과정의 지도 교관은 폰 뤼티차우von Lüttichau 대위였는데 그와는 러시아에서 이미 알고 지내던 사이였다. 하지만 내게 장교회관 Kasino-Offiziers 관리를 맡긴 건 그다지 달가운 일이 아니었다. 나보다 나이 어린 장교가 없었기에 어쩔 수 없는 노릇이었다. 나중에야 깨달았지만 이 직책을 맡은 건 내게 유익한 일이었다.

우리는 제500보충 및 훈련대대의 주둔지가 있던 파더보른Paderborn으로 이동했다. 이 대대는 향후 모든 '티거' 전차중대의 훈련을 담당했다.

장교회관에서 근무하며 쇼버Shober 대위를 알게 되었다. 그는 훈련 때문에 러시아 전선에서 자신의 중대를 이끌고 그곳에 와 있었다. 뤼티차우는 나에게 어떤 술이든 쇼버가 원하는 대로 내어주라고 지시했다. 그 둘은 매우 절친한 사이였다. 쇼버는 좋은 술을 즐겨 마셨고 거의 매일 나를 찾아왔다. 다른 곳에서는 술을 구할 수도 없는데다 재고는 부족해도 내가 직접 술을 관리해서였다. 시간이 흘러 서로를 알게 되면서 나와도 친한 사이가 되었다. 나도 그에게 호감이 있었다. 그래서 나는 그에게 프랑스산 베르무트Vermouth[23]를 제공했다. 종종 나는 그의 중대원들과 함께 앉아 담소를 나누기도 했다. 어느 날 하루는 그가 내게 이렇게 물었다. 너무나 기뻤다. "카리우스! 귀관이 내 중대로 오면 어떨까?" "대위님! 명령만 내려 주십시오!" 전혀 생각지도 못한 행운이 찾아왔다. 마침 그때 2개 중대가 창설되었는데 전체 교육과정에서 최대 전차 승무원 6명이 필요했다. 그리고 거기에 내가 포함되었다! 나의 건의로 쇼버는 제21연대에서 나와 알고 지내던 폰 X 중위[24]를 부중대장으로 데려갔다.

마침내 이러한 보직 조정으로 나는 장교회관 담당에서 벗어나게 되었다. 쇼버가 항상 자신의 전체 중대원과 함께 마신다는 점을 감안하더라도 그가 소비한 술의 양은 꽤 많았다. 고위급 인사의 초청, 연회를 위해 술 몇 병을 주문받으면 재고가 남지 않는다고 '최대한 공손히' 답해야 했다. 달리 어쩔 도리가 없었다. 내 후임에게 넘겨줄 재고가 전혀 없

---

23 | 와인에 설탕과 약쑥, 용담, 키니네, 창포 뿌리 등의 향료 및 약초를 넣어 향미를 낸 주정 강화 와인의 일종.

24 | 권말 부록에 수록된 전투 일지에는 폰 쉴러von Schiler 중위로 표기되었으나, 회고록 본문에서는 처음부터 끝까지 폰 X라 표기되어 있다. 본서에서는 저자의 의도를 존중하여 폰 X로 표기한다.

었다. 덕분에 인수인계는 간단했다.

이제야 나는 중대 업무에 전념할 수 있었다. 쇼버가 나를 중대원들에게 소개했을 때, 리거Rieger 원사Hauptfeldwebel와 델자이트Delzeit 상사Oberfeldwebel가 나를 보던 그 눈빛을 아직도 잊을 수가 없다. 입대 시절 기차에서 만났던 친구들이 떠올랐다. 나중에 그들도 나의 첫인상을 털어놓았다. 그 표현은 이 정도였다. "맙소사 제프! 중대장이 도대체 어디서 저런 애송이를 낚은 거야?"

외부에서 온 인원이 전투중대에서 신뢰를 얻기는 당연히 어려웠다. 그러나 모든 일은 순조로웠다. 우리가 '티거'를 인수할 프랑스로 출발하기 전 나는 이미 마치 오래전부터 함께해 온 전우인 듯 부대원들과 친숙해졌다. 유감스럽게도 쇼버 대위는 어느 대대를 인수하라는 명령을 받았는데 고별사에서 부하들에게 '귀관들이 나를 신뢰한 것과 같이 카리우스를 신뢰해라!'고 주문했다. 나는 그의 고별사를 오랫동안 잊지 못했고 막중한 책임감을 느꼈다. 내게 주어진 과업에 열과 성을 다했으며 전투에 투입되고 몇 개월이 지난 뒤, 우리 중대는 대대 내에서 장비 손실이나 고장이 가장 적었고 전과 측면에서도 다른 중대를 능가했다. 쇼버가 라트케Radtke 대위에게 중대를 인계했을 때만 해도 나는 그런 성과를 달성해 내리라고 감히 생각도 못 했다. 제3중대장은 외메Oehme 대위였고 제1중대는 1942년 가을 이래로 동부전선의 북부지역에서 '전투 실험' 임무를 수행하며 전투경험을 축적하고 있었다. 우리 중대는 완편된 뒤 레닌그라드 지역으로 이동하기로 예정되어 있었다.

6. 브르타뉴에서
In der Bretagne

우리는 브르타뉴 지방의 플로에르멜Ploermel을 향해 서쪽으로 이동했다. 우리 중대는 아마도 누군가 살다가 떠나버린 성城 하나를 숙영지로 배정받았다. 건물만 덩그러니 남은 매우 황량한 곳이었다. 중대장과 부중대장은 시가지에 있는 별도 숙소에 거주했다. 나는 중대원들과 함께하는 쪽을 선택했다. 함께 전장에 나가려면 서로를 잘 알아야 해서였다. 중대 동료들도 나의 이런 마음가짐을 절대 잊지 않았다. 이렇게 나는 비좁고 곰팡내 나는 우리의 '성' 한구석 방에서 지내야 하는 생활을 기꺼이 받아들였다.

때론 그곳에서 내가 중대원을 위해 저지른 행동이 심각한 사건으로 번지기도 했다. 그 성에서 숙영할 수 있는 곳은 마구간뿐이었다. 우리는 그곳을 정리해야 했다. 바닥도 맨땅이었고 목재 침상도 구할 수 없었다. 부하들의 취침 여건을 만들어 주려면 바닥에 깔 건초 다발을 구해야 했다. 마침 건초를 갖고 있던 어느 농부를 발견했지만 그는 독일군 지역사령부Stadt Kommando의 증명서 없이는 아무것도 내줄 수 없다며 거절했다. 이에 나는 지역사령부로 갔지만 모두 퇴근하고 정문은 굳게 닫혀 있었다. 그래서 다시 농부를 찾아가 내 명의로 증명서를 작성해 주었고 나중에 지역사령부에서 조치를 해 줄 거라고 말했다. 이 사실을 알게 된 대대 지휘부에서는 나를 엄하게 질책했다. 이유인즉 내가 저지른 행동은 절도에 해당하는 범죄라는 것이었다. 만일 우리가 동부전선으로 곧장 이동하지 않았다면 나는 소송을 당했을지도 모를 상황[25]이었다. 전쟁이 끝난 뒤 독일에 주둔한 프랑스 군인들이 점령군으로서 자신들의 욕구를 충족하려 우리 독일인에게 얼마나 가혹한 행위를 일삼았는지 생각하면 새삼 그때 일이 떠오르곤 했다.

또 다른 일화도 있다. 내가 저지른 일이 전쟁범죄였음을 양심적으로 고백하려 한다. 어떤 재판이나 판결도 없이 총살을 시행해 버린 것이다. 도시 외곽에서 실탄 사격훈련 중이었다. 마침 내가 사격할 차례가 되었을 때 인근 농가에서 키우던 수탉 한 마리가 사격장에 들어와 사선을 가로지르며 이리저리 뛰어다녔다. 우리가 사격훈련을 할 때는 가축들을 잘 묶어두라고 마을 주민들에게 이미 통보한 상황이었다. 내가 표적을 정조준한 순간, 표적과 총구 사이에 수탉이 뛰어들었다. 순간 중대장이 크게 고함을 질렀지만 이미 돌이킬 수 없는 상황이었다. 나는 모두에게 재미를 선사하려 표적을 포기하고 그 수탉을 향해 방아쇠를 당겼다. 녀석은 총탄을 맞아 공중으로 튀어 오르더니 이내 꼬꾸라졌고 먹을만한 살점 하나도 없는 처참한 몰골이 되고 말았다. 그곳에 있던 중대장이 나를 호되게 꾸짖는 사이 수탉의 여주인도 울먹이며 달려왔다. 물론 금전으로 보상했지만 그 녀석은 인근에서 가장 실한 놈이었기에 그녀의 슬픔을 달래기에는 역부족이었다.

프랑스 주둔 시절을 떠올리면 적포도주 이야기는 당연히 빼놓을 수 없다. 우리 중대원 중에서는 오스트리아 출신 간부와 병사들이 이 포도주를 특히나 좋아했다. 거의 매일 저녁 만취한 그들을 침대로 데려가는 것이 내 일이었다. 나로서는 정말 미칠 노릇이었다. 중대원 절반 이상

---

25 | 결과는 달랐지만 기본적으로는 독일군 또한 점령지에서 대민피해를 방지하려 나름의 노력을 기울였다는 의미라 할 수 있다.

이 조종수, 포수, 전차장 임무를 수행하는 부사관, 즉 간부였기에 당직 근무자도 일과 이후 시간에는 그들의 행동을 통제할 수가 없었다. 그래서 매일같이 내가 직접 취침시간을 통제해야 했다. 물론 나 역시 내 술잔을 비우며 오스트리아인들의 노래를 감상했고 그런 다음에야 함께 잠자리에 들었다.

훈련소에서나 하는 제식훈련은 그다지 중시되지 않았다. 상급자들이 나타나도 군기든 척 행동하지 않았다. 따라서 그런 것들에 불편함은 전혀 없었다. 게다가 전선으로 다시 떠나기 전에 단 며칠이라도 전우들과 함께 평온하게 지낼 수 있어서 행복했다.

곧 독일에서 '티거'를 인수할 수송팀이 편성되었다. 이 수송팀 중 하나를 내가 맡게 되었고 독일로 갔다가 복귀하는 도중 파리에 잠시 머물렀다. 물론 그곳 사람들에게 말을 거는 것부터가 매우 어려웠지만 그 도시와 시민들은 무척이나 흥미로웠다. 나는 프랑스인들의 태도에 감명 받았다. 분명히 그들은 전쟁에서 완전히 패배했다. 그럼에도 자국 군대에 대해 단 한마디도 하지 않았고 우리 독일군을 비난하지도 않았다. 단 한 번의 패전에도 자기 나라 군대를 나서서 비난하는 행동은 우리 독일인만의 습성이었다.

반대로 내가 파리에서 본 우리 독일군 병사들은 마치 이 전쟁이 독일의 승리로 완전히 끝난 듯 행동했다. 나는 이런 태도에 전혀 공감할 수 없었다. 물론 몇 주 뒤 러시아군과 치열한 전투를 치를 생각이 머릿속을 떠나지 않았기 때문이다.

7. '티거'에 대하여
Portrait des "Tigers"

프랑스로 돌아올 때 우리의 주된 관심은 당연히 신형 전차였다. '티거'의 성능은 과연 어느 정도일까? 그러나 외관은 그리 멋있지도, 내 마음에 들지도 않았다. 너무 둔중하게 보이는 데다가 전면 차체 하부만 약간 경사가 있을 뿐 거의 모든 차체와 포탑 장갑은 수직 형태로 되어 있었다. 타원형 장갑의 강점을 포기하고 그 대신 두꺼운 장갑을 채택한 것이다. 정말 아이러니한 결과였다. 전쟁 전 러시아인들에게 대형 유압 압축기를 제공했는데 그걸로 그들은 굉장히 멋진 타원 형태의 T-34와 T-43[26]을 생산해냈다. 그러나 우리 독일의 무기개발 전문가들은 그런 장갑의 효과를 무시했고 강력한 장갑만으로도 충분하리라 예상했다. 우리 군인들은 그저 이런 현실을 받아들일 수밖에 없었다.

비록 외관은 그다지 멋지지 않았지만 어쨌든 '티거'의 성능만큼은 고무적이었다. 우리는 문자 그대로 700마력 엔진을 탑재하고 무게가 60톤이나 나가는 '티거' 전차를 마치 승용차 운전하듯 손가락 두 개로 포장도로에서는 시속 45킬로미터, 야지에서는 시속 20킬로미터 속도로 조종할 수 있었다. 하지만 장비 보호를 위해 도로에서는 시속 20~25킬

---

26 | 원저 그대로 표기. 실제 T-43은 T-34의 후계 차량으로 1942년에 시제차가 만들어졌으나 양산되지는 못했다. 다만 이때 만들어진 3인용 포탑은 T-34-76의 뒤를 이은 T-34-85 포탑의 원형이 되었다.

로미터, 야지에서는 그보다 저속으로 운행해야만 했다.

전차 내부에서 전투준비에 가장 큰 책임을 지는 사람은 단연 조종수였다. 그는 최상의 상태를 유지하며 '엉덩이'가 아니라 머리로 조종해야 했다. '티거'가 전투력을 발휘하려면 조종수가 신중해야만 했다. 게다가 훌륭한 조종수 — 다른 이들에게는 절대로 '티거'를 맡길 수 없었다 — 는 본능적으로 지형을 파악하는 능력을 갖추어야 했다. 전차장이 기동할 때마다 매번 방향을 지시하지 않더라도 조종수는 야지에서 적절한 지형을 선택하여 기동함으로써 최적의 위치에서 적을 상대하도록 조종해야 했다. 조종수들이 이런 능력을 보유해야 전차장들이 적에게 집중 가능했고 또한 그래야 소대장 또는 중대장이 전투 시 지형에 신경 쓰지 않고도 항상 소대 및 중대의 전차들을 적절히 지휘할 수 있었다.

전차 조종수가 되려면 상당한 용기가 필요했다. 좌우, 전방 시야의 측면에서 조종수는 다른 승무원들보다 훨씬 더 넓은 지역을 볼 수 있다. 하지만 적과의 전투 중에는 교전에 직접 관여할 수 없으므로 주변을 관측하여 다른 승무원들에게 표적을 찾아 주는 등 도움을 주는 한편으로 포탑에 있는 동료들을 전적으로 신뢰해야 했다.

그러한 전차 조종수의 특징을 감안하면 전차장 사이에 포수보다 조종수 출신이 더 많다는 것은 충분히 납득할 만한 했다. 우리 부대를 예로 들어보아도 케르셔Kerscher와 링크Linck는 과거 조종수 출신이었고, 나의 '길잡이Gustav'[27] 카를 바레쉬Karl Baresch는 내가 부상으로 중대를 떠난 1944년에 전차장 임무를 물려받았다.

전투가 끝난 다음에도 승무원들, 그중에서도 특히 조종수의 과업은 끝난 게 아니었다. 아니, 사실상 그때부터가 진짜 시작이었다. 다음날

---

[27] 원문 표현인 'Gustav'의 어원은 스웨덴어로 '기트geat족의 지팡이', 슬라브어로 '영광스런 손님'이라는 의미이다. 본서에서는 '길잡이'라 번역했다.

다시금 완벽한 상태로 전투를 치를 수 있게 준비해야 했기 때문이다. 이를 설명하는 차원에서 몇 가지 흥미로운 제원을 언급하고자 한다.

연료탱크 용량은 530리터였다. 연료를 가득 채우려면 20리터 연료통 Kanister 27개, 또는 드럼통Fässer 3개가 필요했고, 그런 뒤에는 야지를 약 80킬로미터 기동할 수 있었다.

배터리를 보호하고 관리하는 일도 중요했다. 추운 겨울이 특히 관건이었다. 기동이 많지 않을 때도 엔진을 공회전해 가끔 충전해둬야 했다. 그러지 않으면 시동이 걸리지 않는 일도 있었다. 방전되면 승무원 두 명이 하차해서 예전에 항공기 시동을 걸 때와 유사하게 전차 후미에 있는 '관성 시동기'로 엔진 시동을 걸어야 했다. 충분히 공감하겠지만 전투 중에는, 더욱이 적이 보는 앞에서 이렇게 시동하는 것은 그 자체만으로도 매우 위험천만한 일이다. 그렇지만 배터리 성능이 너무 떨어져서 때때로 그런 일들이 벌어졌다. 얼마 뒤 단시간 내에 우리는 하차하지 않고도 시동을 걸 좋은 대안을 찾아냈다. 인접 전차를 이용하는 방법이었다. 시동이 걸린 전차 한 대의 주포를 먼저 후방으로 돌린 다음 방전된 전차 후미에 밀착시킨 뒤 천천히 밀어서 몇 미터 전진하면 대부분 시동이 걸렸다. 무전기, 차내등, 차 외부 라이트, 환풍기 그리고 주포에 장착된 전기식 격발장치 등 거의 모든 장비가 전기로 작동하는 방식이라 배터리의 관리와 보호는 무척 중요한 일이었다.

엔진냉각장치는 120리터 용량의 수랭식 라디에이터와 냉각팬 4개로 구성되었다. 엔진 내부 열기를 방출하기 위해 꼭 필요한 냉각 그릴이 전차 후미에 장착되었는데 전투 중 전혀 위협적이지 않은 포탄 또는 파편 조각이 종종 냉각기를 망가트려 기능 고장이 발생했다.

각종 오일을 살펴보면 엔진에 28리터, 변속기에 30리터, 종감속기에 12리터, 포탑회전장치에 5리터, 환풍 모터에 7리터가 들어갔고 양쪽 공기필터로 먼지를 걸러냈다. 7킬로미터를 기동할 때 엔진은 공기

170,000리터를 흡입하는데 그럴 때면 4에이커 정도를 덮을 만큼 엄청난 먼지를 일으킨다. 170,000리터의 공기는 사람이 10일 동안 숨 쉬는데 필요한 양이다. 그것도 가장 먼지가 많은 전차 후방에서 호흡하는 것과 같다. 이를 감안하면 기동하기 전 에어필터 청소는 매우 중요했다. 실제 운용 시에도 필터 청소를 자주 하면 5,000킬로미터를 기동할 수 있었지만 상태가 불량하면 500킬로미터도 기동하기 어려웠다.

이중 기화기 4개를 통해 엔진에 연료를 공급하고 조속기調速機로 제어했다. 러시아 전차의 튼튼한 디젤 엔진과 비교하면 기화기의 민감성은 독일제 가솔린 엔진의 가장 큰 약점이었다. 반면 독일군 전차 엔진의 장점은 고도의 가속 능력이었다.

전진 8단, 후진 4단이 가능한 반자동 변속기가 장착되어 있었다. 조향장치는 한쪽 궤도를 정지하고 그 동력을 반대쪽 궤도에 전달하는 방식으로 작동했다. 그래서 한쪽 궤도를 전진, 다른 쪽 궤도는 후진하면 제자리 선회가 가능했다. 1호 전차부터 4호 전차의 경우에는 조향 브레이크를 이용해서 동력을 조절했다.[28] 따라서 '티거' 이전에 생산된 전차를 조종하려면 팔 힘이 많이 필요했다. 하지만 '티거' 조종수는 조향 핸들을 이용해 63톤 전차를 승용차처럼 매우 쉽게 조종할 수 있었다.

현수장치는 양쪽에 각각 8개 차축으로 구성되었고 궤도를 지지하는 보기륜이 차축에 3개씩 결합되어 있었다. 반면 중량이 가벼운 기존의 독일 전차에는 보기륜과 지지 롤러가 별도로 장착되어 있었다. 자, 그러면 한번 생각해보자! '티거'의 안쪽 보기륜 하나를 교체하려면 과연 보기륜 몇 개를 탈거해야 할까?

배기량 22리터급 엔진은 2,600RPM에서 최적의 성능을 발휘했고

---

28 | 브레이크를 잡으면 클러치가 작동하면서 원하는 방향으로 회전하는 클러치 브레이크 조향기어 장치.

3,000RPM에서는 금방 과열되곤 했다. 열차 수송을 위해서는 화차에 적재하기 전, 야지용 궤도를 제거하고 폭이 좁은 수송용 궤도로 교체해야 했다. 야지용 궤도가 결합되어 있을 경우에는 화차의 폭을 초과하기에 마주 오는 열차와 충돌할 위험이 있어서였다. 화차 수송을 위해 80톤을 적재할 수 있는 6축 화차가 특수 제작되었고 각 대대는 이 화차로 작전지역까지 이동했다. 철교의 통과 하중을 고려하여 '티거'를 적재한 화차 두 량 사이에는 다른 화물열차 네 대가 연결되어야 했다. 포탑은 유압식 기어로 회전했다. 포수가 페달을 밟아 움직이는 방식이었다. 발을 앞쪽으로 밀면 포탑이 우측으로, 발뒤꿈치로 밀면 좌측으로 회전했다. 깊게 밟을수록 회전속도는 더 빨라졌다. 포탑 회전 시 최고 속도는 한 바퀴에 1분이었고 최저 속도는 60분이었다. 그래서 정밀한 조준이 가능했고 숙달된 포수는 손을 쓰지 않고도 정조준을 실시할 수 있었다.

주포에는 전기식 격발장치가 장착되어 새끼손가락의 가벼운 압력 만으로도 사격할 수 있었고, 이 덕분에 기계식 격발장치로 격발 시에 발생하는 조준선 틀어짐 현상을 방지할 수 있었다.

'티거'의 각진 외형은 불리한 요소였다. 하지만 우수한 무장과 탁월한 장갑 덕분에, 제대로만 운용한다면 어떠한 적 전차도 상대할 수 있었다.

러시아군이 보유한 가장 위협적인 상대는 T-34와 T-43 전차였다. 구경 7.62센티미터 장포신을 장착했기에 정면 기준 600미터, 측면 1,500미터, 후면 1,800미터 거리 내에 이 전차들이 들어오면 매우 위험했다. 개활지 같은 곳에서는 사거리 900미터 정도면 적 전차와 조우해도 '티거'의 구경 8.8센티미터 주포로 제압할 수 있었다. 형태면에서 T-34와 비슷하지만 성능 면에서 우리 '티거'에 필적할 만한, 아니 더 우세할 수도 있는 적 전차는 1944년에 처음 대적한 '스탈린' 전차였다. KW-1, KW-85[29] 전차와 거의 본 적이 없는 적 전차 및 대구경 주포를 장착한 돌격포는 여기서 상세히 설명하지 않겠다.

완편된 '티거' 전차 중대에는 전차 14대가 편제되어 화력 면에서 1개 방공포대대(각 대공포 4문을 보유한 3개 포대)보다도 우세했다. '티거'의 대당 생산비용은 100만 라이히스마르크Reichsmark[30]에 조금 못 미치는 수준이었고, 이 때문에 당시 새로 창설된 중전차대대 수는 매우 적었다. 그런 중대의 지휘관이 된다는 것은 막중한 책임이 부여됨을 의미했다.

---

29 │ KV-1, KV-85. 원저에서는 KW로 표기되었기에, 본서에서는 저자의 의도를 존중하여 원저의 표기를 그대로 사용하였다.

30 │ 독일 제3제국 당시의 화폐단위.

8. 레닌그라드 전선으로의 긴급수송
In Eiltransporten zur Leningradfront

'티거' 운용법을 어느 정도 숙달한 우리는 동부전선으로 가기 위해 기차역을 향하여 이동을 개시했다. 때마침 플로에르멜 시내에 성체축일 Fronleichnamsfest[31] 행사가 열리고 있었다. 화차적재 일정을 시청에 통보한 상태였지만 시가지에 들어서자 주민들의 축제 행렬과 마주쳐 오도 가도 못 하는 상황이 되었다. 그 사람들이야 우리 사정은 관심 밖이었다. 레닌그라드의 독일군 전선에 증원이 필요한지, 아군 보병들이 우리를 얼마나 애타게 기다리는지 그들은 알지도 못했고 알 필요도 없었다. 그렇다고 해도 미리 시청에 협조를 요청한 상황이었기에 우리는 몹시 화가 났다. 결국 시내에서 무려 3시간을 허비한 뒤에야 겨우 적재를 시작할 수 있었다.

'티거' 전차에 관해서 철저히 보안을 유지하라는 지시가 내려왔다. 나사 하나도 보이지 않게 방수포로 덮었다. 하지만 적도 이미 우리만큼이나 이 신형 전차를 잘 알고 있으리라는 생각도 들었다. 기관차를 교체할 때만 정차할 정도로 매우 긴급한 이동이었음을 이내 알게 되었다. 나는 메츠Metz에서 집으로 전보를 보냈고 우리 가족 가운데 누구든 얼

---

31   라틴어로는 Corpus Christi. 기독교 축일로 전통적으로 삼위일체 대축일 이후
      첫 번째 목요일에 치러지나 한국에서는 여기서 다시 3일 뒤인 일요일에 지낸다.

굴을 보고 싶었지만, 그 짧은 시간에 츠바이브뤼켄Zweibruecken에서 자를란트Saarland의 홈부르크Homburg로 올 수 있는 사람은 없으리라 짐작했다. 그러나 자식을 군대에 보낸 어머니는 정말로 무엇이든 할 수 있음을 실감했다. 우리 열차가 홈부르크에 도착했을 때 어머니는 기차역 플랫폼에서 이미 나를 기다리고 있었다. 게다가 운도 좋았다. 마침 그곳에서 기관차를 교체했고 잠시나마 여유가 나서 전선으로 함께 가게 될 동료들을 어머니께 소개해 드리기도 했다. 다행인지 아닌지는 몰라도 독일 본토를 통과해서 레닌그라드로 이동하는 사이에는 우리가 앞으로 무슨 일을 해야 할지, 우리에게 무슨 일이 닥칠지 전혀 알 수 없었다. 그래도 우리는 최신예 전차를 보유했다는 것만으로도 안심했다. 또한 모두가 지난 그 어느 때보다도 훨씬 더 침착한 모습으로 앞으로 치르게 될 전투를 생각하고 있었다.

　우리는 때때로 방수포 아래 숨겨둔 괴물들을 애정 어린 눈빛으로 바라보며 적어도 뭔가를 시작할 수 있다는 자신감을 가졌다! '티거'는 아군 전차 중에서도 '중량급'에 속했다. 1호 전차는 보병들이 '크루프의 스포츠카Krupp-Sport'라는 별명을 붙인 바와 같이, 가장 작고 취약한 차량이었다. 승무원 두 명이 탑승하고 중량은 6톤에 못 미쳤으며 기관총 두 정만을 장착했기에 대 러시아 전쟁 시에는 독일 본토에 그냥 남겨졌다. 2호 전차에는 승무원 세 명이 탑승했으며 1호 전차보다 무거운 편이었고 구경 2센티미터 속사포가 탑재됐다. 당시에는 정찰용으로 경전차 소대에서 운용했다. 3호 전차는 승무원이 다섯 명이었으며 중량 약 20톤에 구경 5센티미터 단포신(후에 장포신으로 개장)과 기관총 두 정이 장착되었다. 3호 전차와 체코제 전차인 38(t)는 대략 비슷한 수준이었다. 38(t) 전차의 단점은 철판 재질이 좋지 못한 것 외에도 승무원이 네 명 탑승한다는 점이었다. 전차장이 관측과 사격을 동시에 해야 한다는 점은 전투력 저하의 요인이 되곤 했다.

각 대대의 중重전차 중대는 4호 전차를 보유했다. 승무원 다섯 명이 탑승했고 중량은 22~28톤 정도였다. 1942년 말까지 이 전차에는 구경 7.5센티미터 단포신이 장착되었으나 그 뒤 동일 구경의 장포신 전차포가 장착되었다.

5호 전차는 그간의 전투 경험을 기초로 새롭게 개발된 '판터'였다. 승무원 다섯 명이 탑승하고 중량 42톤에 구경 7.5센티미터 초장포신 주포와 기관총 두 정, '티거'와 같은 구조의 포탑 구동장치가 탑재됐다.

우리 '티거'에도 다섯 명이 탑승했고 대공포부대에서 이미 화력이 검증되었으며 한층 더 길어진데다 신형 대전차포로도 사용되었던 구경 8.8센티미터 주포와 기관총 두 정, 반자동식 변속기와 700마력 엔진을 포함해 총 60톤의 위용을 자랑했다. 머지않아 우리는 실전에서 이 전차의 전투력을 시험하게 되리라 생각했다.

가치나Gatschina 인근 종착역에서 첫 번째 불운한 일을 겪게 되었다. 별도의 하화下貨시설이 없었던 그곳에서 '티거' 한 대가 '측면으로' 완전히 기울어져 전복되고 말았다. 참으로 불길한 첫날이었다!

우리 대대 예하 제1중대 전투보고서 내용 또한 그리 고무적이지 않았다. 그 중대 전우들은 1942년 9월 4일 이미 레닌그라드 일대까지 진출해 있었고 4주 만에 라도가Ladoga 호수 남쪽에서 첫 번째 방어전을 치렀다. 이후 레닌그라드 일대 진지전에서는 제11군 작전지역에 투입되었고, 1943년 1월 12일부터 4월 5일까지는 포고스티예Pogostje 포위망의 일부인 라도가 호수 남쪽과 콜피노Kolpino 남쪽에서 벌어진 방어 전투에 참가했다.

전투 중에 장비 고장 등 손실이 발생하는 것은 피할 수 없었고, 늦지대에서 작전을 수행할 때는 간혹 전차를 포기해야 할 경우도 있었다. 상부로부터 절대로 단 한 대의 '티거'라도 러시아군에게 넘겨줘서는 안 된다는 엄중한 명령이 내려와 있었기에, 우리는 전소된 전차도 완전히 폭파해야 했다. 러시아군은 '티거'의 잔해만으로도 우리가 신형 전차를 보유했음을 충분히 눈치챘을 터였다. 이후 전투를 치르면서 러시아군이 '티거'를 정확히 분석한 문서를 발견하기도 했다. 모든 러시아군 장병이 우리 약점을 기술한 그 문건을 지니고 있었다. 상부에서 아직 '티거' 운용 교범을 출간하지 않았기에 우리도 훈련 시에 러시아군 문건을 사용했는데 이를 통해 '티거'의 약점을 명확히 알 수 있었다.

1943년 7월 22일 '티거'가 최초로 실전에 투입되었고 그 뒤 8주 동안 매일 전투를 치렀다. 이것이 바로 제3차 라도가 전투였다. 러시아군은 아군이 봉쇄한 레닌그라드와의 통로를 개방하려 모든 수단을 총동원해 세 번째 시도를 했다. 즉 스탈린 운하Stalinkanal와 볼쵸프Wolchow―레닌그라드 간 철로 개방이 작전 목적이었다.

7월 21일, '티거'는 화차에 실려 있었다. 하화하기로 계획한 본래 종착역은 이미 적에게 피탈되어서 간신히 므가Mga 인근 스니그리Sniigri의 소규모 기차역으로 이동했다. 가까스로 화차에서 '티거'를 내릴 때 러시아군 포탄이 이미 우리 근처에 떨어지고 있었고 우리는 다시금 하화대 없이 전차를 내려야 했다.

제3중대는 '하화 직후' 곧장 전투에 투입되었고 중대장 외메 대위와 그뤼네발트Grünewald 소위는 우리가 화차로 도착하기 전 이미 전사한 상태였다.

러시아군은 엄청난 수의 전투기들을 집중적으로 투입해 ― 매우 이례적으로 ― 우리를 노렸다. 마치 우리 공군의 슈투카Stuka를 흉내내듯 주변을 쓸어버렸다. 주 기동로에는 시체들과 동물의 사체들, 그리고 부서진 건물 잔해가 널려 있었다. 이런 똑같은 광경을 1945년 서부 전역에서도 후퇴하면서 본 적이 있다.

우리는 거의 야간에만 도로로 기동할 수 있었고 또한 느린 속도로 이동하는 우마차 부대들 탓에 전방으로 진출하기도 어려웠다.

이런 혼란의 소용돌이 속에서 9월 말까지 러시아군과 교전을 벌였는데, 승자도 패자도 없이 그저 양측 모두 큰 손실만 입은 채로 끝났다. 시냐비노Sinjawino, X고지, 마주렌 도로Masurenweg와 벙커 마을 Bunkerdorf 등, 모든 생존자는 이런 지명을 들으면 분명 치열했던 그날의 전투를 떠올릴 것이다. 전투는 매일 계속되었고 주요 거점은 하루에도 여러 번 주인이 바뀌었다.

한때 우리 중대도 벙커 마을에 투입된 적이 있었다. 나는 남동쪽에서 이 마을로 진입했다. 우리가 그곳에 도착하면 남서쪽 삼림지대에서 또 다른 중대 '티거' 전차들의 지원 하에 협공하기로 되어 있었다. 그러나 우리가 정해진 지점에 도착했지만 다른 중대 전차들은 나타나지 않았다. 왜 우리가 그곳에 홀로 있어야 했는지, 그 이유를 지금까지도 알 수 없다. 결국 우리 중대는 단독으로 러시아군 전차 몇 대 및 대전차부대들과 맞서 싸워야 했다. 전방과 후방이 도대체 어딘지 분간할 수도 없었다. 다행히도 러시아군의 집중적인 공격 속에서 단 한 대의 '티거'도 그곳에 남겨두지 않고 빠져나왔다. 모든 '티거'를 피해 없이 철수한 것만으로도 기뻤다. 그렇게 치열한 전투를 치르면서도 절대로 '티거'를 적에게 넘겨줘서는 안 된다는 상급부대의 명령을 지킨 것은 참으로 대단한 일이었다.

한편 '티거'를 제작한 이들은 나름대로 치밀했다. 포탑 내부의 전차장석 우측에 폭약과 함께 그것을 설치할 거치대를 부착해뒀다. 전차를 유기할 때 주포와 포탑을 폭파하려는 것이었다. 그 옆쪽에 전차장석 주변에는 계란형 수류탄들이 있었는데 이것들도 내게는 불필요한 장식품일 뿐이었다. 나는 그런 자질구레한 것들을 없애버리고 싶었다. 모든 전차장이 각자 알아서 적 포탄을 한 방 맞으면 러시아군에게 온전히 넘어가지 않게, 적어도 적군이 이 전차의 내부나 구조를 알아보지 못하게만 하면 된다고 생각했다. 그래서 나는 폭약을 다른 곳으로 치우고 이 거치대를 슈납스Schnapps[32]병 보관대로 사용했다. 승무원들에게는 폭약보다 슈납스가 훨씬 더 심리적으로 안정감을 주었다.

때때로 우리는 이런 지긋지긋한 전투 속에서 우리의 위안은 오로지 알코올뿐이라고 생각했다. 사람들은 우리가 신형 전차로 승리할 수 있으리라 장담했지만 그런 결과를 얻지 못해 우리 자신도 매우 실망스러웠다. 게다가 시냐비노 고지의 주인이 바뀌듯 우리 대대장도 매우 자주 교체되었다. 많은 전우가 전사했다. 우리 3소대장도, 뒤이어 판슈틸Pfannstiel 하사와 킨즐레Kienzle 하사도 목숨을 잃었다. 플로에르멜의 성에서 지낼 때부터 나와 절친했던 킨즐레는 오스트리아 출신의 유쾌한 친구로, 좋은 옛 시절을 연상케 하는 진짜배기 빈Wien 토박이였다.

또한 몇 차례 상급지휘부에서 내려온 어이없는 조치들은 전선에서 적과 대치 중이던 우리를 몹시 분노하게도 했다. 대표적인 사례를 들자면, 이미 엎질러진 물이었지만 상급지휘부는 아군 공병부대를 시켜 토시노Tossino 인근 늪지대에 기동로를 만들게 했다. 도로 아래에 목재를 넣고 포장하는 방식으로 가치나까지 공사가 완료된 도로는 전선 주기동로들과 연결되었다. 그야말로 완벽한 기동로였다. 하지만 정작 우리는 이 도로를 거의 사용하지 못했던 반면 1944년 1월에 반격에 나선 러시아군은 그 도로를 아주 요긴하게 활용했다. 우리는 거의 3년 내내 늪지에 통나무를 깔아 놓은 통로에 만족해야 했는데 말이다.

통나무길로 이동하는 것은 매우 힘겨웠다! 그 길을 통과해본 사람만이 그 어려움을 정확히 이해할 수 있다. 노변에 휴식 또는 정차를 위한

공간들도 있었지만 차들이 도로를 벗어나는 것을 꺼렸기에 차량 정체
는 빈번했다. 전선에서 멀리 떨어진 후방지역이었지만 이런 통나무 도
로에서 벗어나는 것 자체가 불가능하기도 했다. 도로 좌·우측에 늪지대
가 산재해서 일단 빠지면 다시 나올 수가 없었던 탓이다.

한 번은 이런 도로를 이동하며 불쾌한 일을 겪었다. 상급부대 지휘소
에서 회의를 마치고 다시 전선으로 향하는 길이었다. 항상 그랬듯 매우
급히 서둘렀다. 내 뒤에서 갑자기 차량 한 대가 미친 듯이 경적을 울려
댔다. 처음에는 내가 노변 주차공간으로 들어가서 그를 먼저 통과시키
려 했다. 내가 탄 차량보다 훨씬 더 크고 고급스러운 차량이었던 데다
가 몹시 다급해 보였기 때문이었다. 그러나 그 어디에도 차를 세울 만
한 공간은 없었다. 또한 그런 노변에 차량을 정차하더라도 다시 도로로
진입할 수 있는 상황이 아니었다. 후속 차량들이 정지하거나 양보해줄
리 없었다. 더욱이 그 차량에 상급부대 참모 깃발이 달린 것을 보았지
만 어쩔 수 없이 나는 그냥 계속 가기로 했다.

언제나 그렇듯 교통체증으로 결국 차량들이 멈춰 섰다. 그러자 어느
새 뒤 차량에서 내린 고위급 장교가 내게 다가와 고래고래 소리를 질러
댔다. 북부 전선 지구 사령관Commander of Heeresgruppe Nord, 린데만
Lindemann[33]의 참모부 소속 대위였던 그는 내게 차마 입에 담을 수 없는
욕을 퍼부었다. 나도 가만히 있지 않았다. 내가 전선에 빨리 복귀하는 것
역시 '당신'이 전방을 시찰하는 것만큼 중요하며 만일 우리가 전선을 유
지하지 못하면 '당신'도 이런 곳에 차량을 타고 올 수 없을 거라 항변했
다. 그러자 그는 내게 신분증을 내놓으라고 소리치곤 잔뜩 화가 난 표정
으로 이렇게 말했다. "사령관님께서 곧 귀관을 출두시키실 거네. 귀관은
거기서 무엇이 더 급한 일인지 확실히 알게 될 거야!"

---

33 │ 게오르크 린데만Georg Lindemann(1884~1963)

이튿날 정말로 나는 그의 말대로 무엇이 더 중요한 일인지 깨닫게 되었다. 린데만은 서부방벽[34]에 근무할 때 내 아버지와 각별한 사이였기에 나를 매우 밝은 표정으로 맞아 주었다. 덕분에 호통은커녕 아주 화기애애한 분위기로 대화를 나눴다.

내가 린데만의 사령부로 출두했다가 즐거운 표정으로 히죽히죽 웃으며 복귀하자 깜짝 놀란 동료들은 이렇게 말했다.

"저놈은 항상 운이 좋단 말이야!"

몇 주 뒤 러시아군은 라도가 호수 남부지역에서 마침내 공세를 중단했고 다시 전선은 소강상태에 들어갔다. 우리는 주전선HKL Hauptkampflinie에서 이탈하여 가치나 인근 체르노보Tschernowo에 지휘소를 설치했다. 거의 모든 전차에 정비가 필요했고 그 중 일부는 기능 고장으로 정비반 수리를 받아야 했다. 중대장의 전출로 당시까지 부중대장이었던 폰 X 중위가 중대 지휘권을 맡게 되었다. 그로부터 이듬해 여름까지 중대장을 제외하면 중대에서 장교는 오로지 나 하나뿐이었다.

우리 부대가 휴식하는 동안 나는 레닌그라드로 향하는 주기동로, 가치나에서 북쪽 강변도로와 그 사이에 있는 간선도로를 정찰하라는 임무를 받았다. 이를 통해 전선에 위치한 보병부대와 접촉을 시도했고 모든 교량과 배수로의 통과 하중을 파악해야 했다. 필요하다면 공병의 지원을 받아 '티거'의 차폭에 맞게 교량을 보강하고 그 지점에는 우리 부대의 전술부호인 맘모스 표식을 부착했다. 그러나 유감스럽게도 우리가 힘들게 작업한 것을 활용한 최대의 수혜자는 다름 아닌 러시아군이었다. 1944년 이곳으로 반격할 때 우리가 공사한 통로를 이용한 것이다.

이러한 정찰을 통해 전체적인 레닌그라드 전선을 볼 기회가 있었다.

34　지크프리트Siegfried 라인, 약 630킬로미터에 걸쳐 독일의 서부국경을 따라 구축된 방어선으로 18,000개의 벙커와 대전차장애물, 참호 등이 설치되었다.

주기동로에서 전방으로 수 킬로미터 지점에 위치한 항구에 크레인 하나가 서 있었는데 이것이 아군에게는 매우 위협적이면서 적군에게는 매우 양호한 관측소였다. 아군의 포병으로도 제압하기 어려웠다. 또한 레닌그라드 전철 종착역 부근의 주전선 지역에도 가 보았다. 포격으로 파괴된 전철 위에 올라 이 도시 전체를 조망하면서 문득 이런 생각이 들었다. 러시아군의 저항이 거의 없었던 1941년에 우리는 왜 이 도시를 점령하지 않았을까?

아군의 포로수용소에서 일했던 어느 러시아인 간호사 — 그녀는 한 대령의 운전기사였고 어느 날 지뢰지대로 차를 몰았다는 죄로 전투부대에 전속되었다가 아군의 포로가 되었다. — 는 우리에게 다음과 같이 이야기했다. 1941~42년 겨울, 레닌그라드는 거의 아사餓死 직전으로 시체가 장작처럼 쌓였다고 한다. 이제 이곳 사람들의 생활은 다시금 정상을 되찾았고 평화로운 분위기 속에서 자신의 일터로 나간다고 한다. 독일군이 언제 어디서 사격할 것인지 그리고 아군의 탄약이 부족하다는 것도 알고 있다고 했다. 다른 포로들의 증언에 따르면 1941년 이 도시에는 군인이 한 명도 없었고 러시아인들은 레닌그라드를 사실상 포기했었다고 한다. 독일군의 하급부대 취사반에 근무하던 운전병들조차도 레닌그라드를 함락하지 못한 것을 아군에게는 다시는 없어야 할 치명적인 실수라고 여길 정도였다.

거의 3년 동안 전선 상황은 지지부진했고 언젠가 반드시 닥칠 러시아군의 공격을 효과적으로 저지할 근본적인 대책은 전혀 없었다. 사단장들은 1943년 가을, 그러니까 3년 뒤에 특별히 위험한 주 전투지역 후방에 전차 진지들을 구축하기 위해 본토에서 굴삭기를 보내주겠다는 통보를 받았다. 하지만 이 굴삭기들이 도착했어도 이미 땅이 얼어붙어서 당장 투입하기도 어려운 지경이 되었다. 그리고 다음해 봄이 되자 러시아군이 굴삭기를 사용하기에 아주 좋은 환경으로 바뀌고 말았다.

레닌그라드를 신속히 함락해 동부전선의 북부지역 교두보로 활용했다면, 1942년 초 차후 공격을 위한 유리한 지역들을 획득할 수도 있었을 것이고 우리도 견고하게 구축된 진지에서 겨울을 날 수 있었을 것이다. 그러나 레닌그라드 확보를 제쳐두고 먼저 모스크바 공략이 시행되었다. 그 공세는 러시아의 수도 확보를 눈앞에 둔 순간에 라스푸티차, 즉 진흙탕에 빠져 돈좌되고 말았다. 1941~42년 혹독한 겨울에 무슨 일이 벌어졌는지를 말이나 글로는 표현하기는 도저히 불가능하다. 당시 독일군 장병들은 극도로 힘든 조건에서, 동계에 이미 완벽히 적응하고 최적의 장비로 무장한 러시아군 사단과 맞서 싸워야 했다. 아군의 연대 병력, 좀 더 정확하게 말하면 살아남은 이들은 사지가 얼어붙고 거의 아사 직전이었으며 정신적으로도 피폐해진 상태에서 지옥보다 더 참혹한 몇 개월을 견뎌냈다. 우리가 열악한 방어진지 속에서 그해 겨울을 버텨낸 것은 오늘날 생각해도 너무나 놀라운 일이다.

전쟁 기간 중 군부대의 전투력을 저해시키는 피해를 주었거나 사보타주 또는 이와 유사한 범죄행위로 극형을 받은 이들, 강제수용소에 끌려갔던 이들, 그래서 훗날 영웅이나 순교자로 추앙을 받은 이들이 있다. 그러나 동부전선에서 난생처음으로 그리고 한두 번 이상 겨울을 보낸 사람들은 그런 이들을 측은하게 여기지 않는다! 우리 같은 장병들은 과연 죽음을 기꺼이 받아들이며 최전선에 섰을까? 살아서 돌아가고 싶지 않은 이가 어디 있을까?

우리가 살아서 고향에 돌아가는 것은 바람직하지 못하단 말인가? 히틀러의 혜안, 괴벨스Goebbels의 목소리 또는 괴링Göring의 유니폼에 열광해서 그 모든 역경을 견뎌냈다는 억측은 어불성설이다. 그런 이야기를 믿을 사람도 없다! 물론 '정부'와 '조국'은 분명히 다르다! 그저 '나라의 법률'이 명령하는 대로 우리가 있어야 할 자리를 지켰을 뿐이며 전력을 다했을 뿐이다. 더불어 그 당시에는 그런 것들을 깊이 생각할 겨를이 없었다. 우리는 고통과 추위, 굶주림으로 거의 제정신이 아니었다. 엄청난 공포 속에서 그저 직감에 따라 행동했다. 동쪽으로부터 우리 독일과 서유럽 전체에 큰 위험이 닥쳐오고 있다는 생각에 그것을 막아야 한다고 여긴 것이다.

우리는 그토록 고통스러운 전쟁을 성토하며 레닌그라드 앞에 있었다. 명령이 떨어졌을 때 다시 전투를 시작하는 것은 우리에게 당연한 의무였다. 독일의 군인정신은 불확실한 상황으로 기꺼이 뛰어들어 그것을 해결하는 것이다. 우리 독일군은 비관적인 상황에서도 항상 전혀 예상치 못한 결과를 이끌어냈고, 패배가 확실한 상황에서도 승리를 만들어냈다. 모두 스스로 이런 능력을 발휘해야 한다고 생각했던 것이다.

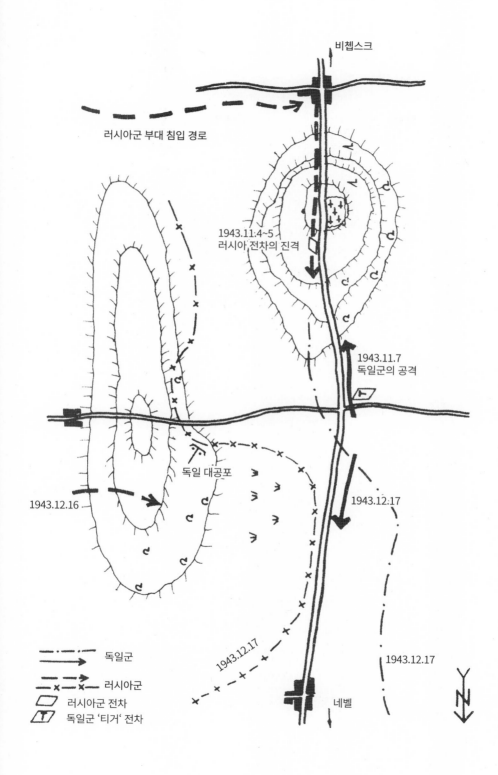

비쳅스크

러시아군 부대 침입 경로

1943.11:4~5
러시아 전차의 진격

1943.11.7
독일군의 공격

독일 대공포

1943.12.16

1943.12.17

1943.12.17

1943.12.17

네벨

독일군

러시아군

러시아군 전차

독일군 '티거' 전차

N

9. 네벨 방어전
Abwehrschlacht bei Newel

　라도가 호수 일대 전선은 어느 정도 소강상태에 접어들었다. 비로소 제대로 휴식을 취할 수 있다고 생각했는데 갑자기 화차 이동 명령이 떨어져서 당황스러웠다. 우리가 임무를 수행한 지역은 러시아군이 기습 공격으로 탈취한 네벨Newel 일대였다. 전혀 예측하지 못한 기습이었다. 일부 아군부대가 극장에서 영화를 관람하다가 적군의 포로가 됐을 정도로 무방비했다. 완전한 공황 상태였다. 심각할 정도로 경계를 소홀히 한 네벨 지역사령관은 훗날 직무태만으로 군사 법정에 서야 했다. 합당한 처벌이었다.

　우리의 임무는 벨리키예Welikije－루키Luki－네벨－비쳅스크 Witebsk 간 주기동로를 반드시 개방하여 아군 보병부대들이 이 도로의 동쪽에서 가능한 유리한 진지를 점령하도록 여건을 조성하는 것이었다. 어쨌든 러시아군과 싸워 격퇴해야만 했다. 우리는 전투에서 곧 예상치 못한 일들을 겪으면서 적군의 실체를 서서히 깨닫게 되었다.

　우리가 주로 전투했던 지역은 네벨 남쪽 일대였고 이곳에는 1941~42년 동계 전투 사이 어느 정도의 간격이 발생했다. 그곳은 온통 늪지대로 피아 쌍방에게는 일종의 천연장애물이었다. 그런데 네벨 지역을 러시아군이 돌파한 뒤, 그들이 소부대 침투 기동으로 늪지대를 극복해냈다는 놀라운 사실이 밝혀졌다. 그들의 목적은 전차부대의 기동로를 차단하기 위한 것이었다. 이에 우리에게 그 지역을 경계하는 임무가 부여되었고, 내가 탑승한 전차 한 대를 그곳에 먼저 투입한 뒤 중대의 나머지 전차들을 후속시키기로 했다. 적군은 식별되지 않았다. 우리가 확보해야 했던 전방의 주기동로는 좌우로 뻗어 있었다. 우측으로는 오르막이었고 약 2,000미터 이후, 즉 언덕 뒤편은 관측이 불가능했다. 대대의 나머지 부대가 그 언덕에서 우리 쪽으로 이동하여 로베츠Lowez와 네벨 사이에 구축된 아군 방어선에 증원될 예정이었다. 그날은 11월 4일이었다. 나의 전차 조종수인 쾨스틀러Köstler 하사가 손상된 좌측 궤도를 정비하는 동안 우리는 전차에서 하차해 있었다. 우리는 야지에 서서 앞서 말한 고지를 넘어 오른편 주기동로로 달려오는 전차들을 바라보았다. 당연히 아군 전차라고 짐작한 우리는 매우 흡족했다. 그런데 통신수는 아군 전차의 이동에 관해 어떤 무전도 듣지 못했다고 말했다. 그순간 선두로 달려오는 전차가 또렷이 보였다. 전차 위에는 보병들이 타고 있었다. 너무나 당황스러웠다. 러시아군이었다. 쌍안경으로 보니 우리 쪽으로 뭔가 경의인지 조의인지 모를 제스처를 취하는 러시아군의 모습이 크게 보였다 우리는 모두 재빨리 승차하여 각자의 자리에 앉았다. 그러나 적군은 우리에게 전혀 주의를 기울이지 않았다. 우리를 완파된 전차로 인식하고 교전을 하리라고는 예상치 못한 듯했다. 내 조종수인 쾨스틀러는 하마터면 내 계획을 망칠 뻔했다. 그는 적 전차가 나타나면 항상 흥분했다. 게다가 전차포 사격이 늦었다고 생각되면 적 전차를 들이받아 제압하는 것을 최선이라 여겼다. 그는 이미 엔진 시동을 걸고 계속해서 우리에게 주포사격을 독촉했다. '침착하게 대기한다'라는 개념을 전혀 이해하지 못하는 것만 같았다. 당시 나의 포수는 클라우스Clajus 하사였다. 여기서 잠시 말하자면, 애주가인 클라우스 하사는 입대 전에는 졸업을 앞둔 대학생이었고 예전의 상관들과는 달리 나와 돈독한 사이였다. 유감스럽게도 우리는 얼마 안 되어 헤어지게 됐다. 학업을 위해 신청한 휴가가 승인되어서다. 나는 주신酒神 바쿠스 Bacchus를 사랑한 그가 멋지게 학위를 따길 기원했으며, 오늘날 그는 모 회사의 책임 엔지니어로 일하고 있다. 다시 당시의 전투상황으로 돌아가자. 내가 "사격 개시!"라고 명령하자 순간 쾨스틀러는 이성을 잃고 전차를 기동하려 들었다. 러시아군은 기껏해야 60미터 거리에 있었다. 클라유스가 사격한 탄은 적 전차의 포탑과 차체 사이를 정확히 꿰뚫었다. 그 전차는 도랑으로 굴러떨어지더니 이내 연기를 내뿜었다. 승무원들은 모두 숨이 끊어진 듯했다. 러시아군 보병들은 기동로 좌·우측 야지로 흩어졌다. 이때 클라유스는 완전히 공황에 빠져 서로 충돌하며 방향을 바꿔 도주하려던 나머지 적 전차들을 제압했다. 그들은 이미 우리와의 교전을 포기한 듯했다. T-34 전차 12대 중 겨우 두 대만 달아났다.

저녁 무렵 우리는 샤이쿠니차Scheikunicha 방면에서 소규모 전투를 지원하라는 지시를 받고 북쪽으로 이동했다. 우리 진지와 그 일대 경계를 대공포부대에 인계했다. 이틀 뒤 나는 원래 있던 곳으로 복귀해 3중대 소속 전차 한 대를 증원받았다. 전차장은 디트마르Dittmar 중사였다. 러시아군이 그렇게 큰 피해를 봤으니 이곳으로 전차를 투입하지는 않으리라 짐작했다. 그러나 늘 그렇듯 우리는 그 녀석들의 완고함을 과소평가했다. 그들은 정오 무렵 이틀 전과 정확히 똑같은 장소에 모습을 드러냈다. 물론 이번에는 전투에 대비해 해치를 닫고 포탑을 우측으로 반쯤 돌린 상태였다. 아마도 적군은 아군의 대공포만을 식별하고 우리를 보지 못한 듯했다. 그들에게 가장 위협적인 존재는 바로 우리였다. 곧 적 전차 몇 대가 완파되었고 남은 전차들은 완파된 전차들을 피해 어디로든 움직이려고 무척이나 애썼다. 전차는 모두 다섯 대였다. 그 다섯 대가 동시에 기동한 것, 그리고 오로지 고지 일대에만 주의를 기울인 것이 바로 그들의 치명적인 실수였다. 적 전차들이 사격을 개시 ― 물론 매우 부정확했지만 ― 하자, 우리만 믿고 있던 대공포 부대원들도 대응 사격에 나섰다. 우리는 적 전차 세 대를 완파했고 정신을 차린 대공포부대들이 나머지 적들을 제압했다. 그 뒤에 우리는 고지 일대를 잠시 정찰했다. 정말로 러시아군은 통과할 수 없을 것만 같았던 늪지대로 계속해서 장비를 이동시켰다! 저녁 즈음 우리는 주둔지로 복귀했고 거기서 다음 날 아침 그 고지 후방에 있던 마을을 점령하라는 임무를 부여받았다. 아군 보병연대가 이용할 통로를 개방해야 했다. 어둠이 몰려올 무렵 나에게 전차 두 대와 구경 2센티미터 4연장 대공포 세 문이 추가로 배속되었다. 이 대공포는 지상 표적을 사격할 때에도 파괴력이 탁월했다.

달빛이 밝은 밤이었다. 나는 가능한 빨리 공격하기로 결심했다. 적에 대한 기습으로 수적 열세를 극복할 수 있다고 생각했다. 나는 전투대형을 다음과 같이 편성했다. 나의 '티거'가 선두에 서고 4연장 대공포와 전차를 한 대씩 번갈아 배치해 후속하게 했다. 우리는 그 마을에 근접할 때까지 등화관제 전조등만 켜고 기동했다. 놀랍게도 적군의 사격은 없었다. 아마도 러시아군은 우리를 자기네 기계화부대로 오인한 듯했다. 그 마을 어귀에 이르자 대공포들이 포문을 열었다. 어느 포수가 내 명령을 어기고 기동로 좌측 가옥들에 사격을 가했는데, 그 순간 동쪽에서 불어온 바람이 도로에 연기를 일으켜 우리 시야를 가렸다. 우리는 마을로 들어가 가옥들 옆에 무방비로 있던 러시아군 대전차포 세 문을 유린했다. 나는 사주경계를 위해 전차와 대공포를 분산 배치하고 보병연대에 상황을 통보했다. 그 연대가 이 마을로 들어와 가옥들을 수색했고 아침에는 북쪽으로 향하는 통로로 계속 진출할 수 있었다. 다행스럽게도 이번 기습 간에 아군의 손실은 전혀 없었다. 러시아군 전차 두 대만이 우리를 피해 달아났다. 만약 우리가 주간에 공격했다면 적들은 엄청난 화력을 쏟아부었을 터다. 이는 우리가 노획한 적의 장비들을 보면 충분히 짐작되었다.

아군은 앞서 언급한 정면의 간격을 예의주시하고 그 틈을 차단하려 모든 노력을 기울였다. 하지만 러시아군은 침투를 위한 좁지만 기다란 '파이프'를 구축하는 데 성공했다. 그들은 그 통로를 이용해 병력과 물자들을 계속해서 날랐다. 아군의 열세한 전력으로는 그 침투지점의 통로를 차단하는 것도 불가능했다. 그래서 통로로 들어온 내부 적군과 외부 적군 사이의 연결을 차단하여 포위망을 구축하는 것도 역부족이었다. 날이 갈수록 그 '파이프'가 확장되어 어쩌면 우리가 러시아군에게 역포위를 당할 가능성도 커지고 있었다. 그래서 러시아 전역 기간 중 "누가 누구를 포위한 거야?"라는 질문이 종종 회자 되곤 했다. 이에 우리는 그 '파이프'를 통해 들어온 적군을 제압하여 더 진출하는 것을 차단하기 위해 서쪽으로 이동했다. 그러나 그곳은 전차를 운용하기에는 적절하지 않았다. 사방이 얼음과 눈으로 덮여 있었지만 그 아래쪽은 일단 빠지면 헤어나올 수 없는 늪지대였다. 또한 전방에 보이는 넓은 숲도 그리 좋은 느낌이 들지 않았다. 그러나 동부전선의 북부지역 환경을 감안하면 그나마 나쁘지 않았다.

11월 10일 우리는 푸가치차Pugatschicha에서 역습을 감행하여 '파이프'가 확장된 어느 한 지점을 절단했다. 높은 산악지역으로 약 5킬로미터 정도를 진격했고 그 일대는 바로 직전에 러시아군에게 독일제 구경 8.8센티미터 장포신 대전차포 두 문을 빼앗긴 곳이었다. 우리는 그 화포들을 발견했는데 파손되지도, 사용하지도 않은 상태였다. 아마도 러시아군은 이것을 사용할 줄 몰랐던 것 같았다. 나는 그 화포들을 모두 폐기하기로 했다. 러시아군이 우리를 상대로 그 화포의 관통력을 시험할 기회 자체를 주고 싶지 않았다. 우리가 방심하고 계속 진격하고 있을 때 어디선가 '쾅' 하는 소리가 들렸다. 그 순간 아군 전차 중 한 대에서 불꽃이 튀었다. 다행히 그 전차의 승무원들은 구조되어 다른 전차로 옮겨 탈 수 있었고 이에 우리는 재빨리 숲길에서 벗어나 다시 주도로로 향했다. 어쨌든 정찰을 통해 이곳까지 전개한 적군은 매우 작은 규모였음을 알아냈다. 그러나 총체적인 상황은 매우 불확실했다. 상급부대 어느 누구도 정확한 전선 상황을 우리에게 통보해 줄 수도 없었다.

이즈음 울지도 웃지도 못할 소소한 사건이 벌어졌다. 경계근무를 하러 전차를 타고 이동하던 중에 저 멀리서 말을 탄 전령이 다가왔다. 우리는 말을 놀라게 하지 않으려 천천히 기동했다. 그러나 거의 마주칠 정도로 가까워지자 그 망아지는 날뛰기 시작했고 불운하게도 전차의 왼쪽 궤도 앞으로 뛰어들었다. 내 조종수가 브레이크를 밟을 틈도 없었다. 그 순간 뛰어내린 전령은 크게 다친 말을 안락사시켰다. 우리는 그 전령을 소속 부대로 데려다주었고 내가 그에게는 이 사건에 책임이 없음을 진술해 주었다. 그 뒤 사고장소로 돌아왔는데 말의 사체가 보이지 않았다. 내 부하들이 그 사체를 전차에 묶어서 끌고가 취사반에 옮겨놓은 것이다. 그곳에서 말을 발견했다. 그렇지 않아도 식량이 부족했던 터에 우리는 말고기로 영양을 보충할 수 있었고 더 나아가 추위 덕에 며칠 동안 나눠서 보관할 수도 있었다. 다음 날 저녁으로는 고기완자가 나왔다. 사정을 전혀 몰랐던 중대장은 완자 세 개를 먹더니 취사반의 요리 솜씨를 칭찬했다. 하지만 내가 중대장에게 사건의 전말에 대해 설명하자 그는 진짜로 구토를 하고 말았다. 그 말고기를 완전히 먹어 치웠다는 확신이 들 때까지, 즉 그 일이 있고 나흘이 지나도록 그는 고기를 입에도 대지 않았다.

며칠 뒤 전선 분위기가 험악해졌다. 우리는 경계를 위해 작은 언덕에 진지를 편성했고 그곳에서 세르게이체보Sergeizewo 마을을 잘 내려다볼 수 있었다. 마을 자체는 우리가 장악하고 있었으나 그 뒤쪽에는 러시아군이 진지를 구축한 상태였다. 곧 적이 공격하리라 예상한 아군은 적을 격퇴할 만반의 준비를 갖춘 상태였고 우리 전차 중대의 임무는 이를 지원하는 것이었다. 저녁 무렵 정말로 러시아군의 보병부대와 전차 4대가 숲속에서 모습을 드러냈다. 고지대에 진지를 편성했기에 우리는 적군의 공격을 매우 쉽게 막아낼 수 있었다. 더욱이 전차장들은 전차 밖에 서서 사격을 지휘했다. T-34 4대가 화염에 휩싸이자 러시아군 보병들은 숲속으로 퇴각했다.

전투는 그해 말까지 계속되었다. 11월 25일에 아군 제503보병연대의 1개 대대가 세르게이체보 서쪽 숲 일대를 공격하기로 되어 있었고 우리가 전차 4대로 이 부대를 지원해야 했다. 공격은 계획대로 새벽녘에 개시되었다. 우리 전차들은 각자 진지를 점령했다. 전방을 바라보니 보병 전우들이 숲속으로 앞만 보며 달려가고 있었다. 조금은 놀라운 광경이었다. 그들의 용기도 대단했지만 러시아군이 아무런 반응을 하지 않아서 더욱 이상했다. 우리가 70미터 정도 전진하자 비로소 그 수수께끼가 풀렸다. 숲을 향해 급히 달려간 이들은 아군이 아니라 러시아군이었다. 그들은 야간에 참호를 파고 있다가 우리가 공격하자 퇴각하던 것이었다. 아군 보병들은 우리가 먼저 사격해 주리라 짐작하고 전차 좌·우측에 전개해서 여전히 대기하고 있었다. 새벽녘의 어둠 탓에 우리가 착각했던 것이고 반면 러시아군으로서는 엄청난 행운이었다. 조금 전 개활지에서는 사격으로 쉽게 제압할 수 있었지만 이제는 숲속에 있는 그들과 싸워야 했다. 전투는 계속되었고 저녁 무렵 보병대대장 요한마이어Johannmeyer 대위가 러시아군 저격수의 총탄을 맞고 폐 관통상을 입었다. 우리는 모두 그가 야전중앙구호소로 이송되더라도 도착하기 전에 사망할지 모른다고 우려했다. 그 뒤로 그의 소식을 듣지 못하다가 1944년 내가 야전병원에 입원하여 뜻밖에 그를 만났을 때는 너무나 기뻤다. 그는 중상을 입기 전에 329번째 백엽 기사 철십자장Eichenlaub을 받기로 결정되어 있었는데 하마터면 그 훈장을 받지 못 할 뻔했다.

✠

    12월 2일에 나는 츠베티Zwetti 상사와 함께 고루슈카Goruschka 인근으로 전개했다. 보병과 함께 진격해서 '파이프'를 더 죄어 포위망을 만들려 했다. 러시아군은 우뚝 솟은 작은 언덕에 완벽한 진지를 구축했다. 전부터 그들의 진지구축 능력은 탁월했다. 러시아군은 언덕 후사면과 양 측방 수풀 지대에 중화기, 즉 대전차포와 박격포 등을 배치했고 물론 그 위치는 우리 사거리 밖이었다. 우리는 도로를 이용해 좀 더 전진해야 했다. 또한 그 도로 중간에는 교량이 하나 있었는데 전차의 중량을 견디기 힘들어 보였다. 우리가 나타나자 러시아군은 박격포탄을 날려 보냈다. 거기서 매우 고집스러운 아군 공병 중대장 탓에 내가 격분한 일이 있었다. 그는 전차가 그 교량을 통과하기 어렵다는 사실을 인정하면서 교량 오른편의 낮은 여울로 건널 수 있을 거라며 우리에게 그 실개천을 넘어가라고 지시했다. 물론 러시아군이 뻔히 바라보는 가운데서 교량을 보강하기를 거부하는 그의 심정도 이해할 수 있었다. 그러나 나도 마찬가지였다. 만일 그 여울에 전차가 빠져서 자력으로 나오지 못하면 적군의 눈앞에서 견인해야 했는데, 나로서도 그런 위험한 짓을 하고 싶지는 않았다. 그 대위는 어느새 내 앞에 나타나서 즉시 공격하라고 독촉했다. 격론이 벌어졌다. 러시아군도 우리의 격한 언쟁을 기뻐하는 듯 포격으로 환대해 주었다.

    언쟁 막바지에 그는 나를 나태하며 비겁하다고 말했고 나는 내 재킷에서 기사 철십자장을 잡아채 그의 발 앞에 내동댕이쳤다. 그리고는 전차에 올라 기동을 시작했다. 전차가 실개천에 들어가는 순간 완전히 빠져버렸다. 차체는 거의 잠겼고 포탑만 남아 있을 정도였다. 그 대위는 이제야 자신의 과오를 깨달았는지, 어느새 '뒤도 돌아보지 않고 바람처럼' ─ 사람들이 흔히 말하듯 ─ 사라졌다. 하지만 그를 비난할 여유도 없었다. 우리의 어이없는 행동을 지켜본 러시아군들 중 가장 가까이에 있는 녀석들이 내 전차의 포탑 해치까지도 직접 사격할 수도 있었기 때문이다. 나는 츠베티에게 수신호를 보내서 그의 전차와 우리 전차에 견인케이블을 연결했다. 그 순간 박격포탄의 파편 조각이 날아와 내 관자놀이에 박혔다. 하지만 그 외에 아무 일도 벌어지지 않은 것은 천운이었다. 아무튼 고생 끝에 전차를 뒤쪽으로 끌고 나오는 데 성공했다. 그 뒤 포수를 시켜 파편 조각을 제거하자 상처에서 피가 무척이나 많이 났다. 분명히 피부 속 굵은 혈관이 손상된 듯했고 츠베티는 능숙하게 '압박붕대'를 감아주었다. 우리 군의 '응급처치' 교육 훈련이 탁월하다는 것이 입증된 순간이었다. 붕대는 마치 멋진 백색 터번Turban 같았고 설원에서는 완벽한 위장이었다. 동절기에는 항상 그랬듯 전차에 흰색 페인트칠을 했기에 내 머리는 멀리서도 전혀 보이지 않았다. 불행 중 다행이었다. 그날 저녁에는 그 공병 대위가 내가 내던진 훈장과 함께 사과 편지를 보내왔다. 미안하다며 내일 아침까지 교량을 사용할 수 있도록 보강해 주겠다는 내용이었다. 다음날 새벽녘에 약간 흔들리긴 했으나 우리는 문제의 그 교량을 무사히 잘 건널 수 있었다.

행운과 능숙함으로 우리는 어느 지뢰지대를 통과했다. 이때 나는 츠베티에게 내 전차의 궤도 자국을 따라 후속하라고 지시했다. 어느덧 우리는 러시아군 진지와 매우 가까운 거리에 진출해 있었다. 전방 언덕 중턱에 구축된 러시아군 참호들을 관측할 수 있었다. 일단 아군 보병들에게 한숨 돌릴 여유를 주려 우리 자체 화력으로 적을 제압하기로 했다. 츠베티는 재빨리 지뢰지대 일대를 경계하고 있던 대전차포 두 문을 제압했다.

이번에는 우측 근방에 있던 러시아군이 우리를 향해 대전차 소총 사격을 했고 순식간에 관측경이 파손되었다. 츠베티는 대전차총 사수를 찾으려 했으나 허사였다. 놈들은 여기저기서 나타났다가 번개처럼 사라졌다. 러시아군 참호들 전체에 걸쳐 '의심스러운' 지역에 사격을 퍼부었지만 러시아군도 지지 않겠다는 듯 참호 뒤에서 수류탄을 던지기도 했다. 우리가 조금 더 앞으로 나가자 첫 번째 대전차 포탄이 '휙'하고 내 머리 위로 날아갔다. 아무래도 보병들이 우리 위치까지 오기 전에 더 전진하기는 무리라고 판단했던 것 같다. 그래서 우리는 아군 보병의 모습을 전혀 보지 못한 채 몇 시간 동안 정지해 있었다. 아군 보병은 참호 밖으로 절대 나오지 않았다. 러시아군이 숲 전체를 장악한 탓이었다. 우리도 해치를 굳게 닫고 있어야 했다. 적군이 위쪽에서 전차 내부로 조준사격을 할 가능성이 있었다.

츠베티는 내게 무전을 보내왔다. 내 전차 후미 아래쪽에 물웅덩이가 생겼다는 것이었다. 불길한 예감이 들었다. 조종수가 시동을 걸자 그 순간 냉각수 온도계 바늘이 110도 이상으로 솟구쳤다. 러시아군의 대전차총과 수류탄 파편으로 우리 전차의 라디에이터에 누수가 발생한 것이었다.[35] 큰일이었다! 그 상황에서 전차를 버리거나 견인하는 것은 도저히 불가능했다. 엔진의 피스톤이 실린더 내에서 굳어버리기 전에 자력으로 그 교량까지는 되돌아가야 했다. 일단 시도해 보기로 했다.

하지만 설상가상으로 이번에는 츠베티가 무전기를 수신 대기 상태로 되돌리는 것을 잊고 있었다. 그사이에 나는 그가 자신의 전차 승무원들과 나누는 대화를 모두 들어야 했다. 당시 나는 그런 대화 따위 듣고 싶지도 않았고 츠베티와의 교신만이 간절했다. 얼차려같은 반복 숙달훈련이 얼마나 필요한지를 절실히 느꼈던 순간이었다. 당시 모든 통신수는 무전 교신이 끝나면 즉시 수신 대기 상태로 되돌려놓아야 한다고 하루에 열두 번 이상 잔소리를 들었다. 그럼에도, 더구나 그런 상황임에

---

35 | 기관부 상면의 그릴 사이로 파편이 들어가 연료 탱크나 냉각기가 파손되는 일이 자주 있었다. 때문에 그릴에 망이 설치되었으며, 판터 G 후기형의 경우에는 방탄판이 설치되기도 했다

도 제대로 이행하지 않았던 것이다! 그래서 나는 츠베티에게 무전 교신을 원한다는 것을 알리려고 해치 밖으로 송수화기를 흔들어댔다. 냉각수가 계속 새고 있어서 더 낭비할 시간이 없었다. 마침내 그가 나의 신호를 이해했고 무전기에서 자신의 통신수에게 욕을 퍼붓는 소리가 흘러나왔다. 나는 후방의 전차 조종수에게 ―그도 물론 후방을 못 보는 상태였지만― 지뢰지대를 통과해서 후진하도록 지시했고, 그가 통과한 뒤 우리를 유도해주었다. 우리는 엉금엉금 기어가듯 그 교량에 이르렀는데 교량은 우리가 한 번 통과한 뒤 이미 약해져서 특히 가운데 부분이 기울어져 있었다. 우리 모두 무사히 통과하기를 기도했고 몇 분 뒤에는 마침내 해내고야 말았다. 약 100미터 후방으로 이동한 다음, 늪지대의 낮은 수목들을 이용해 러시아군 사계에서 벗어났다. 이쯤에서 우리는 공격을 포기했다. 공격 자체가 더는 불가능했다. 보병부대도 마찬가지였고 그 고지는 손을 뻗으면 닿을 듯 가까운 거리에 있었지만 만일 공격한다면 아무도 살아서 그곳까지 갈 수 없을 것 같았다.

12월 12일 우리는 비첩스크―네벨 간의 주기동로를 따라 로베츠를 향해 전개했다. 동쪽에서 진출한 러시아군은 이곳에서 우리 방어선에 광범위한 압박을 가해왔다. 첫날과 둘째 날에 우리는 러시아군을 속이는 임무를 수행했다. 이 주기동로에서 단순히 수 킬로미터를 오가며 대규모 기갑부대인 것처럼 보여주는 임무였다. 12월 16일에 러시아군은 우리가 몇 주 전 적군의 대전차포 한 문을 완파했던 그 고지를 넘어 전차부대의 지원 아래 공격을 감행했다. 이에 우리는 즉각 반격을 실시했고 결과는 성공적이었다. 적 전차 다수를 완전히 괴멸시켰다. 러시아군 전차들이 한꺼번에 고지를 넘어왔다면 그런 피해를 면할 수도 있었는데, 소심하게도 축차적으로 한 대씩 투입한 덕에 우리는 손쉽게 그들을 제압할 수 있었다.

반면 우리를 몹시 힘들게 한 것도 있었다. 러시아군 전투기들이었다.

이들은 거의 쉴새 없이 우리 상공을 휘젓고 다녔다. 당시 항공기들이 날아다니는 상황은 정말 이렇게 표현할 수밖에 없다. 나의 포수 크라머 Kramer 하사가 동부전선에서 그 누구와도 견줄 수 없는 공적을 세웠다고 할 만했다. 그가 전차포로 러시아군 전투기를 격추하는데 실제로 성공 — 당연히 '우연'이었지만 — 해서였다. 당시 상황을 설명하자면 다음과 같았다. 나의 훌륭한 크라머는 성가신 러시아군 항공기들에 화가 나서 내가 지시한 대로 그들의 비행 방향으로 포구를 들어 올리고는 될 대로 되라는 심정으로, 모든 것을 운에 맡기고 전차포를 발사했다. 첫 번째 포탄은 빗나갔지만 두 번째 포탄이 '벌Biene'의 날개에 명중했다. 그 전투기는 우리 뒤편으로 추락했다. 그날 낮에는 러시아군 전투기 두 대가 충돌하여 추락하면서 한숨을 돌릴 여유가 있었다. 저녁에는 보병 연대장과 현 상황에 관한 회의를 했다. 회의 시간은 예상보다 길었다. 결국 새벽 2시가 되어서야 숙영지로 복귀하려 연대지휘소를 나왔다. 도보로 이동 중에 주기동로 앞에서 이제 막 참호를 파고 숨은 아군 보병들을 발견했다. 이따금 러시아군의 총성이 들렸다. 총열이 짧은 카라비너Karabiner 소총[36]과 기관총으로 도로 일대를 향해 사격을 가했다. 나는 내 전차들이 있으리라 짐작한 지점 바로 앞에서 도로를 따라 남쪽으로 걸었다. 물론 '숙영지'를 향해 조심조심 소리 없는 걸음이었다. 숙영지에 도착하니 전차 한 대당 승무원 두 명 정도가 보이지 않았다. 내가 오랫동안 자리를 비우자 마음이 불안해져 나를 찾아 나선 것이었다. 모두 나를 보자 무척 기뻐했다. 츠베티가 다음과 같은 사실을 알려주었다. 내가 방금 걸어온 주기동로 상의 거리만큼 아군 전선을 뒤로 물렸고 따라서 그 도로는 적군도 아군도 없는 비무장지대가 되었다고 한다. 그

---

36 | Kar98k. 카라비너 쿠르츠Karbiner Kurz 또는 카라비너 98K라는 이름으로 통용되던 독일군의 제식 소총.

사이에 적들은 계속해서 증원 병력을 투입했기에 아군이 그 진지를 더이상 고수하기 힘들었을 것이라고 했다. 아군의 대응 사격이나 반격에도 개의치 않고 러시아군은 트럭들을 이용해 조명을 밝게 비추며 동쪽에서 병력과 장비들을 가져왔다고 한다. 아군이 뒤늦게, 그것도 소수의 포병대를 투입했을 때는 적군 트럭들이 이미 사라진 뒤였다.

다음날 우리는 주기동로 북쪽으로 다시 공격에 나섰다. 우리 임무는 아군 보병들이 전날 비워둔 방어선을 재탈환하도록 지원하는 것이었다. 러시아군이 도로 우측방에 전개해 있었다. 그 지형에 스탈린의 오르간Stalin-Orgel이라고 불리던 다연장 로켓이 노출된 상태로 있다가 우리를 향해 날아왔는데 한 발이 내가 탄 전차 전면을 강타했다. 츠베티는 무전으로 괜찮냐고 물었다. 짙은 연기 탓에 그가 아무것도 볼 수 없었기 때문이다. 그러나 운이 매우 좋았다. 아무런 피해도 입지 않은 우리는 최대한 빠르게 적의 관측범위 밖으로 이탈했다.

아군 보병들이 도착했지만 주기동로를 넘어 동쪽으로 진격할 수는 없었다. 이번에는 반대로 러시아군이 우측에서 좌측으로 진지를 변환한 상태였다. 이때 우리는 이름 모를 어느 러시아군 정치장교의 대담하고 냉철한 모습에 깜짝 놀랐다. 총탄이 빗발치는 상황에서도 꼿꼿하게 서서 자신의 부하들을 직접 지휘하고 있었던 것이다. 기관총으로는 도저히 그를 제압할 수 없었다. 다들 화가 머리끝까지 치밀어 올랐고 결국 크라머는 구경 8.8센티미터 전차포탄으로 그를 공중에 날려버렸다. 러시아군 보병들은 그제서야 다시 주기동로를 넘어 도망치기 시작했다. 하지만 우리 공격도 여기서 중단되었고 주전선도 서쪽으로, 즉 후방으로 물러나 새로 구축되었다.

나는 연대지휘소로 갔다. 무슨 일인지 연대장이 격노해 있었다. 알자스 출신 병사 두 명이 사라져서였다. 당시 그 지역 출신들을 전선에 투입하지 말라는 지시마저 내려와 있었는데, 도무지 신뢰할 수 없는 이들이라 예외 규정이 만들어진 것이었다. 이제는 탈영한 그들이 모든 작전 계획 사항을 적에게 밀고했을까 우려했다. 뜻밖의 가슴 아픈 사건도 있었다. 노획한 T-34 전차 두 대에 일어난 사고였다. 우리는 해당 차량들을 '독일군' 전차로 운용하여 경계 작전에 투입하고 어느 날 저녁 무렵 복귀하던 중이었다. 그런데 독일군 전차병들이 타고 있다는 사실도 몰랐고 어둠 속에서 전차에 그려진 철십자 마크도 보지 못했던 아군의 대전차포 부대원들이 그만 이 전차 두 대에 포탄을 발사하고 말았던 것이다. 그 뒤로 나는 부하들이 노획한 전차에 탑승하는 것을 금지했다.

네벨 지역에서 보낼 시간도 얼마 남지 않은 상태였다. 곧 레닌그라드 남부에서 다시금 새롭고 힘겨운 과업들을 수행해야 했다. 네벨 지역 전황이 소강상태가 아니었음에도 우리는 화차적재를 위해 가장 가까운 후방 기차역으로 급히 이동했다. 레닌그라드 지역에서는 철수 작전이 시행되고 있었는데 그곳에서 우리를 더 필요로 했다. 우리 목표는 레닌그라드—나르바 사이 주도로에 위치한 가치나 일대의 교차로였다. 네벨 전선에서 빠져나와 이동하는 동안 우리 등 뒤로 교량들과 철도가 폭파되고 있었다. 아군의 전선을 상당히 뒤쪽으로 물려야 하는 상황이었다.

여기서 잠시 나는 어느 특별한 부대를, 우리 정비중대 예하 구난 소대의 탁월한 능력을 소개하고자 한다. 이들은 정말 놀라우리만큼 훌륭하게 임무를 완수했다. 소대장 루비델Ruwiedel 소위가 만약 전차 중대에 있었다면 동료들에게 훨씬 더 큰 인정을 받았을 것이다. 그 친구의 능력으로 말하자면 정비중대에서 그를 대신할 사람이 없었고 그 직책에 최적격이었다. 반면 우리 가운데 그 누구도 그를 부러워하지는 않았다. 이유를 밝히려면 구난 소대 임무를 명확히 설명해야만 한다. 이들은 적군의 포탄이 빗발치듯 날아드는 상황에서도 18톤 중重구난 트럭으로 기동이 불가능한 전차들을 견인해내야 했다. 심지어 이들은 야간에도 여러 번 최전방으로 나가 윈치에 연결된 케이블을 걸어 전차를 후방으로 견인해야 했는데, 지면이 보통일 때는 그럭저럭 할 만했지만 아군 보병의 엄호가 없을 때는 물론, 적에게 노출되는 것을 막기 위해 조명탄 지원이 없는 상황, 그리고 빙설지에서도 임무를 수행해야 했다. 구난 트럭 2대로 약 60톤인 '티거'를 안전하게 견인하는 데는 엄청난 노하우와 고도의 정신력이 필요했다. 모든 철수 작전에서 그렇듯 적군이 우리 뒤에 바짝 붙어 집요하게 추격할 때는 단 한 차례 고장으로도 너무나도 소중한 전차 한 대를 상실하는 결과를 초래했다.

다행히도 기차역이 폭파되기 직전에 도착했다. 화차적재가 끝나자 열차는 가치나 방향으로 출발했다. 급히 서두르는 모습에 예감이 좋지 않았다. 짐작대로 그곳 상황은 급박하게 전개되고 있었고 우리는 다시한번 '소방수'로서 임무를 수행하게 되었다.

우리의 예감은 빗나가지 않았다. 가치나에 도착했을 때 그곳 중앙역에는 이미 적 포탄이 떨어지고 있었기에 화차에서 내릴 수가 없었다. 또한 우리 1중대가 이미 전개했으나 심각한 피해를 입었다는 소식도 들렸다. 그들은 하화를 마치자마자 곧장 전투에 투입되었다. 러시아군은 우세한 전력으로 레닌그라드와 가치나 사이 일대에서 서쪽으로 돌파를 감행했다. 주력부대 하나는 해안도로를 따라서, 다른 하나는 가치나 동쪽 푸쉬킨Puschkin 고지에서 공격을 개시했다. 이제 앞서 암시된 불행이 우리에게 엄습하고 있었다. 일단 우리는 가치나와 레닌그라드 사이 모든 교량을 정찰하면서 우리 중전차가 통과하도록 보강했다. 그 사이에 발생한 일이지만 이 교량들을 폭파하려 투입된 아군 병력이 너무 늦게 도착하여 실질적으로 교량을 보강한 모든 작업은 러시아군을 위한 일이 되어버리고 말았다. 이 일로 적군은 물밀듯이 전방으로 진출하게 되었다.

전선에 도착했을 때 우리 1중대의 괴멸에 관한 슬픈 이야기를 상세히 듣게 되었다. 그들은 기동로에서 러시아군 전차부대에 완전히 포위당했고 마이어 소위의 소대는 거의 전멸했다. 마이어는 러시아군에게 포로가 되기 싫어서 사로잡히기 직전 관자놀이에 총구를 대고 방아쇠를 당겼다. 이 소식을 듣고 우리는 모두 애통하게 여겼다. 나는 내심 모든 중대가 도착할 때까지 그들의 전투 투입을 미루지 않았던 대대장을 비난했다. 훗날 나는 당시 그에게 다른 방도가 없었음을 알게 되었다. 모든 부대가 불확실한 상황 속에서 전투를 수행해야 했기에 전장 상황을 정확히 파악하기가 도저히 불가능했기 때문이었다. 그리고 예데Jähde 소령은 우리 제502중전차대대Schwere Panzer-Abteilung 502[37]의 역대 대대장들 중에서도 최고의 지휘관이었다. 인간으로서도 그는 항상 부하들을 위해 스스로 아낌없이 희생했기에 우리는 언제나 그를 가장 존경했다. 그는 언제라도 위험한 상황이 발생하면 우리 앞에 나타나서 함께했다. 우리에게 있어 그는 영원히 잊지 못할 사람이다.

---

[37] 독일군의 여러 중전차대대 중 하나로 1942년 9월에 창설, 1945년 1월에 제511중전차대대로 바뀌었으며 1945년 4월에 미군에 항복했다. 전쟁 중 전차 1,400대, 야포 2,000여 대를 격파했다고 전해진다. 본서에 등장하는 인물들 외에 해당 대대의 다른 전차 에이스로는 139대 격파 기록을 올린 요하네스 뵐터가 있다. 오토 카리우스는 2중대, 뵐터는 1중대 소속이다.

10. 나르바로의 철수
Rückzug zur Narwa

결국 가치나를 포기해야 했다. 이에 따라 북부집단군은 가치나—볼로소보Wolosowo—나르바를 잇는 주기동로를 따라 퇴각했다. 상급부대는 질서정연하게 철수한 뒤 적의 공세를 저지할, 이른바 '판터-라인'을 구축한다는 계획을 세웠다. 즉 나르바강을 따라 좀 더 강력하고 빈틈없는 방어선을 구축할 수 있다는 판단이었다. 그러나 한 번 '불에 데어 본 경험'이 있는 우리는 견고한 벙커들과 튼튼한 전차호戰車壕를 구축한다는 것에 매우 회의적이었다. 아군 보병들에게는 강력한 벙커를 만든다는 것은 분명 더할 나위 없이 반가운 소식이었지만 이 계절에 참호를 파거나 진지를 구축하는 것 자체가 불가능한 일이었기 때문이었다. 이 '판터-라인Panther-Linie'이 문서상으로만 존재했다는 것도 우리가 의구심을 품었던 이유였다. 당시 거기에 있던 모두 이런 저지진지의 구축에 누군가는 반드시 책임지는 것이 당연하다고 생각했다!

나르바 진지에 도착하고서 상황을 파악해보니 그리 좋지는 않았다. 다만 다른 지역에서는 다시 희망이 싹트고 있었다. 우리는 '벵글러 보병연대Wengler-Grenadieren'와 함께 후위를 형성했고 그들과의 협동작전은 매우 성공적이었다. 우리의 과업은 가치나—레닌그라드 지역의 모든 보병과 포병부대의 철수를 엄호하는 일이었고 이는 결코 쉬운 일이 아니었다. 거의 모든 부대가 단일 기동로 상으로 퇴각해야 했다. 반면 러시아군은 주기동로와 해안 사이의 공간을 넘나들며 지속적으로 아군을 초월하여 주기동로를 차단했다. 그러면 우리는 그곳을 개방하기 위해 다시 전방으로 진출해 전투를 치러야 했고, 러시아군은 그 틈을 이용해 다시금 아군의 후방을 공격했다. 때때로 우리는 적이 주기동로 상으로 진입하는 것을 저지하고 아군을 초월하지 못하도록 방해하기 위해 북쪽으로 치고 올라가는 역습을 시행하기도 했다.

한 번은 우리가 해안 방향으로 재차 밀고 올라가 텅 비어 있던 마을을 확보했다. 기동로와 해안의 거의 중간에 위치한 이 마을 뒤편에는 약 1킬로미터 정도의 수목이 무성한 숲이 뻗어있었다. 우리는 이 마을의 입구에 진지를 편성했다. 저녁 무렵 뒤늦게 철수했던 몇몇 보병부대들이 나타났다. 그들과 우리 모두 기뻐했다. 우리도 보병의 지원이 필요했기 때문이다. 날이 저물자 나는 숲에서 러시아군 정찰부대가 나오는 것을 식별했다. 그들은 필시 그 마을에 독일군이 있는지 확인하려는 듯했다. 그들은 우리를 전혀 보지 못한 듯 거리낌 없이 우리 쪽으로 다가왔다. 우리 전방 약 500미터 지점에서 갑자기 그들은 길가의 도랑으로 뛰어들었다. 그 순간 우리는 사격을 개시했으나 그들 중 일부가 숲속으로 철수하는 것을 저지할 수 없었다. 또한 러시아군은 우리 전방의 언덕을 이미 장악한 상태였다.

야간에 전차 내부에서 경계를 하다 보면 밤이 더 길게 느껴졌다. 1분이 한 시간으로 느껴졌고 게다가 겨울에는 15시에 해가 지고 9시가 되어야 해가 떴다. 나는 교대 없이 포탑에 나 혼자 경계 근무하는 것을 원칙으로 삼았다. 피곤하면 졸기 십상이라는 것을 잘 알고 있었고 내 부하들에게 부담을 주기도 싫었다. 그들이 최상의 상태로 전투에 임하게 하려면 반드시 휴식이 필요했다. 물론 나도 꾸벅꾸벅 졸다가 포탑 내벽에 머리를 부딪치는 일들도 있었고, 그럴 때마다 항상 정신이 '번쩍' 들었다. 졸다가 무의식중에 피우던 담배가 타들어 가 손가락을 데고 나서야 자신이 담배를 피우고 있었다는 것을 인식할 때도 있었다. 이런 일도 있었다. 갑자기 적 전차와 트럭 그리고 온갖 형태의 움직이는 허깨비를 보게 되었는데 낮이 되자 이것들은 모두 적과는 전혀 상관없는 나무 또는 덤불로 판명되곤 했다. 가끔 주변 지역을 확인하기 위해 조명탄을 발사하기도 했다. 조명탄이 꺼지고 나면 그 전보다 확실히 더 어두워졌다. 게다가 우리는 조명탄으로 우리의 위치가 노출되고 사실상 관측이 더 어려워진다는 점을 깨달은 뒤 가능한 조명탄을 사용하지 않았다. 물론 전투가 벌어지면 얘기가 달라진다. 포수가 목표물을 조준할 수 있게 조명탄을 사용해야 한다. 달빛이 밝지 않을 경우, 어둠 속에서 조준하는 것은 쉬운 일이 아니었다.

최근에는 연소시간이 더 길어진 낙하산 조명탄을 지급받았는데, 한번은 이 조명탄 때문에 전차 안에서 어이없는 사고를 치고 말았다. 조명탄 권총을 장전하려던 중, 그만 공이치기를 완전히 당기지 못한 채 놓치는 바람에 격발되고 만 것이었다. 발사된 조명탄은 차량 내부를 마구 휘저으며 날아다녔고 이것이 꺼지기까지 시간이 너무나 오래 걸려 무척 놀랄 정도였다. 그 와중에 다친 사람이 없었던 것은 정말 천운이었다.

몇 시간 동안 우리는 정지한 채로 마을 앞에서 경계 임무를 수행했다. 새벽 2시경 갑자기 박격포 사격 소리가 들렸다. 낙탄 소리는 짧았지만 의심할 여지 없이 표적은 우리였다. 곧 그 마을에도 엄청난 포탄이 떨어졌다. 러시아군은 서쪽으로 계속 진격하기 전에, 아군이 점령한 이 마을을 쑥대밭으로 만들고자 했던 것 같다. 그들의 행동으로 판단했을 때, 그들은 이 마을 내부에 티거 1개 중대가 있다는 것까지는 예상하지 못했던 것 같았다.

나는 숲 외곽에서 화포들의 포구에서 나오는 연기를 보았는데, 연이어 사격할 때마다 우측으로 움직이는 모습을 볼 수 있었다. 분명히 적 전차들이었고 숲 외곽을 따라 기동하고 있었다. 숲길을 횡단해 마을의 한쪽 끝자락에 있는 도로를 확보하려는 듯했다. 그곳은 츠베티 상사가 경계 중인 지점이었고 그 후방에는 폰 X의 전차가 있었다. 나는 츠베티에게 무전으로 상황을 알려주었고 조명탄을 발사해서 T-34 한 대가 츠베티의 측방에, 50미터도 채 안 되는 거리까지 접근해 있다고 통보했다. 포탄 사격 소리 때문에 전차의 엔진 소리를 들을 수 없었다. 이 틈을 이용해서 러시아군은 이미 마을과 가까운 곳까지 와 있었다. 츠베티는 적 전차를 완전히 제압했다. 그러나 두 번째 T-34 한 대가 마을의 도로 한 가운데까지 진출하여 폰 X의 전차 바로 옆에 붙어 있었다. 이 광경을 본 우리는 모두 깜짝 놀랐다. 그러나 통상 러시아군은 해치를 완전히 닫은 채 기동했고 그래서 더욱이 밤에는 아무것도 볼 수 없었다. 이런 습성 때문에 그들은 전투에서 종종 고배를 마셔야 했다. 보병을 전차에 태우고 다니긴 했지만, 이들이 상황을 파악했을 때는 이미 늦은 시점이었다. 아무튼 그 순간 폰 X는 포탑을 돌리려 했다. 하지만 포신이 러시아군 전차와 부딪혔다. 적 전차에 사격을 하기 위해서는 일단 먼저 후진을 해야 했다. 내가 나서고 싶었지만, 막상 사격을 하자니 자신이 없었다. 내가 태어나서 가장 갑갑해 미칠 것 같은 순간이었다.

츠베티가 적 전차 세 대를 추가로 제압했다. 그러자 러시아군은 퇴각했다. 그 정도의 손실만으로도 그들은 충분히 큰 타격을 입었다고 판단한 것 같았다. 우리는 그날 밤새 무전기를 만지작거렸고 어느 주파수를 통해 러시아군의 교신내용을 잘 들을 수 있었다. 멀지 않은 거리에 그들이 있다는 것이 확실했다.

날이 밝자 아군 보병들이 폰 X 전차와 바로 붙어 있던, 피격된 T-34 전차를 살펴보려고 아무 생각 없이 다가갔다. 전차의 차체에 아군 전차탄 구멍 하나가 있는 것 외에는 손상된 곳이 없었다. 그들이 포탑 해치를 열려고 하자 해치가 갑자기 다시금 닫혀버렸다. 그 순간 전차 밖으로 수류탄 한 발이 날아와 작렬했고 보병 전우 3명이 중상을 입었다. 그때 폰 X가 그 전차에 전차탄 한 발을 사격했다. 세 번째 주포탄이 명중한 뒤 러시아군 전차장은 전차 밖으로 탈출했지만 치명상을 입고 쓰러졌다. 다른 승무원들은 모두 사망했다. 우리는 그 러시아군 소위를 사단으로 이송했으나 도중에 부상이 심해 죽어버렸다. 그 때문에 더 많은 정보를 얻을 수도 없었다. 그 사건으로 신중하게 행동하는 것이 얼마나 중요한가를 깨닫게 되었다. 그 러시아군 소위는, 자신이 상급부대에 우리에 관해 정확히 보고했으며 포탑을 천천히 돌리기만 했으면 폰 X의 전차를 근거리 사격으로 끝장낼 수 있었을 거라고 말했다. 당시 우리가 그 러시아군 소위의 집요함에 얼마나 욕을 퍼부었는지 지금까지도 기억한다. 하지만 오늘날의 내 생각은 조금 다르다.

　러시아군은, 철수 중이던 우리 북부집단군을 철저히 괴롭히고 포위하기 위해 매우 신속히 움직였다. 아군의 철수로에는 극심한 정체가 발생했다. 모든 차량이 동시에 들이닥쳤기 때문이며, 설상가상으로 적들도 때때로 출현해 철수로를 차단했다. 그래서 도로를 개방해야 했던 우리는 몹시 바쁘게 뛰어다녔다. 이때 우리는 적군이지만 그들의 훌륭한 군기와 전투 의지에 감탄했던 적도 있었다. 물론 우리가 물리치긴 했지만. 한 번은 마치 훈련장에서나 볼 수 있을 법한 러시아군의 공격 장면을 본 적이 있다. 우리가 있었던 곳으로부터 수 킬로미터 서쪽에서, 러시아군의 1개 보병연대가 전차부대의 지원을 받아 공격에 나섰다. 공격 방향은 북쪽에서 남쪽으로 아군의 주기동로를 지향했고 우리는 동쪽에서, 즉 적군의 좌측방에 위치했다.

　당시 우리는 실제 전장에서는 흔히 볼 수 없는 광경을 보았다. 러시아군은 이전에도 자주 그랬듯 측방 엄호에는 전혀 관심이 없었다. 우리가 보는 앞에서 그들은 마치 훈련장에서 하는 것처럼 움직였다. 우리는 어느 마을 외곽에 진지를 점령하고 사격을 개시했다. 물론 먼저 적 전차부터 제압했다. 러시아군 보병들은 전차가 불타는 상황에도 아랑곳하지 않고 앞만 보고 계속 전진했다. 동시에 두 명이 나란히 뛰는 일은 없었다. 항상 교대로 서너 걸음 전진한 뒤 다시 지면에 바짝 엎드렸다. 그런 방식으로 전차부대의 지원 없이 아군의 주기동로에 이르렀고 그러면 다시금 우리는 이 주기동로를 개방하기 위해 이들과 전투를 치러야 했다. 우리가 목격한 이 장면에서, 내실 있는 실전적인 훈련이 얼마나 중요한지 다시 한번 깨닫게 되었다. 만일 모든 장병이 야지에서 어떻게 기동해야 하는지 완전히 숙달하면 손실을 크게 줄일 수 있을 것이다.

우리가 전투를 통해 철수로 전방 지역을 뚫어 놓으면 곧 후방에 위기가 발생했다. 이런 상황은 나르바까지 계속되었다. 더욱이 어느 날 밤, 러시아군은 아군의 어느 사단 지휘소를 포위했다. 러시아군은 아군을 추월하는 작전에 주로 차량화보병, 경대전차포와 경전차들로만 구성된 부대를 투입했기 때문에 우리가 나서면 비교적 쉽게 물리칠 수 있었다. 다음 날 아침, 그 사단 참모부는 철수 작전을 재개할 수 있었다. 사단장은 최후미에 있던 내 전차에 타고 후방으로 이동했다.

우리는 볼로소보 교차로 바로 앞에서 난감한 상황을 겪은 적이 있다. 철수를 재개하라는 명령이 떨어질 때까지 오포체Opotze 마을 바로 앞의 진지를 무조건 사수하라는 임무를 부여받았고, 우리는 철수로의 남쪽 외곽에 정차했다. 그 마을은 이 도로 건너편 100미터 정도 거리에 있었다. 아침이 되자 사방에 적은 없었고 후방으로 철수하던 부대들이 우리를 지나갔다. 우리 네 대의 '티거' 뒤에는 1개 보병대대가 경계를 위해 진지를 편성했다. 많은 아군 부대가 차량 없이 도보로 이동했기 때문에, 철수 속도는 매우 더뎠다. 오후 무렵에는 몇몇 후위 부대들을 제외하면 주기동로는 거의 비어 있었다. 그때 우리 앞의 마을이 북적대기 시작했다. 이리저리 분주하게 움직이는 사람들이 보였고 우리는 경계를 강화했다. 다시 한번 긴장된 밤이 찾아올 것 같은 예감이 들었다. 날이 어두워지자 그 보병대대도 역시 철수했고 나는 이제 네 대의 '티거'와 함께 이 넓은 들판에 홀로 남게 되었다. 다행스러운 것은 러시아군도 우리가 이런 상황에 있다는 것을 전혀 몰랐던 것이었다. 게다가 우리의 전력을 과대평가한 것 같았다. 어쨌든 그들은 우리 건너편에 두 번이나 대전차포를 배치하려고 했지만, 우리가 각각 한 발의 포탄으로 그런 시도를 저지했다. 세 번째 시도는 없었다. 러시아군의 지휘관은 다음 날 아침이면 우리도 철수할 것이고, 또한 우리에게 상당히 많은 보병이 있으리라 생각한 것 같았다. 그게 아니라면 그는 보병을 투입해 우리 전차를 제압하려 했을 것이다.

자정 직전에 동쪽에서 차량의 모습이 보였다. 아군이었다. 상급부대와 연락이 끊겨 뒤늦게 철수로에 진입한 경보병대대Füsilier-Bataillon였다. 나중에 알게 된 사실이었지만, 해당 대대가 보유한 전차는 단 한 대뿐이었고, 선두에 있었던 그 전차 안에는 만취한 대대장이 타고 있었다. 이 때 순식간에 비극적인 일이 벌어졌다. 전 부대원이 주변 상황을 전혀 몰랐고 그들은 러시아군의 유효사거리 내에서 행군하고 있었던 것이다. 러시아군의 기관총과 박격포가 바로 불을 뿜었고 상황은 그야말로 처참했다. 많은 장병이 사살되었고, 주기동로 상의 남쪽 야지에서 엄폐물을 찾기보다는 모두 당황한 나머지 도로 위에서 뒤쪽으로 달아났다. 전우애는 이미 사라져 버린 상태였다. 이 상황에서 적절한 구호는 "도망칠 수 있는 자는 도망쳐라!" 뿐이었다. 차량들이 부상자들을 밟고 지나갔고 주기동로는 그야말로 지옥을 방불케 했다. 만약 이 부대의 지휘관이 전차 안에서 만취 상태로 잠들지 않고, 직접 부하들을 지휘해서 야지로 들어갔다면 이 모든 참사를 막을 수 있었을 것이다.

러시아군의 포격이 중단된 뒤 우리 통신수와 전차장들이 하차해서 포복으로 그들 쪽으로 접근했다. 중상자 중 최소한 몇 명이라도 구하기 위해서였다. 우리는 최선을 다해 그들을 치료해주고 전차에 태웠다. 달빛 때문에 구출하는 것이 더 어려웠다. 러시아군은 마을의 가옥에서 우리의 일거수일투족을 모두 관측할 수 있었기 때문이다. 반면 우리는 총구의 섬광으로만 놈들을 식별할 수 있었다. 시시각각 점점 더 위험해지고 있음을 직감했다. 그래서 나는 최소 15분마다 대대와 교신했지만 애타게 기다리던 철수 명령은 하달되지 않았다. 러시아군은 감히 우리와 직접 교전할 생각이 없는 듯했다. 대신 짜증 날 정도로 간간이 박격포탄만 날려 보냈고, 이에 따라 우리 쪽 피해도 생각보다 컸다. 아침이 되자 베젤리Wesely 중사는 자신의 전차 냉각수가 새고 있다고 보고했다. 30분 후에는 다른 전차에서 같은 보고가 들어왔다. 온전한 전차 두 대로 이 전차들을 견인해야 할 상황이었다. 새로운 전차를 보급받는 것이 얼마나 어려운지를 잘 알고 있던 우리는 이 전차들을 자폭시킬 수는 없었다. 과거의 기병들이 자신의 말을 쉽게 버리지 못했듯, 조종수들 또한 자신의 전차를 쉽게 포기하지 못했다.

나는 대대에 현재 상황을 보고했고 약 20분 뒤 결국 그토록 기다렸던 철수 명령이 떨어졌다. 우리는 최선을 다해 고장이 난 두 대의 전차를 견인해서 2킬로미터 후방의 야전군 식량창고까지 이동할 수 있었다. 그러나 그곳에서는 이미 불길이 치솟고 있었다. 모든 식량을 챙길 수 없었지만, 그렇다고 해서 러시아군에게 그것을 넘겨줄 수도 없었기 때문이었다. 우리는 주기동로에서 남쪽으로 방향을 틀었다. 마지막 무전 내용에 따르면 러시아군이 기동로의 서쪽 일대를 이미 장악하고 있었고 이를 통과하기란 불가능했기 때문이다. 더군다나 우리는 활활 타오르던 식량창고의 불빛에 노출되어 있었다. 우리는 다시금 전차에서 내려서 견인케이블을 튼튼하게 결속했다.

그때 갑자기 엄청난 폭발이 대지를 뒤흔들었다. 폭발로 인한 충격파로 우리는 낫으로 벤 풀처럼 땅바닥에 쓰러졌고, 우리가 종종 너무나 오랫동안 보급되기를 기다려야 했던 식량들은 우리 머리 위로 날아다녔다. 물론 온갖 크기의 판자와 각목들도 이리저리 날아다녔지만, 다행히 이것들로 인한 부상은 없었다. 이 창고를 폭파한 아군 공병은 모든 임무를 훌륭하게 완수했다. 그러나 조금만 더 냉정하게 판단하여 이 일을 몇 시간 후에 시작했더라면 좋았을 것이다. 좀처럼 드문 일이겠지만 통조림 깡통에 영웅적인 죽음을 맞기는 싫었다. 그래서 그곳을 뜨기 위해 서둘렀다. 철수로의 남쪽으로 가는 길은 얼어 있어서 통과할 수 있었다. 어둑한 새벽에 멀리서 우리를 향해 달려오는 퀴벨바겐 Kübelwagen[38] 한 대를 보았다. 우리 대대장이 타고 있었고 그를 본 우리는 너무나 기뻤다. 주위에는 아군이 전혀 없었고 언제, 어디서 러시아군이 나타날지 알 수 없는 상황에서 위험을 무릅쓰고 계속해서 우리 쪽으로 달려왔다. 예데 소령은 차에서 내리자마자 내 목을 끌어안았고 우리가 모두 벌써 전사한 줄 알았다고 털어놓았다. 게다가 우리가 고장난 전차 두 대를 끌고 철수했다는 말에 더욱 기뻐했다.

우리가 마지막으로 이동하면서 함께 태워 왔던 몇몇 보병 전우들에게 불미스러운 일이 벌어지는 가슴 아픈 일도 있었다. 너무나 지쳐 있어, 걸을 수조차 없었던 그들에게 전차의 후미 쪽 자리를 내어주었는데, 그들은 엔진실에서 뜨거운 공기가 배출되는 냉각 그릴 위에 앉았고 이내 잠이 들었다. 그런데 엔진룸에서 데워진 공기에 배기가스가 섞이면서 그 안에 포함된 일산화탄소에 중독되고 만 것이었다. 즉각 응급 소생술을 시도했지만 세 명의 전우는 끝내 목숨을 잃고 말았다. 그때까지 이런 일이 발생하리라고는 미처 생각하지 못했다. 그 이후부터는 전차 위에 탑승하는 보병들에게 그러한 위험을 미리 경고해 주었다.

---

38 | 독일군이 사용한 소형 다목적 차량의 일종. 원래 욕조형 좌석을 지닌 차량의 총칭이었으나, 폭스바겐 Type 82를 지칭하는 단어로 더 널리 쓰인다. RR 방식의 소형 차량이지만 험지 주행을 의식한 설계로 높은 실용성을 자랑했다.

✠

아군은 모든 지상군을 나르바로 안전하게 철수시키기 위해 모든 전력을 투입해서 볼로소보 교차로를 지켜내야 했다. 볼로소보 동쪽 외곽에서는 벵글러Wengler 대령이 자신의 보병부대로 저지 진지를 구축했고 우리 대대의 일부도 대전차부대 전 병력과 함께 이 방어선에 배치되었다.

우리가 볼로소보까지 무사히 통과할 수 있으리라는 희망은 사라져 버렸다. 예데 소령은, 우리가 큰 늪지대를 우회해야 하고 그래서 다시금 주기동로를 향해 북쪽으로 방향을 전환해야 한다고 말했다. 게다가 러시아군이 볼로소보 바로 앞의 기동로 상에 이미 도달했을지도 모른다는 달갑지 않은 소식까지 알려줬다. 우리는 어떻게 해서든 서쪽으로 뚫고 나가야 했다. 주간에 이런 작전을 시행하면 성공 가능성이 거의 없다고 판단하고 일단 저녁까지 기다리기로 했다. 출발 전에 예데 소령은 술 한 잔을 들이키고는 내 전차의 탄약수 발 쪽에 앉았다. 어차피 '건투를 빌어 주는 것' 외에 그가 할 수 있는 일은 없었다.

견인해서 끌려가는 전차 두 대의 화력을 활용하기 위해서 그 전차들의 포탑을 뒤로 돌렸다. 또한, 그 전차의 승무원들이 후방을 감시할 수도 있었다. 우리가 기동로로 들어서서 서쪽으로 방향을 틀자마자 우리 뒤쪽에서 러시아군 대전차포 한 발이 날아와 포탑을 때렸다. 그러나 뒤쪽의 곧 견인된 전차가 즉시 적들을 제압하여 우리의 가슴을 후련하게 해줬다. 그럼에도 불구하고 우리는 전차에서 내려야 했다. 놈들의 사격으로 견인케이블이 절단됐기 때문이었다. 다행히 연결 작업은 무사히 잘 끝났고 이제 새로운 방어선까지 단지 3킬로미터 정도만 남겨둔 상황이었다. 기동로 양쪽에는 물론 우리를 제압하려는 러시아군이 깔려있었다. 그들 중 일부는 우리 전차 위로 기어오르려 했지만 우리는 이들을 모두 물리쳤다. 이런 상황에서는 수류탄이 매우 효과적이었다. 확실히 단정할 수는 없지만, 나의 용감한 조종수 쾨스틀러의 욕설도 러시아군을 물리치는데 한몫을 했을 거라 생각한다. 그런데 목표지점 바로 앞에서 대전차 포탄이 우리를 향해 날아왔다. 저지 진지에 있던 아군이 우리를 적 전차로 오인한 것이다! 우리는 일단 아군의 사격을 중지시키기 위해 대응 사격을 개시했다. 당시 상황을 잘 모르는 사람들은, 우리가 조명탄으로 신호를 보냈어야 한다고 생각할지도 모른다. 물론 우리도 조명탄을 발사했다. 하지만 철수 작전 중에는 아무도 그 조명탄이 러시아군의 것인지 아군 것인지를 알 도리가 없었기에 아무런 효과가 없었다.

천신만고 끝에 볼로소보에 들어갔고 거기서 우리는 중대와 합류할 수 있었다. 이제는 우리 '티거'들로 편성된 강한 전투력으로 방어작전을 준비할 수 있었다. 벵글러 대령의 보병 부대는 그 일대에 한창 방어선을 구축하고 있었고 서쪽으로 향하는 도로, 즉 나르바 방향의 도로만이 개방되어 있었다. 나는 전투에 투입 가능한 '티거' 네 대와 함께 벵글러 대령의 지휘를 받게 되었다. 대대의 나머지 전차들은 화차적재를 위해 기차역으로 이미 이동 중이었다. 추가적인 손실을 방지하고자 모든 중화기를 화차를 통해 후송했다. 나중에는 이러한 방식으로 전투력을 보존한 중포병 포대의 화력지원을 받았는데, 그때 우리는 매우 뿌듯했다.

벵글러 대령은 볼로소보에서 방어 전투를 지휘했다. 그와 휘하 보병들을 기리기 위해 훗날 우리는 이곳을 '벵글레로보Wenglerowo'라고 부르기로 했다. 벵글러는 매우 훌륭한 지휘관이었다. 예비역으로 원래 소집되기 전 직업은 은행장이었고 부하들이 전적으로 신뢰하는 인물이었다. 그들은 그 지휘관을 위해서라면 언제든지 물불을 가리지 않을 정도였다. 그의 침착성은 감탄할 만한 수준이었다. 특히 절체절명의 상황에서 탁월한 능력을 발휘했다. 한 번은 주전선에서 약 100미터 후방에 위치한 통나무 집에서 회의를 한 적이 있었다. 러시아군이 전방과 양 측방에서 사격을 퍼붓는 매우 위험한 상황이었다. 벵글러가 우리에게 막 전투계획을 설명하고 있을 때 수류탄이 터지면서 유리창이 산산조각이 났다. 한 장교는 팔에 가벼운 상처를 입고 곧바로 탁자 아래로 몸을 숨겼다. 그 대령은 태연하게 지도를 바라보며 이렇게 말했다. "제군들! 이 정도 폭음에 당황해서는 안 됩니다. 빨리 회의를 마치고 다시 우리의 위치로 복귀하기 위해서는 회의에 주목해 주세요." 우리는 이내 자신감을 되찾았다. 자기 자신을 잘 제어할 수 있는 상관만이 부하들에게 무엇이든 요구할 수 있는 것이다.

볼로소보에서 우리는 처음으로 제3SS기갑군단 부대원들을 만났다. 특히 이들은 훗날 나르바 진지를 확보한 부대였다. 우리의 모든 시선이 그들에게 쏠렸다. 언제나 우리보다 훨씬 좋은 장비를 보유한 그들이 조금은 부러웠다. 우리는 그들에게 열광했다. 병력과 물자를 아끼지 않는 그들의 태도가 다소 이상했지만 그래도 그들의 대담한 작전에 언제나 감명을 받았다. SS부대가 투입되면 언제나 승리했다. 하지만 피해가 극심해서 전투력을 복원하기 위해 후방으로 빼내야 했다. 병력과 물자를 아껴야 하는 우리는 그럴 수 없었다. 내 목표는 항상 가능한 최소의 희생으로 최대의 성공을 달성하는 것이었다.

러시아군은 '벵글레로보'에 모든 전력을 투입했다. 마침내 우리에게는 철수 명령이 내려왔고 이에 우리는 모두 안도했다. SS부대가 그들의 차량화부대로 철수를 엄호했다. 화차적재를 해야 할 기차역에는 이미 우리를 위한 특별 화차들이 준비되어 있었고 우리를 실은 열차는 서쪽으로, 나르바를 향해 전속력으로 달렸다. 우리는 화차적재 중에 슬픈 소식 하나를 접했다. 우리 대대 예하 1중대장이었던 딜스Diels 중위의 전사 소식이었다. 러시아군 전차가 주기동로 상으로 전차포 한 발을 발사했는데 그 파편이 퀴벨바겐에 타고 있던 딜스 중위의 심장에 박히고 만 것이었다.

11. 프리츠 어르신
Der 'Alte Fritz'

마침내 우리는 나르바에 도착해서 다행이라 생각했다. 새로운 방어 진지는 매우 양호했고 러시아군을 저지하기에 충분한 듯했다. 보급품을 수령할 군수지원부대를 찾기까지 시간이 좀 걸렸다. 숙영할 곳도 없었다. 나르바 일대의 모든 마을은 철수한 부대들로 가득했기 때문이다. 우리 중대는 몸이라도 녹이기 위해 다른 부대의 숙영지에 공간을 얻어 거처를 마련했다. 나는 그 사이에 아마도 이미 나르바에 도착해 있을, 고장이 난 두 대의 전차 승무원들을 찾으러 길을 나섰다. 만약을 대비해 완두콩 수프 두 캔을 챙겼다. 그들이 어디선가 추위와 배고픔에 떨고 있을지도 모른다고 생각했기 때문이다. 모든 차량이 우리와 반대 방향으로 향하고 있었기 때문에 동쪽으로 가기가 쉽지 않았다. 기차역에서 두 대의 전차를 발견했지만, 그 안에는 아무도 없었다. 우리는 그곳의 가옥들을 뒤지며 그들이 어디 있는지 묻고 다녀야 했다. 그러던 중 도저히 믿을 수 없는 광경을 목격했다. '배고픔'과 '추위'에 떨고 있으리라 생각했던 부하들이 평온한 분위기에서 잘 차려진 식탁에 앉아 슈니첼Schnitzel[39]과 각종 맛있는 음식들을 먹고 있었고 그 집 여주인의 극

---

39 | 얇게 펼친 고기에 빵가루를 입혀 튀긴 오스트리아 요리. 일본 돈가스의 원형이 된 요리로도 알려져 있다.

진한 대접을 받고 있었다. 차가워진 완두콩 수프를 갖고서 내가 나타나자 그들은 나를 반갑게 맞아 주었고 나 또한 기꺼이 그 훌륭한 식사 자리에 동참했다. 좀 더 긴 휴식과 제대로 된 잠자리가 필요한 순간이었다. 그때 우리가 간절히 원했던 것은 바로 수면. 오로지 수면이었다! 하지만 언제나 그랬듯 현실은 언제나 혹독했다.

우리는 서쪽에 주둔했던 중대로 복귀하기 위해 주기동로를 따라 이동했다. 이미 어두워진 상태였고 약 20킬로미터가량 기동했을 때 갑자기 무전기에서 다음과 같은 전문이 들려왔다. "모든 차량은 우측으로 밀착해서 정지하라! 전방 차량에 주의하라!" 우리는 정차했고 마주 오는 차량들 사이를 힘겹게 지나가던 '티거' 한 대를 발견했다. 내가 그 전차에 정지신호를 보냈더니 그 전차에서 내린 이는 다름 아닌 츠베티 상사였다. 그는 좋은 소식을 전했다. 자신이 중대의 물자를 모두 챙겨왔기에 우리가 중대 숙영지와 군수지원부대로 복귀할 필요가 없다고 말했다. 그래서 나는 다시 전차에 올랐고 네 대의 '티거'를 인솔해 다시 동쪽으로 이동했다. 침대에서 잠자는 것은 한낱 허망한 꿈일 뿐이었다. 츠베티는 우리가 수행해야 할 임무에 대해서는 전혀 몰랐다. 다만 우리가 나르바의 교두보를 방어하고 있던 SS사단장에게 가서 배속 신고를 해야 한다는 것 정도만 알고 있었다. 우리는 아군 공병이 설치한 교량을 통과하면서 힘겹게 나르바에 도착했다. 그곳 분위기는 매우 어수선했고 시내에는 단지 오고 가는 친위대 차량뿐이었다. 사단 지휘소를 찾기도 어려웠다. '노르트란트Nordland' SS기계화보병사단[40]의 부대원들은 대부분 북유럽 국가들 출신이라 독일어를 전혀 이해하지 못했기 때문이다. 그러나 대부분의 장병들이 건장한 젊은 친구들이었다. 사단장

---

40 | 무장친위대 제11 기계화보병사단. 스칸디나비아계 의용병을 중심으로 1943년에 창설되었으며 1945년 베를린 공방전에도 참가했다.

은 SS여단지도자SS-Brigadeführer 프리츠 폰 숄츠Fritz von Scholz였는데 그를 만난 후로 우리 중대에서는 그를 '프리츠 어르신Alten Fritz'이라 불렀다. 마침내 나는 어느 가옥 옆쪽에 있던 버스에 설치된 정말 독특한 사단 지휘소에서 그를 만나게 되었다. 전쟁 중에 내가 본 것 중 유일하게 가장 최전선에 설치된 사단급 지휘소였다. 오히려 연대지휘소보다도 전선과 더 가까운 곳에 있었다.

나는 그 옆에 있던 버스를 참모부 사무실로 사용하던 작전참모에게 신고했다. 늘 그렇듯 관등성명, 소속을 밝히고, 이렇게 말했다. "장군님 Herr General께 신고 드리려고 왔습니다."

작전참모였던 최상급돌격지도자Hauptsturmführer는 나를 외계에서 온 생명체인 양 바라보며 흥미롭다는 듯, "장군님?"이라고 되묻고는 느릿한 말투로 다시 이렇게 말했다. "장군님이라니, 그런 분은 여기 없다네! 자네가 있는 이곳이 어떤 곳인지 모를 수도 있지만 말이야. 여기는 무장친위대야. 여기서는 '님Herr'도 '장군'도 없어. 여기에는 여단지도자만 계신다네. 만일 그분께 신고를 하고 싶다면 '님'자를 빼게나. 그리고 우린 다른 모든 계급 뒤에도 '님'자를 붙이지 않아. 제국지도자 Reichsführer[41]께도 말이지."

생각지도 못한 방식의 응대였지만 나는 곧바로 적응했다. "여단지도자께 신고할 수 있도록 조치해 주십시오!"

그 작전참모는 고개를 끄덕였다. "이제야 한결 듣기 좋구먼." 그는 부하인듯한 사람을 돌아보며 이렇게 말했다. "벵글러! 여단지도자께 '티거' 부대의 카리우스 소위 '님'을 접견하실지 여쭤보게." 그는 마치 나를 놀리듯 내 계급 뒤에 '님'을 강조해 말했다.

그 말을 들은 하급돌격지도자Untersturmführer가 의자에서 벌떡 일어

---

41 | SS의 최상위 계급이나 실질적으로는 하인리히 힘러의 전용 계급처럼 사용됐다.

나더니, "예, 알겠습니다."라고 말하고는 밖으로 나갔다. 잠시 뒤 그가 다시 나타나서, "여단지도자께서 당신을 기다리십니다."라고 말했다.

나는 옆쪽에 있던 다른 버스에서 그를 대면했다. 조금 전의 일을 고려하면, 예상과도 너무나도 다른 그의 모습에 나는 놀라지 않을 수 없었다. 매우 친절하고 다정다감한 인물이었다. 전선에 머물렀던 기간을 통틀어 내가 만난 사단장 중에 '프리츠 어르신'과 견줄만한 사람은 없었다. 단연 최고의 사단장이었다. 그는 자신의 부대원들을 아끼고 사랑했으며 친하게 지내려고 무척이나 노력했고 부하들도 그를 신神처럼 받들었다. 그는 무슨 일이든 항상 부하들을 위해서 결정하고 행동에 옮겼으며 항상 부하들과 함께했기 때문이다. 우리 중대가 그의 지휘 아래 전투를 하는 동안 그는 나를 마치 아들처럼 대해 주었다. 훗날 뒤나부르크Dünaburg에서 한창 전투 중일 때, '프리츠 어르신'이 나르바 지역에서 전사했다는 소식을 접하게 된 우리는 큰 충격을 받았다. 그는 1944년 8월에 백엽 기사 철십자장 수훈자로 추서되었다. 그러나 전선에서 진정한 '아버지' 같은 존재를 잃은 마당에 그 훈장이 수여되었다는 소식이 우리에게 무슨 의미가 있겠는가?

그때 내가 그 버스에 올라 '프리츠 어르신'에게 신고를 하자, 그는 다정하게 내 어깨를 토닥거리며 이렇게 말했다. "자 그럼, 우리 먼저 성공적인 협동 전투를 위해 슈납스 한잔하겠나?" 그는 두 개의 잔에 술을 가득 채우곤 내게 건넸고 건배를 제의했다. "자네, 고향은 어딘가?"

나의 대답 뒤 우리의 대화는 가족과 관련된 사적인 잡담으로 이어졌다. 또한, 나는 그의 부대에 대한 나의 첫인상을 이야기했다. 그곳에 도착해서 작전참모가 나를 맞아 주었던 이야기를 하자 그는 박장대소했다. "그래. 여기가 그런 곳이야." 그리고는 말을 이었다. "나도 육군에서 친위대로 왔을 때 나도 적응하느라 꽤 힘들었지. 그때까지는 나도 매우 혼란스러웠다네. 하지만 이젠 이 부대를 결코 떠나고 싶지 않아. 무장친위대의 장병들은 정말 훌륭한 친구들이고 일반적으로 다른 곳에서 보기 힘든 전우애로 똘똘 뭉쳐있어. 그건 그렇고, 하지만 자네도 하던 습관이 있을 테니 나를 '장군님'이라고 불러도 상관없다네. 나도 그랬지만, 과거의 훌륭한 전통을 교육받은 이들에게는 그런 건 중요하지 않아."

곧 우리는 전선 상황을 주제로 대화를 나눴고 당시 황당무계했던 '판터-방어선'에 관한 내 회의감이 적중했음을 거기서 분명히 확인할 수 있었다.

'프리츠 어르신'은 그것에 관해 이렇게 설명했다.

"자, 보게. 정확히 말하면, 전체적으로 이 방어선은 문서상으로만 존재하는 것이라네. 이런 계절에 주전선에 위치한 아군이 참호를 판다는 것은 사실상 불가능한 일이지. 하기야 여기에서 우리가 진격하기 전에 몇 개의 벙커가 있긴 했어. 그렇지만 정작 우리가 필요한 곳에는 벙커가 없지. 게다가 러시아군은 예상했던 것보다 훨씬 조기에 반격을 실시했고, 설상가상으로 계속해서 철수만 해왔던 아군부대들은 뒤로 물러나는 데 익숙해져 있어서, 반드시 지켜야 할 방어선마저 포기하고 있다네. 우리 사단이 지도에 표시된 교두보 일대의 주전선을 확보하려고 했지만, 확인해 본 결과 이미 러시아군이 거길 점령했더군.

그래서 나는 새로운 교두보를 확보하기로 계획했어. 자네 임무는, 전방에 있는 우리 부대를 지원하고 필요할 때는 차후 진지를 점령해서 적의 반격을 저지해야 할 최적의 지형을 확보하는 것이야. 우선 이 지역을 장악한 러시아군 전력은 그리 강하지 않아. 이 부대를 격퇴하고 우리 부대원들이 방어선을 구축하는 것은 어렵지 않을 걸세."

비로소 나의 임무를 명확히 깨달았다. 레닌그라드에서 철수하던 육군 포병대를 우리가 엄호해 주었는데, 이제는 그들이 나와 친위대에 화력을 지원하기로 되어 있었다.

아마도 이들의 지원 없이는 수개월 동안이나 나르바 전선을 지켜낼 수 없었을 것이다. 우리 전차들은 나르바강 동쪽에 위치한 사단지휘소

인근에 전개했다. 이 전선은 북쪽으로는 나르바강 차안의 시가지 외곽까지 뻗어있었다. 주전선은 그곳의 대안 상의 지점으로부터 강변 서쪽을 따라 북쪽으로 발트해Ost See[42]까지 형성되어 있었다.

비교적 평온했던 시간은 금방 지나갔다. 러시아군은 아군의 교두보 일대에 대규모 전투력을 계속해서 투입했다. 그들은 즉각 중重포병과 초중超重포병[43]을 동원해서 그 도시 일대에 엄청난 포격을 가했으나 용감한 친위대 장병들이 완강하게 저지하여 아군의 교두보를 제거하려던 러시아군의 공세는 실패했다. 하지만 나의 걱정거리는 따로 있었다. 나르바강을 건널 수 있는 유일하게 남은 교량이 적 포탄에 의해 파괴될까 두려웠다. 물론 러시아군의 포탄은 그곳에 계속 떨어지고 있었다. 철교가 붕괴되었기에 그것마저 무너지면 우리 전차중대는 적의 함정에 빠지는 꼴이 될 수도 있었다. 또한 여타의 전선에 더 이상 투입되지 못할 수도 있었다. 이에 나는 '프리츠 어르신'에게, 내 전차들을 나르바강 서편, 즉 교량 반대편으로 넘어가서 배치하겠다고 건의했고, 그는 즉각 승인했다. 거기서라면 긴급한 상황이 발생하더라도 어디로든 단시간 내에 이동할 수 있을 거라 생각했다. 나는 교량을 건너 우리 전차들이 점령할 적절한 위치를 찾고 있었다. 그때 전방에서 군단 깃발을 단 퀴벨바겐 한 대가 우리 앞에 멈춰서자 누군가 그 차에서 내렸다. 나는 너무

---

42 | 원문은 동쪽 바다를 뜻하는 Ost See이나, 실제 의미하는 것은 발트해이므로 본서에서는 양자를 병기하였다.

43 | 중포병은 군단 및 군 사령부 직속 포병으로 122mm, 152mm 직사 및 곡사포, 초중포병은 152mm, 203mm, 210mm 곡사포, 280mm 구포, 305mm 곡사포를 운용했다.

나 깜짝 놀랐다. 눈앞에 모델Model 원수가 서 있었다. 최고지도부 — 절체절명의 위기 상황에서 항상 그랬듯 — 가 전황을 안정시키기 위해 그를 북부전선으로 보냈던 것이다. 나는 나름 논리정연하게 당시 상황을 보고하려 했지만 모델은 혹독하게 나를 질책했다. 그의 눈썹도 떨렸다. 내가 언젠가 중부 전선에서 본 그때와 똑같은 모습이었다. 나는 더 이상 어떠한 해명도 답변도 할 수 없었다. 내 부하들과 다시 전차에 탑승해 재빨리 나르바강 건너편, 돌출부로 향했다. 그 원수는 강한 어조로 명령을 하달했는데 지금도 그 명령을 결코 잊을 수 없다. "귀관이 책임지고 해야 할 일이 있어. 러시아군 전차 단 한 대라도 이곳을 통과하는 일은 없어야 해. 또한 귀관의 '티거' 중 단 한 대라도 적에게 피격되어서도 안 돼. 모든 포탄을 다 쏟아부어서라도 지켜야 하네." 모델 원수는 스스로에게는 매우 엄격하고 혹독했다. 그러나 최전방 참호에 있는 병사들에게는 관대했고 그래서 모든 장병들로부터 존경받았다. 본인 스스로를 위해서는 아무것도 바라는 것도 원하는 것도 없었다. 1945년에 루르에서 적군에 포위되었을 때 그는 매우 인상적인 말을 남겼다. "하루는 24시간이다. 밤에도 쉬지 않고 일하면 그 일을 완벽하게 해낼 것이다."

아쉽게도 '노르트란트' SS사단을 지원하는 임무는 단기간에 종료되었다. 친위대 병사들이 새로운 진지를 구축할 때까지 우리는 며칠간 그들을 엄호했다. 그때 러시아군 대전차포 네 문을 제압한 전과도 있었다. 나는 '노르트란트 사단'의 훌륭한 장병들을 결코 잊을 수가 없다. 그들은 두꺼운 책으로 볼셰비즘을 배운 서방세계의 많은 사람들보다 경험을 통해 볼셰비즘의 실체를 더 잘 알고 있었기에 사자처럼 용감히 싸웠다. 나중에 이런 사실도 알게 되었다. 쿠를란트 야전군Kurland-Armee[44] 예하 부대의 수많은 병력이 악전고투 끝에 스웨덴으로 탈출하는데 성공했고, 목숨만은 건졌다고 생각했다. 그들 중에는 제3 SS기갑군단의 장병들도 있었다. 그런데 스웨덴 정부는 일단 그들을 감금했고 나중에는 연합국의 압력으로 러시아에 넘겨주기로 결정했다. 당시 국제정세상, 서방 강대국들과 소련의 관계는 그리 좋지 않았다. 또한 서방국가 사람들도 발트 지역 출신 친위대 장병[45]들이 어떤 운명에 놓일 것인지 분명히 알았을 것이다. 나아가 스웨덴은 '국제 적십자 위원회'의 활동에 강한 열의를 보였다. 이런 것들을 감안하면 스웨덴 정부의 결정은 대단히 부적절했다. 친위대 소속의 에스토니아, 리투아니아, 라트비아 청년들은 그들의 할아버지나 아버지가 당했던 것처럼 분명 학살되었거나 최소한 시베리아로 강제 이송되었을 것이다. 러시아로의 인도 소식이 알려졌을 때 스웨덴 수용소에서 벌어진 일들에 대한 보도는 매우 충격적이었다. 수용소에 있던 사람들은 자살과 자해를 통해 스웨덴, 소위 '체제국Gastland' 정부에 강력히 항의했다. 자신들의 고향과 모든 서방국가 그리고 또한 스웨덴을 볼셰비즘에서 지키려 했던, 그래서 무기를 들었던 청년들은 그렇게 비참하게 희생되고 말았다.

러시아군은 나르바의 교두보에서 패배한 이후 공세의 중점을 나르바

---

44 | 소련의 발트 공세로 쿠를란트 반도에 갇힌 (구)북부집단군을 1945년 1월 25일에 재명명한 부대 편제.

45 | 라트비아, 리투아니아, 에스토니아는 1940년에 소련에 병합되었기에 이들 국가 출신 의용병들은 '적국'에 종군한 소련 국민, 즉 '반역자'로 간주되었다. 이에 따라 발트 3국 출신 장병들은 전후 소련 법정에서 처벌을 받았다.

시市와 나르바강 하구 사이로 옮겼다. 이에 우리도 그곳에서 새로운 임무를 수행해야 했다. 그들은 얼어붙은 나르바강을 넘어 강 서안에 교두보를 만들고자 시도했다. 공세의 중심부는 강의 서안에 위치한 리기 Riigi라는 마을 일대였고 전체적인 지형으로 보면 나르바와 발트해 사이에서 거의 중간 정도의 지역이었다. 당시에는 탁월한 전투력을 발휘했던 벵글러 보병연대가 그곳에 전개하여 1941년 진격 시에 구축했던 과거의 벙커들을 십분 활용하고 있었다.

2월 16일에 나는 두 대의 전차를 이끌고 벵글러 대령을 찾아갔다. 나르바강을 건너려는 러시아군의 집중 공세를 방어하는 그의 부대원들을 지원하기 위해서였다. 벵글러의 지휘소는 최전선으로부터 약 2킬로미터 정도 후방에 있었는데, 그 사이에는 늪지대가 있었다. 그는 나를 보자 반갑게 맞아 주었다. "어이! 자네가 다시 왔구먼! 자네가 여기 와줘서 너무나 기쁘군. 우리는 이미 서로에게 총을 겨눈 적도 있었지?[46] 귀관도 알아야 하겠지만 여기 분위기는 매우 심각해. 안타깝게도 철수작전을 시행하면서 아군의 손실이 대단히 컸어. 우리 연대의 전투력은 모두 끌어모아도 기껏해야 한 개 대대 수준이야. 내 책임 지역에서 방어 전투를 정상적으로 하려면 최소한 1개 연대 정도는 되어야 하는데, 그 이상은 바라지도 않아. 그래서 전선 상에 병력을 듬성듬성 배치해 놓았어. 전선을 거점 형태로 구축해서 상황을 타개할 방도를 찾고 있다네. 여기서 지도상으로 잡다한 것들을 얘기하는 것보다 현장에 나가 보면 자네도 상황을 더 잘 이해할 수 있을 거야. 내가 직접 거기서 설명해주겠네." 우리는 즉시 최전선으로 나갔다. 현장에서 직접 봐야 야간에도 방향을 쉽게 찾을 수 있을 것 같았다. 당시에도 치열한 전투가 계속되고 있었다. 우리가 전방대대 지휘소에 도착했을 때, 대대장은 벵글러

---

46 | 제10장에서 발생했던 오인사격을 말한다.

대령에게, 러시아군이 다시금 공격을 감행했다고 보고했다. 이때 러시아군은 얼어붙은 나르바강을 건너야 했고, 엄폐물이 전혀 없었기에 엄청난 피해를 입었다. 하지만 소부대 중 하나가 나르바강의 대안에 도달했고 우리 벙커에 거머리처럼 달라붙어서 집요하게 공격했다. 이에 우리는 러시아군이 추가적인 전력을 투입하기 전에 즉각 이들을 제압해야 했다. 적군의 의도는 분명했다. 얼마만큼의 병력이 희생되든 상관없었다. 오로지 그들의 목표를 달성하는 데만 혈안이 되어있었다.

우리는, 아군의 보병부대가 적군에게 피탈된 진지들을 되찾는 것을 지원해야 했다. 오인사격으로 아군의 피해가 발생하는 것을 방지하기 위해 최대한 정밀사격이 필요한 순간이었다. 우리는 평소처럼 지그재그 형태로 뻗어 있는 참호로부터 약 50미터 거리까지 접근했다. 이곳에서 우리는 아군의 보병들이 진격하는 것을 보고 있었다. 이들이 어느 지역을 확보하면 그곳에서 신호를 보냈다. 그러면 우리가 구경 8.8센티미터 주포로 그곳에서 전방으로 10~20미터 거리의 지역에 지원사격을 해 주었다. 참호 위로 아군 보병의 철모가 보이면 우리는 사격을 중지했고, 그러면 보병들은 돌격해서 적 진지를 탈취했다. 완벽한 협동 전투에 러시아군은 우리의 공격을 막아내지 못하고 큰 피해를 입었다. 물론 우리 전차가 나타나면 그들은 즉각 포병사격으로 대응했다. 그들은 꽤 강력한 '보따리Koffer'[47]들을 우리에게 날려 보냈다. 나르바강의 동편은 가파른 경사가 있었고 그쪽 언덕 위쪽으로는 드넓은 삼림지대가 뻗어있었다. 이 숲의 외곽에 진지를 점령했던 러시아군은 우리의 움직임을 시종일관 관측했다. 우리는 위협적인 적의 화포들 앞에 완전히 노출되어 있었다. 우리가 원래 있던 숲에서 나오자 3분도 채 되지 않아 반대쪽 강변에서 적의 첫 번째 포구 섬광을 관측했다. 적 포탄에 맞지 않

---

47 | 포탄을 은유적으로 표현한 말.

으려면 지속적인 회피기동을 해야 했다. 츠베티가 자신의 전차로 우리 보병들을 지원하는 동안 나는 대안 상의 적들을 제압하기 위해 노력했다. 나는 계속해서 러시아군 화포들을 제압했지만, 다음 진지로 이동하면서 다시 노출되었고 적들의 사격을 받게 되었다.

이런 전투 경험을 하면서 조종수 루스티히Rustig는 마침내 특유의 저돌적인 성미를 억누르는 방법을 터득했다. 내게는 훌륭한 조종수 중 한 명이었다. 내가 타고 있던 전차가 고장 나면 나는 그의 전차에 올라탔고 불편함이 없었다. 그러나 그의 전차장은 종종 내게, 루스티히가 너무 거칠다며, 항상 앞으로만 가고 후진할 생각을 전혀 하지 않는다고 불평했다. 한편으로는 칭찬받을 만한 성격이지만 때로는 너무나 위험하고 무모한 행동이었다! 그는 입대 전에 철공소에서 일했던 기술자답게 강철같은 녀석이었다. 다음과 같은 에피소드를 통해 나는 그 녀석을 조금은 이해할 수 있었다. 당시 겨울이라 너무 추워서 우리는 옷을 겹겹이 껴입고 있었다. 그때 그가 피우던 담배꽁초가 셔츠와 피부 사이로 떨어졌다. 그런데 그는 그 옷들을 벗어서 담배꽁초를 꺼내지 않고 외투를 몸쪽으로 꼭 눌러 담뱃불을 꺼버렸다. 언젠가 그가 내 손을 잡았을 때, 나는 도저히 감당하기 어려울 만큼의 힘을 느꼈다. 루스티히는 이런 녀석이었다. 저돌적이고 대담했던 그는 언제나 고집스럽게 앞으로만 가려 했고 절대로 적을 놓치지 않겠다는 의지로 똘똘 뭉친 친구였다.

그러나 앞서 말했듯 어느 날 그는 자신의 저돌적인 성격을 제어하는 법을 익혔다. 우리는 삼림지대 전방으로부터 약 500미터 정도의 거리에 있었고 그 순간 러시아군이 사격을 가했다. 첫 번째 일제사격 시에는 사거리가 짧아 적 포탄들은 우리 앞에 떨어졌고 두 번째 포탄들은 반대로 우리 뒤쪽에 떨어졌다. 나는 세 번째 포탄들이 날아올 때까지 기다릴 수는 없었다. 이젠 우리가 정통으로 맞을 수도 있기 때문이었다. 나는 루스티히에게 '후진!'이라고 소리쳤지만, 그는 꼼짝도 하지 않았다. 우리는 그 자리에 그대로 서 있었고 러시아군은 세 번째 포격을 가했다. 많은 수의 포탄이 우리 주변에 떨어졌다. 그때 구경 28센티미터 포탄이 기동로 상 우리 바로 앞에 떨어졌는데 다행히도 폭발하지는 않았다. 마치 한 마리의 큰 쥐 같은 불발탄이 우리 앞으로 굴러오다가 도로 아래 눈밭으로 미끄러졌다. 나중에 그 숲 지역에서 철수할 때 이 불발탄을 직접 눈으로 확인할 수 있었다. 이 사건을 겪은 뒤에야 비로소 루스티히는 내가 후진 명령을 하달하면 즉시 따라야 한다는 것을 깨닫고 수용했다.

우리는 '티거'의 강철 장갑의 우수성에 다시금 감탄했다. 절대로 뚫리지 않는 강도는 물론 우수한 탄성까지 갖추고 있었다. 적의 대전차 포탄을 수직으로 맞지 않는 한 거의 모든 적 포탄들이 튕겨 나갔으며, 마치 부드러운 버터를 손가락으로 긁은 듯한 모양의 흔적만 남았을 뿐이었다.

야간에는 아군 보병을 지원하기가 힘들었다. 우군을 오인 사격할 위험성이 다분했기 때문이다. 단지 러시아군이 다시금 공세를 시도하려는 움직임이 보이면 나르바강의 얼음판에 사격을 하는 정도였다. 이를 통해 우리는 러시아군의 기세를 꺾을 수 있었다. 야간에 그들은 얼음판을 건너려고 열두 차례나 시도했고 때로는 썰매를 투입하기도 했다. 그리고 엄청난 손실에도 불구하고 이를 강행하려고 했다. 우리 입장에서는 그런 행동을 '집요함'이라고 표현할 수도 있지만, 그들 입장에서는 '용기'로 표현할 수 있는 일이었다. 우리는 전쟁 뒤 그런 개념이 가치전도되는 상황을 겪었다. 그래서 마지막까지 '조국을 위해 자신의 의무를 다한' 군인이 갑자기 '군국주의자'와 '전쟁 광신자', 그리고 급기야 '악랄한 나치'가 되어 버렸다.

마침내 리기 지역에서 전투가 잠잠해지자 우리는 또 다른 전장으로 이동하라는 명령을 받았다. 나는 벵글러 대령과 작별하며 서로의 행운을 빌어주었다. 그는 우스갯소리로 이제부터 자신의 인생에서 가장 힘들고 가장 긴 전투가 임박해 있다고 털어놓았다. 그의 결혼을 의미하는 것이었다. 그 대령은 백엽 기사 철십자장을 수여 받았는데 그 훈장 수여식을 기회로 독일로 귀국했다. 그는 해당 훈장을 받은 404번째 군인이었다. 안타깝게도 그의 결혼생활은 너무 일찍 끝을 맺었다. 1945년 육군 소장으로 서부 전역에서 전사했기 때문이다. 그는 사망 직전에 백엽검 기사 철십자장을 받았고, 123번째로 이 훈장을 받은 군인이었다.

12. 나르바 전선에 다시 서다
Bei Narwa stand die Front Wieder

이후의 전투들을 기술하기 전에 1944년 2월 24일 대대 참모부에서 파악한 나르바강 일대의 지형과 방어진지 편성에 대해 간략히 설명하고자 한다. 나르바강은 그 자체로 방어에 유리한 천연장애물이었다. 나르바강을 북쪽에서 남쪽으로, 즉 하류에서 상류로 거슬러 올라가면서 주요 지형을 살펴보자. 하류 끝부분인 핀란드만으로부터 남동쪽으로 약 10킬로미터 일대에 리기와 시베르치Siivertsi가 있고 더 남쪽으로 가면 나르바시가 있다. 거기서 나르바강은 남쪽으로 방향을 전환하여 1~2킬로미터 지난 후, 한 만곡부를 거쳐 서쪽으로 이어진다. 이 강이 약 10킬로미터에 걸쳐 서쪽에서 동쪽으로 흐르는 구간이 다음 전투가 벌어졌던 중요한 지역이다. 참고로 이 강은 여기서 남남서 방향으로 45킬로미터 거리에 파이푸스Peipus 호수의 북동쪽 끝자락과 연결되어 있다.

우리가 리기에서 철수했을 때 전선은 나르바 만곡부에서, 좀 더 정확히는 훙어부르크Hungerburg에서 리기를 경유하여 강의 서안을 따라 나르바시 바로 앞까지 형성되어 있었다. 거기서 강의 동편으로 넘어가서 나르바시 바로 전방에 아군의 교두보가 있었다. 이곳은 나르바시를 방어하는데 매우 중요했다. 주전선은 나르바 ~ 만곡부에서 다시 강과 만났고 아군의 방어선은 동쪽 강안을 따라 연결되었다. 이는 지휘부의 의도가 반영된 것이었다. 거기서 연결된 동~서 방향의 하천선 중간 지점에 추가적인 교두보 한 곳을 만들 계획도 있었지만, 예전에도 그랬듯이 러시아군의 방해로 실현되지 못했다.

이런 동~서 방향의 나르바강에서 약 8킬로미터 북쪽에는, 나르바─바이바라Waiwara─베젠베르크Wesenberg를 연결하는 철도가 강과 평행하게 놓여 있었고, 그보다 800미터 북쪽에는 주기동로가 뻗어있었다. 그곳에서 발트해까지는 북쪽으로 불과 5~6킬로미터 정도 거리였다. 강과 주기동로 사이의 지형은 온통 늪지대였던 반면 철도는 단단한 제방 위에 설치되어 있었다. 남쪽 방면에 추가로 계획했던 교두보를 구축하기 위해 동~서 방향으로 진지에 투입되기로 했던 아군 보병부대들이 너무 늦게 이 지역에 도착했다. 당시 아군은 그 주위에 있던 러시아군이 아직은 나르바강 일대까지 진출하지 못했으리라 판단했다. 게다가 늪지대 때문에 그들이 강 북쪽에 진지를 편성하리라고는 생각지도 못했다. 고위 사령부에서도 이 늪지대에 진지를 구축하는 것은 절대 불가능하다고 인식했다. 그러나 아군이 이 지역에 진지를 점령하려고 했을 때, 치명적인 실수를 했다는 것을 깨달았다. 이미 러시아군의 강력한 전투부대들이 북쪽의 나르바강변과 주기동로 사이의 지역으로 밀고 들어와 있었던 것이다. 적군은 그곳에 교두보를 구축했고 역으로 나르바강 동쪽에 구축된 아군의 교두보를 위협했다. 그곳에 진지를 점령했던 아군부대만으로 적군을 강 너머 남쪽으로 격퇴하기에는 역부족이었다. 아군의 입장에서 주전선의 형태는 이러한 모든 난해한 상황 때문에 매우 특이했다. 아군의 방어선은 거점의 형태로 철길 제방 북쪽에 구축되었다. 이 전선의 중앙부에 러시아군의 교두보를 절반으로 나누는 소로가 하나 있어, 전체적인 전선의 형태는 장화 모양을 하고 있었다. 그래서 러시아군이 점령한 나르바강의 북부지역은 두 개의 '축 늘어진 살집'과 같은 형태 즉 '동쪽 자루Ostsack와 서쪽 자루Westsack'로 나뉘어 있었다. 이 두 개의 '자루'는 국방군 보도에서 공식 용어로 사용되기도 했다.

이 장화 내부에서 북쪽으로 향했던 소로는 철도 건널목을 넘어 렘비투Lembitu 마을을 통과했다. 약 800미터 뒤쪽에는 언덕 하나가 있었는데 주변의 평평한 지형에 비해 우뚝 솟은 모습이 꼭 두더지가 파놓은 흙더미 같은 모양이었다. 그 소로는 그 언덕 후사면을 통과해서 주기동로와 만났다. 또한, 그 소로는 렘비투에서 철길과 평행하게 동서로 뻗은 또 다른 소로와 만났고 그 길을 연해 마을의 동쪽 입구 쪽에 농가 한 채가 있었다. 다시 동쪽 방향으로 그 소로는 철길 제방 쪽으로 비스듬히 향하다가 약 130미터 정도에 이르러 두 번째 철길 건널목과 만났다. 농가에서 철길 건널목 간의 소로 상에는 두 채의 가옥이 있었는데, 농가와 두 가옥 간의 거리는 비슷했다. 내가 차후 벌어진 작전에 앞서 이렇게 지형을 상세히 설명하는 이유는 독자들이 이 지역에서 우리의 전투상황을 머릿속으로 그려 볼 수 있도록 하기 위해서임을 미리 밝혀 둔다. 또한, 당시 우리가 러시아군과 치열한 전투를 벌였던 이곳에 대한 설명을 위해 요도도 첨부하였다.

당시 중대 설영대는 나르바에서 서쪽으로 약 25킬로미터가량 떨어진, 해안과 주기동로 사이의 어느 곳에 위치했다. 우리는 리기에서 나와서 그곳으로 복귀했고 도착 후 즉시 대대 지휘소로 갔다. 대대장은 복귀 신고를 받고는 내게 이날 렘비투에 있던 중대장과 교대하라고 지시했다. 중대장의 건강 상태가 좋지 않았기 때문이다. 우리 중대 전차들은 보병연대에 분산 배치되어 있었는데 중대장이 '티거' 두 대로 렘비투 일대에 있었고 서쪽의 자루 방면에는 네 대의 전차가 전개해 있었다. 중대장과 교대하기 위해 나는 즉시 퀴벨바겐을 타고 렘비투로 이동했다. 나는 '고아원Kinderheim' — 렘비투 북쪽의 고지를 그렇게 불렀다.

— 으로 향하는 오르막을 달려가면서, 주전선에서 치열한 교전이 있었다는 사실을 듣게 되었다. 내가 렘비투에 도착하자 중대장은 이렇게 빨리 교대하게 되어 기쁘다며 내가 타고 온 퀴벨바겐을 타고 곧장 사라졌다.

티거 두 대의 전차장 중 한 명은 케르셔Kerscher 중사였고 나와는 언제나 잘 통하는 사이였다. 우리 둘이서 함께 할 때, 특히 전투를 치를 때는 무서울 것이 없었다. 동료들은 내게 현장 상황을 다음과 같이 설명해 주었다. 러시아군이 철길 제방 뒤쪽에 진지를 점령하고는 그곳에서 꼼짝하지 않고 있다는 것이다. 꽤 높았던 그 제방은 손쉽게 갱도를 파고 들어갈 수도 있고 벙커로 활용할 수도 있었다. 아군은 농가를 진지로 사용했고 그 뒤에 우리 전차들이 위치해 있었다. 또한, 농가와 '러시아군이 점령한' 철길 건널목 사이의 가옥에도 아군 병력이 배치되었다. 야간에는 여러 곳에 두 명의 경계병이 배치되어 각 거점 간에 연락을 유지하고 있었다. 그곳에는 참호가 구축되어 있지 않았는데, 그 지역을 책임지고 있던 보병 연대장이 그 방어선을 일시적인 것으로 판단하여 참호를 구축하지 말라고 지시했다고 한다. '고아원' 후사면의 동편 능선은 매우 가팔랐는데 그곳에 적의 어떤 포격에도 견딜 수 있는 벙커를 만들었고 그 연대장의 지휘소가 바로 거기에 설치되어 있었다.

첫날밤이 지나고 나는 보병부대 지휘관을 찾아갔다. 경계에 관해서 주간에는 우리가 전담하고 야간에는 그의 부대가 담당하기로 합의하였다. 내 부하들도 가능한 오랫동안 쉴 수 있도록 시간을 확보해야 했다. 마을의 한 가옥을 우리 숙영지로 정하고, 상황이 발생하면 내가 즉시 현장에 갈 수 있도록 '농가'로부터 그 숙영지까지 통신선을 가설했다. 첫날 저녁에는 '숙소'로 가지 않고 우선 보병부대의 진지들을 둘러보고 싶었다. 그곳에서는 어두워져야 이동할 수 있었기 때문이다.

보병 부대원들은 내가 진지들을 둘러보고 싶다고 말하자 놀라는 표정을 지었다. 이런 전차부대 간부의 모습을 처음 보는 모양이었다. 그러나 내게는 나만의 방식이 있었다. 우리가 그들의 진지가 어떤 상태인지 정확히 모르고 어떻게 효과적으로 지원할 수 있겠는가? 함께 협동 전투를 할 상대를 잘 모르고 어떻게 협업을 잘할 수 있겠는가? 확실히 우리 전차부대원들로서는 진지전 따위의 주전선에서 하는 전투들은 전혀 달갑지 않았다. 그저 커다란 표적처럼 개활지에서 가만히 서 있으려고 우리가 전장에 나온 것은 아니다. 공격, 역습 등 기동전을 수행하는 것이 바로 우리의 과업이다. 하지만 당시 보병 전우들은 우리 전차부대 없이는 적군을 도저히 막아낼 수 없는, 참으로 안타까운 상황이었다.

나는 초번 경계병들과 함께 약 70미터 떨어진 첫 번째 가옥으로 갔다. 야간이기도 했고, 우리와 철길 제방 사이에 낮은 수목들과 늪지대의 덤불이 많았기 때문에 러시아군 쪽에서는 내가 이동하는 것이 전혀 보이지 않았을 것이다. 농가와 마찬가지로 보병 1개 중대가 그 거점을 점령하고 있었다. 그러나 '중대'라는 건 그저 말뿐이었다. 그들은 기껏해야 25~30명 정도였는데, 이런 '대단한' 숫자도 최근에 독일 본토에서 온 보충병으로 채워진 것이었다. 머리에 피도 안 마른, 이제야 전선의 실상을 처음 알게 된 녀석들이 그곳에 앉아 있었다. 그러나 그들의 열정과 전투 의지만은 매우 대단했다. 이 거점의 동초動哨와 함께 철길 제방에서 30~40미터 떨어진 세 번째 거점으로 향했다. 우측 편에는 엄폐물이 없었다. 그러나 철길 제방 뒤쪽의 러시아군은 자기네 일에 전념했고 간혹 야간에 한두 발의 총성으로 우리가 진창에 머리를 처박게 만들기도 했다. 아마도 러시아군은 자기네들이 거기 있다는 사실만 우리에게 보이려고 했던 것 같다. 최전방의 거점에서 적과의 거리는 불과 수 미터밖에 되지 않았다. 그러나 전선의 분위기는 비교적 조용했다. 단지 이따금 바로 뒤쪽에서 쏜 아군 포탄 한 발이 우리 머리 위로 휙 소리를 내며 철길 제방 저쪽에 떨어지곤 했다. 그리고 가끔 러시아군이 지르는 소리, 진지 공사를 하는 듯한 소음들이 들리곤 했다. 러시아군도 우리와 마찬가지로 엄폐호를 만들어야 했을 것이고, 또한 중장비, 물자들을 실어 오기 위해 도로도 복구해야 했을 것이다.

다음 중대는 거기서부터 다시 150~200미터 떨어진 지점에, 철길 제방과 기동로 사이에 있던 어느 삼림지대 외곽에 있었다. 이 거점은 가장 긴 정면을 맡아야 했다. 우리는 이 대대와 우측에 진지를 편성한 '펠트헤른할레Feldherrnhalle' 기계화 보병사단 예하의 우측 대대의 접촉지점으로 향했다. 그곳 삼림지대에서 본격적인 주전선이 시작되어 철길 제방을 따라 동쪽으로 연결되어 있었다. 러시아군은 약 200미터 떨어진 남쪽 지역에 있는 또 다른 숲 외곽에 진지를 구축했다. 보병은 배후에 개활지가 있는 것을 극도로 꺼린다. 엄폐물도 없고 유사시에 예비대를 투입하기도 어렵고, 예비대의 움직임이 적에게 포착될 뿐만 아니라 적의 방해를 거부할 수도 없기 때문이다. 그곳의 보병부대가 바로 그런 난감한 상황에 있었기에 더욱더 우리 전차부대가 중요했다. 만일 러시아군이 대담하게 한 번만 마음먹고 북쪽으로 돌파를 감행했다면, 우리 전우들은 전차의 지원 없이는 적군을 저지하지 못했을 것이다.

어쨌든 아군 보병들은 세 개의 거점을 벙커로 만드는 데 여념이 없었다. 각목으로 지하창고를 보강하고 총안구도 만들었다. 그리고 경계병들이 몸을 녹일 수 있게 '근무자용 난로'까지 설치했다. 반면 그들과는 달리 겨울에도 전차에서 경계근무를 해야 했던 우리의 여건은 매우 열악했다. 며칠 아니 몇 주 동안 밖에서 추위에 떨어야 했다. 여름의 더위는 참을 만했지만, 겨울에는 마치 냉장고 속에 있는 것 같았다. 추위를 참다못해 '석유 토치에 불을 붙여보자'라는 생각을 해냈다. 훈련장에서는 전차 안에서 담배를 피우는 것조차도 엄격하게 금지되어 있었지만, 이제는 더 이상 그딴 규정을 지킬 필요나 의지 따위는 없었다. 러시아군이 보는 앞에서 우리는 석유 토치의 화력을 최대로 올렸다! 조금은 추위를 이겨낼 수 있었다. 다행히 우리 중대에서 부주의로 전차 내부에서 화재가 난 적은 한 번도 없었다. 물론 또 다른 정반대의 상황도 있었다. 예를 들어 모두 깜빡 졸아서 토치의 압력이 감소하면 내부에서 심하게 그을음이 나기 시작했는데, 그러면 우리는 굴뚝 청소부 꼴이 되고 말았다. 전차 내부에 거의 흰색이 보이지 않을 정도로 그을음이 심했다. 공기도 좋지 않았다. 오늘날 돌이켜 생각해보면 우리 중 아무도 연소 가스 중독에 걸리지 않은 것은 정말 다행스러운 일이다. 하기야 당시에는, '얼어 죽은 이들은 많아도 악취나 가스 때문에 죽은 이는 없다.'라는 말이 유행할 정도였다. 또한, 전차 안에서 먹는 음식에서도 휘발유나 윤활유 냄새가 났다. 하지만 시간이 갈수록 그리고 궁핍하면 인간은 모든 것에 적응하게 마련이다. 우리는 해가 갈수록 이런 휘발유나 오래된 윤활유 향기 등등, 특유의 '전차 냄새'를 너무나 좋아하게 되었다.

어스름한 새벽녘에 어느 어린 병사가 내 전차로 달려왔다. 인접 거점의 전우로부터 적군을 관측했다는 통보를 받았다고 했다. 러시아군이 철길 제방에 대전차포를 설치하고 있음을 분명히 봤다는 내용이었다. 물론 나는 즉각 대응하겠다고 약속했다. 내가 예전에 경험한 바에 따르면, 보병 전우들에게 신뢰를 얻으려면 그들에게 뭔가를 보여주어야 했다. 그들을 위해 뭔가를 해 주면 그들과 대화할 때 우리 발언을 잘 들어주었으며 차후에 만에 하나 실수를 해도 걱정할 필요가 없었다.

나는 전차 두 대를 인솔해 즉각 두 번째 거점으로 나갔다. 철길 제방을 향해 포구를 조준했으나 러시아군의 대전차포는 완벽하게 위장되어 식별 자체를 할 수 없었다. 포구 제퇴기만 살짝 보일 뿐이었다. 러시아군도 이 순간까지 사격하지 않은 것을 보면 호기를 놓친 듯했다. 우리가 몇 발 사격을 가하자 적 대전차포 포신이 마치 대공포처럼 공중으로 들렸다. 우리와 채 50미터도 안 되는 거리였지만 전차포로 단번에 그것들을 제압할 수는 없었다. 제방에 구축한 러시아군 진지가 매우 견고했기 때문인데 그래서 우리는 가장 가까운 적 진지부터 무력화시켜야 했다. 나는 이 작은 교전으로 주간에 이곳의 지형을 확인할 수 있었다. 확실히 러시아군이 우리보다 훨씬 더 유리한 지형을 차지하고 있었다. 철길 제방 뒤쪽에는 높다란 침엽수 숲이 있었고, 나중에 러시아군이 그 나무들 위에 저격수를 배치하여 사실상 전 지역을 장악한 것이나 다름없게 되고 말았다. 침엽수 사이로 보이는 그 뒤쪽에는 넓은 평원이 펼쳐져 있었는데 그 끝에는 꽤 높은 숲과 늪지대가 있었다. 한편 철길 건널목에는 나무들이 길게 늘어서 있었다. 이곳부터 러시아군은 전선을 뒤쪽으로 조정해야 했다. 철길 제방이 동쪽으로 갈수록 낮아져서 엄폐물로 활용할 수 없었기 때문이다.

우리는 간단히 '아침 산책'을 마친 뒤 우리의 숙영지인 농가로 복귀했다. 당시 우리는 이런 지루한 '경계근무'를 수 주일이나 더 계속해야 한다는 것을 생각지도 못했다. 우리가 숙영지 뒤쪽 진지에 도착하자 '고아원' 쪽 도로에서 퀴벨바겐 한 대가 우리 쪽으로 속도를 내며 달려왔다. 그 도로를 계속해서 관측하던 러시아군은 즉각 박격포탄을 날리기 시작했다. 다행히도 그 차량은 적 포탄을 잘도 피했다. 그 차에 타고 있던 친구는 바로 중사 '비어만 영감Alte Biermann'이었다. 전방으로 추진된 보급소의 책임자였던 그는 어떤 상황에서건 그 어디라도 식량을 전해줬고, 덕분에 우리는 끼니를 거르지 않을 수 있었다. 나는 반갑게 그를 맞아 주었지만 동시에 그를 꾸짖었다. "이 양반이 이런 하찮은 식량 때문에 목숨을 거셨구먼. 제정신이 아닌 거죠?" 비어만은 대답은 간단했다. "저는 따뜻한 음식과 커피를 좋아해요. 당신들이 전선을 지켜주지 않으면 우리가 어떻게 그런 맛있는 음식을 먹겠어요?"

이는 무의미한 빈말 또는 헛소리가 아니었다. 진심에서 우러나온 말이었다. 헛소리를 지껄이다가 실제로 포탄이 빗발치면 그런 말들은 곧 허상임이 드러난다. 사심 없는 전우애, 그리고 이런 희생적인 동료가 있었기에 오늘날까지 전선에서 그토록 힘들었던 그 시간을 우리는 잊지 못하고 있다. 그리고 그것이 바로 오늘날까지 우리를 결속시키는 원동력이다. 오로지 한 사람의 진심과 군복, 겉치레가 아닌 그의 본심을 알게 되면 그 사람을 정확히 파악할 수 있게 된다. 또한, 장담하건대 전시에 이런 전우는 절대로 실망시키지 않는다. 그러나 어떤 사람을 정확히 파악하기 위해 전쟁이 반드시 필요하다는 의미는 아니다. 하지만 진정한 전우애를 느꼈던 경험, 희생정신을 기반으로 한 단결력을 통해 나는, 우리가 전쟁에서 보낸 시간이 헛되지 않았으며 우리 모두 남은 인생을 위해서도 많은 것을 얻었던 시간이었음을 확신한다. 어떤 사람들은 군에서 보낸 시간을 듣기 거북할 정도로 비판하며 '도둑맞은' 세월이었다고 한탄하기도 한다. 그러나 내 경험상 그런 사람들 대부분은 저질이자 뻔뻔한 이기주의로 똘똘 뭉친 군인들이었다.

물론 '비어만 영감'은 우리 젊은이들에 비하면야 꽤 나이가 많은 편이었지만 그래도 젊은 베테랑이었다. 아마 30대 중반 정도였던 것 같고, 결혼도 했으며 사민당SPD, Sozialdemokratische Partei Deutschlands[48]의 열성 당원이었다. 그는 자신의 세계관을 거침없이 드러냈지만, 그가 부사관이 되는 데 지장은 없었다. 그는 진정한 대장부였기 때문이다. 누가 우리에게 당원증을 보자고 할 텐가! 중대 개인 명부를 관리하는 중대 행정보급관을 제외하면 개별적으로 어떤 종교를 가졌는지 누가 알고 싶어 하겠는가? 작센Sachsen이나 팔츠Pfalz, 베를린 또는 오스트리아 등, 출신이 어디인지 누가 관심이 있겠는가? 중요한 것은 조직에서

---

48 | 독일에서 가장 역사가 오래된 정당이자 세계에서 가장 오래된 좌파 정당. 히틀러의 수권법에 공식 경로로 가장 마지막까지 저항한 정당이기도 했다.

자신의 의무를 다하고 동료들의 신뢰를 받는 것이다. 적군 앞에서는 모두가 똑같았다. 러시아군도 다르지 않았다. 반면 최전방에서 자신의 책임을 다하지 않고 엉뚱한 행동을 하는 이들은 동료들의 조롱거리가 될 뿐이었다. 그렇게 되면 다시 조직의 일원으로 인정받기가 매우 힘들었다.

솔직히 비어만과 나는 전쟁 이후의 가능성에 대해 대화하는 것을 좋아했다. 당시에도 가끔씩 우리가 전쟁에서 패할 수도 있다는 생각이 들었기 때문이다. 우리는 각자의 꿈들을 갖고 있었다. 그때 우리 중대에서처럼 모두가 어느 당 소속이든, 종교나 직업에 관계없이 상대방을 존중한다면 평화가 도래했을 때도 각자의 인생이 너무나 아름다웠을 것이다. 중요한 것은 모두 각자의 위치에서 자신이 맡은 일에 최선을 다하는 것이었다. 당시 우리는 민주주의 사회가 되면 이러한 이상이 실현될 수 있다고 믿었다. 그러나 그런 이상이 '이 세상에서 실현 가능할까'라는 의구심도 들었다. 훗날에 이런 의심이 맞았다는 것을 직접 목격하게 되었다. '비어만 영감'은 이런 말을 즐겨 했다. "호의호식하는 습성이 있는 놈들은 항상 잘 처먹는다. 그런데 그놈만 처먹으면 정말 다행이다!" 그의 말은 정말 가슴에 와 닿았다.

다시 당시의 나르바 전선을 살펴보도록 하자. 러시아군은 의심스러울 정도로 조용했다. 우리는 전차 엔진의 예열을 위해 15분간 시동을 걸었는데 그때마다 적군은 '포탄을 날리기' 시작했다. 그들은 아마, 우리가 출동해서 자신들을 공격하리라 오인했던 것 같다. '펑… 펑… 펑' 하는 포격 소리를 듣자마자 우리는 재빨리 해치를 닫았다. 불과 몇 초 후에는 박격포탄이 우리 근처에 떨어졌기 때문이다. 신관이 매우 민감해서 포탄이 얼어붙은 지면을 파고 들어가지도 않았고 지면에 닿으면 바로 터져버렸다. 눈밭에도 검은 흔적들이 남을 정도였다. 나중에 전선에 등장한 15센티미터 구경 박격포탄은 더 위협적이었다.

졸음과 추위 속에서 하루가 지나고, 어느 새인가 우리는 계속된 추위에 익숙해졌다. 아마 평범한 삶을 살았던 사람들은 이해하기 어려울 것이다. 우리는 '이'를 잡기 위해 하루에 두 번씩 옷을 모두 벗었다. 당시 우리에게 DDT 분말 한 캔만 있었다면 할 필요가 없었던 일이었다! 우리는 속옷을 거의 갈아입지 않았는데 이 또한 그때의 경험으로 배운 것이 있다. 진드기 같은 '기생충' 또한 깨끗한 속옷을 더 좋아했기에 우리는 '이'조차 스스로 떠나게 할 만큼 속옷을 더럽게 해야 했다. 이렇게 그들의 생식 본능을 억눌렀다. 당시 나는 세 개의 살림도구를 갖고 있었다. 이것들을 볼 때면 아득한 입대 전 생활이 떠올랐다. 첫 번째는 손톱깎이였는데 이것은 우리 모두에게 소중한 물건이었다. 두 번째는 빗으로, 이것 역시 유용한 도구였고, 세 번째는 내 귀를 파는데 사용했던 낡은 머리핀이었다. 동료들도 차례로 이것들을 사용했고 나는 전쟁 중에는 물론, 포로 생활 중에도 항상 지니고 다녔다.

물 부족 문제도 골칫거리로 세수나 면도는 그야말로 사치였다. 몇 개 없던 우물마저 모두 얼어붙은 상태였기 때문이다. 보병들의 상황도 우리와 별반 다르지 않았다. 하지만 그들은 최악의 상황에서도 그들 나름대로 극복하는 방법을 터득해 냈다. 언젠가 밤에 저녁 식사로 미트볼이 나온 적이 있었다. 우리는 물론 손으로 먹어야 했는데, 그제야 손에 검댕과 먼지가 가득하다는 것을 알게 되었다. 하지만 그런 것은 우리에게 그다지 중요한 문제가 아니었다. 야간에 최소한 몇 시간만이라도 몸을 쭉 뻗은 채 잠을 잘 수 있다면 좋겠다고 생각했다.

둘째 날 저녁에는 전차를 타고 이 마을의 서쪽 끝자락까지 정찰을 나갔다. 어느 가옥에서 마룻바닥 밑에 만들어진 벙커 하나를 발견했다. 비록 난로는 없었지만 모두가 동계 복장을 입은 채로 사지를 쭉 뻗고 눕자마자 잠이 들어 버렸다. 너무 피곤해서 추위를 느끼지도 못했다. 자정 무렵 연료와 탄약, 따뜻한 음식을 실은 트럭 한 대가 도착했다. 그곳에서 처음으로 맛이라는 것을 느꼈던 식사를 했다. 낮 동안 전차 안에서는 무엇이든 억지로 먹어야 했기 때문이다. 만일 내 승무원들이 강권하지 않았다면 종종 나는 아무것도 입에 대지 않았을 것이다. 동료들은 내가 빵을 다 먹기 전에는, 담배를 피우지 못하게 했는데 특히나 나의 포수인 하인츠 크라머 하사는 이 문제로 정말 깐깐하게 굴었다. 한편, 이런 상황 속에서도 취사반에서는 너무나 좋은 음식을 만들어 주었다. 입대 전에 빈에서 이발사로 일했던 취사반장 프자이들Pseidl 하사는 전차 승무원이 되고 싶다고 말한 적이 있다. 그럼에도 그는 자신의 임무에 만족하고 혼신을 다했는데, 식재료를 마구잡이로 넣고 그냥 푹 끓이는 냄비요리를 먹이는 걸 그다지 좋아하지 않았던 그는 종종 허브가 들어간 크뇌델Knödel[49]을 만들어주곤 했다.

우리는 식량과 연료, 탄약을 최전방까지 가져다준 이들에게 특히 큰 고마움을 느꼈다. 그들은 어렵고 막중한 임무를 책임감 있게 수행했다. 야간에, 그것도 라이트도 켜지 않은 채 매일같이 달려왔다. 이동할 때마다 적 포탄이 떨어져서 도로가 빈번히 차단되었지만 대담하게도 어떻게든 최전선 바로 뒤까지 와서 우리를 찾아냈다. 물론 그들도 물자들도 무사히 도착했다. 어떤 경우에는 전선에 있던 우리보다 그들의 과업이 더 클 때도 있었다. 우리는 시시각각 변화하는 전장의 상황을 잘 알았지만 그들은 항상 우발적인 상황에도 대비해야 했다. 무슨 일이 벌어지든 그들은 주도적으로 상황을 극복해냈다. 덕분에 어떤 악조건 아래서도 우리가 보급품을 공급받지 못해 어려움을 겪었던 적은 없었다.

---

49 | 감자, 밀가루, 빵, 고기 등의 재료를 각각 뭉쳐 끓는 물에 넣어 익힌 것으로 경단 또는 고기 완자와 비슷한 요리.

한편 우리는 새로운 '숙영지'에 매우 만족했다. 그리고 유선을 가설해 전선 상의 보병 전우들을 안심시킬 수도 있었다. 동이 트기 직전에 우리는 농가로 복귀했다. 항상 그때쯤이면 보병부대 병사 한 명이 우리에게 달려와 간밤의 일을 알려 주곤 했다. 러시아군이 철길 제방에 또 무슨 짓을 했다는 등의 소식이었다. 이따금 재미있는 일이 벌어지기도 했다. 때때로 우리는 '혹시나 해서' 철길 제방 뒤편 나무 위를 향하여 조준 사격을 했다. 그곳에 앉은 러시아군 저격수들이 우리 의도를 파악하고 자유로운 이동을 방해하는 듯해서다. 그러던 어느 날 이제 막 전선에 배치된 어린 병사 하나가 숨을 헐떡이며 내 전차로 뛰어와서 격앙된 목소리로, 나무 위에 러시아군 저격수가 방탄 흉갑[50]을 착용하고 있다고 알려줬다. 우리가 쏜 기관총탄이 맞고 튀는 것을 똑똑히 보았다고 주장했다. 그는 우리에게 나무를 향해 고폭탄을 쏴 달라고 말했다. 대체 이 순진한 어린 친구가 무엇을 보았을까? 물론 모든 탄환의 탄도는 다르고 우리가 쏜 예광탄은 나뭇가지에 맞으면 이리저리 사방으로 날아다녔다. 나는 당연한 거라고 그를 안심시키고 돌려보냈다. 그런데 그의 말은 사실이었다. 다만 그렇게 다급하고 심각한 일이 아니었을 뿐이다. 나중에 우리가 동쪽 자루로 치고 들어갔을 때 실제로 가슴과 허리에 착용하는 방탄 흉갑을 발견했다. 유탄 파편과 권총탄에의 방호 효과가 탁월했는데 주로 정치 장교들이 걸치곤 했다. 그러나 저런 흉갑을 착용하면 움직이는데 크게 방해가 될 듯 보였다.

당시 내 부하들은 온갖 힘든 상황에 적응해야 했고 모든 일을 완벽하게 해내면서도 불평불만이 없었다. 그러나 모두 처음부터 매우 큰 불만을 보였지만 어쩔 수 없이 지켜야 했던, 내가 지시한 단 한 가지 규칙이 있었다. 전투 또는 경계 중에 누구도 전차에서 '하차'하지 말라는 지시

---

50 | SN-42로 추정된다.

였다. 하차는 아침과 저녁에 '명령에 따라' 시행해야 했다. 비상시에는 특히 전차 안에서 모든 것을 해결해야 했다. 달리 대안이 없었다. 시간이 지나면서 모두가 이 규칙을 잘 따랐고 불평불만도 더 이상은 없었다. 이 규칙을 엄격히 지켜야 했던 이유는 다음과 같다. 전차 승무원의 인명 손실은 대부분 전차 외부에서 발생했다. 우리가 하차하면 그 모습을 지켜보고 있던 러시아군이 곧바로 소총으로 조준사격을 하거나 박격포탄을 날렸다. 이렇게 허무한 손실을 줄이기 위해서였다. 중상을 입기라도 하면 본토에서 이들과 동일한 훈련 수준을 갖춘 숙련병을 보충받는 것 또한 어려웠다. 내 지시를 엄격히 지킨 덕에 내 부하들이 전차 외부에서 부상을 입은 경우는 단 한 건밖에 없었다. 전차승무원 두 명이 다른 지역 전투단에 배속되었을 때 부상을 입는 사고가 있었다. 전차장들은 보병과 접촉하려 이따금 전차에서 내려야 했는데 당연히 이때에는 그 규칙을 지킬 필요가 없었다. 내가 전차 포탑에서 밖으로 나가려고 할 때면 크라머가 내 다리를 붙잡을 때도 있었다. 내가 적 총탄에 피격당할까 우려해서였다.

2월 27일 저녁에는 처음으로 러시아군의 폭격기들이 우리 머리 위에 나타났다. 그날부터 그들은 매일 저녁마다, 때로는 야간에 두 번씩이나 나타나 휴식을 방해했다. 머지않아 러시아 지상군이 아군 진지를 향해 공격을 감행할 것 같았다. 저녁 무렵 어둠이 내리기 직전에 남쪽으로부터 폭격기 편대의 선도기先導機가 날아와 우리 방어선 뒤편에 소위 '크리스마스트리Christbäume'[51]라고 불리는 조명탄을 떨어뜨렸다. 그와 동시에 나타난 쌍발 폭격기들이 우리 뒤쪽 주기동로의 좌우측에 폭탄을 투하했다. 폭격이 시행되는 동안 적 지상군은 표적 지시를 위해 우

---

51 │ 폭격 선도기가 표적 지시를 위해 낙하산으로 달린 백색, 적색, 녹색 조명탄을 떨어뜨렸는데 독일인들은 이를 두고 크리스마스트리의 장식 같다고 말하곤 했다.

리 머리 위에 분홍색과 적색 조명탄을 쏘아댔다. 폭격기 조종사들이 자기네 지상군 진지에 오폭하는 것을 방지하기 위해서였다. 또한 러시아군은 저 멀리서 주전선 뒤편에 소련을 상징하는 별 모양으로 장작더미를 쌓아 놓고 어두워지자 불을 붙였다. 하지만 다행히 놈들의 폭격 시간은 그리 길지 않았다. 또한 최전선에 바로 붙어 있는 우리 지역에서는 그리 큰 문제도 없었다. 러시아군 폭격기들은 지난 몇 주간 나르바로부터 우리 지역을 잇는 기동로 일대를 포함해 전 지역을 마치 분화구로 가득한 달 표면 같은 지형으로 바꿔 놓았다. 폭탄이 늪지대에 투하되면 땅 깊숙이 파고 들어가서 폭발을 일으켰고 엄청난 흙더미들이 솟구쳤다. 그러면 집채만 한 구덩이가 생겼고 곧 물이 가득 고였다. 유사시에 전차가 그런 곳으로 들어가지 않도록 하기 위해 아침마다 지형을 정확히 파악하는 것이 매우 중요했다. 그런 경우에 무슨 일이 벌어지게 되는지는 다른 장에서 다루도록 하겠다.

아군 대공포들은 오로지 '선도기'에만 포격을 가했고 그러다가 탄약이 바닥나버렸다. 안타깝게도 그들은 매번 적기를 놓쳐버렸다. 우리는 어느 정도 안정을 되찾았지만 물론 전반적인 분위기는 그리 좋지 않았다. 항상 폭격기에서 폭탄이 투하되어 대지를 진동시킬 때까지는 그것이 어디에 떨어질지 아무도 몰랐고 매번 그랬지만 언제나 우리를 향해 떨어지는 듯한 느낌이었다. 전차 안에 있어도 폭탄이 터지면 마치 스프링 매트리스 위에 있는 것처럼 진동을 느꼈다.

물론 우리도 즉각 대책을 마련했다. 저녁 무렵 교두보 상공으로 '선도기' — 우리는 이 항공기가 항상 정확히 동일한 시간에 날아왔기에 '당직하사UvD'[52]라고 이름 붙였다. — 가 날아오는 것을 보는 즉시 재빨리 렘비투의 우리 숙영지로 복귀했다. '크리스마스트리'가 하늘에서 보이

---

52 | Unteroffizier vom Dienst.

면 절대로 움직이지 말아야 했다. 짧은 거리이기도 했지만 결코 '후퇴를 위한 기동'은 아니었다. 전선과 평행하게 서쪽으로 이동했기 때문이다. 정확히 우리의 위치는 소위 '장화의 몸통' 부분이었고 러시아군과도 매우 근접한 지역이었다. 따라서 러시아군 폭격기들도 이렇게 폭이 좁은 '장화의 몸통'에 폭탄을 투하해서 우리를 맞추기는 불가능했다.

공중에서 찾아오는 달갑지 않은 손님들이 물러간 후, 어느 날 밤에 사단 군의관이 보급품 수송차량으로 우리를 찾아왔다. 부대원의 건강 상태를 확인하기 위해서였다. 특별한 환자는 없었으나 우리 모두 발과 다리가 부어있었다. 어떤 친구는 통증을 완화하기 위해 군화에 칼집을 내기도 했다. 한 번 벗으면 다시 신지 못해서 군화를 벗을 수가 없었다. 사단 군의관은 우리 다리 상태를 확인하고는 정말 진지하게 모두 저녁마다 '냉수와 온수로 번갈아 가며 족욕'을 하라고 권했는데 하도 어이가 없어서 다들 쓴웃음을 지을 수밖에 없었다. 세수할 물도 없었고 더욱이 그 물을 데울 난로도 없었기 때문이다. 불을 피웠다가는 러시아군에게 우리 위치가 노출될 수도 있었다. 부대원 중 두 명은 발 상태가 심각해서 반드시 후송을 보내 다른 간부와 교체해야 했다. 그러나 그들은 움직일 수도 없었지만, 후송은 물론 교대도 거부했다. 이것이 바로 최전선에서 함께했던 우리 전우들의 투혼이었다. 전선에서 부하들을 강제로 전투에 동원하려 했고 그들을 위협하기 위해 권총까지도 필요했다는 이야기도 있는데 그건 어느 삼류 소설가가 거짓으로 지어낸 상상 속의 이야기에 지나지 않는다.

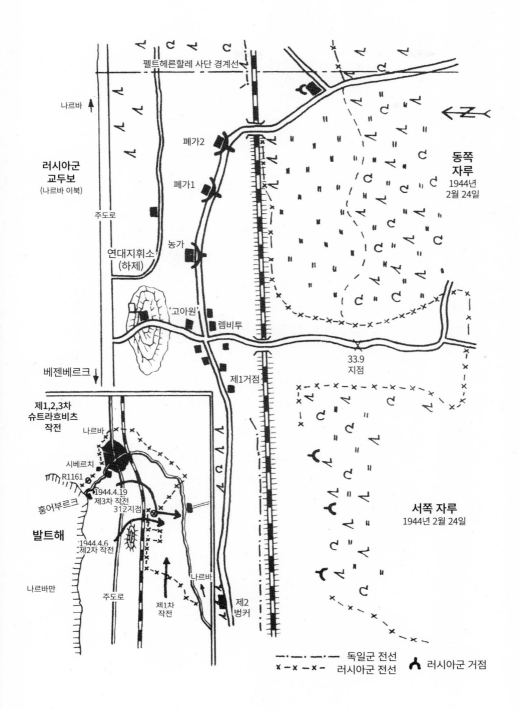

펠트헤른할레 사단 경계선

나르바

러시아군
교두보
(나르바 이북)

주도로

연대지휘소
(하제)

폐가2

폐가1

농가

'고아원'

렘비투

제1거점

베젠베르크

33.9
지점

동쪽
자루
1944년
2월 24일

제1,2,3차
슈트라흐비츠
작전

나르바

시베르치

R1161

흥어부르크

발트해

1944.4.19
제3차 작전
312지점

1944.4.6
제2차 작전

나르바만

주도로

제1차
작전

나르바

제2
벙커

서쪽 자루
1944년 2월 24일

독일군 전선
러시아군 전선   러시아군 거점

13. 폭풍 전의 고요
'Ruhe' vor dem Sturm

러시아군이 곧 공격을 개시할 징후들이 점점 증가했다. 2월 28일 아침에 우리는 러시아군의 대전차포 진지를 제압하러 다시 이동했다. 그들은 재차 신형화포를 진지에 배치하려 했고 — 보병들의 통보에 따르면 — 철길 건널목 근처 제방에 벙커 하나를 구축했다. 우리가 전차포로 그곳을 파괴해도 그들은 전혀 개의치 않았고 매일 저녁마다 들쥐처럼 또 다른 벙커를 만들었다. 전장에서 진지를 만드는 능력만 보면 러시아군이 우리보다 월등히 우수했다. 모두 천부적인 재능과 강한 훈련의 결과인 듯했다. 우리가 그들을 정확히 조준하려는 순간 그들은 참호 속으로 들어가 버렸다. 또한 그들의 대전차포는 우리와의 정면 대결을 회피했다. 우리가 제대로 진지를 점령하기도 전에 그 녀석들은 사라져버렸다.

며칠 뒤 군단에서 러시아군의 무전망을 감청한 결과를 문서로 우리에게 보냈다. 그들은 교두보 상의 부대에 대전차포와 전차포 사격 금지 명령을 내렸다고 했다. 이를 통해, 자신들의 진지 노출을 방지하고, 독일군이 교두보를 향해 공격할 때만 사격을 허용했다는 사실을 추론할 수 있었다. 이 명령을 토대로 우리는 두 가지 분석이 가능했다. 첫째로 그들은 확실히 우리 전차의 우수성을 인정했다는 것이고, 둘째로 러시아군 또한 교두보 상에 전차를 투입했다는 사실이었다. 이는 다시 말하자면 공격을 감행할 의도가 명백하다는 증거라고 할 수 있었다. 전차는 공격작전에만 적합한 무기이다. 뒤로도 물러설 수 없는 온통 늪으로 되어있는 삼림지대에서 전차를 방어 작전에 운용한다는 것 자체가 부적절했다. 러시아군은 남쪽에서 밀고 들어가 눈에 거슬리는 나르바 지역의 독일군 교두보를 탈취하기 위해 모든 전력을 쏟아 부으려고 했다. 뛰어난 전략의 천재가 아닌 우리도 이 정도쯤은 충분히 예측할 수 있었다.

이날 저녁은 운이 그리 좋지 못했다. 식량을 보급 받고 보급부대 동료들과 이런저런 대화를 나누고 있었는데 그 순간 러시아군 폭격기들이 날아왔다. 보통 그렇듯, 최전선 바로 뒤쪽인 그곳에서는 그리 두려워할 필요가 없었다. 그러나 이번에는 특이하게도 러시아군 폭격기들이 우리 근처에 폭탄을 떨어뜨렸다. 우리 중 일부는 전차 아래로 몸을 숨겼고 나머지는 재빨리 그 자리를 이탈했다. 더욱이 러시아 지상군 진지에도 수많은 폭탄이 투하되었다. 폭탄 하나가 우리 전차 중 한 대의 바로 뒤쪽에 떨어졌다. 폭탄이 터지면서 발생한 충격파로 전차 밑에 엎드렸던 두 명의 승무원이 즉사했다. 전차 안에 있던 이들은 겁에 질린 채 뛰쳐나왔다. 이 비극은 우리에게 또 하나의 교훈을 주었다. 평온한 시간에도 항상 방심하지 말아야 한다는 것이었다. 우리는 돌발적인 사고의 충격에 빠진 채 '숙영지'에서 잠을 청했다. 그 직후 '설상가상', '엎친 데 덮친 격'이라는 속담이 바로 이런 상황을 가리킨다는 것을 몸소 체험하게 되었다.

한 시간도 채 못 잔 시각이었다. 한 경계병이 우리를 깨웠고 불현듯 탁탁거리며 장작이 불타는 듯한 소리를 들었다. 다른 부대에서 온 러시아식 난로를 잘 모르는 어느 멍청한 친구들이 우리 위쪽 가옥에 있던 난로를 휘젓다가 크게 불을 내고 만 것이었다. 사방으로 불똥이 튀면서 짚으로 된 지붕에 불이 옮겨붙었다. 우리는 사력을 다해 불타는 집 밖으로 빠져나왔고 이내 우리 등 뒤에서 집이 무너지고 말았다. 당연하겠지만 이는 러시아군의 좋은 표적이 되었고 곧장 포탄이 날아왔다. 그러다가 한밤이 되어서야 조용해졌다.

　다음날에도 뜻밖의 일들이 벌어졌다. 우리가 오전에 적 대전차포 한 문을 제압하자 러시아군은 그 진지에 다시는 대전차포를 배치하지 않았다. 관측소에서는, 그 사이에 적군이 포병과 중박격포를 전선 근처로 가져왔다고 알려 주었고 때때로 우리를 향해 포탄을 날려 보냈다. 저녁 무렵 공중에서 다시금 '당직하사'가 폭격기 편대를 이끌고 우리 상공에 나타나자 우리는 신속히 새로 발견한 숙영지로 복귀했다. 전소된 가옥으로부터 1,000미터 정도 떨어진 곳의 조그마한 숲속에 있는 버려진 벙커였다. 이제부터 밤에는 그곳에서 휴식을 취하기로 했다.

　수풀로 전차를 잘 위장한 뒤 나무 사이에 배치했다. 꽤 괜찮은 곳이었다. 밤중에 경계병이 달려와서 아군 보병부대의 거점 부근에서 큰 불꽃을 보았으며 총성을 들었다고 알려 주었다. 즉시 전차를 타고 나가서 멀리서 바라보니 농장과 두 개의 거점이 불길에 휩싸여 있었다. 러시아군이 아군의 마지막 엄폐물을 없애버리려고 소이탄으로 불을 질렀던 것이다. 오래전부터 우려했던 일이 터진 것이기에 나는 정말 화가 났다. 참호가 필요하다고 그렇게 얘기했건만! 최소한 세 거점 사이에는 반드시 참호가 있어야 했는데 단 하나도 없었다. 물론 거점들이 불타는 사이에 아군 보병들은 밖으로 탈출했고 엄폐물도 없는 이곳저곳으로 흩어졌다. 낮이었다면 피해는 더 컸을 것이다. 다행히도 걱정했던 러시아군의 공격은 없었다. 그들은 단지 관측과 사계 측면에서 유리한 여건을 조성하려고 했던 것 같았다. 다행히도 나르바 지역의 가옥은 석조 건물이라 기둥 부분은 불에 타지 않아서 엄폐물로 계속 활용할 수 있었다. 다음 날 저녁에는 이 석조 건물에 각목을 덧대어 방호력을 보강해야 했다. 이에 우리는 완전히 노출된 상태로 그 지역에 서서, 러시아군의 기습을 방지하기 위해 줄곧 철길 제방을 감시했다. 일단 적들도 본격적인 화력전은 하고 싶지 않은 듯했다. 하지만 이 또한 대규모 공격을 감행하겠다는 의도를 반증하는 것이었다.

이른 아침에 우리는 중상자들을 '고아원'에 있는 연대로 옮겨 주었다. 그때부터 보병부대에 더 이상의 사상자가 생기지 않도록 해결사 역할을 해야 했다. 중대 병력은 이미 10~12명으로 줄어들었다. 나는 거의 매일 밤마다 한 번씩 '고아원' 뒤쪽의 연대지휘소로 찾아가서 연대장에게, 전선 지역에 그리고 야간에 참호를 구축해야 한다고 건의했다. 그러나 안타깝게도 그는 나의 건의를 받아들이지 않았다. 아군의 교두보 중에서 우리가 있던 곳이 가장 취약하다는 것을 모르는 사람은 없었을 것이다. 반면 H소령은 장화 속에 들어있는 자신의 2개 대대만을 걱정했다. 그러나 그도 두 개의 사단이 접하는, 동쪽의 전투지경선 지역을 철저히 경계해야 한다는 것을 잘 알고 있었을 것이다. 항상 적군은 그런 지역으로 공격하는 것을 좋아했기 때문이다.

이제 이 가옥들 ― 이제부터 세 개의 '폐가'로 칭한다. ― 이 전소되었기 때문에 만약에 당시 상황에서 러시아군이 동쪽 자루에서 주기동로 방향으로 공격했다면 아군 보병들만으로는 이를 저지할 수 없었을 것이다. 결국 나는 최소한의 대비책을 강구했다. 돌격포 4문을 보유한 1개 소대를 '고아원' 정상과 그 동쪽에, 구경 2센티미터 4연장 대공포 세 문을 농장 후방 100미터 지점에 배치했다. 물론 위장도 철저히 실시했다.

보병부대가 갖고 있던 무전기가 고장 나면 우리는 '티거'를 타고 '고아원'의 연대지휘소로 달려가 사용 가능한 무전기를 받아서 교체해 주었다. 또한 달빛이 밝은 야간에 그들에게 식량을 실어 나르는 위험까지 감수했다. 하마터면 내가 적들에게 피격당할 수도 있었던 상황이었다. 만일 그런 행동을 하다가 전차 한 대를 잃게 되면 나는 정말 끝장이었다. 하지만 선택의 여지가 없었다. 당연히 아군 전우들을 도와야 했고 그 과정은 매우 순조로웠다. 그들도 매우 고마워했으며 훗날 우리가 다른 지역에 투입되었을 때에도 우리에게 안부 인사를 전하곤 했다. 한편,

내게는 비어만의 과도한 헌신이 골칫거리였다. 그는 매일 아침 똑같은 시간에 따뜻하게 데운 커피를 가지고 나타났지만, 그것은 정말 목숨을 건 행동이었다. 때문에 우리에게는 매번 비상이 걸렸다. 커피를 마시는 것보다 조용한 가운데 휴식을 취하는 것이 더 낫다고 차마 그에게 말할 수 없었다. 비어만이 이동할 때마다 러시아군은 대량의 포탄과 총탄을 쏘아댔다. 어느 날 아침 그가 사색이 된 채 우리 앞에 와 있었는데, 타고 온 차량의 타이어 두 개가 펑크가 난 상태였고 그도 가까스로 총탄을 피했다고 했다. 그제서야 그는 '위험한 커피 배달'을 그만두라는 나의 충고를 받아들였다. 보병들과 대공포 부대원들도 기뻐했다. 비어만의 퀴벨바겐이 나타날 때마다 들리는 러시아군의 사격 소리가 너무 짜증스러웠고, 다시 그들의 사격이 잠잠해지기까지 족히 30분이나 참아야 했기 때문이다.

그즈음 밤에 '야간 벙커'에서 소동이 벌어졌는데 그 사건의 주인공은 바로 나였다. 그 이야기를 하기 전에 먼저 설명해둘 것이 있다. 매일 저녁마다 러시아군의 복엽기가 나타나서 우리를 귀찮게 했고 우리는 이를 '굼뜬 오리Lahmen Ente' 또는 '재봉틀Nähmachine'이라고 불렀다. 이들은 매우 낮은 고도로 전선 후방 인근까지 접근했고 상승 또는 하강하면서 수류탄과 지뢰, 소형 폭탄들을 떨어뜨렸다. 그 항공기의 조종사는 손으로 폭탄을 떨어뜨릴 때 조종간을 무릎 사이에 끼운 채로 엔진 출력을 낮춰야 했는데 이때 나오는 소리 때문에 우리는 그 항공기를 '하우룩Hauruck 폭격기'[53]라 부르곤 했다. 그래서 잠에 들지 않은 상태라면 그 항공기의 공격에 어떻게든 대비할 수 있었다.

어느 날 밤 우리는 깊이 잠들어 있었다. 그리고 그때 그 요상한 놈들

---

53 | Hau-Ruck을 굳이 번역하면 "영차"라고 옮길 수 있다. 물건을 들거나 줄다리기할 때 '영-차' 등을 의미한다. 항공기의 엔진 출력이 갑자기 낮아지다가 폭격 후 다시 높아지는 순간을 표현한 의태어이다.

이 다시 나타났다. 갑자기 그 폭격기 중 하나가 우리 벙커 한쪽 귀퉁이에 폭탄을 떨어뜨렸다. 엄청난 흙먼지가 흩날렸고 두 명의 전우가 파편에 맞아 가벼운 부상을 입었다. 모두가 벙커 밖으로 뛰쳐나갔다. 다들 나를 찾았지만 보이지 않았고 그래서 다시 벙커 안으로 돌아왔다. 그들은 마치 시체처럼 누워있는 나를 발견하고는 어디에 부상을 입었는지 살피기 위해 옷을 벗겼는데, 이 소란 때문에 잠에서 깰 수밖에 없었다. 온몸이 눈과 진흙으로 덮여 있었지만 털끝만큼도 아픈 곳은 없었다. 정말 만취한 사람처럼 죽은 듯이 깊은 잠에 빠졌던 것이다. 이 에피소드가 지어낸 이야기처럼 들리겠지만 명백한 사실이다. 정말 의심스럽다면 케르셔 중사가 물어보라. 지금도 그는 그때의 사건을 익살스럽게 말하곤 한다. 당시 전선의 군인들에게 침대나 수면제 따위는 필요 없었다. 그들은 언제 어디서든 눕거나 앉기만 하면 죽은 듯이 잠에 빠져들 수 있었기 때문이다.

몇 주 동안이고 계속 전차 안에서 생활하는 것은 쉽지 않았다. 이것을 실질적으로 이해하기 위해서는 약간의 상상력이 필요하다. 시간이 갈수록 좁은 공간과 혹독한 추위 때문에 몹시 힘들었는데, 인정하기 싫어했지만 당시에는 모두의 건강 상태도 좋지 않았다. 하지만 훗날 그 후유증이 심각했다. 또한 우리가 호흡하는 것과 석유 토치에 불을 붙인 것 때문에 전차 내부에 습기가 차면서 벽면에 응결되었고 이내 얼어붙어서 희고 두터운 서리층이 형성되곤 했다. 승무원 중 한 명이 꾸벅꾸벅 졸다가 머리카락이 전차 내벽에 닿으면 잠이 깼을 땐 이미 머리카락이 벽에 달라붙은 상태였다. 그 추위 속에서 버티기 위해서는 몸을 잔뜩 움츠리고 벌벌 떨면서 열을 내는 수밖에 없었다. 진지 안에 있던 보병들은 우리를 전혀 부러워하지 않았다. 전차 안에서는 몸을 움직일 수도 없었고 난로 같은 것으로 몸을 녹일 수도 없었기 때문이다. 나중에 의사의 진찰을 받고서 알게 되었는데 어느 날부턴가 나는 건성 늑막염에 걸린 상태였다. 그리 놀랄만한 일도 아니었다. 종종 전차 내벽에 닿았던 왼쪽 무릎도 동상에 걸렸었다.

폭풍 직전의, 거짓 같은 고요함은 3월 5일까지 계속되었다. 이전까지는 능숙한 회피기동으로 적 포탄을 피할 수 있었지만 결국 이날 박격포탄을 맞고 말았다. 나는 중대에 무전으로 냉각수가 새고 있다고 보고했다. 다행히도 막 정비가 끝난 전차 두 대가 중대에 있어서 다음 날 아침에 새 전차로 교체해 주겠다는 통보를 받았다. 최근 며칠간 우리는 이전보다 더 많은 러시아군 중화기가 교두보 종심 상에 투입되어 있는 것을 확인할 수 있었으나 사격량은 그리 많지 않았다. 아마도 포병부대들이 효력사 이전에 수정사격 훈련을 하는 듯했다. 최전방의 아군 보병들은 전차 같은 궤도차량들의 소음을 자주 들었다고 했는데 어떤 이들은 전방으로 야포를 추진하는 궤도 트랙터라고 말하기도 했다. 어쨌든 지난 며칠간 이상하게 조용한 것이 불길한 예감마저 들게 했다.

저녁 무렵 나는 케르셔 중사의 전차에 견인되어 우리 벙커로 복귀했다. 다음 날 아침, 3월 16일에 츠베티 상사가 우리와 교대하기 위해 전차 두 대를 끌고 왔다. 나는 날이 밝기 직전에 그를 데리고 농가로 가서 이쪽 지형에 대해 설명해 주었고 나는 내 전차를 타고 케르셔 전차에 견인되어 '집', 즉 중대 주둔지로 향했다. 최소한 며칠만이라도 목욕도 하고 잠도 푹 잘 수 있다고 생각하니 너무나 기뻤다. 우리는 서쪽 자루의 주전선과 나란히 뻗은 기동로를 따라가다가 주기동로 방향으로 북쪽으로 꺾어지는 곳에 이르렀다. 그곳에서 괴링Göring 상사가 지휘했던 세 대의 전차를 지나쳤다. 그의 진지는 동쪽 자루 쪽의 우리 진지보다 훨씬 아늑해 보였고 그들의 숙영지는 공동묘지에 있었다. 전차들은 묘지 담벼락에 바싹 붙여 배치되어 있었고 부대원들은 잘 지어진, 그리고 각목으로 천정을 보강한, 어느 지하 납골당에서 취침했다. 평시의 시각으로 보면 이런 일은 매우 불경하다고 볼 수도 있겠지만 그 어디에서나 전시 규범이 평시 규범을 무너뜨렸던 시기였다. 그들은 어떻게든 얼어붙은 지표면 아래로 들어가는 것만으로도 다행스럽게 여겼다. 다른 많은 전우들이 그들을 부러워했다. 불경한 짓, 몹쓸 짓으로만 따지자면 훗날 러시아의 포로수용소에서 당했던 일들이 이곳 공동묘지에서 지낸 것보다 훨씬 더 심했다고 할 수 있다.

당시 중대장과 행정보급관이 있던 전방추진 보급소는 주기동로로부터 북쪽, 나르바에서 서쪽으로 약 55킬로미터 떨어진 발트해와 접한 실라메Sillamä라는 지역에 위치했다. 먼저 오랫동안 만나지 못했던 동료들에게 인사를 했는데 수염 때문에 그들은 우리를 알아보지 못했다. 그들은 우리를 위해 해변 바로 옆에 있던 사우나를 데워 놓았고 덕분에 그토록 그리워했던 목욕을 할 수 있었다. 그 뒤 나는 중대장의 숙소로 가서 복귀 인사를 했다. 그의 전차는 숙소로 사용했던 가옥의 창문 바로 앞에 배치되어 있었다. 적 포탄 낙하시 파편을 막기 위해서였다. 첫 인사는 냉랭했다.

"넌 또 넥타이를 매지 않았군. 네가 부하들에게 이런 나쁜 모습을 보이면 내가 계속해서 부하들을 직접 교육해야 하잖아! 그게 당연한 거겠지만…. 우리가 이렇게 행동하면 부하들이 우리를 존경할 수 있겠어?"

나는 항상 소위 검은 양모로 된 숄을 걸치고 있었고 중대장인 폰 X가 그걸 싫어한다는 것을 알고 있었다. 그의 말이 불쾌하게 들리지는 않았지만 매우 심각하게 여기는 듯했고 나는 이렇게 대꾸했다.

"겨우 넥타이만으로 부하들의 존경심을 얻을 수 있다면, 난 아마 썩어 빠진 인간이 되어 있을걸."

나는 신병 교육을 받을 때부터 이미 폰 X와 알고 지냈다. 그리고 우리가 502대대의 일원으로 러시아 전역에 왔을 때, 그는 내게 서로 반말을 하자고 제안했다. 그는 대대에서 유일한 내 상급자였으며 내게 단 한 번도 제대로 된 명령을 하달한 적이 없었다. 내가 혼자서도 알아서 잘 임무를 완수했으며 ― 그리고 항상 최전선에서 있었던 건 나였다. ― 내가 스스로 판단해서 행동한다는 것을 그도 잘 알고 있었기 때문이다. 게다가 좋지 않은 결과를 낳은 적이 한 번도 없었다. 또한 우리가 서로 반말을 하는 관계에 있었기에 내가 항상 중대원과 중대장이라는 두 계층 사이에서 의사소통의 중간자 역할을 잘 수행할 수 있었다. 물론 중대원들과 함께 있을 때는, 중대장에게 '반말'을 사용하지 않고 군 예절을 철저히 지켰다. 나는 항상 중대장과 중대원 사이에 있었고 항상 문제가 생기면 한 번은 이 사람의 편에서, 또 한 번은 다른 사람들의 입장에서 중재했다.

숨 막히는 공포감을 단 한 번도 느껴본 적이 없는 사람은 분명히 단한 번도 최전선의 경험이 없는 사람이다. 죽음에 대한 공포심, 인간 세상 이후에 닥치게 될 불확실성이 모든 종교의 탄생과 존재의 전제조건이듯, 용기가 발현되기 위한 필수적인 조건은 두려움이다. 자신의 부하들에게 모범, 버팀목이 되겠다는 강인한 의지를 통해 죽음의 두려움을 극복하는 것이야말로 진정한 용기라고 할 수 있다. 우리 중 누구도 공포를 느끼지 않는 사람은 없었다. 수많은 전투에서 매번 그랬지만 나역시도 몹시 무서웠다. 그러나 막상 전차가 기동을 시작하면 너무나 많은 과업을 수행해야 한다는 생각에 몰입된 나머지 그 어떤 두려움도 잊어버렸다. 초탄을 발사하는 순간 우리는 스스로 냉정해졌다. 흥분하면 아무것도 제대로 될 수 없기 때문이다. 그래서 나는 종종 치열한 전투 중에도 무전기를 잡고 우스갯소리를 해서 부하들에게 겉으로라도 내심리상태가 매우 안정되어 있다는 것을 알려야 했다.

폰 X는 전투 시에 부하들에게 감화나 감동을 주는 사람이 아니었다. 그래서 부하들이 그를 꺼리는 것이 어쩌면 당연한 일이었다. 그 결과 그의 거만한 행동은 도를 넘었다. 그는 그렇게 해서라도 스스로를 보호하고 위안을 삼으려 했던 것 같다. 어쨌든 우리 둘은 서로에 관해 너무 잘 알고 있어서 서로를 속일 수도 없었다. 그가 어떤 일을 저질렀을 때 다른 친구들은 용서하지 못해도 나만은 그를 이해하고 용서했다. 부하들에게까지 나와 같은 관용을 기대할 수는 없었다. 최전선에 있는 그들에게 최후의 순간까지 자의로 임무를 수행할 것을 요구하는 것만으로도 충분했기 때문이다.

게다가 때로는 그의 지적이 전적으로 옳을 때도 있었다. 그런 사례로 무전 교신 시에 사용하는 '암호 호출명' 때문에 나를 야단친 적이 있다. 폰 X는 교두보 상황에 관해 나와 논의하던 중 내게 이렇게 질책했다. "이젠 그런 평문 통신은 그만해! 너 때문에 우리 아군이 위험해질 수 있다고!" 사실 그의 말이 맞았기에 아무 대꾸도 하지 않았다. 현명한 대응이었다. 그저 나는 그런 쓸데없는 암호 호출명 사용에 적응할 수도 없었고 적응할 마음도 없었다. 치열한 전투 중에, "여기는 취침 모자 Zipfelmütze, 뇌조Auerhahn 나와라!" 이런 식으로 교신했다면, 우리 동료들이 자신의 이름을 부르는 것보다 더 듣기 좋아했을까? 대대나 보급소와의 무선 통화를 할 때는 당연히 일부러라도 암호 호출명을 사용했다. 하지만 전선에 나와 함께 있던 부하들과 나는 지금까지도 그리고 그 이후로도 실명으로만 통화했을 뿐 아니라 무전기 사용 시 금지되었던 '잡담'도 했다. 종종 이런 말들도 들렸다. "어이! 흡연가들 뭐 할 말 없어요?" 다시 담배가 부족한 비상 상황에서 구원해줄 오토 카리우스를 찾는 말이었다. 나는 고향집에서 보내온 담배를 잘 비축해 놓았다가 부하들에게 나눠주곤 했다. 어머니가 나를 위해 작은 담뱃갑 10~15개를 큰 박스에 넣어 보내주었는데 야전우편으로 소포가 올 때마다 어김없이 내 것이 함께 도착했고 모든 담뱃갑에는 간단한 인사가 적힌 종이가 있었고 나는 그 담뱃갑을 각 전차에 나눠 주었다. 동료들은 내 어머니의 인사가 담긴 종이를 소중히 간직했다.

한편, 당연한 얘기겠지만 러시아군은 아군의 무전을 감청했다. 이런 평문 통신 때문에, 그들은 예리하게도 '티거'가 나타나면 항상 동일한 독일군 전차 승무원들이 타고 있음을 간파했다. 원래 최소한 며칠 단위로 암호 호출명을 변경해서 사용해야 하지만 우리는 그냥 계속해서 실명으로 교신을 하고 있었다. 우리가 네벨에서 사라졌다가 나르바에서 다시 나타나도 러시아군은 그것이 우리라는 것을 정확히 알고 있었던 것 같았다. 러시아군에게 있어 우리는 지긋지긋한, 눈엣가시 같은 존재였던 것이다.

어느 날, 러시아군이 렘비투의 '동쪽 자루'에 대형 확성기를 설치해 놓고는 우리 보병들에게 오토 카리우스를 넘겨주면 포로 30명을 석방하겠다고 떠들어댄 적이 있었다. 그리고 적군은 다시 아군들에게, '너희들을 계속 힘들게 하는 사냥개를 스스로 제거하라!'고 소리쳤다. 아군 보병 전우들은 언제나 몇 시간 정도는 확성기에서 나오는 놈들의 헛소리를 그냥 듣고 있었지만, 도저히 참기 힘든 말들이 나오자 총탄을 퍼부어 확성기를 날려 버렸다. 우리 전우들이 그 '사냥개'에게 상당한 호의를 품고 있었던 것이 러시아군에게는 애석한 일이었다. 그러나 그들은 굴하지 않고 확성기를 이용한 심리전을 계속했다. 이는 러시아군이 우리 부대에 대해 얼마만큼 부담을 느끼고 있었는지를 반증한다. 내가 뒤나부르크에서 부상을 당하자 러시아군의 무전기에서는 내가 전사했다는 교신이 있었다고 한다. 지도가 든 상황판에는 내 이름이 적혀 있었는데 그때 나는 그것을 분실했다. 이것을 입수한 러시아군 장교가 자신이 직접 카리우스를 사살했고 상황판이 그 증거라고 주장한 끝에 훈장까지 받았다고 한다. 이 이야기는, 내가 야전구호소에 있을 때, 중대 행정보급관이 내게 힘을 내라며 보내온 편지에 들어 있던 것이다. 하기야 죽은 줄 알았던 자식의 명줄이 항상 훨씬 더 긴 법이니까.

✠

　물론 우리는 의도치 않은 임무 교대로 얻은 짧은 휴양이었지만 매우 즐겁게 보냈다. 사우나를 끝내니 우리는 다시 사람의 모습을 되찾았고 새로 태어난 듯한 느낌이었다. 이번 기회에 건성 늑막염도 없어질 정도로 땀을 흘렸고 건강도 회복했다. 그러나 이러한 휴식도 이렇게 금방 끝날 줄은 아무도 몰랐다. 전투 중에 이런 달콤한 시간이 주어지면 일단은 그걸 만끽해야 했다. '나중에' 그리고 '얼마나 오랫동안' 따위를 생각할 필요는 없었다. 우리는 아름답고 따뜻한 숙소에 익숙해지자마자 츠베티 상사로부터, 자신의 '티거' 전차에 냉각수가 새고 있으며 두 번째 전차는 동력장치가 고장 났다는 보고를 받았다. 아마도 러시아군은 이미 아군 전차 세 대에 타격을 가했다는데 만족해하고 있을 것이다. 확실히 그들은 '티거'에 대해 과도하리만큼 적개심을 갖고 있었다.

　츠베티 상사는 일단 그 마을에 남기로 했다. 유사시에 보병을 지원할 수 있는 전차포가 있어야 했다. 나는 내 전차의 라디에이터 정비가 얼마나 남았는지 확인하기 위해 정비반으로 향했다. 나는 이미 충분한 휴식을 취했다고 생각했다.

　정비반 요원들의 작업 능력은 매우 탁월했다. 지금 생각해도 그들의 체력은 초인적인 수준이었다. 그들은 최선을 다해 전투부대를 지원하겠다는 열정, 문제가 생긴 장비를 가능한 빨리 전방으로 다시 보내겠다는 강렬한 의지를 갖고 있었다. 그들의 헌신적인 임무 수행 자세는 누군가의 명령과 강요에 의한 것이 아니라 앞서 언급한 스스로의 의지에서 비롯된 것이었다.

　정비반장인 델차이트 상사는 결코 대하기 쉬운 사람은 아니었다. 알고 보면 좋은 성격을 지녔지만 겉으로는 매우 거칠게 행동했다. 종종 그는 자신의 부하들을 군인이 아닌, 종을 부리듯 험하게 다뤘다. 또한 그는 웬만한 상급자들도 무시했는데, 만일 그의 부하들이 그에게 그렇게 했다가는 그들에게 무슨 일이 벌어질지 가히 상상할 수 없을 정도였다. 그러나 모두가 그를 잘 알고 있었기에 상급자들과 하급자들도 그를 싫어하지는 않았다.

델차이트는 최고 수준의 전문가였고 문제가 발생한 전차를 다시 정상으로 만드는데 전력을 쏟았다. 그리고 그는 부하 중 단 한 명이라도 위험한 상황에 빠지도록 내버려 두지 않는 훌륭한 전우였다. 그는 자신의 정비반 요원들의 안전과 건강을 최우선으로 생각했다.

그와 정비반 요원들은 전투 중에는 밤낮없이 일하기도 했다. 확실히 집중력에서만큼은 최전선의 병사에게 뒤지지 않았다. 델차이트가 특정 시간에 정비를 완료하겠다고 약속하면 모두가 그의 말을 믿어 의심치 않았다. 그들이야말로 전선에서 꼭 필요한 존재였고 강인한 군인들이었다. 그들이 다소 거칠었다고 해도 그게 무슨 문제가 되겠는가? 언제나 교활하고 나긋나긋한 놈들은 자신의 능력을 보여줘야 할 때, 아무것도 보여줄 수 없는 경우가 허다했다. 항상 엄청난 재앙이 닥친 후에야 그 사람의 본 모습이 나타나는 법이다.

1944년 3월 16일에도 델차이트는 언제나 그랬듯 정확하고 깔끔하게 일을 처리했다. 내가 정비반 벙커에 들렀을 때, 그는 자정까지 내 전차 정비가 완료될 거라고 말했다. 진지 교대를 하는데도 그 정도면 문제는 없었다. 24시간 동안의 우리의 '짧은 휴가'는 끝났지만 충분한 휴식을 취했다고 생각했다. 나는 곧장 케르셔의 승무원들에게, 전차에서 그들의 군장을 꺼낼 필요는 없으며, 출동을 위해 모든 준비를 마치고 단 몇 시간 더 편하게 잘 수 있도록 빨리 취침하라고 지시했다.

그 사이에 대대 예하 나머지 2개 중대와 대대 참모부는 플레스카우 Pleskau 지역으로 전개하였고 우리만 나르바 방어진지에 남게 되었다. 나는 그 후로 대대장이었던 예데 소령을 다시는 볼 수 없었다. 3월 15

일에 그는 기사 철십자장을 받았고 곧이어 아이제나흐Eisenach의 부사관학교장으로 자리를 옮겼다. 그에게는 훈장도 중요했고 지위도 몇 단계 상승했지만 역시 우리와의 작별을 매우 아쉬워했다. 우리도 애석하기는 마찬가지였고 우리 모두 그의 훌륭한 지휘 덕분에 대대가 지금까지 이렇게 성공적으로 임무를 수행했다고 생각했다. 우리 동료들은 나중에 다음과 같은 소식을 전해 주었다. 플레스카우에서 '기사 철십자장' 수훈과 '전출'을 함께 축하하는 자리에서 예데 소령은 제502대대를 떠나는 것을 매우 힘들어 했으며 모든 전우들과 악수를 나눴고 또한 많은 눈물을 흘렸다고 한다. 전쟁이 끝난 뒤 다른 이들을 통해 간접적으로 들은 바에 의하면, 그는 아이제나흐에서 러시아군에게 생포되어 '전범재판'에 회부되었다고 한다. 그러나 애석하게도 그 판결 결과도, 이후의 그의 행적도 도저히 찾을 수 없었다. 어쩌면 — 이 책의 출간을 통해 가능하다면 — 어느 날, 정말 뜻밖의 행운이 찾아올지도 모르겠다. '우리의 예데'가 아직 살아 있기를, 그를 다시 볼 수 있다는 반가운 소식이 도착하기를 기대한다.

그날 저녁에 나는 폰 X와 한참 동안 앉아서 '드라이슈테른Dreistern'이라는 좋은 술 한 병을 다 마셨다. 나는 출동 전에 눈을 붙이려고 했는데 그는 그것을 이해하지 못했다. 진지에서는 불편하겠지만 마음만 먹으면 얼마든지 쉴 수 있지 않냐고 말했다. 그의 말이 틀린 것은 아니었다. 하지만 그건 전적으로 러시아군의 행동에 달려 있었고 우리는 이 거짓말같이 조용한 시간이 금방 끝나리라는 것을 너무나 잘 알고 있었다. 그래서 나는 중대장과 헤어져 잠자리에 들었다. 새벽 4시에 출발하기로 되어있었다. 해가 뜨기 전에 그쪽의 동료와 교대하고 그들의 고장난 장비가 이동하는 것을 적들이 눈치 채지 못하게 할 생각이었다. 나는 경계병에게 조기에 기상시켜 달라고 지시했는데 이 경계병의 '소심함'을 예측하지 못한 것이 큰 실수였다. 5시경에 케르셔가 출동 준비를 완료했다고 마지막으로 직접 나를 찾아왔을 때까지도 나는 여전히 깊은 잠에 빠져 있었다. 경계병은, 나를 제시간에 깨웠고 게다가 내가 '알았다.'고 대답까지 했다며 자신에게는 잘못이 없다고 주장했다. 그러나 아무것도 기억나지 않았고 화가 머리끝까지 치밀었던 나는 죄 없는 경계병에게 욕을 퍼붓고 전차로 달려갔다. 모두가 나를 기다리고 있었고 이제 더는 이상 지체할 시간이 없었다.

우리는 7시가 조금 지난 시각에 츠베티가 있던 곳에 도착했고 그는 곧장, 해가 뜨기 직전에 철수할 수 있었다. 보병부대와의 통신망도 정상이었고 보병 대대장도 아직은 전선이 조용하다고 알려 주었다. 그래서 나는 다시 잠자리에 들었다. 보병부대가 우리를 필요로 하면 언제든지 즉각 그곳으로 달려갔다. 전선의 아군 장병들은, 우리가 그들의 진지 일대에 어슬렁거리지 않으면 자신들도 진지에서 더 편하게, 조용히 휴식을 취할 수 있다는 사실을 잘 알고 있었다. 만일 우리가 그들 곁에 있게 되면 러시아군도 곧장 사격을 해 올 것이고 어쩌면 우리 전차부대도 손실이 발생할 수 있는 상황이었다.

14. 러시아군의 공세
Der Iwan greift an

해가 뜨자마자 잠들어 있던 나를 평소보다 더 거칠게 흔들어 깨우는 놈들이 있었다. 이번에는 러시아군이었다. 그 방법도 매우 짜증스러웠다. 그들은 느닷없이 아군 교두보 일대 전 전선에 걸쳐 대규모로 포격을 개시했고 정말 어마어마한 양의 포탄이 쏟아졌다. 과연 러시아군이 아니면 아무도 흉내조차 낼 수 없는 포격이었다. 훗날 서부전선에서 만났던 미군에게도 이 정도 능력은 없었다. 러시아군은 경박격포부터 중포에 이르기까지 가용화기를 총동원했다. 지난 몇 주 동안 놈들이 잠도 자지 않고 무엇을 준비했는지 알게 된 순간이었다.

제61보병사단의 담당 구역 전체에 포탄이 떨어졌는데 지옥이 따로 없었다. 그리고 그 한복판에 우리가 있었다. 벙커를 이탈해 전차로 이동하는 것도 어려웠다. 적군의 일제사격으로 포탄이 떨어지면 일단 기다렸다가 사격이 끝나면 밖으로 나가려고 준비하고 있었다. 그러나 그 순간 두 번째 효력사 소리가 들리면 어쩔 수 없이 벙커로 되돌아와야 했다. 사방에 포탄이 떨어져서 적 공세의 중점이 어딘지 분간할 수가 없었다. 어쨌든 러시아군이 공격을 개시했다는 것은 분명한 사실이었다. 아군 보병과의 통신망은 적군의 포격이 시작되었을 때 이미 끊겨버렸기 때문에 우리는 완전히 고립무원에 빠진 상태였다. 러시아군이 우리가 있던 렘비투 일대로 공격하리라는 것은 이미 예상하고 있었다. 하지만 우리가 전차에 탑승하기도 전에 이곳에서 적 보병들에게 사로잡힐 가능성도 충분했다.

족히 30분 — 우리에게는 마치 영원같이 느껴졌다. — 이 지난 뒤 러시아군은 탄착점을 북쪽으로 옮겼다. 전차에 오를 수 있는 절호의 기회였다. 이제 본격적으로 러시아군이 공격에 나설 것 같았다. 시끌벅적한 것은 우리 머리 위도 마찬가지였다. 몇 주 전까지도 보이지 않던 전투기들이, 우리의 모자를 낚아채려는 듯 우리 머리 위에서 윙윙거렸다. 우리 근처에서 날아다니다가 우리보다 북쪽에 연막탄을 투하해서 아군 포병의 시야를 가리기도 했다. 러시아군의 대규모 공세는 매우 치밀하게 계획된 것이 분명했다. 아마도 그들은 발트 해안까지 돌파해서 오늘 나르바 전방의 아군 교두보 후방을 차단하고, SS기갑군단의 일부 부대와 '펠트헤른할레' 기계화보병사단, 벵글러 보병연대를 포위하려는 듯했다. 그렇다면 우리는 어떻게 될까? 우리는 포위망에 갇히게 되는 것일까? 아니면 그 외부에 있게 되는 것일까?

상황은 한층 더 심각해졌다. 러시아군 포격의 강도는 전혀 줄어들 기미를 보이지 않고 계속되었다. 그 사이 10시가 되기 직전에 아군 보병 몇 명이 우리 앞을 지나 서쪽으로 가버렸고, 잠시 뒤 12톤 구난트럭에 견인된 구경 3.7센티미터 대공포와 2~30여 명의 병사들이 개인화기도 없이 우리 앞을 지나 서쪽을 향해 퇴각했다. 숲에 있던 우리와의 거리는 불과 30미터였지만 그들은 우리에게 전혀 관심이 없었다. 나는 그들에게 달려가 무슨 일이 벌어졌는지 물었다. 세 개의 거점 모두가 텅 비었으며 고아원 동쪽에 배치된 돌격포 한 대는 불타버렸고 나머지는 철수해 버렸다고 말했다. 이미 러시아군의 전차와 보병부대는 주기동로 방향으로 이동 중이었다. 이제는 더 이상 지체할 시간이 없었다. 적군이 막강한 전력으로 아군의 나르바 교두보를 제거하기 위해 북쪽으로 밀어붙이고 있다는 것이 분명해졌다.

나는 즉시 농가로 이동했고, 케르셔에게 좌측방을 경계하면서 나를 따라오라고 지시했다. 그는 좌측의 개활지 쪽을 예의주시했는데, 그쪽에서는 이미 연대 규모의 러시아군이 우리 거점의 북쪽으로 이동 중이었다. T-34 다섯 대가 이미 주기동로를 향해 거침없이 달려가고 있었다. 여섯 번째 적 전차가 거의 '고아원'에 다다른 상태였다. 그러나 우리에게 가장 위협적인 상대는 철길 제방에서 우리의 측면을 노리는 다섯 문의 대전차포였다. 우리는 즉시 그들을 제압했다. 궤도와 보기륜에 대전차포탄 몇 발을 맞기는 했지만 다행히 큰 피해는 없었다.

나의 포수, 크라머 하사가 적 대전차포를 제압하고 있을 때, 나는 시선을 좌측으로 돌렸다. 우리가 나타난 것을 본 T-34 한 대가 방향을 바꾸어 케르셔 쪽으로 돌진해 오고 있었다. 정말 절체절명의 순간이었다. 그러나 러시아군 전차들이 항상 그랬듯 그 전차도 포탑 해치를 밀폐한 상태였고 그래서 좀처럼 방향을 잡지 못해 허둥대고 있었다. 우리에게는 참으로 다행스러운 일이었다. 하지만 그때까지도 케르셔는 자신의 등 뒤쪽에서 적 전차가 오고 있다는 것을 몰랐고 결국 두 전차의 거리는 기껏해야 30미터 정도로 가까워졌다. 이에 나는 곧장, "케르셔! 후방에 T-34 한 대 출현! 조심해!"라고 소리쳤다. 이어서 순식간에 모든 일이 끝났다. 케르셔가 쏜 전차포에 제대로 맞은 그 전차는 포탄과 폭탄들이 만들어 놓은 구덩이에 처박혀 버렸다. 일단 최악의 위기는 면했다. 만일 러시아군 전차에 선제사격을 허용했다면 우리 둘 다 황천길로 갔을 것이다. 앞서가던 다섯 대의 T-34 전차들은 대응사격을 할 생각도 없었고, 그들은 누구로부터, 어디서 포탄이 날아오는지 전혀 모르는 듯 우왕좌왕하고 있었다.

모든 러시아군 전차들은 전개하기 직전까지 일렬로 줄지어 철길 건널목을 넘어왔기에 공격 속도가 매우 더뎠다. 우리가 그들보다 몇 분 정도 더 일찍 진지를 점령하면서 사격 범위 내에 들어온 적 전차들을 모조리 쓸어버렸다. 그러나 철길 제방 뒤쪽에서 기동 중이던 적 전차들까지 제압할 수는 없었고 그들은 이내 늪지대와 엄폐물이 있던 숲으로 퇴각해버렸다. 적 보병들도 그들의 전차와 대전차포가 박살나는 것을 보고는 대부분 철수해 버렸다.

물론 우리의 거점들은 텅 비어 있었다. 이제 램비투에서 철길 제방 끝 지점[54]의 숲 일대에 아군 보병은 단 한 명도 없었다. 정오가 가까워질 무렵 '펠트헤른할레' 사단 지역의 우측에 있던 아군부대가 기관총 사격을 하는 소리가 들릴 뿐이었다. 우리는 곧장 폐가들이 있던 주전선을 둘러보았는데, 마치 넓은 들판에 우리만 홀로 서 있는 형국이었다. 나는 사단에, 거점지역에서 보병부대가 모두 철수했다고 보고했지만, 그들은 그럴 리가 없다며 내 말을 믿지 않았다. 결국 오후에 나는 '고아원'으로 직접 가서 최소한 몇 명의 병력만이라도 데려오기로 결심했다. 적군을 제거한 이 거점들을 다시 점령해야 한다고 생각했다. 그러나 결국 그 병력들이 도착하기 직전에 어둠을 틈타 러시아군이 이미 두 '폐가'를 탈취해 버렸다. 나는 몹시 화가 났다. 후방에 위치한 사단, 연대지휘부가 내 보고를 무시하고 이곳 상황을 제대로 파악하지 못했기 때문에 이런 상황에 처하고 말았던 것이다.

오후가 되자 러시아군은 다시금 30여 분간 포탄을 퍼부은 뒤 전차부대의 지원을 받아 우리가 있던 곳으로 공격을 재개했다. 우리가 T-34 다섯 대와 KW-1 한 대를 완파하자 그들은 물러났다. 적 전차들이 완파될 때도 매우 위험한 장면이 연출되었다. 전차들이 폭발할 때마다 엄청난 양의 금속 파편들이 공중으로 날아다녀서 우리는 그때마다 포탑 내부로 몸을 숨겨야 했다. 그런데 아군 포병들이 너무나 조용해서 나는 화가 치밀었다. 공격에 나선 적군을 향해 포탄을 날려 주어야 할 상황인데도 전혀 그럴 기미가 없었다. 관측병들이 전사해 버린 탓이었을까. 사단에서는 아직

---

54 │ 철길과 주변 지대의 높이가 같아져서 제방이 없어지는 곳.

도 아군이 그 폐가를 점령하고 있다는 착각에 빠져서 포탄 사격을 하게 되면 우군 피해가 발생할 수도 있다는 어이없는 얘기나 하고 있었다. 한 시간 반 정도의 시간이 흐른 뒤였다. 러시아군은 다시금 철길 제방 일대로 대규모 전력을 모아 세 번째 공격을 준비하고 있었다. 남은 탄약으로 적군의 다음 공격을 막아낼 수 있을는지 막막한 순간이었다.

그 사이에 나는 전차 한 대를 증원받았다. 그리고 중대장에게도 전차를 타고 이곳으로 와달라고 요청했다. 중대장은 수차례 무전으로 내가 있던 바로 뒤쪽 숲 외곽에 있다고 말했지만 내 눈에는 전혀 보이지 않았다. 그러나 나중에 알게 된 사실이지만 그는 이곳에 오지 않았다. 나는 중대장에게 몹시 화가 났지만 아무 말도 하지 않았다. 나중에 폰 X가 포병에게 지원사격 요청을 했고, 아군의 포탄이 떨어졌기에 그냥 넘어가기로 했다. 뜻밖에도 아군의 포병사격은 매우 훌륭했는데, 공격을 준비하던 러시아군을 괴멸시켰다. 하지만 약 한 시간 뒤 러시아군은 또다시 전차부대 지원을 붙인 보병대대로 공격을 감행했다. 그들은 어떻게 해서든 우리의 거점을 탈취하려고 했지만 우리가 강력히 저지하자 결국 목적을 이루지 못한 채 T-34 세 대만 잃고 퇴각했다.

러시아군의 마지막 공격을 성공적으로 격퇴한 뒤 나는, 두 대의 '티거' 전차장에게 전방을 잘 경계하라고 지시한 후, 내 전차를 타고 '고아원'에 있는 연대지휘소로 향했다. 이곳 상황을 정확히 알리기 위해서였다. 연대에서는 아직도 폐가들이 아군 보병들 수중에 있다고 믿고 있었다. 그제야 그곳의 실상을 알게 된 연대장은 자신의 참모부에서 전투에 투입할 몇 명의 병력을 모았다. 인원을 소집하는데 시간이 걸렸기에 나는 사계를 확보하고 보병의 근접전투를 엄호할 지역을 찾기 위해 어둠 속에서 먼저 이동했다. 폐가에서 약 200미터 떨어진 지점에 정지했다. 결국 나의 '티거' 한 대만이 '농가' 일대에 있게 된 것이었다. 급히 소집된 10명의 병력이 도착해서 비어 있던 '농가'를 점령했고 추가로 25명의 병력이 우리 뒤쪽의 소로를 따라 방어선을 형성한 상태였다.

야간에 러시아군은 재차 공격을 감행하지는 않았으나, 자정이 되기 2시간 전에 우리가 보급품을 수령하러 철수한 사이에 그들은 폐가들을 손에 넣었다. 우리가 벙커에 온지 10분이 채 되지 않은 시점에 보급대 소속의 트럭 두 대가 도착했다. 그들은 오후부터 실라메의 거점에서 이미 출동 대기 중이었다. 만일 주간에 탄약 재보급이 필요하면, 사전에 정해진 주기동로 상의 한 지점에서 만나자고 보급대 사람들과 미리 약속을 해 두었다. 그러나 우리를 증원하러 와준 그루버Gruber 중사가 충분한 물량을 전차에 싣고 왔기 때문에 주간에 보급품을 받지 않아도 되는 상황이었고 그래서 그날 저녁에 부족한 유류와 탄약을 수령했다.

중대 행정보급관인 제프 리거 원사가 보급대와 함께 최전방까지 와서 우리에게 그날의 승리를 축하해 주었다. 그는 좀처럼 보기 힘든 멋진 동료였다. 아마도 국방군에서 내가 만난 원사들 중 리거 같이 훌륭한 사람은 열두 명도 안 될 듯했다. 대부분의 중대 행정보급관이 나쁜 사람이라는 말은 결코 아니다. 그러나 리거는 정말 특별한 인물이었다. 군인으로서 또한 인간으로서 모두에게 귀감이었고 완벽한 인격을 지닌 사람이었다. 언제나 세세한 일에 얽매이지 않으면서도 성실했고, 인색하지 않는 수준에서 절약했다. 전투부대에서 전차장, 소대장으로 근무하면서 1급 철십자장을 받기도 했다.

그도 어떤 경우에서건 모두에게 공평한 정의는 있을 수 없다는 것을 알고 있었다. 그가 후방에서는 장비와 물자를 아껴야 한다며 까다롭게 행동해서 때때로 불평을 늘어놓는 보병들도 있었다. 하지만 그에게는 그런 것들을 관리할 책임이 있었고 보급품들이 얼마나 부족한지를 그 스스로가 너무나 잘 알고 있었다. 모두가 영내 매점에서 개인별 할당량에 따라 담배나 슈납스를 구입하곤 했는데, 그는 정량보다 더 많이 챙길 수 있었음에도 반드시 규정을 지켰다. 보급품 지급에도 자신이 정한 순서가 있었고, 1번이 전투부대, 2번이 정비부대, 3번이 보급 및 취사부대, 마지막이 중대 설영대였다. 그에게는 모든 중대원들, 중대의 상급자나 하급자들 모두가 소중한 존재였다. 솔선수범 측면에서는 최고의 전우였다. 또한 상관으로서 소리를 지르지 않고도 부하들에게 존경받는 방법도 잘 알고 있었다. 그래서 모두가 그를 따랐고, 그가 매사에 공명정대하다는 것도 잘 알고 있었다. 일단 그와 함께 일을 했다는 것 자체가 행운이었고, 그런 경험이 있다면 절대로 그를 잊지 못했다. 제프 리거는 바로 그런 인물이었던 것이다. 어쨌든 우리는 전차에 휘발유와 탄약을 완전히 채웠다. '티거' 한 대 당 탄약 100발과 휘발유 200리터가 필요했다. 따뜻한 음식이 식어가고 있었지만 그런 것 따위를 신경 쓸 겨를이 없었다. 당연히 전투준비가 우선이었고, 그 후에야 우리는 음식을 먹으며 이야기꽃을 피웠다. 리거는 '우리가 전투에서 승리한' 날에 실라메에서 어떤 일이 있었는지 말해 주었다. 중대장은 숙소 창문 옆에 자신의 '티거'를 세워두고 전차 내부에 있는 무전기 수신기를 라디오 스피커와 연결시켰다. 그래서 모든 중대원이 우리의 무전교신을 들을 수 있었다고 말했다. 우리가 적 전차를 완파했다고 말할 때마다 리거는 중대원들에게 슈납스 한 잔씩을 돌렸다고 했다.

다만 우리 중대원들이 도저히 납득할 수 없는 한 가지 사실이 있었다. 내가 중대장에게 수차례 지원을 요청했음에도 그는 전장에 나타나지 않았다. 또한 전투 초반에 중대장이 포병의 화력지원을 받아내지 못했던 것에 대해서도 부하들은 매우 화가 나 있었다. 포병대에 직접 가지도 않고 전화로만 지원요청을 했던 것이다. 저녁 무렵에, 내가 더 이상 진지를 사수할 수 없다고 말하자 그제야 그는 직접 나서서 포병사격을 지원하기 위해 퀴벨바겐을 타고 군단으로 이동했다. 그 뒤 30분이 지나서야 아군의 포탄이 떨어졌고 중대원들은 중대장의 이런 행동에 크게 분노했다. 나는 중대원들을 진정시키느라 무척 애를 먹었다. 물론 나도 폰 X에게 실망했지만 부하들에게는 이렇게 말했다. 이제 다 지난 일이니 흥분할 필요도 없고 게다가 우리 스스로 모든 일을 해냈으며 포병사격도 적절한 시기에 이뤄졌으니 중대장에 대해서는 더 이상 불만을 갖지 말자고 말이다.

자정 무렵에 우리는 아군 보병들을 안심시키기 위해 폐허가 된 농가 부근으로 이동했다. 나는 '고아원'에 있던 보병연대 지휘소로 가서 다음날 계획에 대해 논의했다. 우리는 여명을 기해 폐가 일대를 완전히 탈환하는데 의견을 같이했다. 무슨 일이 있어도 시도는 해봐야 했다. 두 폐가를 점령한 러시아군이 철길 제방을 중심으로 우리 지역을 장악할 가능성이 있었는데 이 폐가를 되찾으면 이 위협을 제거할 수도 있었고 적군에게도 전체적인 상황이 불리하다는 것을 인식시킬 수도 있었다. 우리는 역습을 계획하여 16명 정도의 소규모 특공대와 함께 '고아원'과 렘비투 사이의 작은 마을인 티르추Tirtsu에서 공격 준비를 마쳤다. 케르셔 중사와 나는 각각 8명의 병사들과 함께 움직였다.

역습은 정확히 05시에 개시되었다. 아직도 사방이 어두웠다. 우리가 공격할 때 그루버 중사에게는 적을 고착하라는 임무를 부여했다. 우선 우리는 세 대의 전차로 서쪽의 폐가에 전차포 사격을 한 뒤 곧장 그곳으로 진격했고 내 전차에 탑승한 8명의 보병이 그 거점을 점령했다. 안타깝게도 한 명의 부상자가 발생했지만 공격은 성공적이었다. 반면 철길 건널목 근처에 있던 동쪽 폐가의 상황은 다소 어려웠다. 러시아군은 이날 야간에 대전차포 다섯 문, 경야포 두 문과 구경 4.7센티미터 대공포 한 문까지 배치할 정도로 이곳을 중요하게 생각했던 것 같았다. 어쨌든 우리는 이들과 치열한 교전을 치러야 했다.

적군은 어느 한 지점을 점령하면 몇 시간 동안 — 밤에도 — 두더지 같이 땅을 파고 개미처럼 물자를 날라서 그곳에 쌓아 두었다. 전형적인 러시아군의 수법이었다. 우리도 그 결과물들을 직접 보긴 했지만 그 과정은 여전히 미스터리였다. 어쨌든 갖은 방법을 다 동원해 보았지만 두 번째 폐가를 탈환하는 데는 실패했다. 교전 중에 러시아군은 T-34 두 대와 소규모 보병부대를 투입해서 우리에게 반격했지만 전차 두 대는 완파되었고 보병들도 퇴각했다. 그 직후 박격포탄과 대구경 포탄들이 마치 폭우처럼 쏟아졌다. 우리에게도 두 명의 전사자와 두 명의 부상자가 생겼다. 남은 네 명의 병력으로는 거점을 탈취하기는커녕 지키기도 어려웠다. 안타깝게도 참모부 소속의 보병 지휘자도 함성을 지르며 폐가를 향해 돌격하다가 전사하고 말았다. 우리가 제압하지 못한 적군의 기관총 한 정이 아직도 불을 뿜고 있었고 그들은 이 거점을 절대로 포기하지 않으려 했다. 그 진지를 포기하고 퇴각하면 불리해질 수 있다고 판단했던 것 같았다. 만일 물러났다가 다시 공격하게 될 시에는 재차 엄폐물이 없는 가운데 우리의 사격 구역 내로 들어와야 했기 때문이다. 그래서 우리는 일단 부상자들을 후송하기로 했다. 두 대의 '티거'가 부상자들이 있는 곳까지 가서 적군의 기관총탄을 막고 그들을 전차에 실었다. 이것으로 우리의 역습도 중단되었다. 적군도 3~40명가량 전사했지만 치열한 교전이 벌어졌던 그 폐가는 여전히 그들의 수중에 있었다.

정오가 막 지나고 러시아군은 약 15분간 엄청난 포탄을 날려 보낸 뒤 다시 한 번 우리의 거점과 농가를 탈취하고자 공격을 시도했다. 수 대의 전차와 1개 보병중대 병력으로 공격을 감행했지만 우리의 거센 저항에 엄청난 손실을 입고 퇴각했다. T-34 두 대와 T-60 한 대가 완파되었고 이날의 패배로 꽤나 충격을 받았던 것인지, 다음 날 아침까지도 적들은 잠잠했다. 저녁 무렵 우리가 벙커로 복귀했을 때, 보급대 차량들이 이미 도착해 있었다.

부하들이 중대장에게 불만을 품고 있던 와중에 또다시 중대장 때문에 화가 머리끝까지 났던 사건이 있었다. 나는 야간에 제61보병사단 지휘소로 가기 위해 무전으로 퀴벨바겐 한 대를 보내달라고 요청했다. 가는 길에, 항상 도보로 갔었던 연대지휘소도 들르려 했다. 연대지휘소까지도 왕복 4킬로미터였고 나는 항상 야지로 걸어 다녔다. 전차를 타고 가면 러시아군에게 노출되기 때문에 그럴 수도 없었다. 게다가 부하들에게는 휴식시간도 필요했다. 하여간 내가 요청한 퀴벨바겐은 오지 않았고 비어만은 중대장에게도 가용한 퀴벨바겐이 없다고 대답했다. 한참후에, 전쟁이 끝나고 어느 모임에서 당시의 중대 행정병에게서 들은 바에 따르면, 자신과 폰 X가 수차례 저녁마다 어떤 여자를 만나러 다녔고 나중에 그녀와 함께 나르바에서 떠났다고 한다. 중대장은 그런 용도로 퀴벨바겐을 타고 다녔던 것이다! 만일 내가 당시에 알았더라면 도저히 그냥 넘기지 않았을 것이다. 그러나 한창 전투 중이었던 내가 문제를 만들 것이라 우려한 나머지 모든 이들이 내게 그 사실을 숨겼던 것이다.

한편, 우리 중대원들은, 국방군 뉴스Wehrmachtbericht에서 제502전차대대 제2중대는 '폰 X의 지휘 아래'라는 소식이 보도되자 격분했다. 중대장은 전투 승리에 단 한 번도 기여한 적이 없었기 때문이다. 나는 이번만큼은 그들을 진정시키는데 무척이나 힘들었다. 물론 단 1개 소대만으로 승리했다고 기사화될 수도 있겠지만 그것보다는 전체 중대의 승리로 인정받는 게 더 좋은 일이며, 결국 우리가 중대의 일부로 승리했으니 괜찮은 일이라고 이해시켰다.

당시 중대장이 사사로운 유흥을 위해 퀴벨바겐을 이용한, 황당한 일탈행위에 대해 내가 몰랐던 것은 정말 다행스런 일이었다. 만일 내가 알았다면 부하들을 진정시키려고 애쓰지 않았을 것이다. 한편 우리는 다른 방법으로 보상도 받았다. 군단에서 작성하여 군단 예하 전 부대에게 배부되는 명령지에 우리가 시행한 전투 경과와 그 공적이 이렇게 기술되어 있었다. 오로지 우리 전차들이, 우리의 힘만으로 전장에서 러시아군이 해안으로 돌파하려던 시도를 저지했고, 나아가 '고아원' 동쪽에 위치한 아군의 전 부대가 고립되는 것을 막아냈으며, 또한 보병의 지원 없이 탈환한 주전선을 하루 종일 지켜냈다는 내용이었다.

✠

러시아군은 우리가 편히 쉬도록 내버려 두지 않았다. 그들은 가용 수단을 총동원하여 아군의 나르바 일대 교두보를 고립시켜 그 지역을 탈취하고자 했는데, 3월 19일 정오 무렵에는 포병과 박격포로 공격준비사격을 한 후에 '동쪽 자루'에서 서쪽으로 공격을 감행했다. 이는 우리가 지금까지 지켜냈던 '장화'의 남쪽 일부를 차단하고 '동쪽과 서쪽 자루'를 연결하기 위해서였고 차후 공세를 위해 유리한 공격 준비용 진지들을 확보하려는 속셈이었다. 우리는 6대의 T-34와 한 대의 T-60 전차를 완파했고 구경 7.62 센티미터 대전차포 한 문을 제압했다. 하지만 러시아군은 결국 우리의 주방어선을 돌파하는데 성공했다.

아군 보병이 반격을 시행하기 직전에, 다른 곳에서 긴급한 상황이 발생했다는 소식을 듣고 우리는 즉시 그곳으로 달려갔다. 철길 제방의 북쪽 거점에서, 건널목 쪽 자그마한 숲 속에 러시아군 돌격포 4문이 진지를 점령했고 건널목 오른편에 전차 두 대가 나타났다는 보고가 들어왔다. 나와 케르셔 중사의 전차가 때마침 그곳에 도착했다. 적 전차를 상대할 무기가 없었던 아군 보병들은 공황에 빠져 있었다. 사실상 '티거' 외에는 적 전차를 제압할 수단이 전무했다. 우리는 이제 막 기동을 시작했던 러시아군 전차들을 차례로 격파한 뒤 즉시 되돌아가서 아군 보병이 33.9지점[55]에서 남쪽으로 반격하는 것을 지원해야 했다. 하지만 그 일대는 온통 늪지대여서 매우 난감했고 도로를 벗어나 기동하는 것 자체가 불가능했다. 그래서 보병 전우들을 도와줄 방법은 도로 위에서 사격으로 적군을 제압하는 것뿐이었다. 늪지대에서 전투하는 것은 우리 전차부대원들에게는 매우 달갑지 않은, 짜증나는 일이었다.

55 │ '고아원'과 장화의 아래쪽 사이 도로에 위치한 지점, 요도를 참조할 것.

세 시간 뒤 적군을 격퇴하고 아군 보병부대는 원래의 진지를 되찾았다. 여기서 특별히 큰 공을 세운 한 장교를 언급하고자 한다. 탁월한 담력과 용기를 지닌 하제Hasse 소령은 러시아군 진지를 향해 돌격할 때에도 대대의 최선두에 섰다. 그의 진두지휘와 솔선수범을 보면서 내 아버지가 항상 내게 들려주었던 이야기가 떠올랐다. 그의 모습은 제1차 세계대전 때 단검을 들고 앞장서서 부하들을 이끌고 돌격했던 장교들과 똑같았다. 한편 우리는 보병의 공격을 지원하면서 T-34 두 대를 완파했다. 그러나 적군은 거기서 멈출 생각이 없는 듯했다. 이튿날 아침, 동이 트기 직전에 그들은 중대급 규모로 렘비투 일대를 공격했다. 한 시간 정도의 교전 끝에 우리가 그들을 물리쳤다. 정오 경 그들이 다시 공격했지만 결과는 이전과 마찬가지였다. 그들은 두 대의 T-34와 한 문의 4.7센티미터 대전차포를 상실했다. 그래도 그들은 포기하지 않았다. 다음날 새벽 3시에, 우리가 전혀 예상하지 못한 시간에 우리 방어선을 기습적으로 공격했다. 너무 어두운 상태였기에 단지 운에 맡기고 사격을 할 수밖에 없었고 결국 러시아군에게 중앙에 위치했던 폐가를 내어주고 말았다. 철길 제방의 거점에서 당한 패배로 교훈을 얻은 우리도 시간을 허비할 필요가 없다고 생각했다. 그래서 나는 10명의 보병과 함께 역습을 시도했고 2시간 뒤 중간에 있던 폐가도 다시 탈취하는데 성공했다. 그렇게 짧은 시간 동안 러시아군 수중에 있었지만 그들은 그사이에 두 문의 7.62센티미터 대전차포를 끌어다 놓았고 이 대전차포 때문에 이곳을 확보하는데 꽤 힘든 전투를 치러야 했다.

우리에게도 중간의 폐가를 탈환한 것이 대단히 중요했다. 만일 그곳을 잃어버리게 되면 '농장'도 곧 적의 손에 떨어지게 될 것이 뻔했다. 그러면 이 지역의 전체 방어선이 무너지게 되는 꼴이었다. 이는 적에게도 마찬가지였다. 적군은 2시간 뒤 다시 공격해서 결국 이 거점을 가져갔다. 이때 거점을 지키던 아군 보병 지휘자를 포함한 네 명의 장병이 전사하고 말았다. 살아남은 여섯 명의 병력은 러시아군 보병의 압박을 이기지 못하고 농장 일대로 철수했다. 이제 우리는 농장 주위에 배치한 세 대의 전차만으로 이곳을 사수해야 했다. 적의 총탄에 보병부대의 무전기가 파손되었기에 나는 그루버 중사를 시켜 전차를 타고 연대 지휘소로 가서 무전기를 교체해 오라고 지시했다. 보병들이 걸어서 복귀하는 것도 도저히 불가능했다. 우리와 러시아군은 마치 '쥐와 고양이'처럼 쫓고 쫓기는 게임을 했다. 그들은 우리가 없는 곳만 골라서 공격했기 때문이다. 그래서 우리는 이리저리 그들을 쫓아다녀야 했다. 오후에 케르셔 중사는 33.9 지점에서 러시아군 전차 두 대를 격파했다. 어두워지기 직전에 우리는 다시금 중앙의 폐가에 역습을 개시했고 30분 뒤 그곳을 장악했다. 이것이 이 지역에서의 마지막 공격이었다. 그 뒤 우리는 '동쪽 자루' 일대를 공격했고 더 남쪽으로 진출해 한층 더 유리한 주방어선을 구축했다.

인적, 물적으로 큰 피해를 입은 러시아군은 어쩔 수 없이 공세를 잠시 중단했다. 우리 측에서 가장 큰 공을 세운 이들은 단연 보병부대의 장병들이었다. 그들은 매일 초인적인 능력을 발휘했다. 압도적으로 우세했던 적군에 맞서 진지를 지켜내기도 힘들었고 수적으로도 열세였음에도 그들은 계속해서 적군을 공격했고 적군이 반격하면 물리쳤다. 이런 모습을 직접 봐야 그들의 진면목을 알 수 있다. 글이나 말로는 도저히 표현할 수 없을 정도로 그들의 전투 수행 능력은 정말로 탁월했다.

상황이 정리된 후, 나는 철길 제방 일대를 경계하기 위해 '티거' 세 대를 허허벌판에 배치했다. 러시아군이 포탄과 박격포탄을 사격하는 바람에 우리는 계속 진지를 변환해야 했고 그래서 무척이나 힘들었다. 우리는 엄폐물이 전혀 없는 곳에 있었고, 이제는 철길 제방 동쪽의 폐가까지 러시아군에게 빼앗긴 상황에서, 그들은 우리의 움직임을 훤히 들여다보고 있었다. 적군은 우리에게 잠시도 쉴 틈을 주지 않았다.

✠

항상 그랬지만, 나는 인접 전차로부터 무전으로 유도를 받지 못하는 상황에서는 절대로 전차를 후진하지 말라고 명령했다. '티거'가 기동 중일 때에는 자신의 차량 뒤쪽에 무엇이 있는지 전차장도 파악하기 어려운 데다, 조종수도 후진 시에 후방을 볼 수 없기 때문에 사고가 일어나기 쉬웠기 때문이다. 또한 인접 전차의 궤도도 확인해서 이상 유무를 알려줘야 했다. 특히나 — 눈밭이나 진흙 속에서 — 후진 시에는 조금만 방향을 틀어도 궤도가 기동륜에서 이탈할 가능성이 있었고 만일 그렇게 되면 장력이 높아져서 기동이 불가능한 상태가 되고 마는데, 이 때에는 궤도를 절단했다가 다시 연결하는 것 외에는 달리 방법이 없었다.

아무리 경험이 많은 승무원이라도, 수차례 지시를 했음에도 어이없는 사고를 막을 수는 없었다. 그루버 중사는 적 포탄들이 날아오자 당황한 나머지 갑자기 전차를 후진시켰고 그 순간 그의 전차는 진흙 구덩이 속에 빠지고 말았다. 나도 그것을 막지 못했다. 짐작건대 그는 무전기 스위치를 수신 위치로 돌려놓지 않아서 내가 말하는 것을 듣지도, 나의 신호를 보지도 못했던 것 같았다. 구덩이 밖으로 전차의 포구제퇴기만 보였다. 갑자기 그는 나와 무전을 연결하고는 지지리도 운이 없었다며 시끄럽게 욕설을 해댔다. 그의 승무원들은 하차할 수도 없었다. 러시아군이 우리의 일거수일투족을 지켜보고 있었으며 그루버의 전차를 향해 엄청난 포탄을 퍼부었기 때문이다. 몹시 난감한 상황이었다. 곧 어두워질 듯했고 나는 이 시점에 어떻게 '안전하고 완벽하게' 구난을 할지 생각했다. 설상가상으로 내 '티거'도 클러치에 고장이 발생해 다른 전차를 견인할 수 없는 상태였다.

참으로 다행스럽게도 이날 밤, 츠베티가 정비가 완료된 자신의 전차를 타고 전선에 나타났다. 그는 케르셔와 함께, '막슬Maxl'[56]과 그의 승무원들을 구해냈다. 그러나 전차를 견인하는 일은 매우 힘들었고 결국 깔끔하게 마무리되지는 못했다. 두 대의 아군 전차가 나타나자 구덩이에 빠진 '티거'를 구난하려는 우리의 의도를 간파한 러시아군은 이 구덩이 일대를 목표로 무수히 많은 포탄을 떨어뜨렸다. 그중에 지연신관이 장착된, 우리에게는 특히나 무시무시했던 구경 15센티미터 대전차 박격포탄 한 발이 아군 전차 중 한 대의 통신수 해치에 명중했는데 포탄은 거의 수직으로 떨어졌고 해치의 조각과 포탄 파편이 불쌍한 통신수의 다리를 관통했다. 지금까지 며칠 동안 임무를 수행하면서 단 한 명의 사상자도 발생하지 않았건만, 하필이면 전차 구난 중에, 그것도 중대에 갓 전입한 전우 한 명이 부상을 당했던 것이다. 이번이 첫 번째 전투였던 그는 이제 막 18세가 된 소년병이었다. 우리는 그 불쌍한 녀석을 벙커로 데리고 와서 붕대를 감아 주었지만 너무나 고통스러워했다. 왼발이 아프다며 고통을 호소했지만 왼발이 잘려나갔다는 것을 아직 모르고 있었다. 정말 끔찍한 광경이었다. 최근 며칠간의 전투에서 내게는 가장 충격적인 사건이었다.

나는 그의 눈망울에서 희망과 두려움이 뒤섞인 감정을 느꼈다. 어린 아이와 다름없었던 그는 결국 전차 안에서 발목이 잘렸으며 엄청난 고통 속에 누워 있었다. 더듬더듬 이해하기 어려운 단어들을 중얼거렸다. "소위님! 이제 정말 다시는 엄마를 볼 수 없겠죠? 왼발이 너무 아파요! 절단해야 되겠죠? 엄마가 이런 나를 받아 주실까요? 엄마는 벌써 두 명의 자식을 잃었어요. 그리고 이젠 제 차례군요. 소위님! 엄마한테 편지를 써 주실 수 있나요?"

중상을 입은 소년은 계속해서 자신의 어머니를 찾으며 말을 더듬고 있

---

56 │ 그루버 중사의 이름인 막시밀리언을 장난스럽게 줄인 애칭.

었다. 나는 가슴이 찢어질 듯 아팠고 다 잘 될 거라고 그를 위로하면서 퀴벨바겐 구급차를 불러 즉각 중앙구호소로 후송하도록 조치했다. 나중에 그가 회복했다는 소식을 듣고 안도했다. 병원에서는 그의 왼쪽 종아리를 절단할 수밖에 없었다고 한다. 하지만 더 중요한 사실은 그가 자신의 어머니와 재회했다는 것이었다. 나중에 우리 둘은 보충대대에서 우연히 다시 만났고 너무나 기뻤다. 아무도 장담할 수는 없지만, 당시 그가 왼쪽 다리를 잃은 덕분에 생명을 건졌을 수도 있다는 생각이 들었다.

3월 22일, 러시아군은 마지막으로 '장화' 안쪽, 33.9지점에 대한 공격을 감행했고 두 대의 전차를 격파당한 뒤 퇴각하고 말았다. 그 이후 마침내 '동쪽 자루'에도 소강상태가 지속되었다. 3월 17일부터 22일까지 우리는 치열한 방어전을 치르며 러시아군 전차 38대, 돌격포 4문, 야포 17문을 파괴했다. 우리는 이 승리에 대해 크게 만족했다. 우리의 유일한 손실은 18세의 전차 승무원이 중상을 입은 것뿐이었고 그나마도 그루버의 '티거'를 구난할 필요가 없었다면 발생하지 않았을 손실이었다.

러시아군은 그들의 목표를 달성하고자 다시 한 번 최후의 공격을 시도했다. '동쪽 자루'에서 공격을 감행해서는 성공할 수 없다는 것을 깨달은 그들은 발트 해안으로 상륙하는 계획을 구상해냈다. 하지만 우리는 포로들을 심문해서 이런 적의 기도를 사전에 파악했다. 더욱이 보급수송대가 있는 실라메에서도 러시아군의 '바다사자Seelöwe' 작전[57]에 대비해 모든 대책을 마련해 놓고 있었고 그러한 암호명 아래 방어조치

---

57 | 독일이 1941년 영국 본토 공격을 위해 준비한 작전. 여기서는 러시아군의 상륙작전을 비꼬는 의미로 사용한 표현이다.

들이 진행되고 있었다.

러시아군은 '고아원'의 북쪽에 위치한 메레퀼라Mereküla에서 상륙을 감행했다. 우리는 몇 대의 전차를 해안에 즉각 투입했고 이미 '펠트헤른할레' 사단의 대전차포에 대부분의 상륙정들은 격침된 상태였다. 우리가 도착했을 때는 불타버린 배 조각들만 물 위를 떠다니고 있었다. 러시아군 병사 몇 명이 해안에 도달했지만 얼마 못 가 아군 전선 후방에서 포로가 되고 말았다. 우리가 파악했듯 그들은 최신 장비를 갖춘 정예부대였다. 그들의 진술에 따르면 이 작전을 위해 철저하게 훈련했으며 만일 '동쪽 자루'에서 돌파가 성공했다면 그때 시행했어야 했다고 털어놓았다. 러시아군은 그곳에서 돌파를 성공하지 못했음에도 상륙작전을 시행했고 어이없게도 훌륭한 장병들을 희생시키는 무의미한 결과를 초래하고 말았다. 물론 러시아군의 작전은 실패했지만 이 '바다사자' 작전의 유령은 오랫동안, 특히 야간에 우리를 괴롭혔다. 그러나 우리가 나르바 지역에 머무르는 동안 러시아군은 이런 작전을 다시는 시도하지 않았다.

3월 말, 우리는 제61보병사단 작전 통제에서 벗어나 새로운 전투를 준비했다. 소위 '동쪽, 서쪽 자루를 제거'하는 임무였다. 그 작전의 지휘관은 그라프 슈트라흐비츠Graf Strachwitz[58] 대령이었다.

실라메로 복귀했을 때 우리는 휴식과 정비가 간절하게 필요했다. 아니 우리보다도 '티거'의 정비가 더 절실한 순간이기도 했다.

---

58   히아친트 슈트라흐비츠 폰 그로스자우헤운트캄미네츠 백작Hyazinth Graf Strachwitz von Groß-Zauche und Camminetz(1873~1968). 독일의 기갑부대 지휘관. 1차 대전에도 참전했으며, 2차 대전 중에는 동부전선에서 활약했다. 최종 계급은 국방군 중장/무장친위대 연대지도자.

15. 벙커에서의 반란
Meuterei im Bunker

마침내 발트 해안에 설치된 중대 주둔지에서 며칠간의 휴식 시간이
주어졌다. 최근 밤낮없이 계속된 전투에 투입된 전차 세 대의 모든 승
무원들에게는 특히나 휴식이 필요했다. 전투 중에 짜릿함도 있었고 온
갖 시련도 있었다. 하지만 승무원들의 체력에도 한계가 있는 법이다.
며칠간의 휴식은 물론 내게도 재미있고 편안한 시간이었다. 밝고 가벼
운 현대적인 음악을 좋아하는 중대장과 클래식 음악을 좋아했던 나 사
이에 약간의 다툼도 있었지만 어쨌든 라디오에서 흘러나오는 음악을
들을 수 있어서 매우 좋았다.

한편 나는 휴식 중에 네발 달린 친구, 셰퍼드 하소Hasso와 너무나 친
하게 지냈다. 폰 X는 헌병부대에 슈납스 한 병을 주고 하소를 데려왔다.
하소가 송곳니로 벽돌을 물어 이빨이 부러진 뒤 헌병은 군견으로서의
가치가 없어졌다고 생각했던 것이다. 하소는 완벽하게 훈련된 상태였
고 다양한 재주로 내게 큰 즐거움을 선사해 주기도 했다. 힘들이지 않
고 사다리를 오르거나 아주 높은 곳으로 점프도 할 수 있었고 발트 해
변의 강한 파도를 뚫고 물건을 건져 올 수도 있었다. 또한 어느 숲의 감
시초소를 지키는 임무를 부여하면 누군가 그만하라고 할 때까지 절대
자리를 뜨지 않았다. 하소는 소시지를 입에 물고 있다가도 뱉으라고 지
시하면 곧바로 뱉었다. 내가 봤던 개들 중 이렇게 충직하고 영리한 개

는 하소가 유일했다. 하소는 내가 어디를 가든 항상 따라다녔고 밤에는 소파에서 내 발 위에 머리를 얹고 잠들었다. 아침이 밝아오면 내가 일어날 때까지 내 손을 핥았고 곧장 우리는 함께 산책을 나갔다. 하소는 '전 중대원들의 개'였기에 주인이 무척 많았지만 특히나 나를 무척 잘 따랐고 내가 일단 훈련을 시키면 절대로 잊어버리지 않았다. 휴식 기간 중 이렇게 다양한 활동들을 통해 기분전환을 할 수 있었지만 항상 즐거운 일만 있었던 것은 아니었다.

중대장은 항상 나를 부러워했다. 내가 모든 중대원과 친하게 지냈기 때문이었다. 좋은 관계를 맺기까지 얼마나 많은 노력이 필요했을지에 대해서는 전혀 모르는 듯했다. 이곳에서 정작 자신은 단 한 대의 적 전차도 파괴하지 못했다며 아쉬워하면서도 나와 부하들에게 항상 '행운이 따라 주었던 사냥'에 대해서는 놀라워했다. 언제나 우리만 전장에 있었다는 사실을 그는 아직도 깨닫지 못했던 것이다. 중대에서 '티거' 두 대가 전장에 나가면 결국 두 대 중 한 대에는 내가 타고 있었다. 또한 램비투에서 속수무책으로 얼마나 오랜 시간을 참고 견뎌야 했는지 그는 전혀 몰랐다. 어쨌든 나와 부하들이 우리의 존재 이유를 스스로 증명해야 했고, 마침내 해내고 말았다. 폰 X는 마치 숲에서 자신을 기다리는 사슴이 있으니 그저 숲으로 들어가면 된다고 믿는 '어설픈 사냥꾼' 같은 친구였다.

하지만 우리가 단 둘이 있을 때는 문제가 없었다. 내가 그의 단점을 잘 알고 배려해 주었기 때문이다. 내가 전장에 있고 그가 주둔지에서 중대를 지휘할 때도 괜찮았다. 그러나 이곳 실라메에서의 분위기는 종종 살벌했다. 나는 늘 부하들과 함께 있기를 좋아했지만 중대장은 그런 나의 행동을 싫어했다. 그는 부하들과 반드시 일정한 거리를 두어야 한다고 주장했다. 나는 오히려 그런 것 자체가 불필요하다고 대꾸했다. 부하 중 단 한 명도 내게 '버릇없이' 행동한 적이 없었기 때문이다. 그래서 나는 항상 양다리를 걸치고 있어야 했다. 부사관들이 중대장에 대해 불평할 때는 그들을 달래주어야 했고, 중대장에게는 부하들이 믿고 의지할 수 있는 멋진 녀석들이라고 설득해야 했다. 중대원들은 특히나 힘든 전투들을 치르면서 더 예민해진 듯했다. 어쨌든 어느 날 갑자기 양쪽이 폭발했고 그 여파는 내가 우려했던 것보다 훨씬 더 심각했다.

물론 원인은 러시아군이었다. 전공을 세운 우리는 '예비진지'에서 휴식을 즐기고 싶었지만, 적군은 우리를 쉬도록 내버려 두지 않았다. 나르바 남쪽에서 발사된 장사정포탄들이 우리 머리 위를 지나 해안 일대까지 떨어졌다. 그들은 분명 주기동로를 목표로 사격한 듯했지만 '트렁크' 만한 포탄들이 너무 멀리 날아가 버렸다. 머리 위에서 포탄들이 날아다니는 소리가 들리면 우리의 숙영지 지붕을 날려 버릴 듯한 느낌마저 들었다. 때때로 몇 시간마다 기분 나쁜 포격에 시달렸다. 멀리서 매우 미약하지만 포성이 들리면 포탄이 우리 위로 휙 소리를 내며 지나갈 때까지 정확한 시간을 계산해 보기도 했다. 경계병은 적군의 포탄사격이 개시되면 즉각 보고해야 했고 우리 모두는 곧장 건물의 지하로 뛰어 들어가야 했다. 이는 명령으로 하달된 사항이었고 반드시 지켜야 했는데 그 명령의 중요성에 관한 안타까운 사건이 있다. 언젠가 한 번은 러시아군이 평소보다 사거리를 짧게 조정했는데 그때 정비반의 어느 하사와 행정병이 자신들의 벙커로 이동하다가 미처 들어가지 못하고 포탄의 파편에 맞아 사망하고 말았던 것이다. 항상 조심하고 또 조심할 필요가 있었다.

한 번은 우리 옆, 두 번째 방에서 숙영을 하던 중사들이 중대장의 행동에 분노를 표출했다. 적군의 포격 경고가 울리면 언제나 중대장은 가장 먼저 마룻바닥의 구멍을 통해 지하실로 뛰어 들어갔다. 그런데 이번에는 그리 급하게 서두를 필요가 없었는데도 늘 하던 대로, 자신이 가장 먼저 대피했던 것이다. 과거 우리 군의 전통과는 상반되는 행동이었다. 지휘관이라면 자신의 안전보다는 부하들의 안전을 최우선으로 생각해야 했다.

통신에 관해서는 중대에서 최고의 전문가였던 쇼트로프Schotroff는 평상 시에는 조용하고 성실한 친구였고 매우 모범적인 군인이었다. 그랬던 그 가 이번에는 이성을 잃고 폰 X에게 모욕적인 언사와 함께 하마터면 주먹 까지 휘두를 뻔했다. 그는 즉시 체포되고 말았다.

폰 X는 내게 즉시 그를 군사법원으로 데려가라고 강하게 요구했다. 당시에 우리는 '그로스도이칠란트Großdeutschland'사단[59] 전차연대장 출신인 그라프 슈트라흐비츠 대령이 주관하는 회의에 참석해야 했다. 이동하면서 나는, 쇼트로프 같이 훌륭한 군인의 인생을 망치게 해서는 안 된다고 폰 X를 설득했다. 간신히 군법회의에 회부하는 것만은 막을 수 있었다. 아마 중대장 스스로도, 군사법원에서 이 사건이 회자되면 자신에게도 그리 좋지 않으리라고 판단했던 것 같다. 어쨌든 그는 나의 엄청난 노력으로 군사법원에 넘기지 않기로 결정했다. 그 대신 내게 이 렇게 말했다. "알았어, 오토. 고민해봤는데, 너를 위해 참기로 하지. 그 러나 쇼트로프의 불량한 태도에 대해서는 내가 직접 처벌할 거야. 일단 은 구금시킨 다음, 나중에 통신수로 전투에 데려가겠어." 나는 더 이상 할 말이 없었고 한시름 놓았다고 생각했다. 중대장은 쇼트로프에게 자 신이 줄 수 있는 최대한의 처벌을 부과했다. 일단 감금한 후부터 혹독 하게 대했다. 그 후에는 중대장 전차에 통신수로 탑승하여 몇 번의 전 투에 참가해야 했다. 이런 두 번째 처벌은 심리적인 측면에서 처벌이라 고 하기에는 다소 부적절했다. 여기에는 두 가지 이유가 있었다. 첫 번 째, 전투부대에서 전투하는 것 자체를 처벌이라고 할 수는 없었다. 전 투는 우리 모두가 당연히 해야 하는 것이었기 때문이다. 또한 쇼트로 프 자신도 이미 몇 차례 전투에 꼭 참가하고 싶다고 자원했던 적도 있

---

59 | 독일 국방군의 대표적인 정예 기계화보병사단. 주로 동부 전선에서 활동했다. 그 로스도이칠란트는 '대大독일' 혹은 '범汎독일'이라는 뜻.

었다. 하지만 그가 부상을 입거나 전사하면 대체할 사람이 없었기에 항상 거부당했다. 두 번째 이유는, 나중에 알게 된 사실이지만, 쇼트로프는 폰 X와 함께 전차에 타는 것을 딱히 꺼리지 않았기 때문이다. 하지만 그와 반대로 쇼트로프와 함께 전차에 타는 것을 거북하게 느낀 사람이 있었으니, 그건 바로 폰 X였다.

16. 슈트라흐비츠 작전
Unternehmen Strachwitz

  예비역 대령인 히야진트 그라프 슈트라흐비츠의 성격은 참으로 독특했다. 딱 한 번만 만나도 절대로 잊을 수 없을 사람이었다. 일단 부대 편성과 운용에 있어서는 내가 만났던 지휘관 중 단연 최고였다. 하지만 작전에 관한 세부 사항과 전투 실시간에 상황을 조치하는 것은 자연스럽게 하급 지휘관들에게 위임했다. 그는 언제나 치밀한 계획 하에 전투를 시행했기에 우리는 시작 단계에서부터 이미 절반의 성공을 거둔 상태나 다름없었다. 따라서 그의 휘하에서 전투를 함께한 것 자체가 나에게는 큰 행운이었다. 슈트라흐비츠 백작은 1941년 8월 25일에 예비역 소령이자 제2전차연대 제1대대장으로서 기사 철십자장을, 1942년 11월 17일에 백엽 기사 철십자장을, 그리고 1943년 3월 28일에 '그로스도이칠란트' 사단 전차연대장이자 대령으로 백엽검 기사 철십자장을 받았다. 1944년 3월 15일[60]에는 이제부터 설명하는 전투를 지휘한 공로로 다이아몬드 백엽검 기사 철십자장을 받았는데 우리도 이 성공적인 작전에 일부 기여한 바가 있다.

  남들에 대해 험담하기 좋아하는 이들은, '그로스도이칠란트' 기갑연

---

60 | 이 부분은 저자의 오기로 실제 백작이 훈장을 받은 것은 4월 15일이다. 다음 장에서 해당 서훈에 대한 이야기가 나오므로 참조.

대장 출신이었던 슈트라흐비츠 대령이 과도한 병력 손실로 보직 해임되었다고 말하곤 한다. 하지만 나는 그것이 사실이 아니라는 것을 잘 알고 있다. 슈트라흐비츠 백작과 그의 참모들은 전선에서 가장 치열했던 전장에 있었으며, 전폭적인 지원을 받기는 했지만 매우 힘든 전투를 해야 했다. 안타깝고 원통하지만 그런 상황에서 대규모 손실은 피할 수 없는 일이었다. 다른 한편으로 보면 이를 통해 다른 부대의 수많은 전우의 생명을 구할 수도 있었다.

슈트라흐비츠 백작은 항상 몇 대의 전차, 장갑차와 함께, 자신의 연대 참모부를 데리고 다녔다. 그의 첫 번째 전투는 '서쪽 자루'를 포위해서 완전히 없애는 것이었는데 그때 우리는 그다지 중요한 역할을 맡지 않았다. 단순히 주공 부대를 지원하는 임무였다. 이 공격은 서쪽에서 동쪽의 '장화 밑창' 일대의 언덕을 향해 시행하는 것으로, 즉 '장화 목 부분'에 있던 아군 보병부대와 연결을 통해 포위망을 형성하고 적을 완전히 소멸시켜야 했다. 이 전투에서 사용할 도로 상태를 살펴보니 도로 폭과 강도 면에서 우리 '티거'를 운용하기에는 부적절했다. '티거'보다 약 30톤 정도 가볍고 당시 백작도 보유하고 있던 4호 전차 정도면 충분했다. 작전이 개시되자 백작이 직접 최선두 전차에 올라서 전투를 지휘했다. 그 모습을 본 우리는 그때부터 그에게 무한한 존경심을 갖게 되었다. 이 작전 중 우리의 임무는, 이 공격으로 인해 '서쪽 자루' 내부의 다른 곳에서 발생할 수도 있는 우발사태에 대비하는 것 정도였다.

공군의 Ju-87 슈투카 편대가 전체 작전을 지원했다. 아니, '지원해 준 것으로 치다.'라는 표현이 더 낫겠다. 슈투카의 폭격은 수목이 우거진 삼림지대에서는 그다지 효과가 없었다. 반대로 조종사들이 표적을 정확히 식별할 수 없어서 아군에게 오히려 더 위협적이었다. 항공기들은 정시에 나타나 부여된 목표물을 향해 과감하게 급강하했다. 그러나 그들의 폭탄 한 발이 공격 중이던 전차 기동로 한복판에 떨어졌다. 이 폭탄 한 발에 하마터면 슈트라흐비츠 백작이 희생될 뻔했다. 화가 난 그는 실컷 욕을 퍼부었다. 하지만 이제부터는 전차부대의 지원 없이 보병이 단독으로 공격해야 했고 어두워지기까지 모든 수단을 총동원해서 포위망을 구축해야 했다. 만일 실패하면 포위망 속의 러시아군이 남쪽으로 빠져나갈 수도 있고 아직 완성되지 못한 포위망 자체가 무너질 수도 있었기 때문이다. 결국 슈트라흐비츠는 전차와 슈투카의 지원 없이 작전목표를 달성했고 다음 날에는 이 포위망을 좁혀나갔으며 결국 없애버렸다. 다수의 러시아군 병력을 사로잡았고 남아 있던 장비도 노획했다. 다만 야간에 포위망 외부, 즉 남쪽에 있던 러시아군이 고립된 부대를 구출하기 위한 반격을 감행하여 포위망에 있던 극히 소수의 병력이 남쪽으로 도주할 수 있었다. 이런 엄청난 패배를 당한 적들은 '동쪽 자루'에 이전보다 훨씬 많은 병력과 장비를 투입했다. 그들은 동쪽에서 우리가 전혀 다른 방식으로 대응하리라고는 전혀 예측하지 못했던 것 같았다.

그 백작은 독특한 성격의 소유자였지만 아무도 그것을 나쁘게 생각하지 않았다. 그는 타인들로부터 존경과 인정을 받고자 하는 욕구가 매우 강했다. 대표적인 예로 다른 사람들에게 자신을 '대령님Herr Oberst'이라고 부르지 말라고 지시했던 것이 있다. 그를 소령 때부터 알고 지냈던 사람들에게서 들은 바에 의하면, 그는 자신을 '백작님'으로 불러 주길 바라며 이 작위를 군의 계급보다 더 중시했다고 한다. 고위급 상급자들에게도 한사코 자신을 '백작Herr Graf'이라 불러달라고 요구했다고도 한다.

첫 번째 회의 때 나는 그가 어떤 사람인지 명확히 알게 되었다. 우리는 그의 대담한 계획에 매우 놀랐으나 이내 충분히 이해할 수 있었다.

"자, 제군들, 나의 계획은 다음과 같다네." 그는 확신에 찬 목소리로 이렇게 말했다.

"우리 전투단은 '고아원'으로부터 개활지를 통과하여 철길 건널목 일대로, 소위 '동쪽 자루'를 정면 공격할 거야. 먼저 네 대의 '티거'가 선두에서 기동한다. 철길 제방을 넘어선 후에는 우측으로 선회하여 동쪽 자루를 완전히 쓸어버려야 해.

후속하는 네 대의 '티거'는 각각 1개 보병 분대를 태우고 철길 건널목의 남동쪽 100미터 지점에 위치한 삼거리를 향해 전속력으로 진격한다. 어떻게든 가능한 한 신속히 이 삼거리를 반드시 확보해야 한다. 그래야 4호 전차 네 대와 장갑차들이 진출해서 여기, 자루 아래쪽의 언덕 일대에 있는 개활지를 확보할 수 있어. 자, 일단은 거기까지야."

지도상의 한 지점을 가리키면서 말을 이었다.

"야간에는 사주경계를 강화하고 진지를 구축해야 해. 다음 날 아침에 추가적인 보병연대가 투입되어 주전선을 구축할 때까지 말이야. 그러면 서쪽과 동쪽의 부대 간에 연결이 이뤄질 거야.

이 작전의 핵심 요건은, 모든 행동이 시간 계획에 따라 일사불란하게 진행되어야 한다는 거야. 단 한 대의 전차라도 기동로 상에서 정지하면 안 된다는 뜻이지. 조금이라도 지체되면 전체적인 작전에 지장을 초래할 수도 있어. 그런 일이 생기면 절대로 안 되네.

그래서 말인데, 어떤 전차라도 기동이 불가능한 상태가 되면, 가능하면 어떻게든 늪지대로 처넣어. 그렇게 해서 다른 전차들의 기동을 방해하지 않도록 말이야. 이건 명령이야. 반드시 지키도록!

이번 작전의 성공은 계급 고하를 막론하고 오로지 전차장들에게 달려있어. 알겠나!"

"예, 알겠습니다. 백작님!"

회의가 시작되기 전에 우리는 군 예절 교범에도 없는, 그가 원했던 호칭에 대해 약간 불만 섞인 말을 한 적이 있었다. 그걸 알고 있었던 그 대령은 우리를 힐끗 쳐다보더니 약간 비웃는 듯한 표정을 지었다.

"좋아! 아주 간단한 작전이지. 그럼 이제 '티거', 자네들에게 한 가지만 묻겠네. 어느 대대와 함께 작전을 하고 싶나?"

준비 단계에서 이러한 관대함에 깜짝 놀란 우리는 서로를 쳐다보았다. 모두 예전에 전투를 함께 한 적이 있는 어느 경보병대대가 좋겠다고 말했다. 이 대령은 자신의 부관을 바라보며 이렇게 말했다.

"좋아, 귀관이 해야 할 일이 있어. 이 친구들이 지금 위치한 나르바 지역 전선에서 우리 쪽으로 적시에 투입될 수 있는지 확인해 주게. 화염방사기, 공병, 포병 관측병의 투입과 그밖에 세부적인 사항들에 관해서는 나중에 다시 이야기하도록 하지.

우리 공군이 이 지역에서 공중우세를 달성할 거야. 이 사항은 비행단과 이미 합의한 사항이지. 비상시에 슈투카와의 무전 통신을 위해 자네들에게 통신용 장갑차가 지원될 거야.

음, 또 다른 건 뭐가 있지? 그렇지! 자네들에게 이번 작전을 위해 특별히 제작된 지도와 항공사진이 지급될 거야. 중요한 지점들이 숫자로 표시되어 있어. 이렇게 해야 불필요한 오해도 방지할 수 있을 것이고 내가 한번 말하면 자네들이 잘 이해할 수 있을 테지. 게다가 귀관들이 수시로 바뀌는 위치를 신속하고 정확하게 확인하고 보고할 수 있을 거야.

그러면, 오늘은 여기까지 하도록 하지. 질문은 더 없겠지? 좋아, 참석해줘서 대단히 고맙네."

공격을 개시하기 며칠 전, 아마 4월 6일이었을 것이다. 전차부대의 기동을 지원하기 위해 신형 지뢰제거장치가 공중수송으로 보급되었다. 무거운 롤러의 형태로 선두 전차의 전면에 부착하여 궤도차량이 지나가기 전에 지뢰를 폭파하는 장비였다. 이 새로운 장비는 완전한 실패작이었고 전차부대가 기동 속도를 발휘하는데 매우 큰 지장을 초래했다. 그래서 지뢰의 위험에도 불구하고 이 장비를 거의 사용하지 않았다.

우리는, 전선에서 멀리 떨어진, '동쪽 자루'와 유사한 지형을 찾아내어 그곳에서 '슈트라흐비츠' 작전을 두 차례에 걸쳐 예행연습을 실시했다. 물론 공군과 포병은 지원되지 않았지만 전차와 보병 부대는 실탄을 사용했다. 당시 북부집단군 사령관도 친히 참석해서 훈련 진행 상황을 살펴보고, 훈련을 마치고 짤막한 훈시를 했다. 그는 이 작전의 중요성을 특히나 강조했다. 에스토니아에서 산출되는 유혈암油頁巖[61]을 확보하기 위해서라도 나르바 교두보는 모든 수단을 총동원해서라도 반드시 지켜내야 한다며, 석유는 아군의 잠수함U-Boot 운용과 기지를 위해서도 너무나 중요하다고 말했다. 당시 우리는, 하필이면 에스토니아의 석유가 독일의 전쟁 수행에 왜 그렇게 중요한 것인지 전혀 생각하지 못했다. 아무튼 우리의 머릿속은 곧 시행해야 할 전투에 관한 생각으로 가득 차 있었다.

공격 개시 직전에 우리는 계획대로 '고아원' 뒤편의 공격대기 진지로 천천히 이동했다. 적군이 눈치 채지 못하게 우리는 최대한 소음을 없애기 위해 노력했다. 항상 그랬듯 우리 전차부대의 엔진 소음을 가리기 위해 아군 포병이 이따금 포탄을 한두 발씩 사격해 주었다. 이 모든 것이 백작의 탁월한 작전이었다. 보병은 이미 공격 준비를 완료했고 각 분대 단위로 신속히 전차에 올라탔다. 이것도 연습을 통해 숙달된 것이었다. 모든 것들이 순조롭게 진행되었다. '티거' 네 대의 기동 순서는 케르셔, 나, 츠베티, 그루버 순이었다. 슈트라흐비츠 백작은, 전차부대의 지휘관이 최선두 전차에 탑승해서는 안 된다고 강한 어조로 지시했다. 만일 선두 전차가 지뢰를 밟아 돈좌되면 공격에 차질이 발생할 수도 있

기 때문이었다. 지금까지 내가 고수해왔던 원칙에는 위배되지만, 어쩔 수 없이 이번만큼은 두 번째 전차에 타야 했다. 특히나 이렇게 선두 전차만이 상황을 정확히 파악할 수 있는, 뒤에 있으면 앞이 전혀 보이지 않는 이런 곳에서도 그의 명령에 따라야 했다.

우리 '티거'들이 선두에 서는 것은 어쩌면 당연했다. 우리는 이미 몇 주 동안의 전투 경험으로 렘비투 일대의 지형을 속속들이 알고 있었다. 포탄 구덩이는 물론 철길 제방 뒤편의 지형까지도 말이다.

나와 함께 했던 세 명의 전차장은 리더로서도 탁월한 능력을 갖고 있었다. 좀처럼 보기 어려운 완벽한 친구들이었다. 특히 내가 강조하고 싶은 사실은 지난 몇 개월간의 힘들었던 전투에 이들 중 한 명은 언제나 나와 함께 있었다는 것이다. 물론 링크, 베젤리, 카르파네토 Carpaneto, 괴링, 릴Riehl, 마이어와 헤르만Herrmann 등의 다른 전차장들이 훌륭하지 않다는 얘기는 절대 아니다. 후자들은 단지 운이 없어서 자신의 전차를 타고 나갔다가 문제가 생기는 바람에 종종 다른 전차로 '옮겨 타야' 했다. 그래서 전차장으로 전투에 참가할 수 있는 기회가 적었던 것 뿐이다. 그들의 능력은 기본적으로 거의 동일했다. 나는 미래의 모든 전차 중대장들이 이런 유능한 부하들과 함께 근무할 수 있는 기회를 갖게 되길 바란다.

우리 선두부대 차량에는 보병을 태우지 않았다. 다만 그루버와 츠베티의 전차에 각각 3명의 공병이 '무임승차'하고 있었다. 우리가 지뢰지대에 봉착했을 때 지뢰를 제거할 병력들이었지만 이들이 투입될 만한 일은 벌어지지 않았다. 우리가 정지할 때마다 그들은 곧장 전차에서 하차해 풀숲으로 흩어져 몸을 숨겼고, 전차 안에 있는 우리보다 훨씬 더 안전한 듯했다.

슈트라흐비츠 백작은 '고아원'에 두 개의 벙커를 구축하라고 지시했다. 하나는 자신이, 다른 하나는 자신의 부관이 사용했다. 치밀한 지략가인 '백작'은 이미 모든 것들을 생각해 놓은 상태였다. 보병 병력들이 공격 중에 더 신속히 움직일 수 있도록 동계 복장을 벗겨서 모두 회수했다. 분대별로 묶어서 표식을 달아놓고 공격준비 대기지점에 모아 둔 다음, 그들이 목표를 확보하면 그 묶음을 장갑차에 실어 목표지역까지 날라 주었다. 공격작전 뒤 병사들이 추위에 떨지 않게 하기 위해서였다.

당직근무 장교들은 매일 낮 동안, 다음 날 아침 일출 시간을 분 단위로 정확히 확인해야 했다. 표적 관측과 사격이 가능한 시간을 판단하기 위해서였고 확인 결과에 따라 정확한 공격 개시 시간까지 판단해야 했다. 공격 개시 5분 전에는 아군 포병의 공격준비사격이 실시되었고 공격 개시 5분 후에는 적 지역 종심 상으로 탄착점을 이동시켰다. 그 즉시 우리는 5분 안에 선두부대와 함께 철길 제방을 넘어야 했다.

공격 개시 직전에 백작은 자신이 늘 갖고 다니던 지휘봉을 들고 우리가 있는 곳에 나타났다. 그곳에서 우리가 진격하는 것을 보기 위해서였다. 곧 아군의 포탄들이 연속적으로 발사되었는데, 전쟁이 끝날 때까지 두 번 다시 본 적이 없을 정도로 엄청난 사격이었다. 구경 3.7센티미터 속사 대공포와 2센티미터 4연장 기관포, 8.8센티미터 대공포가 '동쪽 자루' 일대를 향해 반원형으로 배치되었다. 이들은 예광탄을 사격하면서 완벽한 화망을 형성해 주었고 그 아래에서 우리는 이 화망의 남쪽 끝자락까지 도달하기 위해 달려 나갔다. 후방에 위치한 다연장로켓Nebelwerfer 연대는 처음에는 소이 로켓Flammöl-Raketen을, 나중에는 고폭탄을 사격했다. 나중에 알게 되었지만 그 효과는 정말 대단했다. 그 어마어마한 폭발력 때문에 낮은 늪지대의 숲도 초토화되었고 엄청난 화염에 높이가 몇 미터나 되는 나무들까지도 쓰러졌다. 미처 지하벙커에 숨지 못한 러시아군은 포탄이 작렬하면서 발생한 압력파로 이미 목숨을 잃은 상태였다. 구경 28센티미터 곡사포를 포함해, 경포병과 야포 등 포병부대의 모든 화포가 동시에 불을 뿜었다.

포탄이 쏟아지는 동안 우리는 전속력으로 철길 건널목을 향해 달렸다. 당시 우리 왼쪽에 있던 폐가는 러시아군의 손에 넘어간 상태였다. 우리를 본 러시아군 병사들은 폐가에서 빠져나와 철길 제방까지 설치해 놓은 교통호로 들어가려고 도망쳤다. 우리는 기관총으로 사격했으나 기동 속도가 너무 빨라 제압하지 못했다. 순식간에 철길 제방 위에 도달했고 예측했던 대로 거기에는 지뢰가 없었다. 러시아군도 남쪽으로의 보급수송을 위해 이 도로가 필요했던 것 같았다.

아군의 완벽한 기습이었다. 우리 전차들이 철길 제방을 넘어 우측으로 방향을 전환하자 우리 앞에 셔츠와 바지만 입고서 마치 돌처럼 굳어버린 러시아 병사 한 명이 서 있었다. 우리가 벌써 여기까지 왔다는 것을 전혀 납득할 수 없다는 표정이었다. 우리 앞을 가로막고 있던 대전차포 한 문이 있었지만 케르셔가 즉각 제압했다. 그 대전차포 주위에는 병력도 없었고 포구 마개까지 씌워져 있었다. 우리는 철길 제방과 멀리 떨어지지 않은 상태로 제방과 평행하게 서쪽으로 진격했다. 철길과 숲 외곽 사이의 개활지에는 지뢰가 있을 수도 있기에 우리는 선두 전차의 궤도를 따라 기동해야 했고 앞뒤 전차들이 상호 유도를 해줘야 했다.

다행히 적군의 지뢰는 완전히 땅 위에 노출되어 전차 위에서도 쉽게 볼 수 있었다. 땅이 얼어서 매설할 수 없었던 것이다. 늪지대 또한 습기가 너무 많아 목함지뢰가 못쓰게 되기 쉬웠기에 설치할 수가 없었다. 덕분에 우리는 아무런 손실 없이 중간 목표에 도달할 수 있었다. 오른쪽으로 문득 시선을 돌리니 이제는 철길 제방 뒤쪽에 설치된 러시아군의 진지들이 보였다. 그들은 철길 제방에 수 미터 간격으로 벙커를 구축해 놓았고 물론 뒤쪽에는 방호물이 전혀 없었다. 대전차포 일곱 문을 포착한 우리는 이를 모조리 파괴했다. 그곳의 적들은 혼비백산하여 포를 우리 쪽으로 돌리지도 못했다. 우리의 기분은 최고였다. 작전의 성공이 우리의 돌파 여부에 달려 있었고 기대 이상으로 우리가 성공을 거두었기 때문이다. 작전계획이 워낙에 치밀했기에 첫 번째 성공을 달성했던 것이다. 그러나 이토록 좋았던 분위기는 금새 깨졌다. 그 순간 예상치 못했던, 잠시 동안 벌어진 소동 때문이었다.

갑자기 아군이 쏜 포탄들, 즉 구경 15센티미터 야포에서 발사된 포탄들이 우리 주변에 떨어졌다. '고아원' 전방에서 포병사격을 유도하던 아군 관측병이 우리를 적 전차로 오인한 것이었다. 철길 제방 너머로 우리 전차들이 거의 보이지 않았고 게다가 우리가 아군의 방어선 방향으로 사격하고 있었기 때문이다. 그 순간 아군의 포병 화력의 위력이 얼마나 무시무시한지 직접 몸으로 느꼈다. 포탄 한발 한발이 발사되는 소리까지 분명히 들렸으며 커다란 포탄이 크게 곡선을 그리며 곧장 우리 머리 위로 떨어지는 것도 보였다. 정신이 몽롱해진 탓에 헛것을 듣거나 본 것이 절대 아니었다. 우리는 무시무시한 포탄을 피하려고 그것도 곳곳에 지뢰가 깔린 지형에서 계속해서 이리저리 피해야 했다. 단순히 '진지를 변환'하는 수준을 넘어설 만큼 움직여야 했다. 15센티미터 포탄을 머리에 맞고 싶지는 않았기 때문이다. 게다가 짜증이 날 정도로 아군의 포병사격은 매우 정확했다. 물론 나도 즉각 무전으로 '고아원' 쪽에다 우리가 아군 포탄에 맞고 있다고 통보했다. 아군의 야포 네 문은 계속해서 포탄을 날렸고 상황은 점점 더 심각해졌다. 결국 관측병을 향해 전차포탄을 날려 보내는 경고사격을 하는 것 외에는 방법이 없었다. 그러자 마침내 관측병은 관측소를 이탈했고 다시 한 번 포격을 유도하기 전에 우리도 그곳을 빠져나왔다. 나중에 나는 그 녀석을 혼내 주었다. 그는 정말 우리를 보지 못했고 우리가 그렇게 빨리 철길 제방 뒤쪽으로 진출했으리라고는 생각지 못했다고 말했다. 우리가 쏜, 예상치 못한 전차탄에 깜짝 놀란 그 녀석도 그제야 상황을 파악했던 것이다.

'아군의' 기습적인 포격으로 우리에게 또 하나의 불상사가 초래되었다. 물론 그 상황에서도 단 한 대의 손실 없이 가까스로 위기를 모면했다. 엄청난 긴장감 속에서 회피기동에 정신이 팔린 나머지 우리 뒤쪽 숲 외곽에 배치되어 있던 러시아군의 대전차포 한 문을 놓쳐 버린 것이다. 대전차포탄 한 발이 내 전차 후미를 강타했다. 불의의 기습을 받은 우리는 소스라치게 놀랐다. 놈들을 발견한 츠베티는 추가적인 사격을 저지하기 위해 숲 외곽을 향해 대응사격을 했다. 그와 거의 동시에 우측에서 대전차포탄 한 발이 날아와 그루버의 전차를 때렸다. 그들은 철길 건널목 부근의 작은 수풀 지역에 대전차포 한 문을 배치하고 우리가 미처 보지 못한 순간에 재빨리 진지를 바꿔가며, 그루버의 전차를 노리고 포탄을 날려 보냈다. 첫 번째 포탄은 궤도와 보기륜 쪽을 때려 심각한 손상이 발생했고 두 번째 포탄은 포탑을 관통해 그루버와 탄약수가 부상을 입었다. 우리는 일단 적 대전차포를 제압했다. 그후 츠베티는 힘들지만 자력으로 기동이 가능했던 그루버의 전차를 유도해서 지뢰지대를 벗어나 철길 건널목으로 이동할 수 있게 해 주었다. 그리고 그루버의 전차가 '고아원'으로 철수할 수 있도록 엄호사격까지 해줬다. 그 지역 전체가 곧 지옥으로 변해버린 상황에서 그루버의 전차를 견인할 필요가 없었다는 사실은 불행 중 다행이었다. 나르바의 남쪽에 위치했던 러시아군의 중포병 부대가 전투에 투입되었던 것이다. 러시아군은 모든 수단을 동원해서라도 이날의 상황을 역전시키려 했다.

나머지 러시아군 보병부대에 대해서는 신경 쓸 여력이 없었다. 우리는 철길 제방의 남쪽에 있는 삼거리를 한참 전에 통과한 선도 부대를 후속해야 했기 때문이다. 폰 X는 자신이 지휘했던 네 대의 전차와 보병들과 함께 온통 늪지대였던 숲의 입구를 개방해 놓은 상태였다. 그러나 유감스럽게도 경보병대대는 러시아군의 포병사격에 큰 피해를 입었다. 삼거리에 도착한 보병들은 엄폐물을 찾기 위해 도로 옆 고랑으로 뛰어들었고, 남쪽으로 아군이 돌파를 감행한 것을 눈치 챈 러시아군은 야포와 박격포를 총동원해 이 지점에 집중 사격을 가했다. 이때 흩어져 있어야 했던 보병들은 옹기종기 붙어있었고 그때 박격포탄 한 발이 그들의 정중앙에 떨어졌다. 애통하게도 피해는 너무나 컸다.

우리가 숲을 통과해 남쪽으로 이동했을 때, 사방에는 러시아군 병력이 깔려 있었다. 불의의 습격을 피하기 위해서는 경계를 철저히 해야 했다. 숲의 좌우측에 박격포가 보였고 그 옆에 보병용 야포와 대전차포도 있었다. 우리의 목표는 오직, '어떤 대가를 치르더라도 진격하는 것' 단 하나밖에 없었다. 그래서 이곳을 지나치며 우리를 겨누고 있는 러시아군 화포들만 골라 제압했다. 숲 바로 앞에서 러시아군이 자기네들 전사자들을 매장한 공동묘지를 지나쳤다. 그들은 항상 전선에서 가까운 지역에 전사자들을 묻었다. 나중에 포위망 내의 잔적들까지 소탕한 뒤 돌아보니 나무 십자가들에 이름조차 새겨져 있지 않았다는 것을 알게 되었다.

당시 우리는 많은 것을 운에 맡기고 작전을 했다. 그런 실상을 보여주는 한 가지 사건도 있었다. 아무리 용감하고 조심성이 많은 군인이라도 행운이 필요하다. 오히려 일상적인 삶을 사는 민간인들보다 훨씬 더 많은 운이 필요할 수도 있다. 어느 순간 갑자기 측방의 숲길에서 T-34 한 대가 나타났다. 적 전차는 우리가 가려던 남쪽 방향으로 이동하고 있었다. 그들은 우리를 공격할 의도가 전혀 없었고 그저 남쪽으로 달아나고 있는 듯했다. 우리 쪽에서도 그 전차를 향해 사격할 수도 없었다. 만일 그 전차가 파괴되어 그 자리에 서게 되면 우리에게도 유일하고 중요한 기동로가 막혀 버릴 수도 있었기 때문이다. 지극히 예외적으로 우리는 단 한 번 적군에게 길을 열어주기로 결정했다. 만일 공병이 투입되어 이 전차를 폭파시킨다고 해도 시간이 너무 많이 소요될 것이고, 게다가 우리의 작전이 성공했다고 장담하기에는 아직 일렀기 때문이다. 그 전차에 타고 있던 러시아군에게도 우리의 공격을 저지하는 것보다 남쪽으로 빠져나가는 것이 더 중요했던 것 같다. 그들로서도 운이 좋았던 셈이다. 아무튼 우리가 볼 때 좌측방의, '포위망'의 어느 지역에 아직 남아 있던 몇 대의 적 전차들이 그 주변 일대를 향해 포탄을 난사하고 있었다. 나중에 결국 아군이 이 전차들을 노획하는데 성공했다. 소로와 통나무를 깔아놓은 길로만 이동할 수 있었던 이 전차들은 남쪽으로 탈출하는 통로가 차단되어 빠져나가지 못했던 것이다.

드디어 우리는 선두부대가 동쪽으로 방향을 전환한 곳에 도착했고 나는 두 대의 전차를 남겨, 해당 지역을 경계하라 지시하고 홀로 들판을 가로질러 나아갔다. 백작이 다음 날 아침까지 진지를 구축하고 반드시 지켜내라고 했던 곳을 지원하기 위해서였다.

선두부대는 큰 손실 없이 자신들의 목표를 달성했다. 백작이 준 지도가 얼마나 유용했는지 그때 확실히 깨달았다. 이 지도 덕분에 전체적인 지형과 모든 도로와 숲길, 진지를 점령할 수 있는 공간지들을 쉽게 찾아낼 수 있었다. 보통의 군사지도로는 도저히 불가능한 일이었다.

야전병원에서 백엽 기사 철십자장을 패용한 예복 차림의 저자 오토 카리우스.

포젠에서 기초군사훈련을 받고 첫 번째 외출: 바펜록
Waffenrock을 입고서 자랑스러운 표정으로.

하사로 진급한 뒤 제8기 장교 후보생 교육 과정 입교
전에 며칠 간 휴가를 보내며.

1944년 5월 기사 철십자장을 받고 휴가 중에.

잘츠부르크에서 535번째 백엽 기사 철십자장을 수
여 받은 뒤.

포젠에서 행군 훈련.

포젠: 제104보병-보충대대에서. "경계병 집합!" 명령을 받은 뒤. 우측에서 두 번째가 저자.

포젠에서 기초군사훈련 9주차: 기관총 사격훈련.

푸틀로스에서 1940년 12월 1일에서 14일까지 사격 훈련 후 포신을 정비 중인 모습.

푸틀로스에서 사격장으로 이동하려 준비 중.

튀링엔, 오어드루프Ohrdruf 병영 정문. 이곳 연병장에서 제20기갑사단이 창설되었다.

빌나 인근에서 처음으로 사로잡은 포로들. 대대의 전투정찰소대 소속 II호 전차에서 촬영한 사진.

측방엄호를 위해 제21전차연대 제1대대는 주기동로에서 벗어나 있었다. 포탑 위에 앉은 이가 탄약수 카리우스 이병이며, 38(t) 전차의 측면에는 전차장 아우구스트 델러 하사가 서 있다. 델러는 훗날 카리우스 소위가 소대장이었을 때, 얼어있던 땅바닥에서 미끄러지면서 자신의 IV호 전차의 궤도에 허벅지까지 깔리는 불의의 사고를 당해 즉사하고 말았다.

1941년: 진격! 밤낮없이 달리고 달리고 또 달리다!

보병들이 다련장로켓 또는 DO 로켓포라고 불렀던 '지상의 슈투카' 집중사격 광경을 촬영했다. 포병이나 다른 화기들만큼의 정확성은 없었지만 '다련장로켓'은 숲이 우거진 지역과 같은 곳에서 큰 효력을 발휘했다. 게다가 로켓의 심리적 효과도 매우 컸다.

스탈린의 지시로 불타버린 땅. 독일군이 숙영지로 사용할 곳을 없애기 위해서였다. 뒤나 강변의 울라 Ulla처럼 많은 도시가 이런 모습이었다. 석조 굴뚝만 이 남아 있다.

울라 인근 뒤나 강을 건너기 위해 부교가 설치되다.

뒤나 강을 건넌 후 저자가 타고 있던 38(t) 전차가 피격된 모습. 기관총 옆으로 적포탄이 관통하면서 통신수는 좌측 팔을 잃었고 저자는 파편이 얼굴에 박혀서 치아 몇 개를 잃었다.

제21전차연대의 주력이었던 체코제 전차 38(t)는 T-34나 KW-1의 상대가 되지 못했다. 진격 중에 이 들 전차를 격파할 수 있는 유일한 무기는 바로 지상 에 설치된 구경 8.8cm 대공포였다.

전투정찰소대 소속의 II호 전차.

1941년 스몰렌스크를 점령하다.

전차승무원복을 입고 병사와 악수하는 전우는 제12전차연대 소속 마이어 하사이다. 그는 저자와 함께 제8기 장교후보생 과정을 함께했다. 훗날 마이어는 소위로 제502중전차대대 제1전차 중대장이 되었고 1943년 말에 가치나 북부에서 전사했다. 그의 전차승무원들 이야기에 따르면 마이어는 자신의 전차가 피격된 후 러시아군의 포로가 되기 싫어 자살했다고 한다.

제8기 장교후보생 과정에 입교하기 전, 에어랑엔에서 장비 조종교육을 받던 중의 사진.

1942년 초, 쉼멜 상병이 자신의 38(t) 전차 위에서 노획한 돼지를 안고 포즈를 취하고 있다. 곧 중대원들은 이 돼지 덕분에 배를 채울 수 있게 되었다. 쉼멜은 이제 막 18세가 된 나의 조종수였고 1등급 철십자 훈장을 받았다. 어느날 기동 중에 잠시 휴식하는 사이에 작은 파편이 날아와 그의 심장에 박혔다. 우리가 계속 진격하기 위해 잠든 그를 깨우려 했을 때 어디에 파편을 맞았는지 찾아야 했다.

카리우스 중사를 찾아온 융 대위와 함께 38(t) 전차 위에서. 그는 제20기갑사단의 포병 연대의 부관장교였다. 저자와 학창 시절 친구 사이였던 융 대위는 약 4주 후에 전사하고 말았다.

중사 계급의 장교후보생이었던 저자는 전선으로 가던 중 보급물자 트럭의 구난을 도와준 적이 있다.

1942년 가을에 소위로 진급한 저자. 동
부전선에서 1주간 휴가를 받아 고향에
다녀올 수 있었다.

플로에르멜에서 화차 적재. 화차적재 수송용 궤도가
장착되었고 앞쪽에는 야지용 궤도가 놓여 있다.

브르타뉴의 플로에르멜에서 '티거' 수령 후 교육훈
련과 영점사격훈련을 하는 모습.

플로에르멜에서 화차적재가 완료된 모습의 '티거'. 특수 화차 두 대 사이에 일반 화차를 연결해야 했다.

출발 준비 완료! 교량의 통과 하중 때문에 특수 화차-일반 화차-특수 화차 순서로 연결했다.

보급소에서 정비 임무를 위해 집결한 모습.

교량이 너무 약했다! 전복된 제3중대 소속 '티거'. 유감스럽게도 전차장이 이 사고로 목숨을 잃었다.

헤르만 중사가 또 다시 사고를 쳤다! 오도가도 못하는 상황이다!

헤르만 중사가 아니라면 누가 이렇게 할 수 있으랴! 정비소대 루비델 소위가 허탈한 표정을 짓고 있다!

헤르만 중사는 정비 소대에 있어 공포
의 존재였다! 계속해서 장비를 구덩이
에 빠뜨렸기 때문이다. 이런 이유로 동
료들은 그를 '소련의 영웅'이라는 별
명으로 놀려댔다.

이것이 바로 진두지휘를 하는 방법이었다. 적시에 몸을 아래로 숨기는 것은 일상이었다.

제2중대 전우들: 중앙에 '키가 큰' 사람은 보급소대장이었던 마이어 하사, 오른쪽은 1944년 7월 24일에 부상을 입은 저자를 구해 준 클라우스 마르비츠 병장

구형 큐폴라가 장착된 213을 새긴 저자의 첫 번째 '티거'. 큐폴라가 용접되어 있다. 해치가 열려 있으면 적군에게 멀리서도 쉽게 관측되므로 자칫하면 적포탄을 맞을 수도 있었다. 해치를 폐쇄할 때는 안전 장치를 풀기 위해 전차장이 포탑 밖으로 상체를 노출해야 했다. 이후의 개량형에서는 평평한 형태로 바뀌면서 해치를 차량 내부에서 수평으로 여닫게 되었다.

다른 각도에서 바라본 저자의 213호 전차.

전선 휴양소에서 체류하는 동안 레발만에서 정박 중이던 기뢰부설함을 방문. 이곳에 도착한 다음 날 즉시 부대로 복귀하라는 전보를 받았다.

레발에 위치한 전선 휴양소의 간호사들과 작별하며.

장비확인을 위해 정차중인 루돌프 츠베티 상사의 '티거'.
좌측부터: 리프만 이병(통신수), 포탑위에 슈팔렉 하사(포수), 쇼하르트 이병(탄약수), 전차 앞쪽에 저자와 츠베티 상사. 조종수 해치에 몬세스 이병.

213호 전차의 당당하고 멋진 모습.

최고의 지휘관이었던 예데 소령.

대대장 빌리 예데 소령. '그는 너무 빨리 우리 곁을 떠났고 슈바너 소령이 그 뒤를 이었다. 예데는 아이제나흐에 위치한 부사관학교 교장으로 영전했다. 그의 전차 승무원들과 함께 찍은 사진이다.'

체르노보에서 찍은 저자의 213호 '티거'. 1번 가장 외곽 보기륜이 제거된 상태인데, 이는 진흙이나 눈덩이가 기동륜에 쌓여 궤도 이탈이나 기동불능 상태에 빠지는 것을 막기 위해서였다.

'고요한 숙영지'에서 아침 점호를 받고 있는 제502중전차대대 2중대. 이렇게 중대원 전원이 모이는 경우는 매우 드물었다. 대개 전투에 투입되거나 전선 근처에서 리거 원사와 함께 전방지역 설영대에 나가 있었기 때문이다.

대대의 기사 철십자장 수여 행사에 참석하려 이동 중인 2중대. 훈장 수여식은 숙영지 앞에서 거행되었다.

체르노보의 숙영지에서 기사 철십자장을 받은 후. 좌측부터: 츠베티 상사, 저자 카리우스, 괴링 상사, 릴 상사.

주간뉴스Wochenschau에서. 뒤나부르크 남쪽에서 전투회의 중인 모습. 적절하게 장착된 신형 큐폴라를 명확히 볼 수 있다. 해치가 수평으로 여닫힌다.
좌측부터: 크라머 하사(포수), 케르셔 중사(저자가 217호 전차를 인수받은 후 213호 전차장), 카리우스 소위, 뢰네커 일병(통신수), 바그너 일병(탄약수).

저자는 이렇게 전투를 지휘했고 이런 차림을 매우 편하게 여겼다. 1944년 7월 22일 말리나바에서의 승리 후 주간뉴스 기자들이 촬영한 사진.

전투가 끝나고 다음 전투를 기다리며 좀처럼 갖기 어려웠던 휴식을 취하는 모습.

1944년 5월 기사 철십자장을 받고 휴가를 보내며 찍은 모습. 2주 휴가의 절반 이상을 기차에서 보냈다. 전쟁 기간 중 온가족이 마지막으로 한 자리에 모인 사진.
좌측부터: 동생 볼프강, 1945년에 이탈리아 어느 지역에서 전차연대 소위로 복무했고 당시에는 전차 포수였다. 어머니와 러시아 전역에서 예비역 소령으로 대대장이었던 아버지. 가장 우측이 저자 오토 카리우스.

TIGER IM
SCHLAMM

17. 지옥 같은 밤
Die Nacht war die Hölle

지금까지는 모든 일이 비교적 순조로웠다. 이날 밤만 잘 넘기면 정말 좋을 것 같았다. 하지만 우리는 모두 러시아군이 곧 반격해올 것이라 확신했다.

어둠이 내린 뒤 아군은 동쪽과 서쪽을 연결하기 위해 두 개의 특공조를 투입했다. 이 전쟁 기간을 통틀어 1944년 4월 6일과 7일 사이의 밤은 정말 우리에게 최악의 시간이었다. 우리는 러시아군이 쫙 깔려 있었던 지역 한복판에서 퇴로가 차단당했을지도 모른다고 하는 위험한 상황에 놓여있었다.

아군 장갑차들은 주간에 동계 피복을 가져오기 위해 복귀했고 야간에는 탄약과 식량을 전방으로 가져다주기로 되어있었다. 장갑차 조종수들과 탑승 병력들에게는 엄청난 용기와 인내심, 극도의 책임감이 요구되는 매우 어려운 과업이었다. 북쪽으로 복귀할 때는 물론, 우리가 있던 남쪽으로 이동하면서 계속해서 적군과 교전을 치러야 했다. 러시아군이 온갖 수단을 총동원해서 그들의 이동을 저지하려 했기 때문이다. 여러 대의 장갑차가 지뢰를 밟고 피해를 입기도 했다. 어쨌든 중요한 것은 아군이 그 도로를 통제하고 있었다는 사실이었다. 슈트라흐비츠 백작의 부관 장교인 귄터 파물라Guenther Famula 소위가 그런 막중한 임무를 성공적으로 완수했고 탄약과 식량을 수령할 수 있었던 우리는 그의 용기에 경의를 표했다. 안타깝게도 그는 4월 22일 크리바소 Kriwasoo 전투에서 러시아군의 폭격에 사망했다. 5월 15일에 기사 철십 자장이 추서되었기에 살아서 훈장을 목에 걸 수는 없었다.

러시아군은 전투부대를 총동원하여 사방에서 아군의 진지를 공격했다. 북쪽에서는 우리에게 차단당한 부대들이 남쪽으로 돌파를 시도했고 남쪽에서는 우리를 격퇴하고 자신들의 진지를 재점령하고 포위된 부대를 구하고자 맹렬하게 공격을 감행했다. 아군 경보병대대에게도 참혹한 밤이었다. 이들은 어둠 속에서 적군의 맹렬한 포격을 받아 상당한 피해를 입었다. 중상자들은 장갑차로 후송되었고 경상자들은 우리와 함께 남는 방안을 택했다.

반면 우리 공군 슈투카의 지원은 전혀 효과가 없었다. 우리 바로 앞에 적군이 있는데도 우군 피해를 이유로 그곳에 폭탄을 떨어뜨리지 못했다. 또한 늪지대에 떨어뜨린 폭탄이 너무 깊숙이 들어가 폭발하면서 더 큰 웅덩이를 만들기만 했지 적군에게는 타격을 주지 못하는 일도 있었다. 또한 러시아군이 다수의 대공포, 특히 대공 속사포를 집중 운용하면서 슈투카들이 저공으로 날거나 급강하하는 것도 불가능했다. 슈투카로 적을 심리적으로 위축시키는 시대는 오래전에 끝나버렸다. 우리에게 큰 힘이 되어준 이들은 바로 포병 관측병들이었다. 이들은 한 치의 오차도 없이 화력을 유도하여 우리에게 한숨 돌릴 여유를 주곤 했다.

마침내 다시 날이 밝았고 우리는 아직도 살아있다는 사실이 믿기지 않았다. 한편 러시아군은 여전히 뭔가 불만이 있다는 듯 총포를 쏘아댔지만, 해가 뜨자 모든 것이 180도 달라진 상태였다. 피아를 구별할 수 없었던, 숨 막혔던 어둠이 물러가자 우리는 눈앞에 있는 녀석들이 누구인지 정확히 식별할 수 있었다. 한편 오전이 되면서 4월의 태양이 얼었던 땅을 녹이기 시작했다. 깊은 진창으로 변해버린 곳에 서 있던 전차들의 저판底板이 바닥에 닿을 뻔했다. 그래서 우리는 즉시 그곳을 빠져

나와 도로 위로 올라섰고 다시 주변을 경계했다.

곧 보병연대의 제1제대가 전방에 투입되어 새로운 주전선을 구축했다. 나머지 부대들도 북쪽에서 남쪽으로 포위망 내부를 샅샅이 수색하며 잔적을 소탕했다. 우리 전차 중에는 삼거리에 있던 베젤리의 전차한 대만 이날 저녁에 피해를 입었다. 적군의 포탄 한 발이 그의 전차에 떨어져서 기동이 불가능한 상태로 벌판에 홀로 서 있었다. 자칫 러시아 군의 특공대에게 피격될 수도 있는 상황이었다. 우리 중대장은 이날 저녁에 '고아원'으로 복귀해 버린 상태였고 나는 쇼트로프를 수차례 호출해 베젤리의 전차를 견인해야 한다고 통보했다. 그러나 아무리 기다려도 폰 X는 대답이 없었고 돌아오지도 않았다. 전차에서 내린 뒤 다시오르려 하지 않았던 것이다. 하는 수 없이 내가 직접 이동해서 베젤리의 전차를 구난해야 했다. 정말로 심각하고도 위험한 상황이었다.

마침내 며칠간의 낮과 밤의 지옥 속에서 살아남은 경보병대대장과그의 부하들을 다시 만났다. 그러나 그들의 모습은 알아볼 수 없을 정도로 폭삭 늙어버린 듯했다.

이 작전이 종결된 뒤 우리는 그곳에서 철수하여 주기동로를 따라 실라메로 복귀했다. 그런데 러시아군 진지 쪽 하늘에 열기구 하나가 떠있었다. 저 멀리 그들의 전선 후방에서 주기동로를 가로지르는 능선 일대를 관측하고, 포탄을 유도하기 위한 것이었다. 아군이 주기동로 위를이동하면 언제나 러시아군의 장사정포들이 포문을 열었다. 그래서 나는 이 지역에서 이동할 때는 해치를 밀폐하거나 최소한 전차장들의 머리를 포탑 안으로 넣으라고 항상 강조했었다.

그때 링케 중사는 나의 지시를 어기고, 허리부터 상반신까지 포탑 밖에 드러내 놓았다. 전차 세 대가 이미 능선을 통과했고 후속하던 링케와 내 전차는 아직 통과하지 못한 상태였다. 적군의 포격이 시작되었고 주기동로의 좌, 우측에 포탄이 작렬했다. 그와 동시에 나는 링케가 마치 번개에 맞은 듯 갑자기 포탑 위에서 쓰러지는 것을 목격했다. 그의 전차는 계속 달렸고 내가 무전을 보내 겨우 정지시켰다. 그 전차의 승무원들도 전차장이 아무 말도 하지 않았기에 중상을 입었다는 사실을 전혀 몰랐다. 우리는 그를 포탑 밖으로 꺼내려 하자 그는 몸이 찢기는 듯한 엄청난 고통을 호소하며 소리를 질러댔다. 큰 파편 하나가 그의 엉덩이를 관통했고 그쪽 피부가 완전히 벌어져 있었다. 그는 두려움에 질려 있었고 우리도 그가 중앙구호소에 도착할 때까지 살아있을지 걱정스러웠다. 하지만 나중에 중요한 장기에는 손상이 없다는 의사의 소견을 듣고 우리는 일단 안심했다. 몇 주 후에 링케가 요양 휴가를 받았다는 소식도 들렸다. 다시 한 번 안도했지만 나는 한편으로 몹시 화가 났다. 치열한 전투에서 입은 부상으로 전장에서 이탈하는 것도 아쉬운 판국에 개인의 부주의로 인해 있어서는 안 될 손실이 발생했기 때문이다.

18. 거짓과 진실
Dichtung und Wahrheit

    며칠간 휴식을 취하면서 수리가 필요한 전차들을 정비대에 맡겼다. 그러던 어느 날 아침, 갑자기 선전대원PK-Männer[62]들이 방송용 차량을 타고 우리를 찾아왔다. 이 친구들이 찾아온 목적은 3월 17일에 우리가 치른 방어전에 관한 이야기를 '실제 전투상황으로 재현'해서 레코드판에 담아 가기 위해서였다. 나는 그들에게 그날의 전투상황을 자세히 설명해 주었고 그동안 전기 관련 기사는 중대장 전차의 무전기와 숙소에 설치된 녹음기를 통신선으로 연결했다. 녹음 준비가 끝나자 그들은 나에게 전차장석에 앉아 달라고 요청했고 선전대원 중 한 명이 통신수석에 앉았다. 이제 한 편의 연극이 시작되었다.

    나는 주요 국면을 선정해, 전투 시 표적 지시는 물론 명령 하달과 무전 교신을 시간의 순서에 따라, 당시의 상황을 재현해 주었다. 숙소에 앉아 있던 폰 X는 중대장이자 무선 응신 파트너로서 역할을 해 주었다. 결국 국방군 뉴스에도, '종군기자의 취재'에도 이렇게 그의 이름이 들어갔다. 어쨌든 나는 이런 유치한 놀이를 그만하고 싶었던 차에 녹음이 종료되었다. 레코드판을 그 자리에서 재생해서 들었는데 실제 전장에 있었던 우리는 물론 소위 전문가인 선전대원이 듣기에도 정말 코미

---

62 | Propaganda Kompanie.

디 같은 수준이었다. 그래서 우리는 다시 한 번 제대로 된 연극을 해야 했다. 선전대원은 녹음 중간 중간에 다음과 같은 것들을 요구했다. 참으로 터무니없는 얘기였지만 각자의 상상력으로 그날의 상황을 연출하고, 마치 피격된 적 전차가 불타고 있는 듯, 실제와 거의 흡사하게 그리고 러시아군 전차들이 사격한 뒤 우리가 피격된 것처럼, 그리고 당시 상황이 얼마나 지옥 같았는지 묘사해 달라고 부탁했다. 두 번째 녹음한 결과물에 그들은 흡족해했다. 고향집에 축음기가 있는 몇몇 전우들에게는 가족들에게 보내는, 일종의 음성 편지를 녹음한 레코드판을 나눠 주었다. 축음기로 재생해보니 소리로는 도대체 누가 누군지 분간하기 어려웠다. 레코드판 앞에 기재된 명단을 봐야 알 수 있을 정도였다.

우리는 그런 선전대원들을 탐탁지 않게 여겼다. 물론 모든 법칙에 예외가 있듯 그들 중에도 정말 훌륭하고 진지하게 임무를 수행하는 병사들도 있었다. 그러나 대부분은 군인도 아니면서 장교 군복을 입고 마치 군인처럼 행세하는 이상한 사람들이었다. '진짜 군인'도 아니고 그렇다고 '순수 민간인'도 아닌 소위 '잡종' 같은 그런 사람들은 우리에게 있어 매우 짜증이 나는 존재였다. 전선에 있는 보병들에 비해 엄청난 혜택을 누리고 있는 그들에게 전쟁이란 그저 기분전환을 위한 놀이나 게임에 불과했기 때문이다. 그래서 우리는 그들을 선전부의 기생충 정도로 여겼다. 앞서 언급했듯 이들 중에도 예외적으로 훌륭한 선전대원들도 있었고, 그들이 전선에서 조국을 위해 사망하는 일이 발생하면 선전대는 그것을 대대적으로 홍보하기도 했다. 며칠 뒤 라디오 방송을 통해 우리가 녹음한 것을 듣고는 모두가 깜짝 놀라버렸다. 베를린에서 편집한 전장 소음을 추가로 삽입해서 너무나 그럴듯하게 들렸던 것이다. 모두가 폭소를 터뜨리기도 했다. 포성이 너무 시끄러워서 우리의 목소리가 전혀 들리지 않았기 때문이다. 그날 이후로 우리는 전선 상황에 대한 뉴스 자체를 진지하게 받아들이지 않았다.

선전대의 배우들이 떠날 때, 녹음에 참가한 선전대원 한 명이 내게 전차에 탑승했다는 증명서에 서명을 해달라고 부탁했다. 나는 서명을 중대장에게 넘겼고 그는 흔쾌히 서명해 주었다. 사실 그 상황극에 동원된 것은 중대장 전차였기 때문이다.

포로 심문 과정에서 우리는 여러 가지 사실을 확인했다. 우리가 얼마나 운이 좋았는지, 그리고 우리의 작전이 얼마나 성공적이었는지 확실히 알게 되었다. 아군 전위부대가 사로잡은 적군의 장교 중에는 사단 작전참모도 있었는데 그의 증언에 따르면 해당 사단의 주력은 '동쪽 자루'에 배치되어 있었다고 했다. '그로스도이칠란트' 사단[63]의 전차들이 단숨에 진격하여 자루 남쪽 언덕에 위치한 러시아군 사단 지휘소에 도달했고 러시아군 사단장도 아군의 돌파에 관해 전혀 보고받지 못할 정도로 아군 전차들의 기동 속도가 매우 빨랐던 것이다.

러시아군 사단장이 보고를 못 받은 또 다른 이유는 아군의 공격준비 사격으로 모든 통신선이 절단되었기 때문이기도 했다. 아군이 들이닥치자 속옷만 입고 있던 작전참모는 너무나 깜짝 놀란 나머지 전투복을 착용하려다가 사로잡혔다. 그러나 사단장은 이미 남쪽으로 도망친 후였다. 포로에게서 들은 바에 따르면 '동쪽 자루'에 1개 사단 전체가 집결해 있었고 대량의 중화기로 무장하고 있었다고 한다. 러시아군도 전혀 생각지 못했던 엄청난 패배였다. 며칠 전에 우리는 방어 전투에서 적 기갑여단에 심대한 타격을 입혔고, 그 여단의 잔여 부대들도 기동

---

63 | 당시 그로스도이칠란트 사단 주력은 쿠르스크 일대에서 전투 중이었다. 슈트라흐비츠 대령은 별개의 전투단을 이끌고 있었으므로 '슈트라흐비츠 전투단'이 올바른 표현이다. 저자의 오기.

자체가 불가능한 상태로 늪지로 된 숲 속에 고립되고 말았다. 결국 이들은 온전히 우리의 손아귀에 떨어졌다.

러시아군 대위를 심문하면서 많은 정보를 얻었다. 또한 그는 흠잡을 데 없는 인상을 갖고 있었고 군복도 매우 깔끔했다. 러시아군이 오랫동안 금지해 왔던 어깨에 부착하는 넓은 계급장을 다시 도입했다는 것도 알게 되었다. 그들도 훈장을 받았고 군복에 부착하도록 했다고 한다. 군인들이 훈장을 패용하여 동료들에게 전투 의지와 자신감을 표출할 수 있고, 또한 러시아군도 이것이 중요하다는 것을 인식했던 것이다.

러시아군 대위의 진술을 통해 우리의 공격이 완벽한 기습이었음을 알 수 있었다. 적들은, 우리가 북쪽에서 정면으로 공격하리라고는 전혀 예상하지 못했다고 한다. 렘비투 일대의 러시아군은 북쪽 전선을 특별히 강력하게 구축했다. 따라서 독일군에게 돌파를 허용하는 것은 절대로 불가능하다고 확신했던 것이다. 만약 우리가 철길 제방에 머물러 있었다면, 그리고 러시아군 대전차포 10문이 진지에 배치되어 있었더라면 어떤 일이 일어났을지 생각만 해도 끔찍했다. 그는, 우리가 '자루 바닥' 즉 남쪽으로 파고들어 서쪽과 동쪽, 양 방향에서 공격하리라 예상했다고도 말했다. 그것이 접근로 상 최단 거리였고 우리가 이런 방식으로 '서쪽 자루'를 제거했기 때문이다. 이런 패배를 반복하지 않기 위해서 주방어선을 '자루 바닥'의 양쪽에 구축하고 보유했던 모든 지뢰를 그곳에 매설했다고 한다. 나무에도 지뢰를 설치하고 인계철선으로 연결해 놓았다. 그곳으로는 보병이 그냥 걸어서는 물론, 허리를 구부리거나 포복으로 가도 도저히 통과할 수 없을 정도였다. 그러나 이러한 지뢰매설로 러시아군은 큰 불행을 자초했다. 우리가 정면 돌파하자 이제 그들은 측면으로 빠져나갈 수도, 남쪽으로 철수할 수도 없는 상황에 처하고 말았던 것이다.

우리가 나치정치장교NSFO[64]들을 싫어하는 것과 마찬가지로 러시아군도 자기네 정치위원들을 무척 싫어한다고 말했다. 우리 나치정치장교들은 종종 전선에 나타나 점점 더 우리를 매우 귀찮게 했다. 물론 그들은 대개 사단급 부대에 머물렀지만 이따금 최전선 부대에 보내는 회람문서를 보면 그들이 매우 가까운 곳에 있음을 느끼곤 했다. 최전선에 있는 우리에게 정치는 관심 밖의 일이었다. 만일 아침 점호 때 부하들에게 내가 '하일 히틀러'라고 말하면 내 자신이 얼마나 한심하게 보이겠는가? 동일하게 엄격한 규율 속에서 똑같은 전투를 치르고 있었지만 각자의 생각은 천차만별이었다. 나치주의자들과 반反 나치주의자들도 있었지만 그저 정치에 관심이 없을 뿐인 사람들도 많았다. 하지만 모두가 전우애로 이어져 있었다. 총통을 위해서든 자신의 조국을 위해서든, 아니면 의무감 때문이든 그런 것들은 전혀 중요하지 않았다. 그저 자신의 본분을 다할 뿐이었다. 아무도 타인의 정치적, 비정치적 성향에는 관심이 없었다. 모두가 너무나 훌륭한 전우이자 탁월한 군인이라는 생각뿐이었고 중요한 것은 모든 일이 순조로웠다는 것이다.

우리는 일단 앞으로 남은 모든 중요한 문제들을 잊기로 했다. 그저 실라메에서의 휴식을 만끽했다. 그러나 나는 '평화로운' 이 시기에 적군이 소멸된 전투 현장을 다시 한 번 보고 싶어졌다. 곧장 퀴벨바겐을 타고 '한때' 동쪽 자루라고 불리던 곳으로 향했다. 이제는 더 이상 적군을 신경 쓸 필요가 없었다. 그래서 그곳의 실상을 너무나 잘 볼 수 있었다.

---

64 | Nationalsozialistische Führungsoffizier. 소련의 정치위원과 마찬가지로 군부에 대한 나치당의 영향력을 강화하고 장병들에게 나치당 이념을 주입하는 것을 목표로 했던 조직.

지난 몇 주간 이 지역에서 얼마나 치열한 전투가 벌어졌는지, 그곳이 얼마나 참혹하게 변해버렸는지 이제야 비로소 깨닫게 되었다. 날이 어두워져 복귀할 무렵 갑자기 등골이 오싹해졌다. 주위가 온통 전소된 전차들이 풍기는 악취로 가득했다. 사방에는 러시아군의 장비들로 널려 있었다. 들판에 덩그러니 놓여있던 전차 포탑도 눈에 띄었다. 그런데 엄청난 포격 속에서도 그 포탑만은 멀쩡했다. 당시 전투가 개시되었을 때 우리가 러시아군 전차 한 대를 완파했고 그 폭발로 포탑이 차체에서 분리되어 공중으로 날아가 버렸다. 그때 우리는 머리를 숙였고 그 포탑은 정말 우리와 멀지 않은 곳에 떨어졌다. 주포는 늪에 깊숙이 박혀 거의 포신의 마운트까지도 잠겨있었고 포탑 몸통만 마치 막대사탕처럼 지면 위에 덩그러니 서 있었다. 철길 제방 남쪽 일대 숲속의 나무들은 거의 모두 새까만 숯으로 변해 있었다. 그야말로 잿더미였다. 마치 그곳의 모든 생물이 완전히 사멸한 듯, 너무나 음산했다. 죽음의 숲에서는 어떠한 생명체도 볼 수 없었다. 인간의 본능과 감정이 이곳을 짓밟아버리자 새들도 날아가 버리고 말았던 것이다.

러시아군은 최악의 환경에서도 최적의 진지를 구축했다. 우리는 그 비결이 무엇인지 항상 궁금했다. 야포나 박격포도 통나무로 깔아놓은 도로 위에 방열해 놓았고 파편으로부터 방호하기 위해 각목으로 주위를 둘렀다. 이런 늪지대에서는 땅을 깊이 파낼 수도 없었을 것이다. 그러나 얕게 파서 구축한, 물론 이를 러시아군의 소규모 대피소라고 부를 수도 있지만 어쨌든, 그들의 '벙커'는 직격탄이 떨어지지만 않는다면 어떤 중화기의 공격에도 보호를 받을 수 있는 수준이었다. 이렇게 임시로라도 정말로 잘 구축된 참호가 있었지만, 당시 우리가 목격했듯 러시아군이 참호를 버리고 전장을 이탈한 이유는 바로 공포심 때문이었을 것이다. 또한 철길 건널목과 아군이 장악했던 동쪽의 거점 사이의 교통호도 매우 정교하게 구축되어 있었다. 이는 얼어붙은 늪지대에서도 단

시간에 땅을 파는 것이 가능하다는 것을 증명해 주었다. 하지만 아군 보병연대장은 이를 불가능하다고 판단했다.

　적군이 대규모 공세를 시행할 때, 중화기를 보유하지 않고 인접 부대와 연락이 두절된 아군의 거점들은 속수무책일 수밖에 없다. 그저 참호 안에 앉은 상태에서 최선을 다해 싸운다는 것은 사실상 정신적으로 불가능한 일이다. 러시아군이 공격했을 당시 우리 전우들이 한 행동, 즉 엄청나게 많은 적 포탄이 떨어졌을 때 스스로 살고자 행동한 것은 어쩌면 충분히 이해할 만한 일이었고, 그들로서도 당연한 일이었다.

19. '티거' 예찬
Das hohe Lied des 'Tigers'

앞에서 러시아군 전차와 대전차포들을 제압한 일들을 종종 언급했다. 전차부대나 전투에 전혀 경험이 없는 독자들은, 이렇게 간단한 묘사들 때문에 마치 우리가 아주 쉽게 승리를 달성했다고 느낄 수도 있고 그래서 이 글로 인해 오해가 생길 수도 있을 것이다.

전차부대에 있어 가장 중요한 과업은 적군의 전차, 대전차무기와의 교전에서 이들을 제압하는 것이다. 경계 작전으로 보병에게 심리적인 안정감을 주는 것은 부차적인 일이다.

물론 전차 안에 있다는 것만으로 언제든 생명을 유지할 거라고 절대로 단언할 수는 없다. 소위 '생명 보장' 같은 것은 없다는 말이다. 이는 과거에는 물론 현재도 마찬가지다. 그럼에도 내가 알고 있는 전차 중에 '티거'는 가장 이상적인 전차였다. 아마 오늘날의 무기체계와 비교해도 전혀 손색이 없을 것이다. 러시아군이 새로운 무기체계를 개발해 우리를 깜짝 놀라게 한다면 모를까, 서방 진영만으로 한정하면 내 생각이 맞을지도 모르겠다.

전투차량의 능력을 평가하는데 첫 번째 요소는 바로 장갑 방호력이고 그 다음이 기동성, 마지막이 화력 즉 무장이다. 이 세 가지 요소가 상호 조화를 이루어야 최고의 성능이 발휘된다. 이런 측면에서 우리의 '티거'에는 세 요소가 이상적으로 결합되어 있었다. 어떤 적 전차와 겨루어도 구경 8.8센티미터 주포는 명중했다는 가정 하에 승산이 높았고 그만큼 강한 파괴력을 자랑했다. 또한 '티거'의 전면 장갑은 몇 차례 적 포탄에 맞아도 끄떡없을 정도로 매우 강했다. 측면과 후면, 특히 상부에는 가능한 적 포탄을 맞지 않도록 노력해야 했다. 물론 경험과 신중함이 많이 요구되는 부분이었다.

'먼저 쏴라! 불가능하다면 최소한 먼저 명중시켜라!'라는 구호를 귀에 못이 박일 정도로 강조했다. 이를 위한 전제조건은 당연히 전차와 전차 간, 전차 내 승무원 간, 원활한 지휘통제 수단, 즉 무전 및 통신 장비였다. 또한 신속하고 정밀하게 작동하는 조준 장비도 필수적이었다. 그러나 대부분의 러시아군 전차에는 이 두 가지 부분에 결함이 있었다. 이것이 그들의 패인이었다. 수많은 사례에서 그들의 전차는 장갑, 무장, 기동성 측면에서 우리에게 뒤지지 않았다. 게다가 '스탈린 전차'는 '티거'보다 우수한 전차였다.

장비 면에서 모든 조건이 갖추어지면 그 다음으로 중요한 부분이 있다. 전장을 정확하게 관측하기 위해서는 전차장의 투지가 필요했고, 수적으로 월등히 우세한 적을 상대로 승리하는데 이것이 결정적인 영향을 미쳤다. 러시아군은 전장을 관측하는 능력이 미숙해서 종종 대부대 작전이 실패하곤 했다. 우리 쪽에서는, 공격 개시 시점부터 목표에 도달하기까지 줄곧 해치를 닫고 다니는 전차장은 쓸모없는 놈, 잘해야 2등급 전차장으로 여겨졌다. 모든 전차의 포탑과 해치 앞뒤, 양옆에는 내부에서 바깥을 볼 수 있는 6~8개의 관측창이 있다. 그러나 그런 관측창을 통해 내다보는 시계는 매우 제한적이고 게다가 그 창의 크기 때문에 한계가 있을 수밖에 없다. 전차장이 해치를 닫은 채 좌측 관측창으로 시선을 돌렸을 때 우측에서 적 대전차포탄이 날아오면 그야말로 속수무책으로 당할 수밖에 없다.

포탄의 속도가 음속보다 빠르기 때문에 유감스럽게도 내 전차에 맞는 소리가 발사음보다 먼저 들리게 된다. 그래서 전차장에게는 귀보다 눈이 훨씬 더 중요하다. 전차 안에서는 근처에서 터지는 포탄들 소리 때문에 포탄 발사음도 전혀 들을 수 없다. 그러나 전차장이 주변을 살피기 위해 해치를 열고 있는 경우에는 상황이 완전히 달라진다. 고개를 10시 방향으로 돌리고 있을 때 2시 방향에서 적 대전차 포탄이 발사되더라도, 전차장의 시선은 무의식적으로 적 포구의 섬광을 포착하게 된다. 그러면 즉각 전 승무원에게 그 방향에 주목할 수 있도록 지시하고 대부분 적시에 표적을 식별하게 된다. 이렇게 위험한 표적을 적시에 식별하는 것은 매우 중요하다. 대부분 몇 초 만에 승부가 결정되기 때문이다. 잠망경을 장착한 전차도 마찬가지다.

이런 경험이 없는 사람들과 다른 병과의 전우들은, 우리가 종종 대전차포를 제압하는 것은 별거 아니며 적 전차를 완파해야 잘했다고 칭찬해주곤 했다. 그러나 경험 많은 전차 승무원들은, 적 전차보다 훨씬 더 위협적인 대전차포를 제압하는 것이 두 배는 더 중요하다고 인식했다. 대전차포는 위장도 용이했고 어떤 지형에서도 완벽하게 배치되어 매복할 수 있어서 식별하기가 매우 곤란했다. 장비 높이도 낮아서 명중시키기도 어려웠다. 적 대전차포가 초탄을 발사하면 그제야 그 위치와 존재를 알 수 있을 정도였다. 대전차포를 운용하는 적군들이 완벽하게 준비하고 치밀하게 움직이면 우리는 종종 어쩔 수 없이 얻어맞기도 했다. 특히 대전차포 장벽에 봉착하면 상황은 심각했다. 그럴 때에는 적군이 정확히 조준한 제2탄을 발사하기 전에 최대한 침착하게 적군을 제압해야 했다.

전차장으로 복무하던 장교와 부사관의 손실이 많았던 이유도 이렇게 '머리를 노출시킨 채 지휘'했기 때문임은 부인할 수 없다. 그러나 이들의 죽음은 헛된 것이 아니었다. 만일 이들이 해치를 닫고 기동했다면 전차 안에서 더 많은 이들이 죽거나 다쳤을 것이다. 이런 주장의 타당성을 보여주는 사례는 얼마든지 있다. 우리에게는 정말로 다행스러운 일이었지만 거의 항상 '해치를 닫고' 다녔던 러시아군의 전차부대는 막대한 손실을 피할 수 없었다. 모든 전차장은 진지에 있을 때에도 당연히 사주경계를 철저히 해야 했다. 특히 적 저격수들은 주전선에 서 있는 전차의 해치를 유심히 지켜보고 있었기 때문이다. 한순간만 머리를 내밀고 있어도 전차장들의 목숨이 위태로울 수 있었다. 나는 이런 상황에서는 포대경을 사용했다. 전투차량의 승무원이라면 없어서는 안 될 필수품이었다.

오랜 기간 동안 러시아군의 전차 승무원은 네 명이었다. 전차장이 혼자서 관측, 조준, 사격까지 동시에 도맡아야 했다. 그래서 그들은 이 중책을 두 명이 나눠서 수행하는 독일군 전차에 항상 열세일 수밖에 없었다. 전쟁이 터진 뒤 곧바로 러시아군은 '5인 편제'[65]의 장점을 서서히 인식하면서 전차를 개선했다. 포탑 위에 반구형의 큐폴라[66]를 설치했고 전차장석도 마련했다. 영국인들은 전쟁 이후, 네 명이 탑승하는 신형 중전차를 개발했는데 왜 그런 결정을 하게 된 것인지 도무지 이해할 수 없다.

우리 전차 승무원들과 아군 보병들은 '티거'의 성능에 너무나 만족했다. 결국 우리는 '티거'와 함께 동부와 서부전선에서의 수많은 힘겨운 전투에서 승리했다. 어떤 전차 승무원들은 오늘날 이렇게 평화로운 세상에서 살 수 있도록 목숨을 구해준, 이 최고의 전차에 감사한 마음까지 느낄 정도로 '티거'는 훌륭한 전차였다.

---

65 │ 전차장, 포수, 조종수, 무전수, 탄약수 편제.

66 │ 소련군은 1943년 전차장/포수용 큐폴라를 단 T-34/76 43년형을 개발했다. 그러나 이 전차의 포탑은 아직 차장겸 포수 및 탄약수가 탑승하는 2인용이었기에 1943년 말 3인용(전차장, 포수, 탄약수) 포탑에 전차장용 큐폴라를 단 T-34/85 전차를 투입했다.

20. 패전, 그리고 나르바에서 철수하다
Fehlschlag und Abschied von der Narwa

새로운 작전계획이 수립되었다. 작전 목적은 남아 있는 러시아군의 교두보를 완전히 제거하는 것이었다. 남쪽에서 북쪽으로의 종심은 앞서 제거에 성공했던 두 '자루'의 거의 두 배에 달했다.

1944년 4월 15일에 백작은 세 번째 '슈트라흐비츠 작전'을 준비하려 회의를 재소집했다. 우리는 그의 지휘방식에 어느 정도 익숙했지만, 이번 계획만큼은 깜짝 놀랄 정도로 특유의 주도면밀함이 담겨 있었다.

우리가 먼저 지휘소에 도착했다. 그가 문을 열며 들어왔고 특유의 거만한 눈빛으로 우리를 찬찬히 둘러보았다. 그리고는 모자와 지팡이를 내려놓고 상황판을 향했다. "자, 제군들! 이번에 우리는 목에 걸린 가시 같은 러시아군 교두보 내 잔적들을 완전히 소탕하고 그 지역을 점령해야 한다. 다들 알고 있겠지만 그 종심은 지난번에 제거한 두 개의 교두보 종심에 비해 약 두 배 정도야. 그러나 이건 전혀 문제가 되지 않아."

"이번 전투를 위한 전투단 편성과 규모는 지난번 '동쪽 자루' 전투 때와 동일하다. 귀관들도 이미 서로 잘 알고 있을 것이고 여러 가지로 편하겠지." 대령[67]은 지도를 가리키며 이렇게 말했다. "이 숲 일대가 공격 대기 진지야. 귀관들이 이곳에 도달하려면 주기동로에서 '고아원'을 동

---

67 | 본서에서 저자는 슈트라흐비츠에 대한 호칭으로 '대령'과 '백작'을 혼용했다.

쪽으로 돌아서 남쪽으로 방향을 전환해야 해. 공격준비사격이 시행되는 동안, 공격대기 진지에서 약 2킬로미터 떨어진 아군의 주전선을 넘어야 한다. 그 일대는 남쪽에서 북쪽 방향으로 형성된 적 교두보의 측면이야. 공격 기세를 발휘해서 단숨에 러시아군 주전선을 돌파해야 해."

"회의 시작 전에 귀관들에게 분배한 지도 위에 표시된 추가적인 정보를 참고하길 바라네. 이 지도는 작전 지역을 촬영한 항공사진을 복사한 것이야. 이 지도는 우리가 보유한 다른 지도들에 비하면 거의 최고 수준이지."

"첫 번째 공격 목표는 312지점이야. 여기를 봐. 그 지점에서 도로가 남쪽 방향으로 90도로 꺾이고 거기서부터는 거의 직선으로 이 마을과 나르바강까지 뻗어있어. 아군의 진격로와 그 도로가 북쪽의 312지점에서 합류하게 되지. 제1임무부대[68]의 전위부대가 이 도로와 312지점을 확보할 예정이야. 그리고 제1전투단의 본대가 312지점을 통과해서 남쪽으로 나르바강까지 진격해서 앞서 언급한 마을을 탈취할 때까지 그곳을 계속 확보해야 한단 말이야. 또한 다른 부대들도 적군의 교두보 일대를 분할한 각자의 책임 지역 내 잔적들을 소탕해야 할 거야."

"이와 동시에 제2임무부대가 자네들과 함께 '고아원'과 연결된 '장화의 밑창' 간의 통로를 따라 남쪽으로 돌파한 뒤 다시 동쪽으로 방향을 전환한 뒤에 312지점과 이어진 진격로에 도달해야 해. 제3임무부대는 귀관들의 기동로와 평행하게 1,500미터 정도 남쪽에 있는 적 방어선을 돌파할 거야. 여기 지도에서 보듯, 이 전투단과 자네들 사이에는 동서 방향으로 수풀이 우거진 낮은 능선이 뻗어있어. 여기까지가 공격 계획이야."

백작은 잠깐 말을 멈추고 우리 전차장들 한명 한명과 눈빛을 교환했다. 우리가 별다른 질문을 하지 않았기에 그는 다시 말을 이었다.

---

[68] 원 표기는 'Kampfgruppe'이나 실제로는 슈트라흐비츠 전투단 예하 대대급 편조부대였기에 슈트라흐비츠 전투단과 구분하는 의미에서 '전투단' 대신 '임무부대'로 번역했다.

"얼핏 보면 이번 작전이 앞서 시행한 두 번의 작전과 거의 비슷하게 보이 겠지만 이번에는 몇 가지 매우 어려운 점들이 있다는 것을 명심하게."

"지금부터 주목해 주기 바라네. 기본적으로 상황은 변한 게 없어. 이 전 작전들처럼 이곳에서도 단숨에 진격해서 나르바강에 도달해야 해. 러시아군에게 제대로 대응할 시간을 주어서는 안 된다는 말일세. 그런 데 자네들도 잘 알겠지만 만일 어떤 이유에서건 선두부대가 진격을 멈 추게 되면 자네들이 목표에 도달하지 못할 수도 있어. 그리고 이곳은 지형적으로 '티거'를 운용하기에 문제가 많은 곳이야. 자네들이 이용 할 기동로 좌, 우측 모두 늪지대고 그래서 기동로에서 벗어날 수도 없 을 걸세. 게다가 이 통로의 폭은 '티거' 한 대가 겨우 통과할 수 있을 정 도로 좁지. 자네들이 해냈던 이전 작전에 비해 단 한 가지 장점이 있다 면, 통로가 주위보다 조금 높고 노면이 단단하다는 거야. 물론 312지점 부터 나르바강까지 통로상의 지형은 비교적 큰 나무들이 있는 숲과 늪 지대여서 이곳을 통과해야 한다는 점도 명심해 두게. 그래서 특히나 전 차 승무원인 자네들에게는 약간 꺼림칙할 수도 있겠지. 하지만 이제 와 서 계획을 변경할 수는 없어."

"이번에 또 하나의 문제는, 우리가 얼마나 오래 기도비닉을 유지할 수 있느냐는 것이야. 이미 앞서 우리는 두 번 모두 러시아군의 교두보에서 기습을 달성했고 그들도 지금 남아 있는 교두보가 우리에게 눈엣가시 라는 것을 알고 있어. 따라서 아마도 세 번째 기습은 불가능할 수도 있 고 게다가 적들도 우리가 다시 공격한다면 이 통로를 사용할 수밖에 없 다는 것도 알고 있을 거야. 그래서 나는 기습에 성공했던 지난번 작전 에 비해 이번 작전의 성공 가능성이 낮다는 생각도 들어."

"하지만 다행히도 몇 가지 적 상황을 알아냈지. 포로 심문 결과, 러시 아군의 주전선에서 312지점까지의 통로 상에 지뢰가 매설되어 있다고 하더군. 러시아군은 제방 길에 30미터 마다 도랑을 파놓고 거기를 폭약으로 가득 채웠고 어느 한 개의 벙커에서 그 폭약을 모조리 터트릴 수 있게 해 놓았어. 여기 지도를 보면, 312지점의 동쪽 숲속 어딘가에 그 벙커가 있다고 해. 이런 엄청난 폭발의 위험을 예방하기 위해 공격준비 사격 때 구경 28센티미터 포병대대의 전 화포를 이 벙커 한 곳에 집중 사격할 생각이야. 어떻게 해서든 도전선을 절단시켜서 우리가 이 통로를 사용할 수 있게 해야 해."

'티거'들이 포함된 선도 부대를 지원하기 위해 공병 1개 소대가 후속하기로 되어 있었다. 이들은 적 전선을 돌파한 뒤 그 도로의 좌우측에서 전진하면서 폭약과 연결된 도전선을 절단하는 임무를 수행하기로 되어 있었다. 안전이 최우선 과제였다! 게다가 십중팔구 도로 위에 우리 전차가 나타나야만 러시아군이 도전선에 불을 붙일 거라 판단했다. 그렇지 않고서야 이렇게 준비할 리가 없었다. 만일 아군의 포격에도 도전선이 절단되지 않으면, 공병이 적시에 폭파를 막아야 했다.

백작의 부관이 무척 기쁜 표정을 지으며 지휘소로 들어왔다. 그를 본 백작은 언짢은 듯 이렇게 물었다. "무슨 일인가?"

모든 이들의 시선이 그를 향했다. "백작님! 총통께서 백작님께 다이아몬드 백엽검 기사 철십자장을 하사하셨습니다. 진심으로 축하드립니다. 그리고 제가 직접 이 소식을 전해드리게 되어 영광입니다!"

우리 모두 그의 서훈 소식에 몹시 기뻐서 축하의 인사를 건네려 했다. 당연히 영광스러운 일을 축하하고 싶었고, 게다가 우리도 그의 공적에 조금이나마 기여한 바가 있었다. 그러나 우리가 뭔가 말을 하려고 하자 그가 제지했다.

"첫째, 그 소식은 공식적인 통보가 아니야. 둘째, 지금 내겐 시간이 없어. 그리고 두 번 다시 이 회의를 방해하는 일이 없었으면 좋겠네!"

이 말을 들은 부관은 겸연쩍은 표정을 지으며 모자를 손에 든 채 황급히 사라졌다. 그리고 대령은 마치 아무 일도 없었다는 듯 다시 우리를 바라보았다.

"통로 상에, 러시아군 주전선 뒤쪽에 파괴된 T-34전차 한 대가 있어. 항공사진을 보면 명확하게 식별할 수 있을 거야. 내가 보기엔 이 전차가 도로를 막고 있어. 그래서 무조건 제거해야 하네. 이를 위해서 두 대의 '티거' 뒤에 공병이 탑승한 장갑차가 후속할 거고, 이들이 미리 준비한 폭약으로 이 고철 덩어리를 폭파시켜 줄 걸세. 카리우스, 할 말이 있나?"

"예, 백작님, T-34 앞쪽에, 러시아군 방어선 뒤쪽에 도랑 하나가 있습니다. 물론 항공사진에서도 명확히 보입니다. 예전에는 이 도랑에 목재로 된 교량 하나가 있었습니다만 지금은 제거되었습니다. 여기에 보이듯 그 자리에는 얇은 널빤지가 놓여 있습니다. 저희 '티거'들로는 이곳을 통과하기가 불가능합니다. 폭이 좁은 목재 교량이라도 있어야 '티거' 한 대가 겨우 지나갈 수 있습니다. 그러나 이 널빤지로는…."

백작은 내 말을 끊었다. "이까짓 도랑 정도는 교량 없이도 건너야 해!"

"아무리 백작님의 명령이라도 그건 불가능합니다. 저는 이 지역을 잘 알고 있습니다. 러시아군이 여기까지 오기 이전부터, 그리고 그들이 나르바강을 건너 북쪽으로 침투하려고 준비하던 시기부터 제가 이 지역의 상황을 미리 확인하고 철저히 분석해 두었습니다. 그 결과 보병들에게 이 도랑은 전혀 장애물이 되지 않지만 전차가 건너기에는…."

손을 바지 주머니에 꽂아 넣은 백작은 흥미로운 눈빛으로 나를 바라보았다. 그의 시선을 살피며 나는 잠시 말을 중단했다. 그는 나를 비웃는 듯 입꼬리를 내리며 내 말을 반복했다. "그러나, 전차가 건너기에는?"

그가 묻는 말에 그냥 지나칠 수는 없었다.

단단히 결심하고 말을 이었다. "백작님, 제 생각은 이렇습니다. 이 도랑의 양쪽 지역은 완전히 늪지대입니다. 교량 없이 이 지역을 통과하는 것 자체가 불가능합니다. 게다가 항공사진에서도 명확하게 보이듯 이 도랑은 진흙을 파내서 만든 것입니다. 러시아군도 의도적으로 장애물로 활용하려고 작업했다는 뜻입니다. 늪지대에 도랑을 이용해 대전차호를 만든 겁니다. 그 자체만으로 장애물이고 게다가 적군의 입장에서는 매우 효과적인 장애물일겁니다."

솔직하게 내 생각을 모두 말했다. 이런 상황에서 동료들에 대한 나의 의무는, 내가 심사숙고한 바를 전달하는 것이었다. 만일 어이없게 단 한 대의 전차라도 이런 도랑에 빠져버리면 그 위기는 백작이 아니라 고스란히 우리가 극복해야 했기 때문이다. 나는 백작의 눈을 똑바로 응시하면서도, 공손한 표정을 지으며 무례하지 않게 보이기 위해 노력했다.

그 대령은 주머니에서 오른손을 빼내어 검지로 지도 위에 도랑을 따라 선을 그었다. "카리우스, 잘 듣게!" 그는 미소를 지으며 이렇게 말했다. "내가 보기에 이 도랑은 대전차 장애물이 아니야! 내가 귀관에게 아니라고 하면 아닌 거야! 알겠나!"

내 군 생활을 통틀어 이렇게 세련되고 동시에 단호한 질책은 들어 본 적이 없었다. 슈트라흐비츠 백작은 대전차호를 보지 않으려 했고 따라서 그곳에 대전차호는 없는 것이었다. 그걸로 끝이었다. 당혹스러웠던 나는 그저 이 말밖에 할 수 없었다. "예, 알겠습니다!"

대령은 재미있다는 듯 미소를 지으며 고개를 끄덕였고 설명을 이어나갔다. 그 뒤 다른 장교들의 보고와 질문을 받았다. 의문 사항이 모두 해소되자 그는 회의 종료 직전에 더 이상 말할 사람이 있는지 물었다.

"더 이상 질문 없나?", 그리고는 다시 한 번 나를 바라보았다.

"다시 한 번 확인해야 되겠군. 카리우스, 아직도 그 도랑을 극복하기 어렵다고 생각하나?"

"예, 그렇습니다, 백작님."

"그래? 자네의 작전에 내가 훼방꾼이 될 수는 없지. 특히나 문제가 있다면 더더욱 그렇고. 그렇다면 혹시 귀관이 생각하는 대안은 있나?"

"예, 그럼 정중히 건의 드리겠습니다. 통나무들을 장갑차에 실어 적시에 전방으로 투입하는 것입니다. 그것들을 도랑에 걸쳐 놓는데 약간의 시간이 소요되겠지만 금방 해결될 듯합니다."

슈트라흐비츠 백작은 고개를 끄덕였다. "좋아, 승인하지! 내가 필요한 것들을 조치해 주겠네." 그리고는 지팡이와 모자를 집어 들고 회의실에서 나가려 했다. 그때 그의 모습은 매우 인상적이었다. 한편, 그 스스로도 방금까지 논의한 이 작전계획의 성공 가능성을 확신하지 못하는 듯했다. 내심 이 모든 계획을 완전히 취소하고 싶은 표정이었다.

다른 분야의 사전 준비들은, 백작이 지휘했던 예전의 작전들과 거의 동일했다. 레발Reval에서 출격한 아군 전투기들은 완벽한 공중우세를 달성해야 했다. 러시아군은 나르바강을 건너기 위해 비교적 큰 교량 하나와 가교 두 개를 가설했다. 아군의 슈투카 조종사들의 임무는 이 교량들을 모두 폭파하는 것이었다. 매우 난해한 임무였다. 적군의 강 너머로의 퇴각을 막고 교두보로 보급품을 수송하는 것을 차단하기 위해서였다.

전체적인 계획은 확실히 대단했고 준비는 빈틈이 없었으며 부대 편성도 완벽했다. 그러나 다들 성공 가능성을 낮게 보고 있었다. 이상하게 들릴지도 모르겠지만, 앞서 시행한 두 번의 '슈트라흐비츠' 작전에서는 우리에게 엄청난 행운이 있었다는 점을 간과해서는 안 된다. 그러나 이번에도 우리는 엄청난 행운이 필요했지만, 아무도 기대하지 않았다. 사실상 계획대로 우리가 나르바 강변에 도달한다고 해도 우리로서는 러시아군의 주력부대 한가운데에 있게 되는 것이다. 게다가 그들은 틀림없이 모든 수단을 총동원해서 교두보를 지켜내려 할 것인데, 그들이 강한 의지로 대항하면 우리는 결국 적군의 함정에 빠지게 되는 꼴이었다. 우리가 적지에 들어가면, 러시아군은 그저 우리의 뒷문만 확실히 걸어 잠그기만 하면 된다. 누구도 우리를 구하러 들어오거나 우리가 퇴각하지 못하도록 말이다. 적군이 우리 등 뒤의 도로 위에 돌격포나 전차 한 대만 세워놓아도 우리는 진퇴양난에 빠지게 될 것이 뻔했다.

우리는 복잡한 심경으로 실라메로 복귀해서 전차장들에게 새로운 작전계획을 설명해 주었다. 이번에는 폰 X가 선도 부대를 이끌겠다고 고집했다. 내가 그를 말리려 했으나 허사였다. 자신이 나쁜 사람이 아니라는 것을 우리 모두에게 보여주려는 듯했다. 그러나 하필이면 이 작전에서, 누구라도 실패가 뻔한, 성공 가능성이 거의 없는 이 작전에서 그가 나서려고 했는지 지금 생각해 보면 참으로 아쉬울 뿐이다. 이번이 그가 중대원들과 함께한 마지막 전투였다.

4월 19일 이른 아침, 우리는 계획대로 공격대기 진지에 도착했다. 참으로 특이할 정도로 러시아군 진지의 분위기는 조용했다. 매우 미심쩍었다. 언제든 우리가 있던 숲으로 적 포탄이 떨어질 수 있다는 생각에 만반의 준비를 갖췄다. 러시아군 쪽에서는 의지만 있다면 이 숲 지역 전체를 너무나도 잘 관측할 수 있었기 때문이다. 또한, 적군의 진지가 워낙에 조용했기에 우리 전차들의 소음을 분명히 들었을 것이다. 그러나 그들의 움직임은 없었고 반응도 전혀 없었다. 너무나 수상했다! 나는 문득, 놈들이 완전무장을 한 채 우리가 근거리에 올 때까지 기다리고 있다는 확신이 들었다.

슈트라흐비츠는 이 숲에 자신의 지휘소를 설치했다. 그리고 이곳 벙커 안에 있던 장갑차 조종수들은 우리가 요청하면 즉시 지원하러 올 수 있도록 대기하고 있었다. 돌파작전에 참가할, 그리고 보병들이 탑승했던 다른 장갑차들은 이 연대 소속의 4호 전차들과 함께 여덟 대의 우리 '티거' 전차들 뒤쪽 도로에 있었다. 선두 부대의 두 번째 '티거' 후방에는, 포병 관측병과 공병이 탑승한 장갑차 한 대가 있었다. 나는 뒤쪽에서 '티거' 네 대를 지휘했는데 보병과 편조하여 전차에 각각 보병 1개

분대를 태웠다. 그들은 포탑 뒤에서 각자 최대한 몸을 웅크리고 붙잡을 수 있는 것들을 확인하고 있었다.

아마 공격 개시 시간까지 10분 정도 남았을 때였던 것 같다. 나는 모든 준비가 이상 없는지 점검하기 위해 둘러보고 있었다. 작전 개시 마지막 몇 분을 남겨놓고 안타까운 사건이 벌어졌다. 불길한 징조였다. 내가 뒤쪽으로 약 50미터 정도 걸어갔을 무렵, 갑자기 등 뒤에서 기관총탄이 발사되는 소리를 들었다. 나도 깜짝 놀랐다. 과도하게 의욕적이었던 한 친구가 벌써부터 기관총을 장전했다가 불운하게도 오발을 낸 게 분명했다. 하필이면 그런 사고를 저지른 것이 나의 탄약수라는 것을 알았을 때는 정말 머리끝까지 화가 치밀었다. 설상가상으로 그 자식은 화기를 아래로 지향하고 있어서 내 전차 앞쪽 '티거' 상판 위에 앉아있던 두 명의 보병이 중상을 입었다. 물론 충격에 휩싸인 경보병대대 병사들은 제정신이 아니었다. 우리는 그들에게 신뢰를 완전히 잃은 듯했다. 신속히 부상자들을 장갑차에 태워 후방으로 보냈다. 곧 공격을 개시해야 했다. 지금까지는 러시아군이 정말로 아무것도 모르고 있었다고 해도, 이 사고가 터진 후에는 그들도 틀림없이 뭔가를 감지했을 것이다. 전투가 계속 진행되는 동안에도 이 사건은 내 머릿속에서 떠나지 않았다. 그러나 이젠 돌이킬 수 없었다. 단지 내가 납득할 수 없는 한 가지는 고참 병사가 그런 일을 저질렀다는 것이다. 공격이 개시되기 전까지 또는 사격이 가능한 지역으로 나가기 전까지 탄약을 장전하거나 또는 아래쪽으로 지향하는 것은 엄격히 금지되어 있기 때문이다. 공격대기 지점에서 공격 개시 직전까지는 통신수가 무전기만 조작할 수 있다는 규정도 있었다. 통신수 외에 다른 이들은 일체의 동작을 멈추고 대기해야 했다. 그리고 곧이어 알게 되겠지만 이날 오전에 우리는 몇 시간 동안이나 탄약을 장전하고 전투를 치러야 했다.

나의 탄약수는 없어도 될 정도로 서투른 자식이었고 그 며칠 동안 나는 쉴 새 없이 잔소리를 해야 했다. 나중에 우리는 엄청난 노력 끝에 그가 군법회의에 회부되는 것만은 막을 수 있었다. 그렇게 불운한 녀석을 기소해봐야 무슨 소용이 있겠는가? 기관총열과 약실 마모가 이 사고의 원인이었지만, 이 탄약수의 과실만큼은 변명의 여지가 없었다. 어떠한 경우에도 화기를 하늘로 지향했어야 했다. 또한 포수도 탄약수에 대한 감독 소홀로 군법회의에 회부될 뻔했다. 하지만 다행히도 이 둘이 처벌을 면하게 되어 나는 매우 기뻤다.

이런 불의의 사고에도 불구하고 공격은 정시에 개시되었다. 선두부대가 아군의 주전선을 막 넘은 때였다. 그 순간 갑자기 부대들이 모두 멈춰 섰다. 예상치 못한 일이었다. 몇 분 뒤 누군가 무전으로, 선두 전차가 지뢰를 밟아 기동이 불가능하다고 통보했다. 이로써 공격은 중단되었다. 그때 이미 나는 우리가 나르바강변까지 가는 것도 틀려먹었음을 직감했다. 탁 트인 개활지에 서 있던 우리는 완벽한 표적이었고 이 순간 그들의 활동도 더 활발해졌다. 그들은 모든 구경의 화포를 동원해 포격을 가했고 설상가상으로 그들의 전투기까지 날아왔다. 다행히도 아군 전투기들이 최소한 공중으로부터의 위협은 완전히 제거해 주었다. 그들은 두 대의 러시아군 전투기를 격추시켰고 이에 다른 적기들은 더 이상 우리에게 접근하지 못했다.

적의 교두보 상공에는, 중포병의 사격을 유도하는 세 개의 계류기구가 떠 있었다. 하지만 우리가 그렇게 오랫동안 멈춰 서 있었고, 도로를 벗어날 수도 없어서 오도 가도 못하는 상황이었음에도 단 한 발의 적 포탄도 우리를 맞추지 못했다. 아무리 정확한 관측을 통해 사격을 유도해도 원거리에서 전차 한 대를 파괴하는 것이 얼마나 어려운 일인지 그들도 깨달았을 것이다.

그러나 러시아군은 다른 몇 가지 측면에서 마법을 부리는 것 같았다. 예를 들어 독일군 전투기가 출현하면 계류기구는 땅 위에서 갑자기 사라졌는데 그 행동이 얼마나 재빠른지 정말 놀라웠다. 아군 전투기가 사라지면 그 녀석들은 금세 다시 올라와 있었다. 아군 전투기들이 저공으로 비행하기도 어려웠다. 러시아군의 수많은 대공포들이 배치되어 있었는데, 특히 경량화된 연장 또는 4연장 대공포들은 아군기가 나타날 때마다 엄청난 화력으로 불꽃 마법을 선보였다. 이날 오전에 나르바강 교량을 폭격하기로 되어 있었던 슈투카들의 운명도 아군의 다른 전투기들의 그것과 마찬가지였다. 급강하를 한다고 해도 고공에서 폭탄을 투하해야 했던 탓에 단 한 개의 교량도 파괴하지 못했다. 그 와중에 두 대의 슈투카가 적 대공포에 격추되고 말았다. 나중에 알게 된 사실이지만, 공중에서는 공병이 설치한 가교들을 식별하기 어려웠다고 한다. 그 교량들은 수면 바로 아래에 설치되어 있었기 때문이다. 이러한 '수중 교량'은 물결이 거셀 때만 알아 볼 수 있었고 공중에서는 폭탄으로 명중은커녕 식별조차 불가능했다. 또한 러시아군은 밤에 잠도 자지 않았다. 그들의 방어 조치들은 우리에게는 정말로 풀리지 않는 수수께끼였다. 다른 방면의 돌파부대들도 우리와 똑같이 진격을 멈춘 상태였다. '장화' 일대에서 공격작전을 시행한 부대 쪽 도로는 모두 진창이었고 4호 전차들은 그 속에 빠져버린 상태였다.

우리는 작전 회의를 하면서 농담 삼아 이런 얘기를 한 적이 있었다. 백작이 러시아군의 나르바 교두보를 완전히 제거해서 그걸로 4월 20일 총통의 생일 선물로 바치려 한다고 말이다. 작전이 시작된 지 단 몇 시간 만에 그런 생일 선물은 거품처럼 날아가 버린 듯했다. 아군 슈투카들은 이미 남쪽의 능선들과 312지점 일대를 수차례 폭격했고 물론 약간의 심리적 효과는 있었겠지만 적에게 실질적인 피해를 입히지는 못했다. 폭격으로 인한 연기가 걷히자마자 다시금 러시아군이 생생하게 모습을 드러냈다.

전차 안에 있던 중대장 폰 X는 어떤 조치도 취하지 않고 그 자리에서 있었다. 매 시간마다 슈트라흐비츠 백작은 상황이 어떻게 진행되는지 물었지만 계속해서 들려오는 대답은 똑같았다. "현 위치는 이전과 동일함. 진출이 불가능한 상황임!" 그날 약 12시 무렵까지 우리는 그렇게 버티고 있었다. 백작의 인내심은 거기까지였다. 폰 X와 나는 즉시 지휘소로 오라는 명령을 받았다. 당연히 나는 불길한 예감이 들었고 중대장과 함께 걸어서 그곳으로 향했다. 아니 적군의 위협 때문에 걷기보다는 거의 기다시피해서 마침내 우리는 지휘소에 도착했다.

슈트라흐비츠 백작은 이미 벙커 앞에서 우리를 기다리면서 자신의 '가문 문양이 새겨진 지휘봉'을 신경질적으로 흔들고 있었다. 그리고는 이렇게 폭발했다. "폰 X! 자네가 나를 실망시키다니! 귀관은 이렇게 장시간 동안 부하들에게 단 한 번도 명령을 하달하지 않았어. 귀관을 그냥 내버려 두면 내일 아침까지도 아무 것도 하지 않은 채, 그 위치에 머물러 있겠지! '티거' 중대장이라는 친구가 이것밖에 안 되는 건가! 좀 더 주도적으로 행동하리라고 기대했어! 정말 어이가 없구먼! 그저 해치를 닫고 들어앉아 있으면 상황이 저절로 해결될 거라 생각하나? 이 사태에 대해 분명히 조사할 생각이야! 그리고 후속 조치를 취해야겠지."

백작은 이렇게 폰 X를 질책했다. 그의 분노는 극에 달했고 사실 그 끝도 알 수 없을 지경이었다. 결국 그는 '감사하게도' 내게 중대장 임무를 수행하라고 지시했다. 이젠 완전히 엉망이 된 작전을 정상화시키는 임무였다. 그는 곧 선두 부대가 위치한 지점에도 직접 나가 보겠다고도 말했다. 그는 이렇게 말했다. "만일 내가 직접 가서 모든 일을 처리해야 되는 상황이 온다면, 아마 귀관은 더 험한 꼴을 보게 될 거야."

복잡한 심경으로 다시 전방으로 온 나는 무전으로 부하들에게, 이제부터는 내가 지휘하게 되었다고 통보했다. 그러자 지뢰를 밟은 선두 전차의 전차장 알프레도 카르파네토 하사는, 그 즉시 조종수를 시켜 한쪽 궤도를 이용하여 오른쪽으로 움직이더니 진창으로 들어가 버렸다. 나도 내 전차로 뒤에서 밀면서 힘을 조금 보탰고 그제야 그 전차 옆으로 지나갈 수 있는 통로가 개방되었다. 이것은 오늘 오전에도 충분히 할 수 있었던 일이었다. 그러나 폰 X가 이런 식으로 전진할 생각 자체가 없었기 때문에 카르파네토는 꿈쩍도 하지 않았던 것이다.

카르파네토는 원래 중대장을 싫어했다. 그래서 이전부터 그를 끝장 낼 기회를 엿보고 있었고 지뢰를 밟은 덕택에 그에게 기회가 온 것이다. 혹시나 그가 굼뜨고 우직하게 명령만을 기다린 것을 두고, 군인답지 못하거나 전우애가 없는 사람으로 오해할 수도 있다. 그러나 이런 완고함과 폰 X에 대한 증오심이 우리 모두를 구한 것이나 마찬가지였다. 만일 우리가 신속히 작전을 시행했더라면 이번에는 러시아군이 우리를 정말 끝장낼 수도 있었기 때문이다. 카르파네토는 오스트리아 출신의 미대를 나온 화가였고 저돌적인 전사였으며 매우 탁월한 전차장이자 전우였다. 누구든 그와 인간관계를 맺은 사람은 그를 전적으로 신뢰했다. 하지만 그는 부대 연병장에서 했었던 제식훈련에서는 항상 나쁜 평가를 받았다. 그의 자세는 항상 엉망이었기 때문이다.

불타고 있는 'T-34' 뒤편으로 '티거' 전차 두 대가 보인다. 후미에 수직으로 장착된 머플러 한 쌍이 잘 드러난다.

그를 '프로이센인Preußen'[69]으로 만들어 내기란 불가능했다. 그러나 그의 군인다운 태도와 그의 한결같은 전우애는 진정한 것이었고, 오래전의 프로이센 사람들의 정신과 다르지 않았다. 당연히 폰 X와 같은 인물과 이런 친구 간에는 항상 다툼이 생기게 마련이었다. 그래서 폰 X가 하필이면 이 하사를 자기 앞에 선두로 기동하게 한 것이 나로서는 이해할 수 없는 일이었다. 또한 이는 폰 X의 정신적 미숙함과 감정조절 능력 부족이 그대로 드러나는 장면이었으며 이로 말미암아 그는 결국 비참한 운명을 맞게 되었던 것이다.

이제 우리는 단숨에 러시아군 방어선을 돌파했으며, 내가 미심쩍게 생각했던 대전차호 앞에 이르러 다시 정지할 수밖에 없었다. 내가 대령에게 그 위치에 도달했다고 보고하자 그는 이튿날 아침에 공격을 재개하라고 명령했다. 야간에 공병이 그 도랑을 통과할 수 있도록 조치할 예정이었으며 도로 우측 편에 서있던 T-34전차도 폭파할 예정이었다.

그런데 당시 상황은 정말로 최악이었다! 러시아군이 우리를 온 사방에서 둘러싸고 있는 형국이었고 우리는 앞뒤 좌우로 전혀 움직일 수도 없는 상태였다. 우리가 온갖 위기를 다 겪었고 아무리 익숙해졌다지만, 당시 상황은 그야말로 절체절명의 순간이었다. 여기서 내가 그때의 장면을 아무리 냉정하게 기술한다고 해도 독자들이 상황을 정확히 이해하기는 어려울 것이다. 어쨌거나 대열에 있던 전차들은 한 대씩 한 대씩, 좌, 우측을 경계했고 최선두에 있던 전차만 전방을 경계했다. 당연히 뒤에 있던 다른 전차들은 전방으로 사격이 불가능했다. 러시아군의 기습에 대비하기 위해 우리는 쉴 새 없이 각자 맡은 방향을 예의 주시해야만 했다. 당연히 이런 상황에서는 전차에 앉아 대기하는 것 자체가 엄청난 스트레스였다. 모두가 이 밤이 빨리, 무사히 지나가기를 간절히 기도했다.

69 │ 제식이 훌륭한 군인.

우측 숲속에 러시아군의 대전차포가 배치되어 있었다. 이들은 도랑 즉, 대전차호 방향을 겨냥하고 있었다. 대전차 장애물 주변에는 당연히 경계 병력이나 엄호 화력이 반드시 존재하는 법이었다. 우리는 포탄을 주고받은 끝에 결국 그 녀석들을 제압했다. 우리는 러시아군이 틀림없이 이튿날 아침에 똑같은 위치에 또 다른 대전차포를 배치할 것임을 너무도 잘 알고 있었다. 그건 그렇고 교전이 그다지 치열하지 않았다는 점도 매우 의심스러웠다. 자신들이 더 유리하다고 판단한 그들은 우리가 좀 더 전진하도록 유인하려는 듯했다. 물론 그들은 개활지 상의 도로에 있는 우리 임무부대 전체를 이미 관측하고 있었고, 의지만 있다면 제압할 수도 있었다.

특히 312지점까지 기동하는데 좌측방의 낮은 능선 지역에 신경이 쓰였다. 그 지역은 수풀이 우거져 화기들을 배치하는데 매우 유리한 지역이었다. 아군을 위협하기 위해 적군의 대전차포가 남쪽에서 고지 방향으로 올라가는 모습도 보였는데 내 뒤쪽 전차들이 그들을 향해 계속해서 사격을 가했다. 그들이 너무 대담하게 나왔기 때문에 우리 포병관측병들을 활용해 아군의 포격으로 제압해 버렸다. 곧 우리는 러시아군 보병들이 그 고지에 집결하는 것을 보았다. 그들은 독일군 전차들을 보고도 전혀 놀라지도 않고 아무런 거리낌 없이 그 고지 좌우측에 몰려들었다. 이는 러시아군이 벌써 안정을 되찾았음을, 그리고 철수할 생각이 없다는 그들의 의지를 반증하는 것이었다. 또한 그들은 그곳에 있었던 우리의 존재가 전혀 위협적이지 않다는 것을 깨달은 듯했다.

러시아군 포병의 실력은 훌륭했다. 하지만 우선은 수정사격을 하는 듯했다. 그래서인지 아직까지 집중적인 대규모 포격은 없었다. '동쪽 자루'에서 포획한 포로들을 심문한 결과, 러시아군의 중포병대는 여군들로 편성되어 있다고 했다. 더 정밀한 조준이 가능했던 것도 그 때문인 듯했다. 경험상 전장에서는 러시아군 여성들이 남성들보다 한층 더 열성적이었다. 또한 러시아군의 경우, 비교적 단거리에서는 험지에서도 보급에 어려움이 전혀 없었다. 예를 들어 전선까지 자동차가 갈 수 없는 지형에서는, 남녀노소를 불문하고 그 일대의 주민들을 보급품 수송에 동원했고 이들은 자신의 '책임'을 다하기 위해 전력을 다했다.

어둠이 몰려오자 다행이라 생각했다. 여느 때처럼 러시아군 폭격기 편대들이 우리 상공을 지나 나르바 시내와 아군의 교두보에 폭탄을 투하했다. 아마도 시가지는 이미 완전히 잿더미로 변한 것 같았고 우리 등 뒤에도 불길이 활활 타면서 저녁 하늘을 밝게 비추었다. 아직도 탈 것이 남아 있다는 사실이 놀라웠다.

밤이 되자 내 손조차도 보이지 않을 만큼 캄캄했다. 나는 일부 승무원들로 하여금 기관총을 휴대케 하여 하차시킨 뒤 도로의 좌, 우측에서 일정한 거리를 두고 경계근무를 서도록 했다. 전차 안에서는 적군의 접근을 알아채기도 어렵고, 기습을 허용할 수도 있기 때문이었다.

나는 케르셔, 츠베티와 함께 공격대기 진지로 되돌아갔다. 우리의 보급부대가 그곳에 탄약과 연료, 식량을 가져다 놓았다. 이곳에서부터 부대는 장갑차로 보급품을 운반해야 했다. '그로스도이칠란트 연대'[70] 병력들과 이들을 지휘했던 파물라 소위의 전투 의지와 적극적인 협조 자세는 매우 감동적이었다. 이날 밤 나는 그들에게 도움을 청하기 위해 그 벙커를 들락날락했다. 그러나 잠들어 있던 그들은 내가 잠을 깨울 때마다 기꺼이 도와주었고 불만을 표시하는 이는 단 한 명도 없었다!

케르셔는 각 전차의 소요를 정확히 파악해서 탄약과 연료를 전방으로 실어 날랐다. 나는 대전차호에 설치할 통나무를 적재한 공병 분대

---

70 │ 이 부분은 저자의 오기이다. 18장 '거짓과 진실' 참조.

와 함께 그를 후속했다. 러시아군은 더 이상 중화기 사격을 하지 않았다. 그리고 가끔씩 도로 좌, 우측에서 기관총 소리만 들리곤 했다. 러시아군은 전선 후방에서부터 대전차호 일대까지도 분주하게 움직이는 듯했다. 수많은 정찰대가 투입되어 그 일대에 깔려 있었다. 우리가 이동하는데 누군가 길을 막고 서 있으면 우리는 일단 소리를 질렀다. 그때이들이 도망을 치면 분명히 그들은 러시아군이었다. 그런 일은 비일비재했다. 물론 서로 총격전을 피했다. 하지만 그런 상황 때문에 밤에는 매우 피곤했다. 러시아군은 한 명의 아군이라도 생포하는데 혈안이 되어 있었던 것 같다. 그리고 우리도 그들의 의도를 알고 있었기에 신경을 바짝 차리고 있어야 했다.

오후가 되면 어두워지기를 기다렸고 밤이 되면 아침이 되길 손꼽아 기다렸다. 날이 밝으면 적어도 전방 상황이 어떻게 돌아가는지 관측할 수 있었다. 어둠 속에서 아군 장갑차들이 오가고, 아군 병력이 왔다 갔다 하는 그 틈을 이용하여 러시아군이 도로를 건너오곤 했다. 우리는 아군 전우들의 피격을 우려하여 총격전을 벌일 수도 없었다. 그래서 이미 기분이 몹시 나쁜 상태였다.

총통의 생일인 4월 20일 이른 아침에 대전차호는 완전히 '메워'졌다. 그리고 러시아군 T-34를 폭파할 준비가 완료되었다. 아군 공병은 그 전차를 도로에서 완전히 제거하기 위해 상당량의 폭약을 설치했다. 공병은 지나가면서 우리에게 도화선이 불타고 있다는 것을 알려주었고, 잠깐이지만 우리는 안전을 위해서 전차 안으로 대피했다. 그 전차는 엄청난 폭음과 함께 하늘로 솟구치더니 산산조각이 났다. 이에 또다시 러시아군의 움직임이 활발해질 것으로 판단했다. 그러나 적군은 전혀 동요하지 않았다. 그들에게는 시간이 있었고 또한 자기네들이 유리하다는 것을 잘 알고 있었다. 나는 전투에 관해 경보병대대장과 상의하기 위해 다시 한 번 지휘소로 갔다. 슈트라흐비츠 백작은 취침 중이었다. 파물라 소위는 백작이 파자마를 입고 잠이 들었으니 깨우지 않는 것이 좋겠다고, 위급한 상황이 발생해야만 그를 깨울 수 있다고 말했다. 백작은 평시에만 습관적으로 파자마를 입었는데, 지금 전장에서 그런 옷을 입고 자는 것 자체가 매우 드문 일이거니와 현재 상황이 그리 나쁘지 않다는 것을 의미한다고 덧붙였다.

그래서 나는 보병 대대장과 회의를 했다. 공격 개시 시간에 로켓 포병 1개 연대가 5분 동안 312지점 일대에 집중 포격을 하기로 계획했다. 관측병을 지원받아 우리가 원하는 지점에 포탄을 떨어뜨려 줄 수 있도록 조치했다. 그 사이에 보병 대대가 우리 지역에 도착했고 공격 명령을 기다리면서 전차 좌, 우측의 도랑에 엎드렸다. 나는 매우 긴장된 마음으로 연신 시계만 쳐다보고 있었다. 공격준비사격 개시까지 아직 5분 정도가 남아 있었다. 우리는 이미 전차에 시동을 걸어 놓은 상태였다. 그러나 모두 기분이 썩 좋지는 않았다. 다들 입을 열지 않았지만 '밤사이에 백작이 작전을 취소했다면 얼마나 좋았을까?'라는 표정이었다. 그랬다면 많은 병력과 물자를 보존할 수 있었을 것이다. 그러나 우리는 철수 명령이 내려올 때까지 꼬박 이틀 동안이나 '눈 빠지게' 대기해야 했다.

정확히 공격 개시 시간에 아군 로켓 포대들이 포탄을 발사하는, 우레와 같은 굉음을 들었다. 나는 아군 포탄이 어디에 떨어지는지 관측하려 했다. 그 순간 우리 주위에 엄청난 폭발과 함께 천지가 진동했다. 그야말로 지옥이 따로 없었다. 공기압 때문에 해치가 저절로 열렸으며 우리는 마치 숨통이 멎는 듯한 느낌을 받았다. 그 순간 나는, 러시아군이 아군의 무전을 감청했고 우리와 동시에 포격을 시행했다는 생각이 들었다. 하지만 그건 유감스럽게도 착각이었다. 그 이유는 바로 그 포탄들이 우리 뒤에서 날아왔기 때문이다. 아군의 '최신예 로켓 포탄'의 사거리가 너무 짧았던 것이다! 우리 주변에 떨어진 대구경포탄들은 고막을 찢는 듯한 굉음을 냈다. 나는 실제로 '스탈린의 오르간'이라 불리는 러시아군의 로켓포 공격을 종종 경험한 적이 있었다. 그러나 러시아군의 화력은 당시 우리가 맞은 아군의 포격에 비할 바가 아니었다. 나는 즉시 지휘소로 무전을 시도했지만 허사였다. 일단 사격 명령이 떨어지면 '할당량'을 모두 사격해야 했기 때문이다. 포격을 중단하는 것은 극히 드문 일이었다. 우리는 무시무시한 공포 속에서 5분을 참고 견뎌야 했다. 당시 상황을 경험한 사람들만이 그런 5분의 느낌을 알 수 있다. 아군 로켓 포병의 사격에 우리는 아무것도 할 수 없는 무기력한 상황이었다. 러시아군은 보고만 있었겠지만, 어쩌면 그들이 우리의 공격 준비를 무력화시키려고 뭔가를 했더라도 아군 포병보다 사격을 더 잘하지는 못했을 것이다.

나는 그 사건 이후, 왜 이런 비참한 사태가 발생하게 되었는지, 누구에게 그 책임이 있는지 밝혀내지 못했다. 로켓 포병 부대원들도 우리와 똑같은 지도를 갖고 있었다. 어떻게 그런 사태가 일어날 수 있는지 참으로 수수께끼 같은 일이었다. '동쪽 자루'에서 전투를 할 당시 내가 로켓 포병을 요청한 적이 있는데 그들은 단호하게 거부했다. 우리가 아군 전방 80미터 지점에 포탄 사격을 요구했기 때문이다. 너무 가까운 거리여서 위험하다는 것이었다. 그랬던 녀석들이 이젠 우리 한가운데로 포탄을 퍼붓고 있었던 것이다! 아쉽게도 우리는 해명을 요구할 수 없었다. 그들은 일단 사격을 하고 나면 재빨리 진지를 정리하고 사라져버렸기 때문이다. 이렇게 해야 러시아군의 대응 사격을 회피할 수 있었다. 이 사건 이후 나는 이런 관점에서 아군의 로켓 포탄 공격을 받았던 러시아군의 심정을 더 잘 이해할 수 있게 되었다.

이 사태로 아군의 보병 대대는 완전히 궤멸했다. 거의 모든 병력들이 부상을 입거나 목숨을 잃었다. 말 그대로 비극이었다. 대전차호에 가지런히 설치되었던 통나무도 산산조각 나버렸다. 상황이 좋지 않았지만 나는 최소한 세 대의 전차만이라도 대전차호 반대편으로 이동시키려

했고 결국 무사히 잘 넘어갔다. 아군의 전, 사상자 구조를 엄호하기 위해서였다. 파물라 소위는 부상자들을 후송할 몇 대의 장갑차를 즉시 보내주었다. 우리는 결국 목표 확보를 포기해야 할 시점이 왔다고 생각했지만 다음과 같이 정반대의 명령이 내려왔다. "작전을 어떻게 재개할 것인지 판단할 것. 새로운 보병 대대가 귀관들을 지원할 것임!" 누군가는 이것을 미친 짓, 또는 — 지금의 기준에서는 — 범죄로 생각할 수도 있을 것이다. 그러나 민간인의 관점에서, 그리고 평시의 시각으로 그 당시 긴박했던 방어 전투의 필요성을 평가해서는 안 된다.

나는 적어도 312지점까지는 가려고 했다. 이튿날 남쪽을 공략하기 위해서는 그 지역을 확보해야 했다. 그러나 분명히 우리가 나르바강변에 도달하는 것까지는 무리였다. 러시아군이 숲을 통과하는 도로 곳곳에 이미 지뢰를 깔아 놓았기 때문이었다. 우리는 기동을 개시했지만 얼마 못 가서 정지하고 말았다. 이미 전차 한 대가 기능 고장으로 기동이 불가능했고 이 전차를 도로 밖으로 빼서 통로를 만들어야 했다. 당시 내가 담배 한 대를 입에 물자 크라머가 불을 붙여 주었다. 그와 동시에 엄청난 충격이 우리 전차를 뒤흔들었다. 그건 대전차포탄이었고, 물론 이번에는 정말 러시아군이 사격한 엄청난 구경의 포탄임이 틀림없었다. 적 대전차포들은 우리 좌측의 능선에 배치된 것이었다. 내 뒤에 있던 부하들이 표적을 식별하고 사격으로 제압했다. 내 전차 큐폴라는 적 포탄에 맞아 통째로 날아가 버렸고 파편이 내 관자놀이와 얼굴에 박혔다. 물론 상처에서는 피가 많이 났지만, 그 외에 다른 부상은 없었다. 하마터면 이 정도로 끝나지 않을 수 있었는데 정말 다행이었다. 크라머는 내가 담배를 피우는 것을 항상 반대했다. 이제 그도 한 가지 교훈을 깨닫게 되었다. 만일 내가 담뱃불을 붙이기 위해 몸을 아래로 숙이지 않았더라면 그 결정적인 순간에 큐폴라 위치에 내 머리가 있었을 것이다. 물론 두말할 필요도 없겠지만 나는 말 그대로 '목이 잘려나갈' 뻔했다.

이런 일이 발생한 것은 내가 처음이 아닐 수도 있었다. 그 원인은 바로 설계상의 오류로 밝혀졌다. 초기형 '티거'의 큐폴라는 포탑에 용접되어 수직으로 돌출된 형태로 전차장이 눈으로 관측구를 통해 밖을 내다보는 방식이었다. 해치도 개방하려면 수직으로 세워야 했다. 그래서 적들은 멀리서도 우리 전차의 해치가 열려 있다는 것을 식별할 수 있었다. 만일 적 포탄이 해치에 맞기라도 하면 그 무거운 해치가 전차장 머리 위로 떨어졌다. 전차장이 해치를 닫으려면 해치를 움직일 수 있도록 고정레버를 풀어야 했는데 그러기 위해서는 우선 엉덩이까지 밖으로 노출시켜 몸을 굽혀야 했다. 이런 설계상의 결함은 곧 해결되었다. 그 뒤 큐폴라는 유선형으로, 잠망경이 부착되어 전차장이 간접적으로 외부를 관측할 수 있도록 바뀌었다. 그리고 포탑 내부에서 해치를 수평하게 오른쪽 방향으로 여닫을 수 있게 발전되었다. 아무튼, 명중한 포탄은 용접선을 따라 깔끔하게 큐폴라를 날려 버렸다. 내게는 엄청난 행운이었다. 담배 때문에 생명을 건졌지만 만일 적 포탄이 해치에 조금만 더 가까이 맞았더라면, 담배와는 상관없이 나는 벌써 저세상 사람이 되었을 수도 있었다!

마침내 러시아군의 관측 지역에서 벗어나기 위해 우리는 312지점으로 신속히 기동했고 우리는 이미 그 지점 일대의 숲속에 이르렀다. 나는 우측으로 방향을 틀었다. 북쪽에서부터 우리가 있던 도로로 뻗은 길을 경계하기 위해서였다. 후속하던 부하들에게는 남쪽 방향을 경계하도록 지시했다. 그 순간 북쪽에 러시아군 돌격포 한 문을 식별하고 즉각 조준을 지시했다. 러시아군은 우리가 자기네들을 향해 포를 조준하고 있음을 인식하자 장비를 버리고 도주했다. 크라머가 격발했다. 그와 동시에 다른 러시아군 돌격포가 우리 전차를 향해 포탄을 발사했고, 그 탄은 포탑 뒤쪽과 차체 사이를 때렸다. 후속하던 전차가 312지점에 도착하기 직전에 벌어진 일이었다. 우리가 어떻게 '티거'에서 탈출했는지는 지금도 전혀 기억나지 않는다. 어쨌든 순식간에 벌어진 일이었다. 나와 모든 승무원은 전차 옆쪽의 도랑에 몸을 숨겼다. 내 머리에는 헤드폰이 걸려 있었는데, 전차에서 유일하게 갖고 나온 물건이었다.

우리는 후속하던 '티거'로 피신했고 전 부대는 사주 경계를 하며 다시 대전차호가 있던 지점까지 퇴각했다. 그 과정에서 또다시 전차 한 대가 적 포탄에 피격되었고 이 전차도 도로 좌측의 늪지대 속에 버려야 했다. 나중에 그 전차들을 구난하려고 했지만 우리 모두는 완전히 무기력한 상태였다. 만일 러시아군이 침착하게 조금만 더 기다렸다가 사격했더라면 우리는 모두 걸어서 철수해야 할 뻔했던 상황이었다. 총통의 생일에 바칠 '선물'은 결국 이렇게 끝을 맺고 말았다!

다행히도 더 이상의 손실은 없었다. 그 사이에 백작은 우리를 엄호하기 위해 1개 보병 대대를 예전의 주전선에서 빼냈다. 북쪽에서 진격했던 전투단 또한 공세를 중단했다. 연대 지휘부가 알려준 바에 따르면 우리보다 남쪽으로 진격했던 전투단은 312지점과 나르바의 마을 사이의 도로에 도달했다고 했다. 이것이 바로 우리가 계속해서 대기해야 했던 이유였다. 그들은 아마도 그 도로를 완전히 개방한 듯했다. 하지만 이튿날 러시아군이 역습을 했고 그때 우리가 적 전차 두 대를 제압했다.

적 포탄에 파괴된 나의 '티거'는 구난 자체가 불가능해서 아군 공병이 폭파시켰다. 4월 22일, 우리는 두 번째 전차를 견인하기 위해 진지를 전방으로 옮겨서 야간에 그 '티거'를 후방으로 끌어내는 데 성공했다. 러시아군은 아군의 작전이 실패했음을 인지한 듯 그들의 포탄을 아낌없이 우리를 향해 퍼부었고 결국 우리 '티거'들은 적 포탄 몇 발을 피할 수 없었다. 우리 전차의 양쪽에서 붉은빛을 발하는 배기구는 적에게 기가 막힌 표적이었다. 대전차호 바로 앞에서 피격된 '티거'를 포기하고 그보다 더 뒤쪽에 고장 난 채로 남아있던 카르파네토의 전차를 구난해서 철수했다. 러시아군의 복엽기, 일명 '굼뜬 오리'들이 우리의 철수를 방해했다. 이들의 폭격으로 너무나 훌륭했던 파물라 소위도 장렬히 전사했다. 도로 위에 서 있던 그는 파편에 치명상을 입었다. 결국, 우여곡절 끝에 우리는 무사히 집결지에 도착했고 그곳을 지켜야 했다. 러시아군의 반격에 대비하고 이때 아군 보병의 철수를 엄호해야 할 곳이었다. 폰 X는 고장난 또는 피격된 전차를 구난하기 위해서 델차이트 상사와 함께 그곳에 와 있었다. 델차이트가 전차에 타려고 할 때 적의 대전차 포탄 파편이 날아와 그의 급소 부위에 박혔고 그는 화가 나서 고래고래 소리를 지르며 통증을 호소했다.

대전차호 앞에 두고 온 전차도 폭파시킬 수밖에 없었다. 아군의 보병이 러시아군의 압박을 견딜 수 없었기 때문이다. 그리고 이들도 어쩔 수 없이 야간에 철수했고 이렇게 세 번째 '슈트라흐비츠 작전'은 끝나버렸다. 우리는 수많은 전우와 전차를 상실했고 한 치의 땅도 빼앗지 못했다.

동부전선 북부지역에서의 전투들, 특히 마지막 나르바 강변에서의 전투도 그렇게 끝났다. 나름대로의 성과를 거뒀음에도 불구하고 전차 승무원들에게는 만족스럽지 못한 전투였다. 물론 아군의 모든 전우는 전차부대의 존재감, 즉 전장에서 전차부대가 꼭 필요하다는 것을 깨달았다. 보병 부대 단독으로는 압도적으로 우세한 적군을 상대하기 역부족이었다. 우리는 마치 '코르셋의 뼈대'로서 전선에서 중추적인 역할을 해냈다. '보병 전우'들도 우리가 함께한다는 사실에 심리적인 안정감을 얻었다. 그래서 그들은 포기하지 않고 전투에 임했다. 안타깝게도 여러 지역으로 분산되면서 적의 간접 사격으로 입은 피해는 너무나 컸다. 또한, 늪지대에서는 기계적 고장이 평소보다 자주 발생했다. 양호한 도로가 거의 없는 북부 전구에는 적어도 1개 중대가 동시에 사격이 가능한,

소위 '전차 운용에 적합한 지형'은 거의 없었다. 게다가 방어용 무기가 부족했던 탓에 우리가 방어작전 임무까지 전담해야 했다.

어느 옛 중대장은, '기갑병과의 정신은 기병의 정신이다.'라고 늘 말했다. 그는 많은 기갑병과 장교들처럼 기병 출신이었다. 아무튼, 그런 비유는 매우 적절하다. 전차를 운용할 때, 기병들이 달리듯 기동할 수 있는 환경이 필요하다는 의미도 담고 있다. 그러나 그곳에는 그 어디에도 그런 공간은 없었다. 단지 우리는 공격작전 또는 역습 시에만 멀리까지 사격이 가능한 구경 8.8센티미터 주포의 화력과 기동성을 발휘할 수 있었다. 북부지역 전선에서는, 러시아군이 나타났다가도 곧바로 사라졌기 때문에 우리는 그들에게 그다지 큰 피해를 주지 못했다.

그럼에도 우리가 투입되지 않았다면 나르바 지역을 지켜내기란 도저히 불가능했을 것이다. 우리는 지형을 극복하기 위해 최선의 노력을 다하고 수단과 방법을 가리지 않고 모든 조치를 취했다. 종종 늪지대에 빠지기도 하고 늪지대 때문에 화가 나 쌍욕을 퍼부을 때도 있었지만 보병들이 우리를 전적으로 신뢰했고 우리와 함께한다는 것에 큰 만족감을 표시했다는 사실에 뿌듯함을 느꼈다.

비교적 대규모의 부대가 투입된 슈트라흐비츠 작전은 우리에게는 나르바 지역에서의 고별무대였다. 우리는 실라메에 위치한 숙영지에 다시 집결했다. 대부분의 전차를 정비반에 맡겼고 기본적으로 기술검사가 필요했다. 그리고 아마도 러시아군에게도 휴식이 필요했던 것 같았다. 그래서인지 다행스럽게도 그 다음 몇 주 동안에는 이렇다 할 교전이 없었다.

21. 숙영지 병상에서 철십자 훈장을 받다
Ritterkreuz am Krankenbett

나르바에서의 시간은 그렇게 끝나 버렸다. 4월 말 우리 중대는 대대를 후속하여 플레스카우 지역으로 이동하라는 명령을 받았다. 플레스카우는 레닌그라드 — 뒤나부르크를 잇는 도로와 리가Riga — 레닌그라드의 간선도로[71]가 만나는 교차점을 중심으로 형성된 도시로 플레스카우어Pleskauer 호수 남쪽에 있었다. 이 호수는 북쪽으로 파이푸스 호수까지 연결되었다. 우리는 실라메에서 화차적재를 위해 서쪽으로 이동했다. 적군의 직접적인 방해는 없었지만 전차 이동 자체가 곤혹스러웠다. 소위 악명 높은 비와 진흙의 계절이 시작된 탓에 도로는 차량으로 이동하기가 너무 어려웠다. 차륜차량은 차축까지 진흙에 잠겨버렸고 전차는 저판이 지면에 닿아 좌초될까 우려되었다. 모든 '티거'가 트럭 한 대 또는 두 대를 견인해서 이동했다. 차륜차량들이 자력으로 기동하는 것 자체가 불가능했기 때문이다. 차량의 라디에이터 앞쪽은 모두 진흙으로 덮였다. 견인케이블이 너무 팽팽해지면 바퀴와 연결된 앞쪽 차축이 차체에서 뜯겨 나오기도 했다. 마침내 기차역에 도착했을 때 거의 모든 차량이 정비가 필요한 상태여서 정비반이 투입됐고 차량 대부분을 견인하여 화차 위

---

71 │ 원저에는 '레닌그라드−뒤나부르크'만이 표기되어 있으나 어떤 교차점인지에 이해를 돕기 위해 추가했다.

로 올려야 했다.

그러나 열차 이동만으로도 마음이 가벼워졌다. 병력수송 열차 바닥에는 지푸라기 정도만 깔려 있었지만 잠시나마 누울 수도 있었고, 정말 오랜만에 마음 편히 잘 수 있었다. 이런 이동 중에는 절대로 비상이 걸릴 리 없었다. 그래서 우리는 그 시간을 충분히 즐겼다. 플레스카우 지역에 또 어떤 일이 우리를 기다리는지 너무나 잘 알았기 때문이다! 물론 나는 우리 중대견 핫소를 데리고 갔다. 그러나 기차가 정차했을 때 잠에서 깬 나는 핫소가 사라져버렸음을 알게 됐다. 어느 동료 말에 따르면, 열차가 달리던 중 누군가가 밖으로 뭔가를 던졌고 핫소가 아마도 그걸 집어와야 한다는 생각에 뛰어내렸다고 했다. 비록 네발 짐승이지만 좋은 친구를 잃어버렸다는 생각에 나는 몹시 슬펐다.

대대는 우리 숙영지로 마을 하나를 구해 놓았다. 도착한 직후 신임 대대장 슈바너Schwaner 소령이 우리를 찾아왔고 그것이 그와의 첫 만남이었다. 그는 우리에게 향후 4주간의 근무 및 훈련계획Dienstpläne을 세우라고 지시했다. 이 지시로 최소 몇 주는 적당히 휴식할 수 있다는 것도 알았지만, 따르고 싶지 않았다. 무엇보다도 나는 우리 부대원이 오랜 기간 힘든 전투를 치렀기에 제대로 쉬게 해야 한다는 의견을 냈다. 당연히 휴식 중에도 주간에는 필수적인 과업과 근무는 있었다. 그러나 사격훈련과 그 외 자질구레한 일을 하는 것은 도무지 이해가 안 됐다. 우리 모두 베테랑이었기 때문이었다.

나도 휴식을 취했지만, 이상하게도 몸 상태가 좋지 않았다. 어떻게든 버티려 해도 결국 체력적 한계에 이르고 만 터였다. 천식 발작이 도졌는데 너무 심해서 한 걸음마다 멈춰서야 했다. '지팡이Wolchow-Knüppel'[72]

---

72 | 레닌그라드(현 상트 페테르부르크) 인근을 흐르는 볼호프강에서 유래한 나무 지팡이. 트렌치아트의 일종으로 병상들이 심심풀이로 병상에서 나무를 깎아 만들기 시작한 것이 기원. 독일 국방군 상징인 독수리 외에 여러 기하학 문양이 들어갔다.

없이는 걸을 수도 없었다. 대대의 군의관 손벡 박사가 나를 진찰해 주었다. 그는 내게 침대에 누워있으라며 담배와 음주를 금하라고 말했다. 나또한 그런 것들을 하고 싶은 생각이 싹 사라졌다. 그런 사실만으로도 내스스로가 이제는 끝인가라는 생각도 들었다. 하지만 한 주 휴식을 취한후에는 몸 상태가 조금 나아졌다. 다시금 전선 지역을 정찰하러 나갈 수있을 정도로 회복되었다. 새로운 작전지역에서 주전선 전방의 도로 상태와 교량들을 확인해야 했고 우리가 투입될 경우를 대비해서 방어진지에있는 부대들과 통신망을 개통해야 하는 과업도 있었다.

5월 4일에 나는 나르바 지역에서 세운 전공으로 기사 철십자장을 받았다. 중대에서는, 나를 위해 준비했던 대대의 행사를 취소시키기 위해, 내 몸이 아픈 상태라고 통보했다고 한다. 그래서 훈장 수여식은 중대숙영지에서 거행되었고, 동료들은 나의 건강을 기원하면서 술을 마셨다. 그동안 대대장은 내가 술을 마시지 못하도록 철저히 감독했다. 모두가 즐거워했다. 다시 새로운 임무를 부여받으면 중대원들은 당연히 '나도 그들과 함께하리라는 것'을 잘 알고 있었다.

내 건강상태는 눈에 띄게 호전됐지만, 이곳 전선이 조용했기 때문에나는 4주간의 요양 휴가를 받았다. 당시 내가 휴가를 갈 수 있도록 대대에서는 니엔슈테트Nienstedt와 아이히호른Eichhorn 소위 두 명을 중대에 전입 조치해 주었다. '저녁이 되기 전에 그날을 찬양하지 말라'고 했던가. 고향에 도착해서 닷새도 채 되지 않은 시점에 부대로 복귀하라는 전보를 받았다. 전장의 군인은 항상 이러한 비상사태에 대비하고 있어야 한다. 전쟁 중에도 느긋하게 휴가를 즐긴 사람들은 대개 점령지역 출신 장병들이었다. 그들은 한창 '전투'가 진행 중인 상황에서도 꽤 휴가를 잘 챙겼다. 이런 혜택을 받은 사람들 대부분이 오늘날에는 군 복무와 전쟁이 지긋지긋했다고 욕설을 퍼붓곤 한다. 또한, 같은 맥락에서지금에 와서 진정한 독일 군인들을 비방하고, 의도적으로 외국에서 조작된 선동 같은 것들에 지조 없이 동조하는 사람들도 많이 있다.

전선으로 복귀하는 도중에 리가에서 3중대의 쉬어러Schürer 소위를 만났다. 그도 역시 나와 같은 전보를 받았다고 했다. 나는 복귀 중에 부대 전우를 만났다는 생각에 기뻤지만, 그의 기분은 전혀 그렇지 않은 모양이었다. 욕설을 마구 해대며 휴가 복귀 명령에 불만을 드러냈다. 나는 혼자가 아니라는 생각에 갑작스레 고향을 떠나는 아쉬운 마음을 달랠 수 있었다. 우리는 종착역에 도착해서 부대를 찾아 헤맸다. 중대가 이미 다른 곳으로 이동했음을 알게 되었고 우리 두 사람 모두 구면이었던, 어느 돌격포대대 지휘관이었던 슈미트Schmidt 대위를 찾아가 부대로 복귀할 수 있도록 부탁하기로 했다. 그는 흔쾌히 퀴벨바겐과 운전병을 내주기로 약속했다.

그는 당장 우리와 술을 마시고 싶어 했다. 그래서 우리는 중단된 휴가에 대한 아쉬움을 술이라도 마시면서 풀 수 있었다. 그 '술자리'에 너무나 흠뻑 빠져버린 나머지 출발 시간을 놓치고 뒤늦게 대대로 향했다. 퀴벨바겐에 실려 대대 지휘소 앞에 도착했을 때 비로소 제정신을 찾았다. 여기서도 우리를 기다리고 있었던 것은, 우리가 예측했던 적군의 공세가 아니라 새로운 파티였다. 쉬어러의 중위 진급을 축하하는 자리였다. 휴가 중인 우리를 호출한 이유가 새로운 전투를 위한 것이 아니었기에 어쨌든 다행이었다.

다음날 나는 대대 지휘소에서 나와 차를 타고 다소 먼 거리를 이동한 끝에 어느 마을에 설치된 중대 숙영지에 도착했다. 처음엔 멀리서 중대 행정보급관인 원사가 나를 알아보지 못하고 차렷 자세로 거수경례를 했다. 나와는 그런 사이가 아니었지만, 그는 나를 부대에 새로 전입해 온 장교라고 생각했던 것이다. 오해는 금세 풀렸고 반갑게 악수했다.

나는 휴가에서 복귀하면서 '평시'에 착용하는 신형 전투모를 쓰고 있었다. 그래서 평소와는 모습이 많이 달랐다. 지금까지는 줄곧 규정에 전혀 맞지 않는 오래된 모자를 쓰고 다녔는데, 그것은 내가 소위로 임관했을 때 어머니가 보내주신 모자였고 머리에 꼭 맞았다. 원래 검은색이었던 그 모자는 완전히 색이 바래서 회색으로 변해 버렸다. 독수리 마크나 다른 표식들도 자꾸 떨어져 버려서 부착할 수도 없었다. 대대장이나 중대장도 모자에 대해서 계속 지적했고 수차례 바꾸라고 지시했음에도 불구하고 나로서는 낡았지만 소중한 그 모자를 버릴 수 없었다. 언제나 내가 보호받는 느낌이었고 머리가 편안해서 헤드폰을 착용해도 불편하지 않았다. 거센 강풍이 몰아쳐도 벗겨져서 잃어버릴까 걱정하지도 않았다. 휴가 복귀 당시 나는 새로운 전투모를 쓰고 있었다. 그러나 휴식을 취할 때만 그것을 썼다. 곧 낡은 '방풍모'로 바꿔쓰자 그제야 내 부하들이 나를 알아보았다. 나를 본 경계병은 곧장 잠들어 있던 부대원들을 깨웠다. 경계병들은 나를 보면 어디론가 곧 출동해야 한다는 생각이 들었던 것이다.

휴가 복귀 뒤 첫날 밤에 나는 신형 '전투모'를 트렁크 속에 집어 넣어야 했다. 러시아군이 오스트로프Ostrow, 즉 플레스카우의 남쪽에서 아군의 방어선을 돌파했다는 소식이 들어왔기 때문이었다. 나는 그들이 내가 복귀하기까지 기다려 준 것 같아 고맙기도 했다. 이른 아침에 우리는 기동을 개시했다. 로시텐Rossitten과 플레스카우를 잇는 도로를 따라 우리의 작전지역으로 달려갔다. 러시아군은 동쪽에서 이 도로 쪽으로 돌파했고 급기야 이 도로 일대를 확보했다. 우리는 곧장 역습으로 그들을 몰아내야 했다.

정확히 공격 개시 15분 전에 우리는 보병 부대 지휘소에 도착했다. 기동 중에 나는 늘 하던 대로 포수와 함께 주포 왼쪽의 포탑에 걸터앉아 있었다. 어둠 속에서 전방을 더 잘 관측하고 조종수를 도와주기 위해서였다. 이때 나도 모르게 졸다가 조종수 해치 앞을 지나 도로 위로 굴러 떨어졌다. 정말이지 또다시 억세게 운이 좋았던 순간이었다. 궤도가 나를 덮치기 직전에 조종수 바레쉬Baresch가 신속히 브레이크를 밟았다. 그가 아니었다면 나는 너무도 수치스럽고 비극적인 죽음을 맞았을 것이다. 이런 비슷한 사례가 또 있었다. 하지만 그 오토바이 전령은 유감스럽게도 운이 나빴다. 주행 중에 우측으로 피하려다가 전차 앞쪽으로 추월해서 급히 끼어든 것까지는 좋았지만 도로에 패인 구덩이에 앞바퀴가 걸려 오토바이가 넘어졌고 결국 기동하던 전차의 궤도에 깔려 즉사하고 말았던 것이다.

이번 작전은 신임 대대장 슈바너가 취임한 이래 자신이 대대 전체를 지휘하는 첫 번째 전투였다. 그는 모든 중대가 함께 한다는 것에 대해 매우 뿌듯해하면서 작전에 관한 논의를 위해 연대 지휘소로 향했다. 우리의 기억 속에 항상 남아있는 전임 대대장 예데와는 의사소통이 매우 원활했지만 슈바너와의 대화는 쉽지 않았다. 그는 08시에 공격을 개시해야 한다고 지시했고 나는 도저히 불가능하다고 대답했다. 나는 적어도 09시까지는 연기해야 한다고 강력히 건의했다. 그러나 그의 생각은 달랐다. 얼마 뒤 연대 지휘소에 다녀온 그는 나의 반대에도 불구하고 즉각 출동을 지시했다. 전체적인 작전은 여기서부터 사실상 실패작이었다. 지휘관들의 긴밀한 공조가 미흡한 작전이었다. 보전협동전투를 하기 위해 전차 승무원들에게는 보병 부대 지휘관과 연락 및 협조체계를 갖추는 것이 무엇보다 중요했다. 하지만 그런 작업을 할 겨를이 없었고 결과는 바로 나타났다. 분명히 보병들이 전방에 서 있었는데 우리가 약간 전진하자 그들이 사라져버렸다. 전투경험이 없었던 보병들은 마치 포도송이처럼 전차 옆과 뒤쪽에 달라붙어 있었다. 그 순간 러시아군의 중화기들이 불을 뿜었고 아군 보병들은 엄청난 피해를 입었다. 다행히 부상을 입지 않은 병사들은 도로 좌우로 뿔뿔이 흩어졌고 결국 적군의 포화 속에서 벗어나지 못했다. 그야말로 일대 혼란이 벌어졌다. 우리도 보병 중대 지휘관 또는 장교가 누군지 알 수 없었고, 누가 어디 소속인지도 몰랐다. 그런 상황에서 사실상 우리 전차부대가 목표에 도달한들 아무런 의미가 없었다. 어둠이 몰려오자 우리는 다시 진지를 이탈해야 했다. 우리도 참호 속에 있는 러시아군을 소탕할 수 없었고, 그곳을 확보하는 것은 더더욱 불가능했기 때문이다. 그런 사실을 정확히 간파했던 러시아군도 물러나려 하지 않았다. 그들은 우리의 코앞에, 그들의 참호 안에서 매우 편안히 앉아 있었다.

아군이 빼앗긴 고지는 '유덴나제Judennase' 즉 '유대인의 코'라고 불렸다. 혹자는 이런 표현에 불쾌감을 느낄 수 있지만 그럴 필요는 전혀 없다. 유대인을 배척하는 이데올로기와 전혀 관련이 없다. 그저 그 언덕의 형상 때문에 그렇게 불렀고, 그렇게 표현하면 모두가 쉽게 이해했을 뿐이다.

나는 그토록 견고하게 구축되었던 '유덴나제'의 방어진지를 어떻게 적군에게 빼앗기게 되었는지 오늘날 생각해도 이해되지 않는다. 러시아군은 야간 기습으로 그 고지를 탈취했는데 이곳이 피탈된 이유는 단 하나뿐이었다. 너무나 안일하게 생각한 나머지 경계에 소홀했던 아군의 나태함 때문이었다.

그 능선의 경사는 매우 가팔랐다. 고지 방향으로 곧게 뻗은 통로는 정확히 '티거' 한 대가 겨우 통과할 수 있는, 약 50미터 거리의 좁은 소로였다. 그 길의 좌·우측에는 고지까지 경사면을 따라 계단 형태의 참호들이 구축되어 있었다. 참호들은 고지까지 갱도로 서로 연결되어 있어서 적들의 포탄 사격에도 완벽하게 견딜 수 있었다. 이제는 러시아군이 정반대 방향으로 이곳의 방어진지를 점령하고 있었다. 우리는 이 요새 지대에 관한 세밀한 요도를 확보했고 모든 참호와 갱도들의 구조를 정확히 알고 있었다. 당시 대대는 이제 막 완편에 가깝게 전력을 보충받은 상태였다. 우리 중대만 단독으로 정면공격을 감행해야 했고 대대의 나머지 부대들은 우리 오른쪽의 능선을 따라서 '유덴나제'의 측방으로 진격했다. '유덴나제'의 정상에서 대대의 모든 부대가 합류하기로 했다. 하지만 그럴 경우, 전차들이 모두 밀집된 상태로 러시아군 포병에 좋은 표적이 될 수도 있었다.

이것도 대대장과 의견 대립을 하게 된 또 다른 이유였다. 내가 공격 개시 시각에 대해 이의를 제기한 후부터 그는 내게 좋지 않은 감정을 품고 있었다. 나는 이렇게 작은 목표를 대대 전체로 공략하는 것은 어이없는 일이라고 주장했다. 이런 전투는 1개 중대만으로도 충분했다. 내가 구상한 것은, 내가 네 대의 전차를 갖고 정면공격을 하고 다른 네 대의 전차가 능선을 따라 공격하는 것이었다. 그럴 경우, 최악의 피해가 발생한다고 해도 전차 여덟 대를 잃어버리면 끝이었다. 만일 이 여덟 대로 그것을 확보하지 못한다면 그때는 전체 대대가 나서도 임무를 완수하기는 어려웠다. 전차들이 다닥다닥 붙어서 사계에 제한을 받기 때문이다. 그러나 나의 주장은 받아들여지지 않았고 대대장에게 야단만 맞았다. '사판훈련Sandkasten'[73]을 통해서 대대 전체가 투입되기로 결정되었다. 안타깝게도 나는 그의 결정을 되돌릴 수 없었다. 그나마 안심이 되는 것은, 만일의 사태가 발생했을 때, 다른 전차를 견인하는데 투입할 수 있도록 몇 대의 전차를 예비대로 남겨 두었다는 것이었다.

우리는 신속히 진격해서 그 소로로 접어들었다. 모두가 그 길을 통과하는 동안 그다지 기분이 좋지 않았다. 도로 옆쪽 참호 속에, 저 위쪽 소로 끝에 은거한 러시아군이 우리를 향해 집중적인 사격을 가할 수도 있었기 때문이었다. 그래서 우리 모두는 혼란에 대비하기 위해 적군의 움직임을 예의주시했다. 일단 산 중턱까지는 별 탈 없이 도착했다. 우측에서도 우리 대대의 전차 두 대가 '유덴나제'의 산자락에서 반쯤 좌측

---

73 │ 전술 제대에서 실시하는 소규모 워게임의 일종.

으로 틀어 비탈길에서 비스듬히 경사진 길을 따라 고지를 향해 달려오고 있었고 이들은 '작은 숲'의 끝자락에 도달해 있었다. 그 숲의 반대편 끝에 우리가 서 있었다. 우리가 고지 위로 전진하려던 순간 엄청난 포탄 한 발이 내 머리 위로 휙 하고 지나가는 소리를 들었다. 산 중턱에 머무르는 것이 낫겠다 싶었다. 나중에 알게 된 사실이었지만 러시아군은 반대편 비탈길 앞쪽에, 그리 멀리 떨어지지 않은 곳에 대전차포와 포병들을 배치해 놓았고 고지를 완전히 확보하고 있었다. 어쨌든 이대로 진격하는 것은 자살행위였다. 게다가 우리가 확보해야 할, 예전에 아군이 점령했던 진지 상에 도달했다. 무엇보다도 이 진지를 확보할 보병 병력이 없었다. 수 킬로미터 후방에서 아마 취침 중인 듯했다. 이날 나는 단 한 명의 보병 병력도 보지 못했다.

그 사이에 대대의 주력이 우측방에서 우리를 향해 달려오고 있었다. 나는 대대장과 무선 교신을 해서 피아 식별을 했지만, 다른 부대와 함께 기동해야 했던 우리 중대장이 나를 향해 전차포를 발사했다. 포탄은 포방패와 포탑의 오른편으로 날아갔고 우리 모두는 정신이 혼미해졌다. 만일 그가 조금만 더 왼쪽으로 조준했다면 우리는 끽소리도 못하고 모두 사망했을 것이다. 다행히 그 순간 그는 우리가 아군임을 알아보고 사격을 중지했다. 단지 그는 내가 벌써 목표 지점에 도달했으리라고는 생각하지 못했던 것이다.

오른편에서는 대대의 선두 전차가 매우 빠르게 달려나갔다. 대대에 새로 전입해 온, 이번에 처음 전투에 참가하는 N 소위[74]가 탄 전차였다. 그는 해치를 활짝 열고 허리부터 상반신을 완전히 드러내 놓고 있었다. 그런 행동은 만용이자 자살행위나 다름없는 미친 짓이었고 그 전차 승무원들의 목숨까지도 위태롭게 할 수 있었다. 나는 그가 소속된 중대망

---

74 | 나우만Naumann 소위.

으로 무전망을 전환하여 계속해서 그에게 속도를 줄이고 전차 안으로 들어가라고 지시했으며 러시아군이 그를 조준 사격할 수 있는 선을 절대로 넘지 말라고 충고했다. 하지만 아무리 말을 해도 소용이 없었다.

그는 내 말을 듣지 못했거나 아니면 들으려 하지 않았던 것 같다. 내가 말한 그 지점에 도착하자마자 그 즉시 대구경 포탄 한 발이 날아왔고, 그의 전차는 순식간에 우리의 눈앞에서 완파되고 말았다. 그 승무원들은 우리 대대가 기록한 유일한 실종자들이었다. 그 전차에서는 단 한 구의 시신도 수습하지 못했으며 우리 중 그 누구도 그 '티거'에 접근할 수조차 없었다. 엄청난 적 포탄들이 그곳을 향해 날아왔기 때문이다. 어떻게 전차장으로서 자신의 승무원들을 그리도 허무하게 희생시킬 수 있단 말인가! 나는 그저 너무나 당황스러워서 말문이 막힐 지경이었다. 또한, 오늘날 생각해도 나는 그 어린 친구의 행동을 이해할 수 없다.

그 사이에 제3중대장으로 레온하르트Leonhard 대위가 새로 부임했다. 그와 함께할 때면 우리는 항상 운이 따랐다. 레온하르트는 모두가 자신의 중대장이었으면 좋겠다고 생각하는 그런 사람이었다. 나 역시 지금까지 그에게 매우 고맙게 생각한다. 특히 내가 우리 중대를 위해 대대장에게 나의 주장을 관철시키려 할 때면 그가 나서서 '키 작은 소위'인 나를 항상 도와주었기 때문이다.

우리는 결국 고지 위에 올라섰고 아군 보병들을 기다렸다. 정확히 말하면 우리 중 낙관론자들만 그들을 기다렸다. 보병들은 통상 우리 뒤를 따라온 적이 없었고 우리가 진격할 때 항상 태우고 다녀야 했다. 하기야 보병 부대도 피해가 심해서 그런 전력으로 이곳에 도착한다고 해도 야간에 진지를 지켜낼 수도 없는 형편이었다. 한편 적군 쪽에서 날아오는 포탄의 양이 점점 증가했고 정확도도 향상되고 있었다. 아마도 우리 좌후방 쪽의 참호에 그들의 관측병이 있는 듯했다. 러시아군은 그저 진지에 들어가 앉아 있을 뿐이었고 우리 앞에서 물러날 이유가 전혀 없었다. 도대체 이런 적군들을 어떻게 처리해야 할지 막막했다.

시간이 흐르면서 아군 전차들은 하나둘씩 피격당했다. 특히 우측방으로 투입된 부대들은 우리보다 훨씬 더 불리한 위치에 있었기에 상황이 더 좋지 않았다. 맨 좌측 편에, '작은 숲 끝자락'에 있었던 베젤리 Wesely의 '티거'에서 전투가 불가능하다는 무전을 보내왔다. 적 대전차 포탄 한 발이 포탑에 명중했던 것이다. 하지만 베젤리가 교전하기 위해 전방으로 진출한 덕분에 우리는 잠시나마 한숨을 돌릴 여유가 있었다. 그의 전차가 언덕 위에 모습을 드러내자마자 적군은 엄청난 포탄을 날려 보냈고 베젤리는 포탄을 한 발도 사격하지 못한 채 피격되고 말았다. 우측방의 네 대의 티거 뒤에는 지뢰를 밟은 전차 한 대, 그리고 포탄에 피격당한 베젤리의 전차가 있었다. 대대장은 나머지 '티거'들과 함께 퇴각하기 시작했다. 보병을 데려오기 위해서였다. 나는 그동안 그 고지를 지키라는 명령을 받았다.

우리가 지속적으로 관측한 결과, 러시아군은 계속해서 병력을 투입하고 있었고 특히 우리 후방에서도 활동하고 있었다. 따라서 주간에는 어느 정도 그곳을 지킬 수는 있었지만, 야간에는 도저히 불가능하리라 판단했다. 그래서 나는 어두워지기 전에 상급부대의 명령이 내려오지 않았지만, 소로를 통해 철수하기로 결심했다. 만일 누군가가 전차 세 대만으로 이곳을 사수하라거나 완전히 어두워진 후에 철수하라고 했다면 나는 그 명령을 어겼을 것이다. 그 자체가 어이없는 명령이었다. 우리는 가까스로 그 지역을 빠져나오는 데 성공했고 도중에 아이히호른 소위의 승무원들도 함께 데려왔다. 그의 전차도 기동이 불가능한 상태였으며 견인하는 것도 불가능했다. 안타깝게도 또 한 대의 '티거'를 야지에 내버려 두고 떠나야 했다.

내가 마침내 그 소로의 출구에 도착했을 때, 보병 전우들은 야간에 전방으로 갈 계획이 전혀 없었다는 것을 알게 되었다. 역시 그 고지에서 철수한 나의 결정이 옳았던 것이다. 슈바너 소령도 내게 어떤 문책도 하지 않았으며 그날 아침에 내 의견이 타당했음을 깨달았을 것이다. 뭔가를 배우려면 늘 대가가 따르는 법이다.

이른 아침에 우리는 '유덴나제'로 가는 길의 중간쯤까지 보병들을 태우고 이동했다. 목표지역까지 최단거리 통로였다. 보병 부대는 그곳에서 일부를 전개시켰고 나머지 병력으로 적군에게 빼앗겼던 진지를 확보할 수 있었다. 지형이 매우 평평했으나 부분적으로 숲이 있어서 위장하기에는 매우 좋았다. '유덴나제'로 향하는 도로의 좌측에는 약 800미터 거리에 능선 하나가 도로와 평행하게 뻗어있었고 그곳에는 이제 막 러시아군이 공격을 감행하고 있었다. 나는 쌍안경으로 피아간의 근접전투를 잘 관측할 수 있었고 이에 우리는 즉시 러시아군의 측방에 사격을 퍼부었다. 이것으로 아군 전우들에게 조금이나마 보탬이 될 수 있었다.

우리 좌전방 약 1킬로미터 지점에 러시아군의 주전선이 구축되어 있었다. 우리가 상대적으로 고지대에 있었으므로 저지대였던 그곳을 잘 관측할 수 있었다. 그들의 주의를 돌리기 위해 우리가 포탄 몇 발을 쐈지만 그들의 반응은 냉담했다. 그 녀석들의 대담성은 종종 놀라울 정도였다. 정오 무렵 우리 전방 개활지에 있던 적군들은 견인 차량으로 화포와 탄약차를 고지대의 진지로 운반하고 있었다. 마치 그들은 우리가 있다는 것에 전혀 신경 쓰지 않는 듯했다. 나는 그들이 아래쪽으로 내려오도록 내버려 두었다. 다 내려오면 그들이 다시는 고지 위로 올라가지 못하도록 할 작정이었다. 그때를 기다렸다가 전차포탄 몇 발을 발사했다. 정확히 명중시키기에는 조금 멀었지만 그들의 '차량'을 조준해서 모두 불태워버렸다. 그러나 이미 탈출한 차량의 운전병들까지는 제압하지 못했다.

러시아군은 우리가 안정을 되찾았다는 것을 인식했기에 그날 주간에는 공격을 중단했다. 우리 생각에는 그들이 '유덴나제' 위에 구축된 진지를 강화하는 것이 확실하게 보였다. 그들은 틀림없이 두 번째 공격을 계획하고 있는 듯했다. 결국, 아군에게도 이 '요새' 지역을 탈환하는 것이 절대적으로 필요했다. 그 일을 달성하지 못하면 우리의 좌, 우측 전선을 더 이상 지탱할 수 없었기 때문이다. 아군이 상실한 고지는 그 일대를 완전히 장악할 수 있는 지형이었기에 반드시 재탈환해야 했다.

22. 독일군 전투기는 끝내 나타나지 않았다!
Die Deutschen Jager sind nicht da

그날 밤 증원 병력이 도착했다. 대대장의 벙커에서 정밀한 '요새 지역 요도'를 펼쳐놓고 이튿날 아침에 시행할 공격작전에 관해 매우 세세한 부분들까지 논의했다. 그래서 대대장은 각 중대, 소대별로 수행할 임무를 명확하게 부여했다. 이번만큼은 포병이 화력지원을 확실히 해 주기로 약속했다. 그날 주간 전투에서 내 휘하의 전차 네 대가 모두 고장이 나거나 완파되었기 때문에 3중대 전차 네 대와 승무원을 지원받았다. 처음으로 나와 함께하는 승무원들과 전투를 해야 했지만, 평소에 친한 사이였기에 어려움은 전혀 없었다.

공격준비사격이 시행되었고 우리는 서둘러 출발했다. 포병대가 탄착지점을 고지 위쪽으로 옮기던 시각에 우리는 산자락 소로 초입에 도달했다. 포탄이 작렬하는 동안 러시아군은 참호 밖으로 고개를 들 수도 없었을 것이다. 계획대로 이 시점에 아군 보병들은 고지를 향해 돌격했고 경사지 아래쪽 첫 번째 참호들을 확보할 때까지 우리도 그 참호들을 거의 초토화시킬 정도로 전차포탄을 쏘아댔다. 내 뒤에 있던 전차 두 대는 '작은 숲'의 위쪽에 있던 적군의 대전차포 두 문을 제압했고 이로써 우리의 측방이 안전해졌다. 이 두 전차의 다음 임무는 좌전방의 경사길로 기동해야 하는 것이었다. 그동안 나는 두 대의 전차로 소로를 통과해 기동해야 했다. 아군의 포병사격이 전방으로 추진되기까지 기다렸다가 적시에 이 소로를 완전히 확보하기 위해 신속히 진격했다.

다행히도 나는 소로 위에 놓인 아군 지뢰 수 개를 궤도로 밟기 직전 발견했다. 어떻게 제거해야 할지 막막했고 상황은 급박했다. 아군이 놓은 지뢰 두세 개 탓에 전체 작전을 그르칠 수는 없었다. 내가 직접 하차해서 도로 옆으로 치우는 방법밖에는 달리 대안이 없었다. 러시아군이 참호 밖으로 고개를 들지 못하도록 동료들이 엄호사격을 하는 동안 내 머릿속은 매우 복잡했지만 어쨌든 내가 전차 밖으로 뛰어나가서 그 지뢰들을 치우는 데 성공했다. 정말 기적처럼 나는 무사히 전차로 복귀했고 드디어 '텅 빈' 소로를 따라 천천히 움직였다. 지금은 그 에피소드를 웃으면서 말할 수 있지만, 당시 그 고지에 무사히 도달할 때까지 우리에게는 긴장의 연속이었다. 비로소 안도의 한숨을 내쉬었다. 아무리 최고의 베테랑이라도 운이 없었다면 해내지 못했을 작전이었다.

적 포탄이 우리에게 집중적으로 떨어지는 동안 아군 보병들은 참호 속의 적군들을 소탕했다. 우리에게는 정말 다행스러운 일이었지만 우리 전차에 떨어진 적군의 직격탄은 단 한 발도 없었다. 그러나 이런 집중적 포격 이후에 우리의 멋진 '티거'는 어떤 상태가 되었을까? 전차 위에는 흙이 너무 많이 쌓여서 밭을 일궈도 될 정도였다. 어찌 보면 그런 포화 속에서 무사히 살아남은 것도 기적이었다. 게다가 가장 당황스러웠던 것은 수차례 날아온 적기들의 공습이었다. 적기들이 고지 위를 얼마나 낮게 날던지, '우리를 들이받으려 하나' 하는 생각이 들 정도였다. 그러나 그들은 엄청난 포탄을 투하하고 로켓을 발사했지만, 우리를 맞추지 못했다. 언제나 그렇듯, 안타깝게도 아군 전투기들은 끝내 나타나지 않았다. 당시 러시아군 전투기 또는 '라타Rata'[75]들이 아군 보병 부

---

75 | 폴리카르포프 I-16이나 라보츠킨 La-5처럼 땅딸막한 형상의 소련 전투기를 지칭하던 말. 라타는 쥐를 뜻한다.

대의 상공에서 날아다니며 공격할 때면, 우리 전우들이 부르곤 했던 노래가 있었다. '차르 시대'에 유명했던 볼가강의 노래를 당시의 상황에 빗대어 개사했는데 마지막 소절은 다음과 같았다.

…본토에는 전투기가 많다는데!
…Du hass in der Heimat viel Jäger bei Dir!

제발 우리한테 한 대만, 단 한 대만이라도 보내줘!
Schick doch einen nur einen zu mir!

우리는 꽤 오랫동안 고지에 서 있었고 러시아군 포병들은 우리를 향해 계속 포탄을 날렸다. 그런 엄청난 포격을 받고 피해가 발생하는 것은 당연했다. 어느 '티거'는 진지변환 중 후진하다가 서투른 조향으로 궤도가 이탈해버렸고 이젠 완전히 기동이 불가능한 상태가 되고 말았다. 언덕 후사면 좌측으로 올라갔던 다른 전차 두 대는, 이미 고장이 난 베즐리의 전차를 보고도 개의치 않고 자신들의 살길을 찾으려 했다. 당연히 그들도 포탄에 피격되고 말았다. 나는 즉시 그들을 구하기 위해 달려갔다. 이런 엄청난 포격 속에서 그들 스스로 빠져나오는 것은 도저히 불가능했다. 러시아군은 우리의 움직임을 처음부터 끝까지 지켜보고 있었다. 당시에는 우리 중 누구도 여기서 살아서 나갈 수 없을 듯했다. 아무튼, 나는 그 두 대의 전차 옆에 내 전차를 바짝 갖다 세웠다. 해치를 열고 적 포탄에 피격되지 않게 조심스럽게 첫 번째 전차의 승무원들을 내 전차로 옮겨 태웠다. 그들은 모두 약간의 부상을 입은 상태였다. 이어서 두 번째 전차 승무원들도 구해냈다. 그 전차장은 머리에 중상을 입었고 나는 즉시 대대 지휘소로 철수했다. 그렇지 않으면 생명을 잃을 뻔했던 순간이었다.

대대 지휘소에 내 전차가 나타나자 이에 놀란 대대장의 눈은 휘둥그

레졌다. 내가 상황을 보고하자, 흥분한 그는 부하들만 전방에 남겨 두고 어떻게 나만 홀로 후퇴한 거냐며 씩씩거렸다. 나는 짧게 대답했다. "소령님! 움직일 수 있는 전차가 한 대도 없습니다! 나머지 부하들은 곧 걸어서 올 겁니다." 나는 흐르는 눈물을 그에게 보이기 싫어 급히 그 자리를 나와버렸다. 또다시 소중한 '티거' 세 대를 잃어버렸고 이렇게 큰 손실에 나는 분하고 억울했다. 하지만 한편으로 다행스러운 것은 보병들이 피탈된 진지를 확보했고 우리가 원했던 목표를 달성했다는 사실이었다.

밤에는 전장에 두고 온 전차들을 구난하는 데 총력을 기울였다. 어둠이 몰려오자 우리는 곧장 두 대의 전차를 타고, 전선 근처에 있던 전차들을 먼저 견인해 왔다. 그리고는 다음 전차, 즉 '유덴나제' 위에 있는 전차를 구난하기 위해 정비팀도 함께 데려갔다. 그 전차의 궤도를 용접해야 했기 때문이다. 그곳은 우리 전선의 바로 앞쪽, 소위 적군과 아군 모두 비워놓은 비무장지대였다. 용접 작업이 계속되면서 발생하는 불빛을 막아야 했고 작업 중인 병력들을 보호하기 위해 내 전차를 적군의 진지 방향으로 세웠다. 갑자기 아군의 조명탄이 공중으로 솟구쳤다. 우리는 너무나 화가 났다. 야간에 전차를 견인할 때는 절대로 조명탄을 쏘지 말라고 그들에게 그렇게 일러두었건만 항상 멍청한 짓을 하는 인간들이 있었다. 조명탄의 불빛에 우리가 작업하는 모습이 러시아군에게 그대로 노출되기 때문이다. 다행스럽게도 이번만큼은 불상사 없이 순조롭게 진행되었다. 한쪽 궤도가 남은 '티거'를 야지 — 우리의 경우에도 내리막인 소로로 이동해야 했다. — 에서 견인하는 일은 쉬운 일이 아니었다. 더구나 아마추어들에게는 사실상 불가능한 일이었고 이는 정말 해본 사람만이 할 수 있는 일이었다. 이 소로를 통과하자 파괴된 베젤리의 전차 쪽에서 우리를 향해 기관총탄이 날아왔다. 그 고지에 있던 '티거' 아래쪽에 러시아군이 진지를 구축했던 것이다. 설상가상으로 끌려오던 전차가 옆으로 미끄러져 작은 구덩이에 빠져버렸다. 천신만고 끝에 결국 위험지대를 벗어나자 우리는 안도했다.

당시 아이히호른 소위의 조종수, 루스티히[76] 상병에 관한 재미있는 일화도 있었다. 자신의 이름값을 하는 행동으로 중대원 모두를 웃게 만들었다. 부대원들에게 한마디 말도 없이 자신의 고장난 전차를 향해 그냥 뛰쳐나갔고 주전선 바로 전방의 비무장지대에서 자신의 전차를 찾아냈다. 이미 러시아군이 그 전차 내부를 샅샅이 뒤진 상태였다. 그러나 루스티히가 예전에 숨겨 놓았던 술병만은 그 자리에 있었고 그 녀석은 매우 기뻤다고 한다. 러시아군은 그걸 못 본 모양이었다. 술병을 비우고 취기가 오르자 대담해진 루스티히는 전차에 시동을 걸고 자력으로 복귀하려 했다. 우리가 그다음 '티거'를 견인하려고 소로로 다시 들어섰을 때 반대편에서 '루스티히'가 오고 있었다. 우리는 곧장 그의 전차와 연결해서 언덕 위에 있는 나머지 두 대의 전차를 한 번에 견인해 올 수도 있었다. 그러나 루스티히는 너무 취해서 전차를 제대로 조종할 수 없는 상태였다. 하마터면 우리는 견인되어 있던 전차와 함께 오도 가도 못할 뻔하기도 했다. 결국 완전히 복귀할 때까지 엄청난 정신력과 인내심이 필요했다.

아침까지 우리는 베젤리의 전차를 제외하고 모든 '티거'를 복귀시켰다. 베젤리의 전차는 러시아군이 장악한 지역에 있었다. 다음날 밤에 우리는 보병 특공대의 지원을 받아 그 전차를 가져오려고 시도했지만 실패하고 말았다. 보병 전우들이 다치거나 죽는 것을 더 이상 보고 있을 수는 없었기에 그 전차를 구난하는 것을 포기해야 했다.

날이 밝자 우리는 베젤리의 전차를 조준사격으로 불태워버렸다. 많은 피해를 입었음에도 불구하고 완파된 전차는 단 한 대뿐이라는 것으로 위안을 삼아야 했다. 전투 그 자체보다 전투 후에 전차 한 대를 구난

---

76 | 'Lustig'는 '재미있는', '익살맞은'이라는 의미의 형용사로도 쓰인다.

하는 것이 훨씬 더 힘들다는 것을 몸소 깨달았다. 그런 이유로 방어 전투 간에는 가급적 적은 수의 '티거'를 전장에 투입하곤 했다.

어쨌든 아군의 작전이 성공하여 내 생각이 옳았음이 입증되었다. 피탈되었던 아군의 주전선 '유덴나제'를 우리 중대만으로 되찾은 것이었다. 앞서 실시된 작전에서는 대대 전체가 투입되었음에도 불구하고 목표 확보에 실패했는데, 그 사이에 러시아군이 진지를 강화하고 확장했기에 두 번째 시도는 더 힘들 것을 각오해야만 했다. 첫 번째 공격 때는 기습 효과라도 있었지만, 이번에는 아군의 공격에 철저히 대비하고 있을 것이 뻔했기 때문이다. 그럼에도 불구하고 성공한 것은 그만한 노력이 있었기 때문이었다. 우리의 승리는 공격작전의 각 단계마다 우리가 보병 및 포병과 긴밀히 공조한 결과였다. 만일 대대장이 첫 번째 공격에서 작전 개시를 조금만 미루고 다른 부대들과 잘 협조했다면 공격은 마치 기분 좋은 드라이브 정도로 끝났을 것이다. 더군다나 우리는 대대 전체가 공격했고 러시아군의 준비도 미흡한 상태였다. 단위 부대들은 각자의 임무를 수행하는 것이 아니라 함께, 공동으로 과업을 이행하는 것이 바로 전투를 승리로 이끌기 위한 핵심적인 요건이다!

내게는 항상 다음과 같은 신념이 있다. 전장에서 우리와 함께했던 훌륭한 보병 전우들은 기를 쓰고 전차 안으로 들어오려고 하지 않는다. 그들은 전차의 장갑이 승무원을 보호한다는 장점과 이 '양철 깡통'의 단점을 너무도 잘 알고 있기 때문이다. 적군에게 전차는 크고 좋은 표적이 될 수도 있고 그래서 항상 우리에게만, 우리가 있는 곳에만 집중적인 포격이 가해졌다. 반면 보병들은 적군과 어느 정도 거리를 유지하면서 어디든 땅을 파거나 엄폐물 속에 자신의 몸을 숨길 수 있었다.

어쨌든 공격 전투의 성패는 전차부대 지휘관에게 달려있었고, 우리는 보병이 보조를 맞추어 후속하는지 항상 신경을 써야 했다. 그러나 자신이 해치를 닫고 목표만 바라보고 기동하면 보병과의 협동 전투가 불가능할뿐더러 목표에 도달할 수도 없었다. 만일 보병 부대원들과 통신이 두절되면 그들은 절대로 우리를 따라오지 않았다. 이는 실패로 끝난 첫 번째 전투에서 증명된 바가 있었다. 현대전에서도 전차와 보병 간의 통신체계 — 송수신기가 내장된 헬멧도 개발되고 있다. — 가 중요하다고 한다. 그럼에도 불구하고 지휘관과 부대원들이 서로 만나 의사소통하는 것의 중요성을 간과해서는 안 된다. 특히 이것은 보병 부대원들이 전차부대 지휘관을 모를 때는 더욱 중요했다. 우리는 보병 전우들이 무전을 수신할 때까지 무척이나 애타게 그들을 호출했을 때도 있었다! 훌륭한 전차부대 지휘관은 어렵고 힘든 상황에서도 해치를 열고 밖으로 나올 수 있어야 한다. '양철 깡통' 안에도 사람이 있다는 것을, 우리 전차 승무원들이 전차 안에 숨어 있지 않고 전장에서 최선을 다하고 있다는 것을 보병들에게 보여주어야 한다.

다시 한번 말하지만 우리는 돈좌된 공격을 재개하여 성공시켰다. 전차 승무원들이 좋은 모습을 보여주었을 때, 즉 선두에 서서 맹렬히 돌진할 때 보병 전우들이 멈춰 서 있었던 적은 없었다. 여기에도 어떤 의미가 숨어 있다. 우리 전차 승무원 중 아무도 철모를 쓰고 있지 않았고 이것이 뜻밖에 우리가 대담하다는 이미지를 심어 주었다. 철모가 우리에게 지급되었지만, 전차 내부에는 공간이 협소해서, 일단 받으면 전차 외부 또는 포탑에 걸어 놓을 수밖에 없었다. 물론 그런 경우에는 기동 중에 잃어버리기 십상이었다. 매우 불편하기도 했고 무전 수신용 헤드폰을 써야 했기에 전차 안에서는 철모를 쓸 수도 없었다. 보병들과 정찰을 나갈 때면 간혹 배려심 넘치는 보병 전우들이 내게 철모를 빌려주기도 했다. 그러나 나의 머리둘레 사이즈가 60호였기에 맞는 철모를 찾기도 힘들었다.

이제 막 전선에 온 전차병들은 배워야 할 것이 많았다. 예를 들어 그들은 보병들이 철모를 쓰고 있거나 목에 걸고 있는 것을 보면, 최전선 가까이에 있다고 생각했던 것이다. 하지만 그건 착각이었다. 보병에게는 그것보다 철모를 더 편하게 휴대하는 방법이 없었기 때문이었다. 거기보다는 탄띠나 다른 곳에 두면 더 불편했기 때문이다. 또한, 우리가 전차 밖으로 나갈 때는 리거 소위의 말마따나 철모를 쓰지 않는 것을 정당화했다. "총알이 내 배로 들어오는데 철모는 무슨!" 그런데 정말로 지독히도 아이러니한 일이 일어났다. 리거는 나르바 진지에서 철수 중에 정말로 복부 관통상으로 전사하고 말았다!

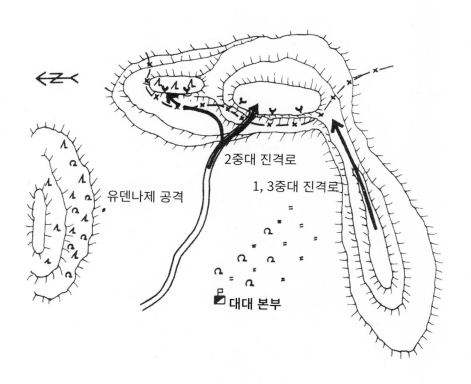

유덴나제 공격

2중대 진격로

1, 3중대 진격로

대대 본부

23. "즉시 부대로 복귀하라!"
"sofort zur Truppe züruck"

'유덴나제' 전투에서 승리한 뒤 대대는 숙영지로 복귀했다. 3중대의 카를 루펠Karl Ruppel 소위와 나는 약간의 휴식을 취할 수 있도록 레발 Reval에 있는 전선의 휴양소로 가라는 명령을 받았다. 내게 이 휴식은 지난번 휴가 도중 복귀한 것에 대한 일종의 위로 차원의 조치였다. 물론 대대에서 부르면 즉시 복귀해야 한다는 것도 알고 있었지만 그런 상황은 예상보다 빨리 일어났다. 솔직히 당시에는 조금만 더 쉬고 싶었다.

휴가에서 조기 복귀한 뒤 부대에서 건강 검진을 받았다. 레발에 가게 된 것은 그때 군의관이 작성해준 소견서 덕분이었다. 그 문건에는 1943년 가을에 발견된 심장 기능 약화 증상이 없어졌다고 되어있었고 나 자신도 그렇게 빨리 '회복'된 것에 깜짝 놀랐다! 물론 그게 끝은 아니었고 그 내용은 다음과 같았다. '휴가를 다녀왔음에도 순환기 계통이 매우 불안정하고 전반적으로 체력이 약해진 상태임. 따라서 4주간의 휴양이 필요할 것으로 판단되며 다시 전투를 할 수 있는 상태로 회복하기 위해서는 반드시 금연과 금주를 해야 함. 향후 장기간 계속해서 신체적 스트레스를 받게 되면 심장 천식 발작이 재발하게 될 가능성도 있음!'

카를 루펠과 나는 레발행 '특급' 열차에 올랐다. 오늘날 아무도 믿지 못하겠지만 당시에는 이동하는 데만 8일이 소요되었다. 정말로 달갑지 않은 여행이었다. 열차는 얼마 달리지도 않았는데 선로를 변경하고 기관차를 교체하기 위해 매번 정차했다. 게릴라들을 피하기 위한 이유도 있었다. 레발까지의 여정은 그리 즐겁지 않았다.

놀랍게도 기차역에는 우리를 데리러 온 차량이 있었다. 1943년부터 이미 나와 알고 지냈던 휴양소 책임자가 우리를 위해 보냈던 것이다. 수돗물이 펑펑 나오고 수세식 화장실과 욕조가 설치된 멋진 방을 배정받았다. 이곳에서는 모두가 이런 방에서 묵었고 좋은 음식을 받았다. 그야말로 완벽한 휴식 환경이 갖춰진 곳이었다.

첫날 아침, 우리는 휴양소 사람들과 함께 아침 식사를 하며 그동안 우리가 치른 전투들에 대해 이야기 보따리를 풀어 놓았다. 그런데 그 순간 전령이 나타나서 나와 루펠에게 전보를 건넸다. 우리 둘은 침울했다. 나는 이곳으로 이동하면서 루펠과 내기를 했다. 나는 레발에서의 휴양이 길어야 2주 정도 될 것이라고 확신했다. 물론 그는 그 이상 휴가를 보낼 수 있다고 말했다. 전날 저녁에 그곳에 도착해서 러시아군이 비쳅스크 전선을 돌파했다는 국방군 뉴스를 들었을 때, 나는 그 내기에서 이길 것이라 직감했다. 그리고 그 전보의 내용도 이미 내가 생각한 대로였다. "즉시 부대로 복귀하라!"였다. 당시 우리가 얼마나 심한 욕설을 내뱉었는지 여기에 기술하지는 않겠다. 부대에서 우리를 필요로 한다는 사실 때문이 아니라 너무나 지루했던 여행이 허사가 되었고 또다시 지루한 여행을 해야 한다는 것 때문에 더 화가 났다. 우리가 부대를 떠났을 때보다 더 긴장된 마음으로 부대로 복귀했다.

플레스카우의 전선 이동통제소에서 우리 '부대원'들이 그 사이에 뒤나부르크의 남쪽 일대로 철수했다는 사실을 접했다. 그곳은 빌나를 향해 신속히 진격 중이던 러시아군의 노출된 측방이었다. 우리에게서 많은 교훈을 얻은 러시아군은, 우리가 1941년 진격했던 똑같은 기동로와 동일하지만 방향만 정반대로 진군하고 있었다. 즉 우리는 빌나—민스크—비쳅스크—스몰렌스크로 진격했는데 반해, 지금 그들은 스몰렌스크—비쳅스크—민스크—빌나 방향으로 기동하고 있었던 것이다! 이제 적군이 압도적 우위에 서는 상황이 찾아왔고, 적의 편으로 돌아선 전쟁의 신은 마침내 우리를 심판하려 하고 있었다.

24. 합당한 명령 불복종
Befehlsverweigerung aus Vernunft

러시아 민간인 저항세력들이 로시텐―뒤나부르크 일대를 위협하고 있었기 때문에 우리처럼 '휴양지에서 복귀 중이던 병력'들은 그 지역의 전투부대 이곳저곳으로 분산 배치되었다. 하지만 나는 별문제 없이 뒤나부르크에 도착했고 마침 그곳에 있었던 정비 중대에서 나를 우리 부대로 데려다주었다. 그런데 놀랍게도 중대원들의 모습은 너무나 평화로웠다! 훈련을 끝내고 휴식을 하는 것처럼 전차들은 이곳저곳에 서 있었고 승무원들은 텐트 밖에서 햇볕을 쬐고 있거나 편지를 쓰고 있었다. 물론 다들 이런 휴식이 그리 오래 이어지지 않으리라는 것도 잘 알고 있는 듯했다.

뜻밖에 군수지원부대가 우리 전투부대와 함께 있었기에 평소와는 달리 좋은 부식을 받을 수 있었다. 전투 기간에는 보급이 너무나 열악했기 때문에 그곳에서의 생활이 우리에게는 분에 넘치는 것이었다. 취사반에서 조리한 수프는 너무 기름져서 아무도 먹지 않았다. 부식을 보급받으면 모두가 자기 취향에 맞게 스스로 조리해서 먹었다. 이 군수지원부대는 매우 질 좋고 토실토실한 가축들, 이를테면 암소, 돼지, 거위, 오리, 닭 등을 보유하고 있었다. 가축 '관리'를 전담하는 특별팀도 편성되어 있었다. 주민들에게 가축을 빼앗은 '범죄행위' 때문에 그 전우들은 훗날 러시아의 포로수용소에서 25년의 징역형을 선고받았다. 어쨌든 고향에 있는 동포들도 부러워할 만큼 호화로운 생활이었다. 우리는 창고에 쌓여있던 맛난 음식들을 모조리 먹어 치웠다. 세상의 사물들이 빨리 상한다는 것을 군인만큼 잘 아는 사람도 없다.

러시아군의 작전목적은 북쪽에 위치한 아군의 전력을 고착하는 것이었기에 종종 우리를 기만했다. 따라서 서쪽으로 진격 간 측방인 북쪽을 지향하는 대규모 공세도 없었다. 그래서 러시아군 1개 연대 때문에 우리에게 계속 비상이 걸리긴 했지만, 그들이 교전을 피하는 바람에 우리도 철수하곤 했다.

우리와 적군은 7월 11일 카라시노Karasino에서 처음으로 제대로 된 교전을 치렀다. 아군이 이곳에서 방어진지를 구축하고 있었는데 러시아군이 이를 방해하려 했던 것이다. 우리는 높이 솟은 고지를 확보하려는 보병 전우들을 지원해야 했고 그다지 큰 어려움은 없었다. 러시아군의 전력은 강하지 않았을뿐더러 전차도 몇 대 없었기 때문이었다. 오로지 그들은 서쪽으로 진격하는 데만 집중했다. 이 전투에서 우리는 어느 숲 외곽에 출현한 T-34 전차 한 대를 완파했는데 우리 전력에 비하면 너무나 쉬운 상대였다.

그러나 우리 쪽에도 한 가지 불상사가 있었다. 그 피해자는 바로 용감하고 씩씩했던 오스트리아 슈타이어Steyr 출신인 츠베티 상사였다. 우리는 임무를 완수하고 러시아군과 한참 떨어진 어느 언덕 후사면에서 식사 중이었다. 그때 그는 자신의 전차 위에서 탄약을 보충하고 있었는데 청천벽력처럼 도비탄 한 발이 날아와서 하필이면 여기에 기술하기 좀 민망한 그의 신체 부위에 맞았다. 굳이 설명하자면 중세 시대의 고상한 언어로, "도비탄이 '둔부ärschlings'에 맞았다." 정도로 표현할 수도 있겠다. 당시 그 모습을 본 우리는 웃음을 터뜨리고 말았는데 그것이 그를 더 격분시켰다. 안타깝게도 전투에서는 아무 일도 없었던 그가 이런 불운한 일로 중대를 떠나야 했다! 다행히 큰 부상이 아니어서 구호소에 입원할 필요까지는 없었고 훗날 파더보른의 제500보충대대에서 완쾌된 모습으로 나와 다시 만나게 되었다.

이틀 뒤 러시아군은 다시 한번 카라시노에 나타났다. 우리는 제380기계화보병 연대 지역에 있었고 나는 당시 예비역 소위였던 베른트 쉬즐레 Bernd Schäzle를 알게 되었다. 슈바벤Schwaben 토박이 출신답게 그의 이름도 전형적인 슈바벤식이었다. 동계 전투 중에 그는 소대장으로 기사철십자장을 받았고 당시 연락장교로 우리에게 와 있었다. 나는 훗날 중상을 입고 고향으로 돌아가는 배에서 팔을 다친 쉬즐레를 만났다. 나는 두 다리가 멀쩡했던 그의 부축을 받아 갑판에도 올라가고 이곳저곳으로 움직일 수 있었다. 오랜 항해 기간 중 그는 내게 큰 도움을 주었다.

제380기계화보병연대의 지휘소 앞에서 전투협조 회의를 하던 중 다시 한번 뜻밖의 손님이 찾아왔다. 갑자기 '주간뉴스Wochenschau'의 기자들이 방문했던 것이다. 그들이 제작한 영상은 어디선가 상영되곤 했는데 이번에는 실감 나는 장면을 촬영하기 위해 왔다면서, 내게 다음 전투에 전차를 타고 나가고 싶다고 부탁했다. 전차 내부가 너무 좁아 거절하려 했지만, 전투가 벌어져도 그리 치열하지 않을 거라는 생각에 나는 그들의 부탁을 들어주기로 했다. 처음이자 마지막이었다.

나는 그 기자가 전투 장면을 카메라에 담을 수 있도록 탄약수석을 내어주었다. 우리의 임무는 단지 이곳에 출현한 적군을 쫓아내 전선의 상황을 안정시키는 것이었다. 그런데 케르셔 중사가 동쪽으로 너무 멀리까지 나가는 바람에 하마터면 자신이 지휘했던 세 대의 전차와 함께 늪지대에 빠질 뻔했다. 한편 내 전차는 러시아군 진지들이 내려다보이는 어느 언덕 위로 올라섰다. 그 순간 러시아군은 내 옆에 있던 기자의 의도도 몰라주고 우리를 향해 대담하게 몇 발의 총탄과 포탄을 발사했다. 그 기자는 촬영은커녕 단 한 번도 해치 밖으로 고개를 내밀지 못했다. 우리가 대응 사격을 시작하자 그는 연신 "명중! 명중!"을 외쳐댔다. 나는 너무나 화가 났지만, 그에게 전장의 분위기를 체험할 기회를 주는 것이 제대로 된 '접대'라는 생각에 케르셔 중사가 복귀할 때까지 그 언덕에 머물렀다. 그 기자만 없었다면 나는 벌써 언덕 뒤로 숨었을 것이다.

복귀하기 직전에 전방 약 1,200미터 거리의 숲 외곽에 러시아군 전차 두 대가 나타났지만, 그들은 우리와 싸울 생각이 없는 듯 우리 앞을 지나갔다. 나는 그 기자가 전투 장면을 촬영할 준비를 마칠 때까지 기다려 주었다. 실제로 러시아군 전차가 완파되는 모습을 필름에 담을 수 있게 배려했던 것이다. 그러나 우리 전차가 쏜 첫 번째 전차탄이 빗나가면서 멋진 장면을 연출할 수 없었다. 우리의 사격에 당황한 적 전차들은 황급히 숲속으로 달아나버리고 말았다. 아이러니하게도 사격의 효과는 적군보다 그 기자에게 더 컸다. 전차포탄이 발사되자 자신이 포탄을 맞은 듯 포탑 안에서 주저앉아버렸고, 그 때문에 탄약수가 제2탄을 장전하지 못했다. 이 주간뉴스 기자 덕분에 러시아군 전차 승무원들이 목숨을 건져 돌아갈 수 있었던 것이다. 주둔지에 복귀한 뒤 이 기자는 기회가 되면 다시 한번 전차를 타고 전장에 나가고 싶다고 부탁했다. 나로서는 그를 도무지 이해할 수 없었다. 치열한 전장에 나가고 싶은 열망은 충분히 이해할 수 있다. 하지만 그런 열망만으로 전투를 준비하고 직접 전투하는 일에 뛰어들어서는 안 된다. 특히 적군이 눈을 부릅뜨고 있는 곳에서는 절대 하지 말아야 할 일이다.

7월 15일, 나는 사단 지휘소에서 다소 빈약한 전력으로 마루가 Maruga 서쪽의 방어선을 구축하고 있던 어느 전투단의 작전통제를 받으라는 명령을 받았다. 이 전투단의 지휘관은 전선에 오기 직전까지 동부지역의 독일군 점령지 가운데 어느 대도시의 지역사령관을 역임했다고 하는데, 현재의 전투를 지휘하기에는 능력이 부족한 인물이었다. 나와 함께 있던 사단장이 그에게 전화를 걸어, '티거' 부대가 다음 날 아침에 전투단에 도착할 테니 걱정하지 말라고 얘기할 정도였다.

아이히호른 소위와 나는 퀴벨바겐을 타고 06시 정각에 전투단의 지휘소에 도착했다. 전투단 지휘소는 이동이 가능한 버스에 설치되어 있었고 나는 곧장 장군 계급장을 단 전투단장에게 신고했다. 그는 '티거'의 엔진 소리가 들리지 않는 것을 의아해했다. 이에 나는 현재 전차들이 최대 속도로 기동 중이지만 08시는 되어야 도착할 거라고 보고했다. 이 말에 높으신 그 양반은 더 놀란 표정을 지었지만, 그래도 상냥한 목소리로 이렇게 말했다. "알겠네. 젊은 친구, 자네는 운이 좋아! 우리도 08시에 공격하기로 했거든!" 높으신 장군님에게 반대의견을 말하기는 늘 어려운 일이고 특히 이렇게 중요한 순간에는 더 그렇다. 나는 전투단의 계획에 이의를 제기했다. 우선 주전선까지 도로를 정찰해야 하고 게다가 보병 대대장과의 협조도 필요했기에 08시까지 우리가 공격 준비를 하기에는 불가능하다고 말했다. 그러나 전혀 다른 생각을 갖고 있던 그 양반은 내 말을 끝까지 들어줄 용의가 없었다.

"이미 돌격포 부대원들이 주전선까지 도로와 교량들에 대한 정찰을 끝냈어! 그들이 갈 수 있다면 자네들도 충분히 갈 수 있어야 해!"

어떤 사람들은 도로와 교량을 뒤꿈치로만 두드려보고 갈 수 있다고 말하곤 했다. 그러나 그것은 전체 작전의 성공이 걸려 있는 중대한 일이었다. 나는 돌격포의 중량이 전차의 절반을 조금 넘고 다른 부대의 정찰 결과를 믿었다가 낭패를 본 일이 많았기 때문에 내가 직접 정찰을 해야 한다고 주장했다. 그러나 그 장군은 '이제 그만해!'라는 의미로 버럭 소리를 질렀다. "이 어린 놈이 어디서 감히! 정말 '건방진' 놈이구먼! 내가 08시에 공격을 하라고 하면 입 닥치고 08시에 공격하란 말이야!"

더 이상의 대화는 어려웠다. 나는 하는 수 없이 '거수경례'를 하고,

"예, 알겠습니다, 장군님! 죄송합니다!"라고 말하고는 돌아섰다. 벌써 험악한 분위기를 눈치챈 아이히호른 소위는 어디론가 사라져버렸다. 08시에 공격하는 것은 도저히 불가능했다. 그러나 그 양반의 심기를 더 이상 건드리면 안 되겠다는 생각이 들었다. 보병 대대장은 검은색 군복을 입은 나를 보고는 매우 반가워했다. 그 역시 08시까지는 공격 준비가 불가능하다고 말했고 우리는 공격 개시 시간을 10시로 합의했다. 우리 정비반도 그 시각까지 케르셔 전차의 정비가 완료될 거라 약속했다. 언제나 그렇듯 내게 가장 중요한 것은 전차들이 적시에 전투준비를 완료하는 것이었다. 그런데 보병 부대들 내부에 통신 문제가 있었다. 보병 대대장도 자신의 중대와 통신망이 연결되지 않은 상태였다. 우리는 함께 주전선 지역으로 갔고, 공격 목표를 명확히 볼 수 있는 곳에서 대대장인 소령이 내게 작전계획과 지형을 설명해 주었다. 이번 작전에서 확보해야 할 목표는 우측 전방 3~4킬로미터 정도 떨어진, 주변 지역을 완전히 감제할 수 있는 고지였다. 만일 아군이 이 고지를 손에 넣는다면 소수의 전력으로도 현재의 진지를 고수할 수 있었다. 하지만 현재 상태에서는 아군의 진지들은 매우 취약했다. 러시아군이 전방의 숲속에 진지를 편성한 것과 달리, 아군의 진지는 개활지에 구축되었기 때문에 적군에 완전히 노출된 상태였다.

그 사이에 휘하의 '티거'들이 전투단의 지휘소에 도착했다. 09:30경 그 장군도 우리의 공격을 직접 보기 위해 우리를 찾아왔다. 당시 상황을 인지한 그도 하는 수 없이 우리의 공격개시시간을 수용해야 했다. 우리는 이런 경험이 훨씬 많았기에 담담했지만, 그는 유난히 흥분한 상태였다. 우리는 정시에 최전선에 도달하기 위해 천천히 출발했다. 그 순간 전방에서 엄청난 적 포탄들이 날아오기 시작했고 러시아군이 이미 아군의 방어선을 돌파했다는 보고가 들어왔다. 그 장군의 얼굴은 하얗게 질려서 완전히 정신이 나간 상태였지만 내가 나서서 재빨리 그를 안정시켰다. 나는 아군 보병 부대만 공격받은 것이니 이 정도는 우리에게 전혀 문제가 되지 않는다고 걱정하지 말라고 말해 주었다.

이제 우리가 나서야 할 순간이었다. 내가 첫 번째 구릉을 넘어서자 케르셔가 무전으로 후속 중이라고 보고했고 나도 뒤쪽의 그를 보았다. 역시 델차이트와 정비반의 능력은 탁월했다. 우리는 큰 문제 없이 피탈된 방어선에 도달했고 미처 빠져나가지 못한 몇몇 러시아군 병사들이 그곳에 남아있었다. 우리 보병들이 자신의 진지들을 탈환했고 나도 정확히 10시에 공격을 개시했다. 대대의 통신분대가 전투단 지휘소와 나와의 무전을 중계해 주었는데 그 전투단장은 무전으로 내게 칭찬을 아끼지 않았다. 아직 그리 큰 성과를 낸 것도, 우리가 별로 한 것도 없었지만 그는 감격스러워했다.

그곳의 지형은 다수의 자그마한 구릉들이 이어져 있었고 움푹 팬 곳은 습지였다. 그래서 구릉의 가장자리만을 이용해 기동해야 했다. 다행히 우리 공격 목표 지점은 우뚝 솟은 높다란 고지여서 어디서든 볼 수가 있었다. 그렇지 않았다면 구릉을 지나 습지를 회피하면서 방향을 변경해야 했기 때문에 공격 방향을 잃어버릴 수도 있었다.

마침내 목표 지점을 눈앞에 둔 순간, 그리고 습지를 피하기 위해 우측으로 방향을 전환해서, 다시 말해 목표 지점에서 보면 내 전차의 좌측방이 완전히 노출된 상태였다. 그때 케르셔 중사가 그 고지에 배치된 러시아군의 대전차포 두 문을 식별했다. 우리는 항상, 두 대의 전차가 기동할 때 다른 두 대의 전차가 이를 엄호하는 방식으로 기동했다. 맙소사! 전차를 타본 경험이 있는 사람이라면 당시의 상황을 충분히 상상할 수 있을 것이다. 어쩔 수 없이 우리의 측면이 노출될 수밖에 없었다. 하지만 달리 방법이 없었고 우리는 무조건 그 고지에 도달해야 했다. 그 순간 이미 케르셔가 적군의 대전차포들을 박살냈다.

그런데 도무지 이해할 수 없는 일이 벌어졌다. 나와 함께 보조를 맞추어 기동해야 할 전차가 내 뒤를 따라오지 않았던 것이다. 그 차량의 전차장은 보충대대에서 새로 전입해 온 중사였다. 지금까지 내가 진격하는데 최소한 내 뒤를 따라오지 않는 전차장은 없었다. 오히려 나보다 과도하게 앞서가려는 이들을 정지시켜야 할 때가 더 많았다. 케르셔 중사도 나를 따라오고 싶어 했지만 다른 차량이 그의 앞을 가로막고 있었기 때문에 그럴 수 없었고 더욱이 적 대전차포를 제압하고 있었다. 이에 다른 사람들이 말하듯, '자제력'을 잃은 나는 그 전차장을 곧바로 보직 해임하고 포수에게 전차장 임무를 수행하라고 지시했다. 통신수에게는 포수 임무 수행을 시키고 '신참' 중사를 통신수석에 앉아 편히 쉬게 했다. 당시 중대에는 전차장이 되기를 희망하는 간부들이 차고 넘쳤다. 하지만 이 신참 중사에게는 그 정도의 전투 의지나 열의가 전혀 없었다! 저녁에 복귀하자마자 나는 그 녀석을 군수지원부대로 보내버렸다. 전차 중대보다는 그곳에서 뭐라도 쓰임새가 있으리라고 생각했다. 아무튼, 최전선, 그것도 우리와 같은 부대에 있어 그런 친구는 불필요한 존재였다.

우리는 마침내 공격 목표였던 그 고지에 도달했고 어둠이 몰려오기 직전까지 그곳을 지켰다. 이제 이 고지 일대를 제외하고 우리가 통과했던 지역에는 더 이상 적군이 없었다. 러시아군도 당연히 이곳을 중요하게 생각하는 듯했다. 그들은 단지 아군의 주전선과 맞닿는 부분에만 소수의 병력을 배치해 놓았던 것이다. 그러나 이유는 모르겠지만 아군 보병들은 우리의 공격에 동참하지 않았다. 내게는 매우 중요한 문제였다. 나는 어두워지기 전에, 우리가 지나왔던 궤도 자국이 보일 때쯤 전투단에 복귀하겠다고 보고했다. 한밤중에, 그것도 적군이 둘러싸고 있는 한복판에 홀로 남았다가 그들에게 사로잡히고 싶지는 않았다. 전투단 지휘소에서는 돌격포부대를 우측 후방에서 우리 쪽으로 보내주겠다고 했으나 아무것도 보이지 않았다. 이날 오후에 그쪽에서 간헐적인 포성만 들렸을 뿐, 그걸로 끝이었다. 우리는 임무를 완수했고 무사히 전투단 지휘소로 복귀했다. 지금까지도 우리가 그곳에 남았어야 했나 라는 의문이 든다. 대전차포 두 문을 파괴한 것만으로는 러시아군에 그리 큰 타격을 주지 못했기 때문이다. 게다가 우리도 이 전투에서 필요 이상으로 많은 연료와 탄약을 소모한 상태였다.

그 장군은 우리의 임무완수에 매우 뿌듯하다는 표정으로, 다시금 상냥하게 이렇게 말했다. "자네 생각이 옳았어. 그리고 큰 성과를 거두었기에, 자네의 무례한 태도에 대해서는 용서해 주겠네." 사실 책임 지역의 상황을 걱정하던 그 높으신 양반이, 이제는 위기에서 벗어났다는 생각에 기뻤던 것 같다. 그가 보기에도 그 상황을 해결한 주역은 바로 우리였던 것이다.

우리는 서쪽으로 한참 떨어진 곳으로 가서 별로 중요하지 않은 소규모 전투를 수행하라는 명령을 받았지만, 다행히 실행 직전에 취소되었다. 그 사이에 러시아군은 측방을 방호하기 위해 포병을 배치했다. 우리가 주전선 후방 가까운 곳에서 동, 서로 약간의 움직임만 보여도 적군은, "티이~그리이~Tiiigriii! 티이~그리이~Tiiigriii!"[77]라고 외쳤고, 우리도 들을 수 있을 정도로 또렷했다. 그와 동시에 녀석들은 '전 전선에서 우리의 진출을 저지'하기 위해 포탄을 날려 댔다! 그때는 무슨 일이 벌어지지 않는 한 우리도 움직이지 않는 것이 상책이었다.

그런데 러시아군은 우리와 전차전을 할 생각이 없는 듯했다. 러시아군 전차들은 고지 후사면으로 올라와서 아군 보병들을 괴롭히다가도 우리가 나타나면 마치 유령처럼 사라져버렸다. 우리에게는 그저 달아나는 적 전차의 엔진 소리만 들릴 뿐이었다. 우리가 쉴 수 없게 하는 것

---

77 │ 러시아어로 호랑이는 '티그르Тигр' 라고 한다. '티그리Тигры'는 복수형.

이 그들의 의도였던 것이다. 러시아군의 대규모 공세도 없었고 그들에게는 그럴만한 전력도 없었다. 적군은 주력부대를 서쪽으로만 집요하게 밀어 넣었기 때문이다. 안타깝게도 그들의 진격을 저지하기에는 아군의 전력이 너무 약했다. 그래서 러시아군의 측방에 해당하는 이곳은 상대적으로 평온했다.

한편 전투단 책임 지역에서는 새로운 전선의 형태로 인해 한 가지 에피소드가 벌어졌다. 도상으로 보면 그 장군이 말했듯, 북쪽으로 매우 '흉하게' 돌출[78]되어있었다. 그는 이 지역을 곧게 펴고 싶어 했다. 주전선을 반듯하게 만들기 위해서는 어느 마을 하나를 점령해야 했는데 그래서 나는 퀴벨바겐을 타고 그곳 상황을 확인하러 가봤다. 어느 연대장이 직접 나와서 우리에게 그곳 지형을 설명해줬는데, 내가 장군의 의도를 전달하자 그는 매우 어이없다는 표정을 지었다. 그 마을은 비무장지대 내의 깊은 골짜기에 있었고 우리의 전선은 삼림지대의 외곽을 따라 그 마을 북쪽의 어느 고지로 이어져 있었다. 러시아군도 그 마을 남쪽에 진지를 구축했기에 이 마을을 점령하는 자체는 정말로 무의미한 일이었다. 더욱이 주간에 우리 전차로 공격한다 해도 그곳을 점령하기는 어렵다고 판단했다. 물론 보병들을 투입해도 마찬가지일 거라 생각했다. 가뜩이나 전력이 약했던 아군에게 있어 가장 타당한 방책은 현 전선을 유지하는 것이었다. 현재 전선을 통제하는 데 전혀 문제가 없었기 때문이다. 도상으로는 보기 '흉한' 모양이었지만 실제로 그럴 수밖에 없는 상황이었다.

곧 그 마을을 공격하라는 전투단장의 명령이 떨어졌고 이에 연대장은 제정신이 아니었다. 그는 곧장 빌헬름 베를린Wilhelm Berlin 장군을

---

78 | 독일군이 북쪽, 러시아군이 남쪽에 있고, 남쪽의 러시아군은 서쪽으로 계속 진격하는 상황이었음.

찾아가 이 작전을 취소시켜야 한다고 말했다. 나는 그의 말에 기꺼이 동의하고 함께 가 주었다. 이 전투단의 상급부대에 있었던 베를린 장군은, 내 생각이 옳다고 인정하고 우리의 자그마한 '반란'에 미소를 지으며 흐뭇해했다. 그는 즉시 전투단장에게 전화를 걸어 현재의 주전선을 유지하라고 지시했다. 나는 이런 어이없는 전투에 보병 전우들과 '티거'들을 투입해서 만일 손실이 생긴다면 절대로 안 된다고 생각했다.

이것은 '제3제국'에서도 공식적으로 하달된 명령을 거부하거나 최소한 맹목적으로 따르지 않는 것이 가능했다는 것을 보여주는 대표적인 사례 — 이 책에서도 여러 번 언급되었듯 — 이다. 당연히 상부의 명령을 거부한 간부나 병사는 전적으로 그에 대한 책임을 져야 했다. 이런 자세는 오늘날 새로이 창설된 서독 연방군 장병들에게도 필요하다. 나는 심각한 문제를 야기할 수 있는 명령 — 비정상적인 사람이 원할 수도 있는 — 을 받았을 때, 얼마나 많은 장교가, 특히 청년 장교들이 이를 거부할 수 있는지 한 번쯤 보고 싶기도 하다. 대부분의 경우 그들은 상황을 정확히 판단하지 못해서 그런 결심을 하지 못할 것이다. 당시 우리는 군단의 직접 통제를 받는 부대였기에 운 좋게도 전체 작전지역의 전황을 충분히 이해하고 있었다. 그래서 당시 상황에 대해 합리적인 판단을 할 수 있었던 것이다. 반면 우리 모두는 어떠한 독단적인 행동에 대해, 그리고 명령을 변경해서 이행하거나 나아가 그런 명령을 거부하는 것에 대해 스스로 책임을 져야 했다. 기꺼이 책임을 감수하는 자세야말로 장교에게 요구되는 가장 중요한 자질이었다. 새삼스러운 것도 아니었고 전쟁에 참가한 이들이라면 모두에게 이 정도는 상식이었다. 최하급의 '지휘자'도 아주 소규모 '공격'을 독단적으로 감행했을 때, 성공하면 칭찬과 함께 경우에 따라서는 큰 상도 받았다. 반면 실패하면 가차 없이 군사재판에 회부되곤 했다.

그래서 우리는 당시 이미 스스로 책임질 수 있는 범위 내에서 뭔가를 결심할 수 있었고 나중에 그런 결정들이 옳았으며 필요했다는 것이 입증되었다. 물론 우리 같은 야전군이나 군단의 직할 부대 예하의 지휘관들과 보병 부대의 중대장, 소대장들의 상황은 완전히 달랐을 것이다. 그들에게는 확실히 독단적인 행동을 할 운신의 폭이 좁았을 것이다. 그러나 오늘날 새로이 창설된 군대에서도 이것은 변함없이 지켜져야 한다. '올바른' 명령에만 따르라는 문구가 있기는 하지만, 이는 전제에 문제가 있다. 무조건 '명령을 거부해도 용서받을 수 있다.'라는 생각 자체는 버려야 하며 절대 있을 수 없는 일이다. 만일 모든 군인이 자신의 관점에서 필요하고 타당하다고 생각하는 명령만을 이행하려 한다면 전쟁에서의 승리는 불가능할 것이기 때문이다.

우리는 마루가에서의 첫 번째 공격 전투를 함께한 대대 지휘소에서 경계 임무를 맡고 있었다. 어느 날 아침에 깨어 보니 케르셔 중사가 보이지 않았다. 무슨 일인지 확인하니 깜짝 놀랄 이야기를 듣게 되었다. 간밤에 내가 자다가 갑자기 일어나 그에게 주전선으로 가서 그곳을 경계하라고 지시했다는 것이다. 도무지 아무것도 기억나지 않았다. 단 한 번도 전차 한 대만을, 게다가 야간에 경계를 위해 투입한 적이 없었다. 그러나 용감한 케르셔 중사는 명령에 따라 이동했다. 나는 무전으로 그에게 복귀를 지시했다. 승용차 운전병도 이와 유사한 일을 겪은 적이 있었다. 나는 정찰을 위해 군수지원부대에 운전병을 요청했다. 당시 비몽사몽이었던 나는 운전 지원으로 온 그에게 다시 돌아가라고 말했던 것이다. 잠에서 깨어난 나는 그제야 타고 갈 차량이 없다는 것을 알게 되었다.

나는 이런 오해가 더 이상 발생하는 것을 막기 위해 부하들에게 내가 똑바로 서 있을 때 지시한 것만 이행하라고 지시했다! 당시 우리 모두는 너무나 지친 상태였기에 일단 누우면 그 자리에서 바로 잠들어버렸다. 델차이트 상사는 내가 자고 있을 때 언제든 용무가 있으면 내 목덜미를 잡고 나를 일으켜 세웠다. 장교인 내게 감히 해서는 안 될 행동을 했지만 그래도 그것이 최고의 대안이었다. 오늘날 생각해보면 신기하고도 과격한 방법이지만 그래도 잠을 깨고 온전한 정신에서 대화를 할 수 있다는 측면에서 꽤 괜찮은 방법이었다!

그즈음 내게 중대장 자리를 인계했던 전임 중대장 폰 X는 독일 본토의 병과학교 전술 교관으로 보직되었다. 그때 슈트라흐비츠 백작도 다이아몬드 백엽검 기사 철십자장을 받으러 독일로 복귀했고 우리도 나르바 지역에서 철수했으니 그는 운이 좋은 셈이었다. 그가 징계 조치를 받았다는 소식은 없었고 아무도 대화 주제로 그런 불쾌한 이야기를 꺼내고 싶어 하지도 않았다. 내가 아는 것은 단지 츠베티 상사만 조사를 받았다는 사실이었다. 그 외에는 모두가 그 일을 서서히 잊어버렸다. 그게 내 개인적으로 최선이었다. 폰 X는 1944년 7월에 전출 가기 전까지 대대에서 '특임 장교Z.b.V-Offizier'[79]로 남아있었고 내가 중대장 대리로 임무를 수행했다. 결국, 이런 운명을 겪게 된 것은 우리 두 사람 모두에게 행운이었다. 만일 내가 다른 중대장과 함께했다면, 내가 지금까지의 과업을 받지도, 이렇게 성공시키지도 못했을 것이다. 중대에 나처럼 인내하고 이해심 많은 장교가 폰 X 옆에 없었더라면 그는 진작에 보직 해임되었을 것이다. 문제가 된 그 사건의 실체가 밝혀지기 전에 다른 누군가가 분명히 그에게 어떻게 대응하라고 조언을 해 주었을 것이다. 그래서 그는 조기에 대위로 진급할 수도 있었고 큰 피해 없이 그 위기를 모면할 수 있었다. 그러나 오늘날까지 나는, 우리 둘 모두가 사건의 진실을 정확히 알고 있다고 믿는다.

---

79 | Zu besondere Verwendung, 특별한 임무를 수행하기 위한 보직.

25. 뒤나부르크 방어 전투
Die Abwehrschlacht bei Dünaburg

1944년 7월 20일 새벽 무렵 — 슈타우펜베르크Stauffenberg 대령이 히틀러 암살을 시도하기 몇 시간 전 — 대대 지휘소에 이런 소식이 도착했다. 아군의 제290보병사단이 방어하던 뒤나부르크 북동부 지역이 러시아군에게 돌파당했으며, 적군은 지금 뒤나부르크—로시텐을 잇는 주 기동로로 진격 중이고 약 90~100대의 적 전차가 그곳에 출현했다는 내용이었다. 하지만 내 생각에 그 전차 숫자만큼은 과장된 듯했다. 기껏해야 50대 정도였겠지만 물론 그것도 충분히 많은 숫자이기는 하다. 술에 취한 사람도 그렇겠지만 보병들도 야간에 적 전차부대에 기습을 당하면 상황을 두 배 이상으로 부풀리는 일이 간혹 있었기 때문이다. 하지만 우려스러운 것은 우리가 뒤나부르크로부터 50킬로미터 이상 떨어진 곳에 있었다는 사실이었다.

대대에서는 이러한 소식과 함께 우리 중대가 즉시 뒤나부르크로 이동해야 한다는 명령을 하달했다.

당시 세부적인 명령은 뒤나강의 철교 입구에서 하달될 예정이었다. 이 철교는 뒤나 강변에서 '티거'가 통과할 수 있는 유일한 교량이었다. 우리 중대는 7월 20일 이른 아침에 출발해서 11시경 그 교량에 도착했다. 강 건너편에는, 정비소에서 막 수리를 끝낸 중대 소속의 전차 두 대도 서 있었는데 드디어 나는 여덟 대의 전차를 지휘하게 되었다. 이전까지 이 정도의 전력을 운용해 본 적이 없었다. 통상 다섯에서 여섯 대의 전차들이 적에게 피격되거나 기계적인 고장으로 전투에 참가하지 못했기 때문이었다.

대대 보급소는 뒤나부르크—로시텐을 잇는 주기동로 서쪽의 공동묘지에 설치되어 있었다. 시가지로부터 북동쪽으로 약 5킬로미터 떨어진 지점이었다.

세 개의 중대 중 가장 먼 거리를 이동해야 했던 우리 중대가 가장 늦게 대대 보급소에 도착했다. 1중대는 유류 보충과 보급품 수령을 이미 완료했고 중대장 뷜터 중위는 자신의 중대원들에게 출발을 지시했다. 여유 있는 표정을 짓고 있던 그는 내게, 느긋하게 보급품을 받으라고 하면서, "너희 중대가 전장에 도착하기 전에, 적군은 우리에게 끝장이 나 있을 거야!"라고 작별 인사를 했다. 나는 그에게 행운을 빌어 주었고, 상황을 파악하기 위해 대대 지휘소로 갔다. 그곳에서 상황이 매우 심각하다는 것을 알게 되었다. 러시아군은 대규모 기갑부대로 제290보병사단 지역에 공격을 감행했다. 그들의 작전목적은 뒤나부르크—로시텐 간의 주기동로에 도달하여 그 도로를 차단하고 북쪽에서 시가지 방면으로 돌파하는 것이었다. 또한, 그들은 아군 방향으로 깊숙이 파고드는 데 성공한 상태였다. 그러나 아군의 상급지휘부에서는 적군이 돌파했는지에 대해 전혀 모르고 있었다. 거의 모든 보병 부대가 퇴각 중이었고 사단 지휘소도 이미 상당히 후방으로 이동한 상태였기 때문이었다.

독일군 지휘부의 입장에서는 곧 빌나까지 이어질, 노출된 측방을 방호해야 했고, 이를 위해 모든 가용한 방어용 중화기를 뒤나부르크 남쪽에 배치하려 했다. 러시아군은 아군 지휘부의 의도를 정확히 꿰뚫고 있었다. 그래서 아군의 전력을 고착, 즉 묶어 놓기 위해 보병 부대와 몇 대의 전차로 한 번은 이쪽에서, 다음에는 저쪽에서 우리를 찔러보곤 했다. 물론 그 후에 대규모 압박은 없었다. 한편 독일군의 주전선에는 모든 방어용 중화기들이 빠져버린 상태였기 때문에 러시아군에게는 공세를 감행할 절호의 기회였다. 그들이 공격만 하면 성공은 보장된 것이나 마찬가지였다. 러시아군의 의도는 주기동로를 횡단하여 서쪽으로 돌진하다가 다시 방향을 남쪽으로 바꾸어 뒤나부르크를 확보하고 그와 동시에 제290사단을 포위, 격멸하는 것이었다.

독일군 지휘부는 모든 방어용 화기들을 뒤나부르크 남쪽에 집결시켰고 이제 또 다른 극단적인 결정을 내리고 말았다. 뒤나부르크에 집중된 모든 대전차포, 돌격포, 대공포와 '티거' 부대들을 그곳에서 폴로츠크 Polozk 방향으로 이동시켜, 러시아군의 돌파를 저지하고 이전의 주전선을 다시 회복하라는 임무를 부여했던 것이다. 당시 상황을 판단해 볼 때, 대대 보급소에 제일 마지막으로 도착한 우리 중대만큼은 그날 하루 정도는 편안히 쉬어도 될 듯했다. 이미 동쪽으로 이동한 아군의 전차와 화포들이 적 전차 몇 대 정도는 충분히 격멸하리라 생각했기 때문이다.

정오 무렵, 우리는 막 연료보충과 보급품 수령을 끝냈다. 전차 시동을 걸었는데, 그때 갑자기 사단 소속의 차량 한 대가 전방에서 우리를 향해 급히 달려왔다. 차량이 멈추기도 전에 소령 한 명이 뛰어내렸다. 붉은색 장군 참모General stab 표식을 달고 붉은 줄이 들어간 바지를 입고 있었다. 그는 눈에 띄는 병사마다 붙잡고 격앙된 목소리로, 이 부대의 지휘관이 누구냐고 물었다. 이에 곧장 내가 그에게 다가갔다. 그는, 이날 아침 러시아군이 다시금 공세에 돌입했으며 사단 지휘소도 원래 있던 지점에서 철수했다고 말했다. 전반적인 상황이 매우 위급하고 심각한 듯했다. 설상가상으로 사단의 전체 참모부도 며칠 전에 서쪽으로 철수한 상태였고 사단의 작전참모만 잔류해 있었다. 그는 새로 부임한 사단장의 철수 결정을 되돌릴 수 없었던 것이다.

우리는 주기동로를 타고 로시텐 방향으로 약 3킬로미터를 달린 뒤 다시 폴로츠크 방면인 동쪽으로 계속해서 나아갔다. 그러면 어디서든 적군과 조우를 했어야 했다. 한여름의 태양이 우리를 향해 이글거리고 있었다. 기동 간에는 장비에 무리가 생기지 않도록 45분마다 정지해야 했고 그래야 목표지역에 도달할 수 있었다. 이런 시간에는 모든 승무원들이 전차 위에 앉아서 잠깐이지만 휴식을 취할 수 있었지만, 조종수는 엔진과 오일, 냉각수를 점검하느라 바빴다. 당시 모두들 궁금한 표정으로 이렇게 말했다. "지금 전선의 상황이 어떻게 돌아가는 거야?"

갑자기 저 멀리서 포성 같은 소리가 들렸다. 나는 케르셔를 불러 북쪽을 가리키며 포성 같지 않냐고 물었다. 분명히 적 전차의 주포 사격 소리였다. 그렇다면 북쪽에 있는 러시아군이 서쪽으로, 우리와 평행하게 달리고 있는 것일까? 나는 케르셔와 함께 논의한 끝에 퀴벨바겐을 타고 숲길을 이용해 북서쪽 방향으로, 뒤나부르크―로시텐 간의 주기동로까지 가보기로 했다.

그때 우리 눈앞에 차마 말로 설명하기 어려운 광경이 펼쳐졌다. 철수하는 것이 아니라 공황 속에서 도망치고 있었다는 표현이 적절할지도 모르겠다. 모든 차량들이 뒤나부르크로 향했고 트럭과 승용차, 오토바이 등의 각종 차량은 병력으로 꽉 차 있었다. 아무도 그들을 멈출 수 없었다. 마치 갑작스러운 폭우로 강의 지류들이 범람했을 때를 보는 것 같았고 주기동로만으로는 그렇게 엄청난 교통량을 감당할 수 없었다. 그 모습만으로도 우리는 상황을 충분히 이해할 수 있었다. 사실상 러시아군이 아군 지역으로 깊숙이 들어와 있었으며 그와 동시에 모든 군수지원부대가 패주하고 있는 것임을 알 수 있었다.

공황 속에 남쪽으로 도주하던 행렬이 서서히 줄어들었고 차량들이 드문드문 우리를 지나쳐 갔다. 그래서 우리도 북쪽으로 움직일 수 있었다. 그쪽 방향의 주기동로에 적이 있는지 정찰하기 위해서였다. 몇 킬로미터 정도 나아가자 길가 도랑에서 마치 뭔가에 쫓기는 듯 뛰어가는 하사 한 명을 보았다. 그는 몹시 흥분한 상태로 우리 앞을 가로막더니 이렇게 외쳤다. "인근 마을에 이미 러시아군 전차가 나타났습니다!" 우리는 마침내 뭔가 좋은 일이 생길 것 같은 기분이 들었다. 나는 그에게 퀴벨바겐에 타라고 했고 그는 안도의 한숨을 내쉬었다. 그러나 우리가 북쪽을 향해 달리자 그는 몹시 당혹스러워하며, "제가 저쪽에서 분명히 T-34 두 대를 봤다구요!"라고 외쳐댔다. 우리가 자신의 말을 믿지 않는다고 생각했던 모양이었다.

주기동로는 약간 오르막이었고, 우리의 손님이었던 그 하사는 다음과 같이 알려 주었다. 저쪽 언덕 너머에 작은 골짜기가 있고, 그곳에 방금 전에 말한 마을이 하나 있다고 했다. 도로 좌우로 가옥들이 줄지어 있는 형태로 그 마을 안에 러시아군 전차들이 있다는 것이었다. 그 마을의 이름은 말리나파Malinava였다.

언덕 뒤쪽에서 퀴벨바겐을 세웠다. 그 일대에서 쌍안경으로 마을 내부를 들여다볼 수 있는 곳을 찾아냈다. 우리가 있던 위치로부터 마을까지의 거리는 약 1킬로미터 정도였다. 그 하사의 말대로, 약 1킬로미터가 조금 넘는 도로를 따라 좌우로 집들이 옹기종기 지어진 가촌街村 형태의 촌락이었다. 마을의 입구에 서 있는 러시아군 전차를 명확히 식별할 수 있었다. 마을 안에서 녀석들이 움직이는 모습을 보니, 아무래도 거기서 오래 머무르지는 않을 듯했다. 후속 중인 전차들이 주기동로 위를 달리고 있었고, 마을 안의 러시아군은 그곳에서 뭔가를 '약탈'하기 위해, 그리고 본대가 도착하기를 기다리기 위해 차량을 세워둔 것이 분명했다.

잠시 뒤 또 한 명의 새로운 손님이 우리를 찾아왔다. 중위 한 명이 탄 오토바이 한 대가 남쪽 방향에서 우리 쪽으로 달려왔다. 우리도 전차의 포성을 듣고 정찰했던 차에 그로부터 그 소리에 대한 정보를 얻게 되었다. 이어서 그가 들려준 이야기는 다음과 같았다. 말리나파 북쪽에 아군 돌격포대대가 있었는데, 그 대대장은 이 마을을 공격해서 남쪽 방향으로 돌파를 시도했지만 일곱 문의 돌격포를 상실하였고 공격은 물거품이 되면서 포위되고 말았다고 한다. 그러자 대대장은 자신의 부관이었던 그 중위에게 오토바이를 주면서 반드시 적의 봉쇄를 뚫고 뒤나부르크로 가서, 포위망을 뚫고 대대를 구해 줄 수 있는 부대를 찾으라고 지시했던 것이다. 그는 뒤나부르크에는 적 전차를 상대할 장비가 전혀 없음을 확인한 뒤 절망감에 사로잡혀 돌아오는 길이었다. 나는, 우리가 어떻게 하는지 지켜보라고 제안하면서 풀이 죽어 있던 그에게 힘을 북돋워 주었다. 또한, 대대로 복귀하려면 마을을 우회하여 서쪽으로 한참 돌아야 하고, 지금 부대로 복귀한들 무슨 소용이 있겠냐고, 그냥 여기에 있으라고 말했다. 늦어도 2시간 후에 주기동로를 통해 그의 부대로 갈 수 있도록 해 주겠다고 약속했다.

우리는 '정찰대 하사'를 주기동로에 내려주고 최대한 빠르게 중대로 복귀했다. 이제는 더 이상 지체할 시간이 없었다.

26. 기습
Der Handstreich

나는 앞서 정찰했던 통로로 중대 전차들을 인솔해서 마을 근처까지 이동했다. 그곳에서 나는 소대장들과 전차장들을 불러서 어떻게 전투를 해야 할 것인지 의논했다. 오늘날까지도 내가 그때 어떤 말을 했는지 정확하게 기억하고 있다.

"이번 전투는, 다른 부대의 지원 없이 우리 중대 단독으로 시행한다. 게다가 적정도 매우 불확실해서 마을을 정면으로 공격하는 것은 너무 위험하다. 가능한 우리 쪽 피해 없이 적군을 끝장내야 한다. 이 마을 뒤쪽에서 아군의 돌격포대대가 이미 적에게 당했다. 우리마저 그런 꼴을 당하면 절대 안 돼! 그래서 내가 생각해 낸 계획은 다음과 같다.

두 대의 전차가 전속력으로 마을로 진입해서 러시아군을 기습한다. 적군에게 절대로 사격을 허용해서는 안 돼. 니엔슈테트 소위! 귀관은 나머지 전차 여섯 대를 이끌고 후속하고 내가 다음 명령을 하달할 때까지 언덕 후사면에 대기한다. 이때 중요한 것은 '충직한 통신수'들이 졸지 않아야 한다는 것이다! 니엔슈테트! 이번이 우리와 함께하는 첫 번째 전투라 긴장되겠지만, 귀관은 단 하나만 기억하면 된다! 귀관이 대기만 잘 하면 모든 것은 끝난다! 나와 케르셔의 전차가 마을로 들어간다. 다들 이해했나? 차후 명령은 상황을 보고 다시 하달하겠다."

명령은 이처럼 매우 간단했고 이걸로 충분했다. 탁월한 '사냥개

Kettenhund'인 케르셔에게 어떻게 마을로 들어갈 것인지 설명했다. 얼마나 빨리 이 마을로 들어가느냐, 즉 적군을 기습하는 것에 이번 전투의 성공 여부가 달려 있었다.

"내 전차가 선두에 서겠네. 우리는 이 마을의 정중앙으로 가능한 한 신속히 돌진해서 재빨리 진지를 점령해야 해. 자네가 후방을 책임지고, 내가 전방을 맡도록 하지. 우리 앞을 가로막는 모든 것을 쓸어버려야 해. 내가 추측하건대, 최소한 1개 중대가 이 마을 안에 있을 거야. 아니면 그사이에 러시아군 1개 대대의 병력이 들어와 있을 수도 있겠지."

나는 케르셔의 어깨를 두드렸다. 우리는 "출동!"이라고 짧게 외친 뒤 전차에 올랐다. 무전기 작동상태를 간단히 확인했고 엔진 시동을 걸었다. 우리는 순식간에 낮은 언덕을 넘었고 우리 눈앞에는 러시아군이 있었다. 대담한 나의 조종수, 바레쉬는, 최선을 다해 우리 '썰매'의 능력을 발휘했다. 우리 모두가 이번만큼은 속도가 관건임을 잘 알고 있었다. 우리 쪽 방향으로 주포를 지향했던 적 전차 두 대의 반응은 전혀 없었다. 적 전차는 포탄을 발사하지 않았다. 나는 즉시 마을의 중심부까지 진출했다. 그 순간부터 모든 일은 너무나 순식간에 벌어졌고 상세히 기술하기도 어렵다. 어쨌든 100미터 정도 간격을 두고 후속하던 케르셔도 마을로 진입했고 그 순간, 적 전차 두 대의 포탑이 움직이기 시작했다. 그는 즉시 이 두 대를 정조준한 뒤 사격으로 제압했다. 그와 동시에 나는 마을의 반대쪽 적 전차들을 제압하기 시작했다. 케르셔는 내가 위치한 곳에 도착한 뒤 내게 무전으로 우측을 주의하라고 알려 주었다. 창고 옆에 '스탈린 전차Stalin-Panzer'가 측면을 노출한 채 서 있었다. 북부 전선에서 우리가 단 한 번도 본 적이 없는 전차였고 순간 깜짝 놀랐다. 구경 12.2센티미터 장포신을 장착하고 러시아군에서 최초로 포구제퇴기를 부착한 전차였다. 게다가 '스탈린 전차'는 아군의 '쾨니히스티거 Königstiger'와 비슷하게 생겼기에 우리는 잠시 주춤했던 것이다. 하지만 기동륜이 후방에 배치된 전형적인 러시아 전차란 걸 바로 알 수 있었고 주포탄으로 그 전차를 완전히 날려버렸다. 그렇게 순식간에 막간극을 끝내고 우리는 각자 '할당한' 사격 구역에 있던 표적들, 즉 마을 안에 있던 러시아군 차량들을 모조리 박살냈다.

훗날 케르셔와 나는, 잠깐이었지만 그 러시아군 전차를 적이 노획된 '쾨니히스티거'로 착각한 것에 대해 웃지 않을 수 없었다. 그러나 전투에 몰입한 상태에선 충분히 있을 수 있는 일이었다.

내가 이 마을에서 교전을 벌이는 동안, 니엔슈테트 소위에게 천천히 언덕 위로 올라가서, 혹시나 마을 외부로 도주하는 러시아군이 있으면 반드시 제압하라고 지시했다. 만일 한 명의 병사라도 마을을 빠져나가면 후속 부대에 상황을 알릴 수도 있기 때문이다. 이런 조치들도 차후 전투를 위해 매우 중요했다.

그 마을에서 벌어진 전투는 채 15분도 걸리지 않았다. 러시아군 전차 두 대가 동쪽으로 달아나려고 시도하다가 완파되었을 뿐, 나머지 전차들은 움직일 틈도 없이 그 자리에서 파괴되었다. 우리 중대의 전 차량들이 마을에 들어온 후, 동쪽을 경계하기 위해 마을 외곽에 세 대의 전차를 배치한 뒤, 이후의 전투에 대해 간단히 논의하고자 전차에서 내렸다.

이 정도면 충분히 만족스러웠다. 우리가 계획한 대로 성공적인 기습이었다. 적시에 적확하게 움직였기 때문이다. 당시 파악한 바에 따르면, 그 사이에 러시아군은 그들의 본대에, 기동로는 전혀 이상이 없으며, 본대가 안심하고 기동해도 된다고 보고했다고 한다. 이에 우리는 다음 계획을 구상했다.

러시아군은 그들의 부상자들을 거리로 끌고 나왔다. 나는 적군에게 포위되어 있던 돌격포대대에, 다친 포로들과 걸을 수 있는 포로들을 뒤나부르크로 이송해 달라고 요청했다. 차후 전투를 위해서라도 우리가 그들을 데리고 있을 여력이 없었다. 얼마 뒤 북쪽에서 사이드카가 달린 오토바이 한 대가 마을로 들어와서 내 앞에 멈춰 섰다. 돌격포 대대장이 타고 있었다. 그는 너무나 기쁜 표정으로 내 목을 끌어안았다. 포위된 자신과 부대원들은 거의 자포자기한 상태였다고 했다. 특히 자신의 부관 장교가 살아있는 것을 본 그는 몹시 기뻐했다.

마을에 러시아군 보병은 없었다. 아직도 목숨이 붙어있어서 기어 다니는 이들은 모두 러시아군 전차 승무원들이었다. 우리가 오기 전까지 그들은 정말로 안전하다고 느꼈던 것 같았다. 대부분의 전차를 움직일 수 없게 주차시킨 뒤 조종수와 통신수들이 마을의 집집마다 들어가서 노략질을 하고 있었는데, 그 순간에 청천벽력처럼 우리가 나타난 것이었다. 이제 그곳에 적군은 없었고 우리에게는 동쪽으로 계속 진격하는 일만 남아있었다. 가능한 동쪽에 주전선을 구축하여 기동로를 다시금 확보하기 위해서였다.

나는 재빨리 전과를 종합해서 대대 지휘소에 현 위치와 상황을 보고했다. 장갑차량에 탑승한 대대의 통신분대가 내게 배속되었다. 나는 중파 무전기로 대대장에게도 간단히 현 위치와 전과(스탈린 전차 17대, T-34 5대)[80]를 보고했다. 또한, 내가 결정한 새로운 공격 목표도 보고했다. 그곳에서 동쪽으로 약 10킬로미터 떨어진 다른 마을이었다. 그리고 대대 지휘소에는 내가 수 대의 트럭을 몰고 갈 테니 여기저기 흩어진 보병사단의 잔여 병력을 모아서 대기시켜 줄 것을 건의했다.

그때 이런 일도 있었다. 내가 경계를 위해 배치했던 전차들은, 동쪽으로 수백 미터가량 달아나다 완파된 두 대의 스탈린 전차 중 한 대에서, 적군 두 명이 탈출을 시도하는 것을 포착했다. 야지에서 그들의 움직임은 매우 민첩했다. 한 명은 지도가 든 상황판을 옆구리에 끼고 있었다. 한 대의 '티거'가 그들을 추격했으나 사로잡지 못하고 상황판만 가져왔

---

80 │ 실제 전과는 스탈린 전차 10대에 T-34 7대였다.

다. 그는 러시아군 소령이었고 최후의 순간에 스스로 목숨을 끊었다고 한다. 나중에 알게 된 사실이었지만 그는 제1 '이오시프 스탈린' 기갑여단의 대대장이었다. 함께 있던 그의 동료도 치명상을 입고 사망했다. 그 소령은 가슴에 레닌 훈장을 달고 있었던 '소련의 영웅'이었다. 처음 보는 훈장이었다. 그날 오후 살아남은 포로들이 소비에트 장교 두 명을 마을의 공동묘지에 묻었다. 다음날 나는 묘지 근처에 설치한 경계초소에서 돌아오는 길에 그 무덤을 발견했다. 그 소령이 갖고 있던 상황판은 무척 유용했다. 지도 위에 러시아군의 계획과 행군 경로가 색연필로 표시되어 있었다. 이 러시아군 대대는 다른 중대들이 도착하면 도로를 따라 뒤나부르크로 진격할 계획이었으며 그 사이에 다른 1개의 전투단은 북서 방향으로 뒤나부르크를 확보하기 위해 북쪽에서 진격할 계획이었다. 아군의 상급지휘부는 이렇게 중요한 정보가 담긴 상황도를 거들떠보지도 않았고 뒤에서 설명하겠지만 그 결과는 너무도 뻔했다.

　대대에 필수적인 사항들을 보고한 뒤 우리는 그 마을의 남쪽 끝에서 주기동로로 이어지는 좁은 길로 동쪽을 향해 진격을 개시했다. 우리가 통과하는 마을마다 입구에 멈춰서서, 기습을 방지하기 위해 짧게나마 정찰과 감시를 병행했다. 그러나 그 어디에도 러시아군은 보이지 않았다. 이에 우리는 지체없이 17시에 목표 지점에 도달했다. 내가 지도상에서 선택한 이 지점은, 우리가 방금 '전차들의 무덤'으로 만든 마을로부터 동쪽으로 약 10킬로미터 떨어진 주기동로 옆쪽의 마을이었다. 이 마을의 북쪽 외곽에는 늪지로 된 작은 실개천이 흐르고 있었다. 거기에는 매우 얇은 목재로 된 교량이 있었는데, '티거'로는 지나갈 수 없었다.
　나는 마을 외곽에 전차들을 정차시키고 위장을 철저히 하라고 지시했다. 케르서 중사와 니엔슈테트 소위를 데리고 정찰을 하기 위해, 언제나 우리와 함께했던 퀴벨바겐에 올랐다. 이 차량은 물론 교전 시를 제외하고 항상 전차 뒤를 따라다녔고 나는 상시 이용할 수 있도록 준비시켰다. 퀴벨바겐의 운전병도 철십자장을 받을 자격이 충분했다. 나는 수시로 이 차량으로 정찰을 했고, 종종 고장이 나기도 했다. 그래서 대대에서는 나를 '폭스바겐의 저승사자Volkswagentod'라고 불렀지만, 이는 좀 과장된 표현이다. 내 기억으로는, 퀴벨바겐을 완전히 못쓰게 만든 것은 단 한 대뿐이기 때문이다. 대대에서는 내게 지형정찰을 할 때는 반드시 장갑차량 — 우리는 이것을 장례식 때나 쓰는 '관짝Sarg'이라고 불렀다. — 을 이용하라고 지시했다. 그러나 이 반궤도 차량은 너무 느리고 별로 안전하지도 않았다. 궤도가 너무 자주 이탈해서 야지에서는 거의 기동이 불가능했고 또한 정비하는데 많은 시간이 소요되었으며 장갑판이 폭스바겐의 철판보다 딱히 더 좋은 것도 아니었다.

무전병이 새로운 우리 위치를 대대에 보고하는 동안 우리는 이동을 개시했다. 러시아군이 사용했을 법한, 폭이 넓은 도로로 가기 위해서였다. 지도 상으로 보았을 때, 이 도로는 '우리의' 말리나파로부터 북쪽으로 약 10킬로미터 떨어진 지점에서 주기동로로 연결된다. 4킬로미터 정도 기동한 후에 우리는 그 도로에 도달했고 우리의 예상은 적중했다. 도로상에 궤도 자국이 선명했다! 만일 우리에게 다시 행운이 찾아온다면 여기서 대기하고 있다가 적군 여단의 나머지 부대들을 기습할 수도 있겠다는 생각이 들었다. 물론 상황이 변화된 것을 그들이 인지하지 못해야 한다는 전제조건도 있었다.

해결해야 할 한 가지 문제도 있었다. 우리 중대가 위치한 곳에서는 이 도로를 관측할 수 없었다. 정찰 뒤 복귀하면서 우연히 실개천 아래쪽에서 얕은 여울을 발견했다. 우리 전차들은 여울을 이용해 조심스럽게 그 실개천을 건넜다. 여섯 대의 '티거'는 무사히 건넜지만 일곱 번째 전차의 저판이 지면에 닿았고 후진으로 겨우 나올 수 있었다. 나머지 두 전차는 실개천을 건너지 않는 게 좋을 듯했다. 따라서 적군을 제압하는 데 가용한 전차는 이 여섯 대뿐이었는데 나중에 든 생각이지만 '티거' 두 대를, 실개천을 건너게 하지 않고 그 인근에 배치한 것은 현명한 판단이었다. '전투를 치른' 여섯 대의 전차가 다시 실개천을 넘어올 때 그들을 엄호할 부대가 필요했기 때문이다. 어쨌든 시간이 촉박했다. 나는 신속히 여섯 대의 전차를 작은 언덕 뒤쪽에, 그 도로 일대 전체를 사격할 수 있는 곳에 배치했다. 모두들 완벽하게 위장한 상태였다. 나는 전차장들을 언덕 위쪽으로 불렀다. 그리고 도로가 뻗어있는 방향을 알려주고 여기서 약 2~3킬로미터 떨어진 지역까지는 우리가 반드시 통제해야 한다고 말했다. 왼편으로 그 도로는 어느 고지 뒤쪽으로 연결되어 있었다. 만일 러시아군이 정말로 이리로 온다면 — 우리가 원했던 대로 — 우리는 그들의 선두 전차가 그 고지 직전방까지 가도록 내버려 두어야 했다. 그 뒤 사격을 개시하면 가능한 많은 적 전차와 차들을 제압할 수 있으리라고 생각했다. 문제는 단 하나, 군기와 정신력이었다. 그 누구도 조기에 사격을 개시하는 일은 없어야 했다. 물론 이미 충분한 훈련으로 성공할 수 있다고 확신했고 반드시 해내야만 했다. 사격 구역을 정확하게 할당해 주었고 여기서 중요한 것은, 좌측에 배치된 '티거'가 선두의 러시아군 전차를, 우측에 있는 '티거'가 맨 후미의 적 전차를 완전히 제압하는 것이었다. 또한, 모든 '티거'들이 내 명령에 의거 동시에 포문을 열어야 했다. 실개천을 건너지 못한 두 대 중 한 대가 내 전차였기에 나는 가장 좌측 진지에 있던 케르셔 전차의 통신수석에 앉았다. 만일 운이 좋으면 마치 훈련장에서 하듯 적군을 완전히 격멸할 수 있을 것으로 생각했다. 그리고 니엔슈테트 소위가 자신의 '주포'로 적 전차들을 제압하기 위해 분주하게 움직이는 모습을 보니 나 또한 매우 기뻤다.

약 30분 동안 모두가 초긴장 상태였다. 그런 상황에서는 1분이 마치 영원의 시간처럼 느껴진다. 마침내 동쪽에서 먼지구름이 발생하는 것을 포착했다. 만일 이들이 아군이 아니라면 러시아군이 틀림없었다. 쌍안경으로 보니 적 전차들이 천천히 접근하는 중이었다. 우리의 희망이 드디어 현실이 된 것이다. 러시아군은 자기네 선두 대대가 궤멸한 것에 대해 전혀 모르는 듯했다. 전차 위에는 보병들이 타고 있었고, 전차포도 하늘로 지향한 채 고정되어 있었으며 마치 후방에서 행군하듯 이동하고 있었기 때문이다. 적 전차들 사이에 트럭들이 있었는데 거기에는 탄약과 연료가 실려 있는 것이 분명했다. 그 녀석들은 정말 행진이라도 하듯, 전방 약 1킬로미터 거리에서 우리 앞을 지나가고 있었다. 전차 위에는 10~15명의 병력이 앉거나 서 있었고 우리가 매복하고 있다고는 꿈에도 생각지 못하는 듯했다.

적군의 선두 전차가 언덕 너머로 사라지기 직전에 나는 사격개시 명령을 하달했다. 그 순간부터 벌어진 사태로 모든 전차 승무원들은 흥분의 도가니에 빠져들었다. 몹시 격앙되어 있던 나는 그 광경을 더 정확히 지켜보기 위해 전차 밖으로 나갔다. 당시의 상황은 상상을 초월했고 적군은 완전히 공황에 빠진 상태였다. 적 전차로부터 단 한 발의 전차탄도 날아오지 않았다. 우리도 적 전차와 차량을 파괴하느라 달아나는 적 보병들을 제압할 여력이 없었다. 모든 차량을 제압했을 때, 살아있는 적병은 단 한 명도 보이지 않았다. 다수의 병력이 아군의 기습사격으로 전차 위에서 목숨을 잃었고 살아남은 적병들은 야지로 뿔뿔이 흩어졌다. 모든 트럭과 전차들이 불타고 있었고 일부 트럭들은 서로 충돌해서 전복되었다. 움직일 수 있는 차량은 단 한 대도 없었다. 러시아군 입장에서는 어디서 포탄이 날아오는지 알게 된 순간 이미 모든 것을 잃어버린 상태였다. 정말 기가 막힌 광경이었다! 우리 전방에는 28대의 전차가 검은 연기를 뿜으며 불타고 있었다. 연료 탱크들이 연이어 폭발을 일으켰고 장작이 타듯 탄약도 소리를 내며 불에 타버렸다. 적 전차 내부에 적재되어 있던 탄약들은 포탑을 찢고 나오기까지 했다. 우리는 실로 대단한 일을 해낸 것이었다. 러시아군에게 엄청난 타격을 주었기에 오늘만큼은 편안한 밤을 보낼 수 있겠다는 생각이 들었다.

우리는 마을로 방향을 돌렸고 전차들은 실개천을 무사히 건넜다. 이 또한 매우 만족스러웠다. 그날 밤 우리에게는 늪지대였던 실개천도 적군의 접근을 막을 수 있는 근사한 장애물이 되어주었다.

통신용 장갑차에서 그날의 전과를 대대에 보고했다. 부하들에게는 휴식을 취할 수 있게 해 주었다. 이렇게 해서라도 우리는 체력과 정신력을 다시 회복할 수 있었다. 이곳에 보급 차량과 함께 퀴벨바겐이 와 있었는데 나는 무전병과 함께 그 차를 타고 주기동로를 통해 중대의 설영대로 달려갔다. 낮에 중대 행정보급관이 주기동로의 분기점 근처 언덕에 설영대를 설치했다. 우리가 정오 무렵 동쪽으로 방향을 전환했던 그곳이었다. 우리는 그와 무전 교신을 못 했기 때문에 그는 우리가 어디에 있는지 전혀 알지 못했다. 더욱이 그의 예상과는 전혀 다른 지점에 우리가 있었던 것이다.

우리가 설영대에 도착했을 때, 중대 행정보급관은 함박웃음을 지으며 반갑게 맞아 주었다. 돌격포 부대원들로부터 이미 성공적인 기습 전투에 대해 들어서 알고 있었던 것이다. 우리가 이후의 전과를 알려주자 그곳 전우들의 반응은 최고조에 달했다. 그 원사는 모든 승무원에게 주라며 코냑 한 병을 내어주었다. 식량과 연료, 탄약은 이미 준비되어 있었다. 나는 전차 승무원들에게 보급품을 신속하게 분배하라고 지시했다. 그리고 '충직한 통신수' 뢰네커Lönneker에게 중대의 지휘권을 잠시 인계한 뒤 즉시 사단 지휘소 인근에 위치한 대대 지휘소로 달려갔다. 나는 현 상황을 보고하고 어둠이 몰려오기 전에 적어도 보병 1개 중대를 배속받고 싶다고 건의하려고 했다. 야간에는 '보병 전우들'이 경계를 해 주지 않으면 우리가 편히 쉴 수 없었기 때문이다. 중대 행정보급관은 보병 부대를 수송하기 위해 이미 트럭을 준비해 놓은 상태였다.

지휘소로 가는 도중에 나를 향해 오고 있는 대대장을 만났다. 그는 마치 완전히 다른 사람처럼 우리의 승리를 크게 축하해 주면서 사단에서도 매우 기뻐하고 있다고 전했다. 아군에게는 매우 심각한 위기 상황이었는데 우리 덕분에 사단이 위기를 타개했다고 말했다. 또한, 대대 차원에서도 슈바너 소령이 대대장으로 부임한 이래로 일궈낸 첫 번째 대승이었다. 그래서 그도 매우 만족해했고 이전에 우리 둘 사이에 있었던 악감정은 눈 녹듯 사라져버렸다. 전선의 군인들 사이에 서로 원한을 품으면 안 된다.

대대장과 나는 중대지역으로 함께 이동하면서 이제부터 해야 할 조치들에 관해 논의했다. 그에게 우리가 어떻게 전투를 수행했는지도 상세히 보고했다. 또한, 나는 그에게, 만일 러시아군이 그 마을의 외부에 6~8대의 전차를 예비대로 배비해 놓았더라면 그런 엄청난 피해를 보지 않았을 거라고 말했다. 슈바너는 빙긋이 웃으며 이렇게 말했다.

"카리우스, 그랬다면 이 마을에서 자네의 승리가 날아가 버렸겠지!"

적군과는 달리 나는 만일의 상황에 대비하기 위해 여섯 대의 '티거'들로 하여금 즉시 출동할 수 있게 준비해 두었다고 말했다. 물론 나도 모든 일이 순조롭게 진행되지 않았을 수도 있었음을 인정했다.

전방으로 가는 길에 사단 작전참모를 만났다. 새로 부임한 사단장과 함께할 생각에 무척이나 힘들어했다. 그는 주기동로에서 완파된 러시아군 전차들을 둘러보았다. 사단에서는 향후 주전선을 어떻게 구축해야 할지를 고민하고 있었는데 우리는 그것에 대해 논의했다. 새로운 주전선은 다음날 오전까지 북부와 남부를 연결하여 구축되어야 했다. 슈바너는 우리가 보유했던 모든 병력수송용 트럭을 보병 부대에 넘겨주었다. 그래서 우리는 다음 날 아침 동이 틀 무렵에는 전선이 다시 안정을 되찾으리라는 희망을 가졌다.

이제 우리는 첫 번째 공격 목표였던 말리나파로 향했다. 그곳에 있던 일부 전차들은 아직도 검은 연기를 내뿜고 있었다. 비교적 멀쩡했던 '스탈린' 전차를 살펴보았다. 우리는 구경 12.2센티미터 장포신을 보고 놀라지 않을 수 없었다. 그러나 단점도 하나 있었다. 전차포탄이 일체형이 아닌 탄두와 장약을 분리해서 장전하는 방식이었다. 장갑과 형상은 '티거'보다 우수했다. 그러나 우리는 '티거'가 훨씬 더 좋았다. 상급 지휘부는 불타지 않은 '스탈린' 전차를 뒤나부르크를 거쳐 베를린으로 옮기려 했지만, 러시아군은 그럴 시간을 주지 않았다.

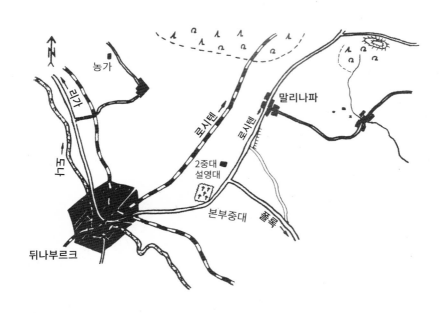

27. 불길했던 의견 대립
Verhängnisvolle Meinungsverschiedenheit

    우리는 사단으로 복귀했고 나는 신임 사단장과 첫 대면을 했다. 이곳에 오기 직전에 그 대령은 동프로이센인지 리타우엔Litauen[81]인지 모르겠지만 어쨌든 어느 도시의 지역사령관을 역임했고 자기 자신을 '전략가Strategen'라 여겼다. 그는 줄곧 동부전선에서만, 그리고 이 전투사단에서만 근무한 작전참모의 조언도 들으려고 하지 않았다. 나는 최근까지 이런 성격을 지닌 두 명의 사단장의 지휘를 받아야 한다는 점에서 매우 아쉬웠다. 게다가 하필이면 몇 주 후에는 어쩔 수 없이 고향으로 돌아가야 했는데, 최소한 그때까지는 그들의 지시를 따라야 했다. 이전에 함께했던 사단장들은 정말 탁월한 능력과 인품을 지닌 훌륭한 사람들이었다. 돌이켜보면 오늘날까지도 나는 그들을 깊이 존경하며 감사하는 마음도 갖고 있다. 이 대령도 처음 만났을 때는 매우 친절했다. 내게 훈장을 주기 위해 추천서를 써주겠다고 했으며 내 부하들에게는 담배를 구해주기도 했다. 그러나 우리가 노획한 적 상황판의 평가 결과와 포로 심문 상황에 대해 보고하자 그때부터 사단장과 우리 사이에 의견 충돌이 벌어지고 말았다. 곧 나와 슈바너 소령은 '거수경례'와 함께 "예, 알겠습니다Jawohl!"라고 답하고 그 자리를 나와야 했다.

---

81 | 현재의 리투아니아.

대령은 러시아군이 우리를 기만하기 위해 상황판에 일부러 그런 표시를 한 것이고 적군의 주공은 무조건 뒤나부르크—로시텐을 잇는 주기동로의 동쪽에서 뒤나부르크를 향해 남쪽으로 향할 것이기에 적군이 뒤나부르크를 우회할 리가 없다고 강하게 주장했다! 안타까운 일이었지만 며칠 후에 우리의 판단이 얼마나 정확했는지는 사실로 입증되고 말았다.

　나는 기동로 공사를 주 임무로 하는 공병부대원Straßenbau-Einheit 몇 명을 지원받아서 트럭으로 데려왔다. 이들에게 야간에 숙영지 경계를 맡겼는데 물론 이러한 방호조치는 심리적으로 효과가 컸다. 우리 전차 승무원들에게 가능한 쉴 수 있는 여건을 마련해 주고 싶었기에 이들이 귀를 열고 주변을 경계하고 있는 것만으로도 충분히 만족스러웠고 우리에게는 큰 도움이 되었다.

　전방으로 추진된 설영대 지역에서 나는 아이히호른 소위를 만났다. 이제 막 정비대에서 수리를 끝낸 자신의 전차를 수령해서 복귀하려던 참이었다. 나는 트럭을 타고 그의 전차와 함께 전방에 위치한 중대로 향했고 자정이 되기 직전에 도착했다. 니엔슈테트 소위가 내게 지금까지의 상황을 보고했다. 지금까지는 아무 일 없이 조용했고 적군의 움직임도 없었고 소리도 듣지 못했다고 했다. 니엔슈테트는 '실개천' 방향을 경계하기 위해 전차들을 마을 외곽에 배치해 놓았다. 물론 내가 지시한 것이었지만, 주포를 돌려 실개천 방향을 지향하고 차체 전면을 후방으로 세웠다. 이렇게 해서 필요하면 신속하게 '후방으로 전진'할 수 있게 해 놓았다. 이 방법은 넓은 개활지로 형성된 비무장지대에서 우리 중대만 단독으로 전투할 때 매우 효과적이었다. 야간에는 조준사격도 불가능했고 우리 전차 승무원들이 할 수 있는 일이 없었다. 만일 용감하고 상당한 지략을 갖춘 러시아군 보병들이 야간에 공격해 오면 확실히 우리가 불리했다. 우리는 텅 빈 러시아인 농부들의 가옥 — 농부들은 불길한 생각이 들었던지 그날 저녁 마을을 떠났다 — 하나를 골라 숙영지로 정했다. 나는 두 명의 소대장들과 지도를 펼쳐놓고 야간에 아군 보병들이 취할 수 있는 모든 방책에 관해 논의했다. 근처에 있던 보병 부대의 임무는 이튿날 아침까지 우리가 있던 곳에서 서쪽으로 약 3킬로미터 떨어진 곳에서 참호를 구축하는 것과 북쪽의 인접 부대와 접촉해서 전선을 연결하고 우리가 새로운 주전선으로 전개할 수 있도록 여건을 조성하는 것이었다. 그때까지 우리는 어쩔 수 없이 몇 시간을 비무장지대인 이곳에서 버텨야 했다.

약 한 시간 정도 지났을까. 그 농가에 앉아서 매우 좋은 분위기에서 대화를 나누고 있을 때였다. 갑자기 초병 하나가 몹시 흥분한 모습으로 들어와서는 실개천 저편에서 러시아군이 소리치는 것을 똑똑히 들었다고 보고했다. 우리는 그럴 리가 없다고 생각했지만, 전차로 달려가서 그곳을 주시했다. 그 초병의 말은 사실이었다. 이제 우리는, 러시아군이 눈치채지 않게 매우 은밀히 움직여야 했다. 우선 모든 전차장들에게 이 사실을 알렸다. 그것도 쉬운 일이 아니었다. 너무나 힘든 며칠을 보냈기에 전차 승무원들은 한참 깊은 잠에 빠져있어서 세게 흔들어 깨우는 것 외에는 달리 방법이 없었다. 당시 상황에서 크게 소리치는 것은 절대 금물이었고 전장에 있는 군인들의 귀에 대고 속삭여서 깨우는 것도 못할 짓이었다. 잠에 취해있던 그들을 깨우자, 그들은 온갖 욕설을 내뱉었다. 그러나 그런 말들을 여기에 옮기지는 않겠다. 마침내 모두가 집결하자 나는 안도했다. 만일 적군이, 우리가 여기 있다는 것을 알고 은밀하게 움직였다면 우리 모두는 꼼짝없이 생포되었을 것이다.

실개천 너머 적군의 행동은 시간이 갈수록 더 활발해졌다. 조금 뒤 적 전차가 실개천 반대편에서 움직였고 하차한 병력이 손전등을 비추며 큰 소리로 전차를 유도했다. 이젠 우리도 뭔가를 해야 할 시간이 되었다. 전체 상황을 보며 넓은 사계를 확보하기 위해 우리는 마을 뒤쪽으로 이동했다. 잠시 뒤 러시아군 선두부대가 '그 교량'을 통해 우리 쪽으로 넘어왔다.

우리는 모든 전차의 화력을 총동원해서 동시에 그리고 맹렬하고도 기습적인 사격 — 나는 러시아군이 얼마나 '얼빠진' 모습으로 허둥대는지 보고 싶었다. — 을 가한 후, 그 마을에서 빠져나왔다. 약 600~800 미터 정도를 이동한 뒤 우리는, 아침까지 지켜야 할 새로운 진지를 점령했다. 보병부대가 적군의 방해를 받지 않고 참호를 구축할 수 있도록 엄호하기 위해서였다. 적군의 기습을 방지하고 전방을 잘 관측하기 위해 예광탄으로 몇 개의 가옥을 불태웠다. 우리 머리 위로 박격포탄 몇 발이 떨어졌지만 그 후로 적군의 포격은 없었다. 적 전차 한 대가 우리 방향으로 주포를 쏘아댔지만, 거리가 너무 멀었고 정확도도 떨어졌다. 아마도 적 병사가 유도해서 움직였던 그 전차였던 것 같았다. 아이히호른 소위가 그 전차의 포구 화염을 조준하여 사격했고 세 번째 포탄이 그 러시아군 전차를 날려 버렸다. 정말 뜻밖의 행운이었다! 동이 틀 무렵 동쪽과 북동쪽에서 전차들이 이동하는 엄청난 굉음이 들렸지만, 아직 그들의 모습은 보이지 않았다.

날이 밝아오자 우리는 왔던 길로 되돌아갔고 아군 보병이 새로운 주전선을 구축했다는 통보를 받았다. 보병 대대장과 연락을 취해 전차 두 대를 지원해 주었다. 인접 대대에도 두 대를 넘겼고 나는 나머지 전차들과 함께 주기동로로 향했다. 우리는 20시간 전에 러시아군이 점령했던 말리나파에 진지를 점령하고 전방을 경계했다. 그날만큼은 매우 조용했다. 그러나 우리는, 적군이 다시금 뭔가를 준비하고 있다는 것과 폭풍 직전의 고요한 시점이라는 것도 잘 알고 있었다.

우리로부터 북동쪽으로 1~2킬로미터 떨어진 지점에서 시작되는 숲속에서 전차 엔진 소리가 계속해서 크게 울려 퍼졌고 우리는 러시아군이 공격해 오기를 기다렸다. 그러나 그들은 이곳으로 공격할 생각이 없는 듯했고 결국 우리의 예상은 빗나가고 말았다. 간혹 숲속에서 망원경으로 우리를 바라보는 병사들이 보일 뿐이었다. 그들이 대담하게 모습을 드러내 놓고 움직일 때마다 우리는 즉각 몇 발의 총탄을 날렸고 그러면 녀석들은 다시 숲으로 사라지곤 했다.

다음날 이상한 소문이 퍼졌다. 러시아군 기병대가 아군의 방어선을 돌파했으며, 적 전차들도 공격 중이라는 둥 그 밖에 많은 이야기가 있었다. 그러나 이곳의 러시아군은 우리가 지키고 있던 방어선을 공격할 의향이 전혀 없었다. 나중에 뒤나부르크 전선이 무너지고 아군이 주기 동로를 포기하자 그제야 공격해 들어왔는데, 물론 그것이 우리로서는 안타까웠지만, 그들에게는 훨씬 더 쉬운 일이었을 것이다.

당시 우리가 파악한 상황은 다음과 같았다. 사단에서는 우리 중대 설영대가 있던 지점에서 폴로츠크로 이어지는 도로를 따라 모든 대전차무기 ― 돌격포, '티거', 대전차포와 대공포 ― 를 배치했다. 러시아군이 남쪽으로 돌파할 경우 이를 저지하기 위해서였다. 50~80미터 간격으로 한 대 또는 한 문씩 배치해서 러시아군 전차들을 기다렸지만, 그들은 끝내 오지 않았다.

다음날도 역시 조용했다. 그러나 러시아군은 그들의 집결지에 계속해서 전차를 갖다 놓았다. 그때 어떤 '스탈린' 전차 때문에 매우 짜증 나는 일도 있었다. 내 전차에 갑작스러운 충격과 진동이 발생하여 나는 전차를 후진시키려 했다. 그제야 나는 내 전차의 우측 기동륜이 그 전차가 쏜 탄에 맞았다는 것을 알게 되었다. 케르서 중사가 즉각 그 전차를 식별하여 방아쇠를 당겼고 포탄은 그 전차의 정면에 명중했다. 하지만 그 정도 사거리에서는 '티거'의 구경 8.8센티미터 포탄조차 '스탈린' 전차의 튼튼한 전면 장갑을 관통하지 못했다. 다행히도 그 러시아군 전차는 교전하기보다는 도주하는 쪽을 택했다.

7월 23일에도 러시아군의 공세를 기다렸지만 허사였다. 양쪽 진영에서는 이례적으로 정적이 감돌았다. 갑작스레 두 명의 선전 중대원이 우리를 찾아온 것이 유일한 기습이었다. 그들은 사단의 퀴벨바겐을 타고 요란한 소리를 내며 내 전차 옆으로 와서 이것저것 질문을 던졌다. 먼저 내 인적 사항에 관해 물었고 현 상황에 대해서도 알고 싶어 했다. 그러나 적군의 박격포탄이 떨어지자, 그들은 궁금한 것을 충분히 들었다며 쏜살같이 사라졌다. 언론에서 우리가 치른 전투를 보도한 적이 있다. 그러나 전투뿐만 아니라 우리 전차 승무원들의 용기에 대해 너무나 과장되게 묘사해서 나조차도 어리둥절할 지경이었다. 그 기사에 내 이름이 없었다면 우리 이야기라는 것도 몰랐을 정도였다.

유감스럽게도 오늘날에도 여전히 이런 종류의 기사들이 보도되고 있다. 기자들은 사실에 기초해서 사건을 이해하고 냉정하게 보도해야 하지만 요즘도 그런 이들을 찾기란 어려운 듯하다.

이날 밤 한 가지 새로운 소식이 들어왔다. '상급 지휘부'가, 동이 틀 때까지 현재 아군의 주전선을 뒤나부르크—폴로츠크를 잇는 주기동로 북쪽의 진지로 물리기로 했다는 것이었다. 이것은 지금껏 우리가 온 힘을 다해 지켜낸, 남북으로 이어진 전선을 포기하고 동서로 연결된 새로운 방어선을 구축해야 한다는 뜻이었다. 이튿날 알게 된 사실이었지만 이 방어선의 끝은 뒤나부르크 북서쪽의 외곽 가옥들이 위치한 지점이었다. 그러나 거기에는 구경 8.8센티미터 대전차포 한 문만 배치되어 있었고 그곳에서 동쪽뿐만 아니라 서쪽의 아군 부대와의 연결도 완전히 끊겨 있었다. 사실상 그들의 좌측에는 아무도 없었기 때문에 서쪽 인접 부대와의 연결은 매우 어려웠다. 이 소식을 듣자마자 나는 곧장 사단 지휘소로 향했다. 지휘소는 뒤나부르크의 북쪽에, 폴로츠크와 로시텐으로 향하는 두 도로가 만나는 지점에 설치되어 있었다. 며칠 전에 우리가 동쪽으로 방향을 전환했던 그 지점이었다.

우리 대대장도 그곳에 와 있었다. 우리는 잠시 사단장의 새로운 결심에 관해 대화를 나눈 뒤 즉시 사단장을 찾아갔다. 주기동로 아래로 작은 실개천들이 흘렀고 그 실개천들을 건널 수 있는 교량들이 몇 개 있었다. 우리는 최소한 그 실개천을 건너는 교량만큼은 폭파해서는 안 된다고 건의하려 했다. 사실상 모든 교량은 폭파 준비가 완료된 상태였다. 나는 야간에 이동하면서 교량마다 공병 한 명이 배치되어 폭파 명령을 기다리고 있는 모습을 똑똑히 보았다. 이 교량이 폭파되면 우리 중대 '티거'들은 철수하는 것 자체가 불가능했다. 사단장과 대화를 시도했지만 그의 고집을 꺾을 수는 없었다. 그래서 나는 하는 수없이 즉시 퀴벨바겐을 타고 전선 지역에 있던 중대 설영대로 달려갔다. 거기서 중대원 몇 명을 뽑아 폭파 예정 지역마다 한 명씩 배치했다. 그들의 임무는 우리가 그 실개천을 넘을 때까지 교량이 폭파되는 것을 어떻게 해서든 막는 것이었다.

후방으로 주전선을 옮기는 것은 어쩔 수 없다고 해도, 나는 교량을 폭파하는 것에는 반대했다. 우리가 주기동로를 확보할 수 없었기 때문이다. 그

스탈린 전차 - 12.2센티미터 포를 장착한 가장 위협적인 러시아군 전차. 이상적인 외형과 두터운 장갑을 갖추었으므로 독일군의 8.8센티미터 포로는 아주 유리한 조건에서만 결정적인 타격을 가할 수 있었다.

러면 러시아군은 아무런 측방 위협 없이 이 도로를 타고 서쪽으로 진격할 수 있게 된다. 그 때문에 지금껏 우리가 그곳을 지키고 있었던 것이다.

작전참모도 우리의 의견에 찬성했지만, 사단장과의 대화에서는 아무런 소득이 없었다. 높으신 그 양반은, 러시아군의 공격은 북쪽에서 시행될 것이며, 이에 대비하기 위해 우리 중대와 다수의 화포를 뒤나부르크—로시텐을 잇는 주기동로 동쪽에 배치하기를 원했다. 상식적으로 그런 공격은 결단코 있을 수 없는 일이었다. 만일 현 위치에서 아군 전차가 철수한다면 그 즉시 러시아군은 순식간에 주기동로를 횡단할 것이며, 그때는 저지할 수도 없는 상황이 되어 버릴 것이다. 그 뒤 그들은 뒤나부르크 북쪽을 우회하여 북서쪽에서 시가지로 진입, 뒤나부르크를 확보하려 들 것이 뻔했다. 비단 나뿐만 아니라 정상적인 군인이라면 이 정도의 예측은 너무나 당연한 것이었다. 방어선이 조정되면서 그 지역에는 단 한 명의 아군 병사도, 대전차무기도 없는 상태, 즉 무인지경無人之境인 상태가 되어버렸기 때문이다. 그렇게 되면 러시아군이 아군의 아무런 방해 없이 뒤나부르크 시내로 진격하여 교량들까지 확보할 수 있게 되는 것이다. 그 결과 우리는 자연스럽게 적에게 포위되는 꼴이 될 것이다.

동이 틀 무렵, 폭파가 시작되기 직전에 나는 새로운 방어선으로 우리 전차들을 철수시켰다. 러시아군은 지금 당장은 모르겠지만 아군이 교량을 폭파한 것만으로도, 곧 우리가 그곳에 없다는 것과 이제는 자신들이 거침없이 기동할 수 있다는 것 정도는 분명히 알게 될 것이다. 이런 와중에도 나는 사실상 이러한 '자살행위'를 수용할 수 없었다. 7월 24일 이른 아침 다시 한번 사단지휘소로 찾아가 사단장에게, 우리 중대가 뒤나부르크—리가를 잇는 주기동로를 차단하겠다고 건의했다. 그러나 이러한 요구마저도 단칼에 거부당했다. 도저히 참을 수가 없었던 나는 슈바너 소령에게 도움을 청했다. 최소한 네 대의 전차만이라도 내가 직접 지휘해서 그 지역을 지키게 해달라고 말했다. 그는 내 의견이 타당하다며 내게 전차 네 대를 몰고 즉시 그곳으로 가라고 지시했다. 그 정도 전력은 여기에 있어 봐야 아무 쓸모도 없었다. 하지만 다른 지역의 아군들은 나의 '티거'를 애타게 찾고 있다는 것을 나도 잘 알고 있었다. 나는 케르셔 중사, 괴링 상사와 아이히호른 소위를 전선에서 빼내 며칠 전에 연료를 보급받았던 공동묘지 근처의 주기동로에 대기시켰고, 그 근처에 있던 대대 본부중대에서 탄약과 연료를 갖다 주었다.

나는 '티거' 네 대로 최소한 24시간 동안만이라도 리가를 향해 뻗은, 무방비상태였던 주기동로에서 러시아군 전차부대의 진출을 저지하고자 했다. 그리고 만일 압박이 거세지면, 시가지로 철수하여 교두보 Bruckenkopfe[82]를 편성하고, 그곳에 있는 아군이 온전하게 철수할 수 있도록 엄호할 계획이었다. 그후 최후의 순간에는 철교를 넘어 뒤나강변 서쪽에 새로이 구축된 주전선에 진지를 점령하려고 했다. 그러나 안타깝게도 나는 이 계획을 끝까지 실행에 옮기지 못했다. 운명의 여신이 나와는 전혀 다른 계획을 갖고 있었기 때문이다.

당시 패배한 것이나 다름없는 상황에서 도대체 왜 우리가 그토록 완강하게 전투를 계속하려고 했는지 의아해하는 사람들이 많을 것이다. 그 이유는 간단하다. 동부전선에 있던 총사령관에서부터 소대장에 이르기까지 모든 장교가, 러시아군이 독일 국경 내로 진격하는 것을 가능한 오랫동안 저지해야 한다고 생각했기 때문이다. 그래야 러시아군의 위협에서 많은 여성과 아이들을 구해 낼 수 있었기 때문이다. 게다가 더 많은 동료가 포위되어 사로잡히지 않게 하려면 도주나 패주가 아닌 질서정연한 후퇴작전이 필요했다. 오늘날 우리를 사악한 '전쟁광'이라

---

82 | 당시 정황을 감안하면 '저지 진지'가 더 적합한 표현이겠으나 본서에서는 원서 표기에 맞춰 교두보라 번역했다.

고 욕하는 이들의 생각대로 전쟁이 진행되었다면 우리의 많은 여성과 아이들 그리고 충직한 전우들은 결코 살아남지 못했을 것이다. 만일 러시아가 독일의 절반을 차지하지 않았으면 우리 모두에게 훨씬 더 좋았을 것이다. 나는 오늘날 모든 독일인들이, 아니 '자유' 세계에 살고 있지 않은 독일인들까지도 이 생각에 동의할 거라 확신한다.

어쨌든 우리는 한 인간, 또는 하나의 정치체제를 위해 싸운 것이 아니라 우리 조국 독일과 우리 자신을 위해 최선을 다해 싸웠고 모든 것을 바쳤다! 우리는 우리 스스로, 주도적으로 모든 작전을 수행했다. 당시 우리의 결정은 그런 관점에서 평가해야 한다. 우리는 적의 함정 안에서 그저 수수방관하고 싶지는 않았다. 전체 야전군이 뒤나강을 넘어 철수해야 했고 따라서 우리가 도하 지점을 확보해야 했다.

28. 죽음의 문턱에서!
Der Tod stand vor mir!

7월 24일 — 이날은 내 인생에서 절대로 잊을 수 없는 날이다. — 아침에 네 대의 전차를 가지고 본부중대에 들러 보급품을 수령했다. 슈바너 소령이 마침 그곳에 나타났고 우리는 내가 구상한 새로운 작전계획에 대해 함께 논의했다. 그 계획에 따라, 내가 지형정찰을 하기 위해 먼저 출발하고, 아이히호른 소위가 네 대의 '티거'를 이끌고 천천히 뒤나부르크를 통과해서 도시 외곽의 리가로 향하는 기동로 상에서 대기하면, 나중에 내가 지형정찰을 마치고 그 지점에서 부하들과 합류할 생각이었다.

대대 취사반장은, 내가 가장 좋아했지만, 오랫동안 먹지 못했던 오이 샐러드를 주었는데 그 모습이 아직도 생생하다. 당시 슈바너 소령도 내게 이런 농담을 건넸다. "카리우스! 너무 많이 먹지 말게. 이건 복부 관통상에 좋지 않다네!" 대대장은 내게 퀴벨바겐이나 오토바이를 타고 정찰을 나갔다가 불미스러운 일이 발생하면 벌을 주겠다고 윽박지르기 — 이미 여러 번 — 도 했다. 그때까지도 우리 둘 다 이번만큼은 불행히도 그의 예상이 적중할 것이라는 사실을 전혀 몰랐다. 이날은 정말로 내게는 '적군과 눈을 마주친 날'이었다! 아쉽게도 중대에서 마지막으로 남아있던 퀴벨바겐 한 대가 고장이 난 상태였기에 의무병이 운전하는 오토바이에 붙어있는 사이드카에 올랐다. 전혀 불편하지 않았다. 내가 미신을 전혀 믿지 않기 때문에, 만일 다른 차량을 타고 나갔더라도 이

보다 더 좋았으리라고는 생각하지 않는다.

전혀 웃기지 않는 에피소드도 하나 있었다. 이른 아침에 퀴벨바겐 운전병이 숨을 헐떡거리며 흥분한 모습으로 달려와서는 자신이 운전했던 차량이 러시아군의 대전차포에 맞았고 엔진이 파손되어 주기동로에 세워놓고 왔다는 것이었다. 그 말이 정말 사실이었다면 아마 더 언짢았을 것이다. 이에 나는 조심스럽게 2킬로미터가량 후방으로 가보았고 사방을 예의주시하며 나를 향해 날아올지도 모르는 첫 번째 대전차포탄이 발사되기를 기다렸다. 그러나 아무 일도 일어나지 않았고 마침내 우리는 퀴벨바겐이 있는 곳에 도착했다. 나는 조심스럽게 오토바이에서 내려, 대전차포탄이 퀴벨바겐 어디를 때렸는지 확인했다. 그런데 그 어디에도 포탄의 흔적은 찾아볼 수 없었는데, 결국 지면에 흥건했던 기름을 보고 이 수수께끼의 해답을 찾았다. 한밤중에 피스톤의 연결봉이 오일팬을 뚫고 나오면서 '꽝'하는 소리가 났고 그 소리에 깜짝 놀란 이 가없는 운전병은 대전차포탄에 맞았다고 생각하고는 황급히 도망쳐 왔던 것이다. 전장에서 고참 병사들에게도 왕왕 일어날 수 있는 일이었다. 누구에게나 발생할 수 있기에 전혀 부끄러워할 일도 아니었다. 단지 이 사건에서 우리가 불쾌하게 느낀 것은 중대에 남은 마지막 퀴벨바겐이 '고철'이 됐다는 사실이었다.

나는 오토바이를 타고 뒤나부르크 시내로 들어가 리가 방면의 도로를 따라 북서쪽으로 향했다. 약 8킬로미터를 달린 뒤 북동쪽으로 방향을 바꾸었고 몇 개의 작은 마을을 지나 철길 하나를 넘어서니 전방에 숲이 나타났다. 뒤나부르크의 북쪽에 위치한 그 숲은 서쪽에서 동쪽으로, 뒤나부르크와 로시텐 간의 도로까지 뻗어있었다. 정면과 종심 상으로도 러시아군의 모습은 보이지 않았다. 도중에 대대의 정찰소대장인 볼프Wolff 중위를 만났다. 그도 막 그 숲 일대를 살펴보고 복귀하던 참이었다. 그는 우리가 계획했던 것과 똑같은 길을 정반대 방향으로 돌고 있었다. 나는 그에게 내 휘하의 전차들이 있는 곳에서 기다려 달라고 부탁했다. 그 사이에 아마도 전차들은 뒤나부르크의 북서쪽 외곽에 도착해 있을 것으로 생각했다. 그날 저녁에 취사반에서 자우어크라우트와 크뇌델을 만들어 주겠다고 했는데, 마침 그도 좋아하는 음식이라 나는 함께 식사하자고 권했다. 나중에야 알게 된 사실이지만 이 식사 초대가 내 목숨을 살린 것 같기도 하다. 그의 퀴벨바겐이 없었더라면 나는 아마 제시간에 구호소에 도착하지 못했을 수도 있었다.

다시 오토바이에 올라 숲으로 들어갔다. 동쪽으로 뒤나부르크 시가지 경계의 고지까지 나아갔다. 거기서 다시 남쪽으로 방향을 돌려 대전차포와 포반이 배치된 지역에 도착했다. 그들은 우리 전선의 가장 좌측에 있었지만, 우측의 아군들과 아직 접촉하지 못한 상태였다. 북쪽을 경계하고 있던 병사들이 우리를 러시아군으로 오인하고 사격을 하려던 순간, 다행히도 우리를 알아보고 맞아 주었다. 나는 대전차포반장에게 우리 계획을 간단히 알려주면서 우리가 곧 그들의 좌측에 진지를 점령할 거라고 설명했다. 만일 우리가 뒤나 방향으로 철수하면 그들도 함께 데려가겠다고 말했다.

그 사이에 오후가 되었다. 나는 전차들이 있던 곳으로 복귀했다. 도로상에서 북쪽으로 약 2킬로미터 떨어진 지점에서 경계 중이던 두 대의 '티거'를 본대와 합류시켰다. 이 두 대의 전차장은 아이히호른과 괴링이었다. 이 전차들과 함께 나는 오토바이로 정찰했던 길을 따라 기동했다. 북동쪽으로 뻗은 도로로 진입한 뒤 몇 개의 작은 교량을 건너야 했고 약해 보였지만 길이가 짧아서 전차가 통과하는 데는 문제가 없었다. 그러나 딱 한 개의 교량은 폭이 너무 넓어 전차가 건너기에 위험했고 다행히 얕은 여울이 있어서 그곳을 통해 실개천을 건넜다. 마침내 우리는 철길까지 무사히 도착했다. 그곳에는 병사들과 부상병들이 탄 열차가 정차해 있었는데 모두 리가로 가려고 했다. 그러나 철로가 완전히 막혀 있었고,

러시아군이 오고 있다고 생각한 철도 기관사들은 열차를 버리고 떠날 채비를 하고 있었다. 포성을 들었다는 이들도 있었지만, 우리 '티거'를 보자 안심하는 듯했다. 나는, 우리가 돌아올 때까지 충분한 시간이 있으니 그 때라면 열차 운행을 재개할 수 있을 거라고 그들을 안심시켰다. 실제로 그들은 열차를 타고 그곳을 빠져나가는 데 성공했다.

나는 통과한 교량마다 정찰소대 병사를 한 명씩 배치했다. 이미 모든 교량을 폭파할 준비가 끝난 상태였기에 그곳에 공병은 한 명도 없었다. 하지만 그렇다고 해도 우리가 건너오기 전에, 누군가 도화선에 불을 붙이는 일만은, 무슨 수를 써서라도 막아야 했다. 어쨌든 공병부대는 매우 기민하게 움직였다. 러시아군이 길을 잃게 만들려고 도로 표지판을 반대로 돌려놓는 일까지 하고 다닐 정도였다! 이런 조치는 훗날 미군을 상대로 제법 큰 효과를 발휘했지만 정작 러시아군에게는 전혀 먹히지 않았다.

우리는 철길을 넘어서 전차를 배치하려고 계획했던 마을 입구에 이르렀다. 마을 외곽 북쪽 약 1킬로미터 거리에 숲이 하나 있었다. 밤이 될 때까지 우리는 빈틈없이 전방을 경계했다. 만일 적군의 포격이 시작되면 나는 주도로로 철수할 생각이었다. 나의 의도는 단 하나, 러시아군에게 우리가 아직 여기에 있음을 인식시키는 것이었다! 내가 그 마을 어귀에 도착했을 때 나는 중대원들에게 정지하라고 지시했다. 마을의 크기는 매우 작았고 내가 서 있던 도로는 마을의 중심부를 지나 북서쪽을 향해 오른쪽으로 휘어져 있었고 들판의 소로와 연결되어 있었다. 왠지 이상한 예감이 들었다. 낯선 상황에 봉착하면 때때로 사람은 일종의 육감六感이라는 것을 발동시키곤 한다. 나는 쌍안경으로 가옥들을 살펴보았다. 정말 이상했고 도로에는 개미 새끼 하나 없었다. 하지만 집들의 창문 뒤쪽에는 여자들이 뭔가를 바라보고 있었다. 마을에서 한 꼬마가 나를 향해 달려왔다. 나는 그 꼬마를 붙잡고, '유창한' 러시아어로 이렇게 물었다. "루스키 군인들이 여기 있냐Ruski soldat suda?" 놀랍게도 그 녀석은 곧장 이렇게 대답했다. "3킬로미터Tri kilometro!" 어떻게 이 꼬마가 이렇게 정확히 알 수 있을까? 몇 시간 전에 내가 왔다 갔지만, 그때 이곳에 러시아 군인은 단 한 명도 없었다.

아이히호른 소위는 전차 두 대를 먼저 보내고 오토바이를 탄 내가 그 뒤를 따르는 것이 좋겠다고 강력히 주장했다. 그도 뭔가 좋지 않은 예감이 들었던 것이다. 하지만 나는 두 대의 전차를 앞질러 마을로 진입했고 그 전차 두 대를 이 마을의 북쪽 어귀로 가라고 지시했다. 리가로 향하는 도로의 분기점 일대의 경계도 필요했다. 또한, 케르셔 중사와 크라머 하사의 전차 — 후자는 나의 '티거'에 탑승함. — 를 뒤쪽에 남겨 두었다. 어두워지면 내가 복귀할 테니 그때까지 그곳에 대기하라고 그들에게 지시했다.

전방에는 어떤 움직임도 없었다. 나는 오토바이를 타고 저편의 언덕에 오르기 위해 들판의 소로로 달렸다. 이 일대를 더 잘 관측하고 숲 외곽지역을 더 자세히 관찰하기 위해서였다. 저 멀리 언덕 뒤편에, 이 소로 왼편에 있는 한 농가의 지붕이 살짝 보였다. 몇 시간 전에 정찰했을 때 한 번 지나왔던 길이었다.

그 언덕에 올라서 나는 오토바이를 세우라고 지시했다. 지도를 펴고 지형과 대조하면서 도상 연구에 몰입해 있었다. 갑자기 오토바이 운전병이 소리를 질렀다. "러시아군이 농가에 나타났습니다!" 이미 적군의 총탄이 날아오고 있었다. 나는 왼쪽을 바라보며 소리를 질렀다. "오토바이 방향을 돌려!" 운전병 로카이Lokey가 오토바이(700cc 췬다프 Zündapp)를 잘못 조작해 시동이 꺼져버렸다. 순식간에 모든 일이 벌어졌다. 우리는 오토바이에서 뛰어내렸고 로카이는 무사히 도랑으로 몸을 피했지만 내 좌측 허벅지에는 총탄 한 발이 박혀 있었다. 우리는 포복으로 마을로 내려오려 했다. 하지만 내 몸이 말을 듣지 않았다. 나는 로카이에게, 아이히호른한테 얼른 가서 상황을 알리라고 지시했다. 그러나 충직한 그 녀석은 나를 그곳에 내버려 둘 수 없다고 말했다. 러시아군이 점점 더 가까이 오고 있다는 그의 말에 나는 더욱 미칠 지경이었다. 우리가 길가로 고개를 내밀 때마다 러시아군은 사정없이 사격을 가해왔다. 나는 계속해서 큰 소리로 '아이히호른'을 불러댔다. 그가 내 목소리를 들어 주기를 간절히 원했지만 의미 없는 행동이었다.

부상을 입었지만, 최선을 다해 기어서라도 천천히 앞으로 나아갔다. 그러나 러시아군이 점점 더 가까이 다가왔다. 아마 그들은 우리 전차가 이 근처에 있다는 사실을 몰랐던 것 같다. 언덕 때문에 그 농가에서는 마을 쪽이 보이지 않았던 것이다.

그때 나는 지도가 담긴 상황판을 잃어버리고 말았다. 항상 쓰고 다녔던 전투모도 도랑으로 뛰어들 때 그곳에 빠뜨렸다. 불길한 징조였다. 나중에 알게 된 사실이지만, 마르비츠Marwitz라는 친구가 우연히 이 모자를 발견했고 러시아군의 포로수용소에서 보낸 긴 시간 동안 부적으로 소중히 간직했다고 한다.

아무튼, 그 사이에 이미 러시아군이 길을 횡단해서 우리 쪽 도랑으로 와 있었다. 우리가 움직일 때마다 그들은 사격을 해왔다. 총탄이 내 머리 위로 휙휙 소리를 내며 지나갔고 물론 로카이도 맞추지 못했다. 내가 로카이의 몸을 감싸고 있었기 때문이다. 결국, 총탄 한 발이 그를 스치고 지나갔지만 다행히 무사했다. 나도 다른 총탄들은 피했으나 왼팔 상박에 한 발, 등에 네 발을 맞았고 부상이 심했다. 특히 등 쪽의 출혈이 심해서 더 이상 앞으로 갈 힘이 없었다. 온전한 것은 오른팔뿐이었다. 우리가 움직일 수 없게 되자, 적군의 사격도 중단되었다. 그러자 점점 희미해져만 가던 생존 의지가 갑자기 되살아났다. 분명히 내 귓가에 전차 엔진 소리가 들려왔다. 구원의 종소리였다! 아이히호른과 괴링도 총성을 듣고 무슨 일인지 확인하기 위해 달려온 것이다. 너무나 기뻤다. 드디어 사면초가의 위기 속에서 살아서 나갈 수 있다는 희망이 보였다.

그러나 그 순간 갑자기 나는 죽음의 문턱에 있음을 깨달았다! 세 명의 러시아군이 우리 등 뒤로 다가오고 있었으며 급기야 불과 3미터 뒤에 서 있었다. 나는 그 순간을 평생 잊을 수 없을 것이다. 온몸에 피가 흐르고 있었으며 더 이상 움직일 힘도 없었다. '티거'들의 엔진 소리가 들리긴 했지만, 너무 늦었다는 생각이 들었다.

나는 주변을 둘러보았다. 마치 내장에 관통상을 입어 도저히 도망칠 수 없는 짐승이 점점 다가오고 있는 사냥꾼을 바라보는 듯한 상황이었다. 가운데 서 있던 러시아군 장교가, "루키Ruki 베르흐werch!"라고 외쳤다. 손을 들라는 말이었다. 그리고 양쪽에 서 있던 병사들은 우리를 향해 기관단총을 겨누었다.

그 러시아 장교의 얼굴에는 두려움이 역력했다. 내가 아직 총을 쏠 수도 있다고 생각한 모양이었다. 그래서 다행이었다. 내가 그들이었어도 마찬가지였을 것이다. 그러나 그는 내가 당시 어떤 상태였는지 전혀 알지 못했다. 나는 총을 쏠 생각은 전혀 없었다. 그 순간에 나는 어떤 생각도 할 수 없었으며, 아직 멀쩡한 오른팔로 몸을 지지하고 있었기에 총을 잡기도 불가능한 상태였다. 그때 우리 전차들이 우렁찬 엔진소리와 함께 기관총을 난사하며 달려왔다. 물론 기관총탄이 아무것도 제대로 맞추지는 못했지만 갑작스러운 '티거'의 출현에 러시아군은 당연히 충격을 받은 듯했다. 두 명의 러시아군 병사는 곧장 달아나버렸고 그 장교는 자신의 권총을 내게 겨누었다. 나는 이대로 죽고 싶지는 않았기에 나를 향해 달려오는 전차들을 바라보았다. 그들이야말로 나에게는 행운의 여신이자 구세주였다!

그 장교는 방아쇠를 세 번 당겼다. 그러나 너무나 흥분했던 나머지 두 발은 빗나가고 내가 맞은 것은 단 한 발뿐이었다. 그 탄은 내 목의 척추 옆을 관통했는데 다행스럽게도 동맥과 힘줄은 전혀 건드리지 않았다. 그야말로 기적이었다. 목에 관통상을 입었는데도 멀쩡했다. 살았다는 것 자체가 너무나 놀라운 일이었다. 만일 나의 '티거'들이 오지 않았다면 아마도 총탄은 후두부를 관통했을 것이고 지금 이 글도 세상의 빛을 보지 못했을 것이다. 말 그대로 절체절명의 순간에 내 전우들이 나타난 것이다!

아이히호른 소위의 전차는 내 옆을 지나서 전방으로 나가 적군을 공격했고, 괴링 중사의 전차가 내 옆에 정지했다. 기적과도 같은 상황이었다. 당시 내가 느낀 안도감은 지금 생각해도 뭉클하고 말로 표현하기도 어려울 정도다. 그 이후 벌어진 총격전에 대한 나의 기억은 없다. 괴링의 탄약수였던 마르비츠 병장은 포탑에서 자신의 해치를 열고 뛰어나와 도랑에 있는 내게 달려왔다. 그는 나를 보고는 어디부터 붕대를 감고 지혈을 해야 할지 난감해했다. 온몸에서 피가 흘러나왔고 입고 있던 원피스 전차복은 너덜너덜한 상태였다. 마르비츠는 자신의 바지 멜빵을 풀어서 내 허벅지 위쪽을 동여맸다. 최상의 재질과 탄성을 가진 멜빵이 있었다는 것도 행운이었다. 만약 그보다 조금 느슨하게 지혈했다면 나는 다리 한쪽을 잃었을 것이다.

그 후에 사람들은, 당시 통증이 있었냐고 종종 내게 물어보곤 한다. 이해하기 어렵겠지만, 초긴장 상태에서 녹초가 되어 버린 나는 엄청난 출혈까지 있었던지라 정말 아무것도 느낄 수 없었다. 그저 무척 피곤했고 정신을 잃을까 두려웠다. 총탄을 맞았을 때는 그저 누군가에게 구타를 당하는 듯한 느낌이었다. 그 외 다른 통증은 전혀 없었다. 다리를 지혈한 뒤 마르비츠는 나를 들어서 전차 뒤쪽의 상판으로 올렸다. 오늘날까지도 내가 어떻게 거기로 올라갔는지 도무지 기억나지 않는다. 사실상 한쪽 다리가 덜렁덜렁 매달린 상태로 포탑 뒤쪽에 앉아 포탑에 붙은 고리를 꽉 붙들었다. 갑자기 뒤쪽에서 총탄들이 날아왔다. 그제야 나는 마을에서 왜 조금 전까지 러시아군을 못 봤는지 깨달았다. 몇몇 러시아군은 가옥들이 있는 곳까지 나왔다가 우리를 보고 깜짝 놀랐고 게다가 전차까지 출현하자 그들은 엄폐물 뒤로 숨었던 것이다. 그러나 이제는 더 이상 숨지 않고 우리에게 사격을 해왔다. 나는 괴링에게 포탑을 뒤로 돌리라고 지시했다. 이에 그가 얼마나 빨리 반응했던지, 멀쩡했던 내 발 한쪽이 포탑과 차체 사이에 끼었는데 간발의 차이로 부러지는 것을 면했다. 나는 바로 전에 오토바이에서 이탈하자마자 적군의 총탄 한 발을 맞고 말았다. 그런데 전차 포탑 위에서 무방비상태로 앉아 있었지만, 적군의 총탄은 단 한 발도 맞지 않았던 것도 참으로 이해하기 어려운 일이었다.

교전을 벌이면서 그 마을을 빠져나왔고 볼프 중위가 기다리고 있던 마을 외곽에 도착했다. 볼프 중위는 탁월한 선견지명으로 퀴벨바겐을 타고 있었기에 무사할 수 있었다.

그는 퀴벨바겐 뒷좌석에 공간을 만들어 나를 태웠다. 나는 아이히호른 소위에게, 즉시 주기동로로 복귀해서, 이미 논의한 대로, 우리가 철수하기를 기다리며 교량을 경계하는 아군 병력과 함께 교량을 폭파하라고 지시했다. 하지만 유감스럽게도 아이히호른은 내 명령을 따르지 않았다.

드디어 퀴벨바겐이 출발했을 때 이제는 살았다는 생각에 눈을 감았다. 출혈이 너무 심했고 말도 겨우 할 수 있을 정도였다. 볼프의 고향은 내 고향으로부터 불과 24킬로미터 떨어진 피르마젠스Pirmasens였다. 그는 자신의 무릎 위에 내 머리를 올려놓고 내게 용기를 내라고 힘을 북돋워 주었다. 나는 이렇게 속삭였다. "내 부모님께 어떤 일이 있었는지, 나도 어쩔 수 없었다고 알려드려. 난 이제 끝인 것 같아!" 볼프는 훗날 그가 내게 편지에 썼듯, 그때 내가 살아남은 것에 대해, 자신도 믿기 어려운 일이라고 말했다. 결국, 나는 이렇게 무사히 집으로 돌아왔지만, 그 친구는 안타깝게도 종전 직전에 동프로이센에서 영웅적으로 산화했다.

구급차로 옮겨진 순간에 나는 비로소 의식을 되찾았다. 이미 한참 전에 구급차는 뒤나강을 건넜다. 나는 케르셔와 크라머에게 작별인사를 못 한 것이 매우 후회스러웠다. 나는 후송 전에 잠시 대대에 들르고 싶다고 부탁했지만, 나를 간호했던 의무병들은 내 부탁을 들어주지 않았다. 나는 그들이 왜 그렇게 심각하게, 급박하게 움직이는지 전혀 몰랐다. 또한, 엄청난 양의 피를 흘린 터라 고통스러울 정도로 갈증을 느꼈지만, 의무병들은 내게 마실 것을 주지 않았다. 충직했던 의무병들은 혹시 위에 총상이 있을지도 모른다고 우려했던 것이다. 지금에 와서는 그들이 옳았다고 인정할 수 있지만, 당시 나는 그들에게 매우 거친 독설을 퍼부었다. 그날 저녁 20시경에 부상을 입은 나는 새벽 01시경에 정신을 되찾았고 이미 중앙구호소에 와 있었다. 오늘날까지도 나는, 그날 헤르만 볼프가 미친 사람처럼 이리저리 뛰어다니며 군의관을 찾던 모습이 눈에 선하다. 그가 결국에는 군의관 한 명을 찾아냈고 그 군의관이 나를 진찰한 결과, 내 다리는 너무 오랫동안 지혈된 탓에 잃을 수도 있다고 말했다. 그러나 지혈을 풀자 다행스럽게도 다시 피가 돌기 시작했고 동맥 손상도 없었으며 이에 내 다리에는 이상이 없다는 소견을 들었다. 군의관은 내게 에비판Evipan[83] 주사를 한 대 놓아주었다. 내가 정신이 들었을 때 내 몸은 석고로 된 깁스 안에 마치 '포로가 된 것처럼' 갇혀 있었다. 오른팔과 오른쪽 다리와 머리만 석고 틀 밖에 나와 있었다. 생각했던 것보다 많이 불편했다. 그 뒤 나는 수혈을 받았는데 그래서인지 확실히 회복되고 있음을 느꼈다. 그런데 내게 피를 나눠준 사람도 피르마젠스 출신이었고 그 후에 그도 병원에 있던 내게 편지로 안부인사를 전했다.

그 뒤 나는 짐짝처럼 실린 채 어떤 건물로 옮겨졌다. 내 주위를 둘러보니 침상에는 중상자들로 가득 차 있었다. 고통 때문에 신음하는 이

---

83 │ 수술용 마취제 및 최면제 등으로 사용된 헥소바르비탈의 일종. 에비판은 독일 Farbenfabriken Bayer A. G.의 상품명이다.

전우들의 비참한 모습을 보니, 그들에 대한 동정심, 연민과 함께 나로서는 이만하면 다행이라는 감사하는 마음이 생겼다. 어쨌든 나는 고통을 전혀 느끼지 않았다. 다수의 총탄을 맞았지만 신경계통은 전혀 손상되지 않았기 때문이다. 그것만으로도 엄청난 행운이었다. 한 목사가 아침마다 순회하면서 우리를 위해 기도해 주었는데 나는 그와도 정상적으로 대화를 나눌 수 있었다.

다음날 처음으로 문병을 온 사람은 바로 대대장 슈바너 소령이었다. 우리는 서로 눈물을 흘리며 재회했다. 나의 첫마디는 이랬다. "적과 교전이 있었습니다." 내 모습을 본 대대장은, 우리 중대에서 마지막으로 남아있던 오토바이를 완전히 고물로 만든 나를 꾸짖을 생각 따위는 잊어버린 듯했다.

슈바너 소령이 다녀간 뒤 델차이트 상사가 나를 찾아왔다. 그는 내게 '진실'을 숨기려 했지만, 그것이 얼마나 어려운 일인지 나는 충분히 느낄 수 있었다. 나는 지금까지 내 인생에서 가장 힘든 이별을 해야 한다는 것도 잘 알고 있었다. 나는 곧 중대로 복귀할 거라고 말했지만 물론 아무도 장담할 수 없는 얘기였다. 나도 그 약속에 확신이 없었지만 델차이트는 나보다도 더 부정적으로 생각하는 듯했다.

한편, 대대의 부관장교는 나에게 위안이 될 만한 소식을 하나 전해 주었다. 우리 중대의 성공적인 작전을 치하하면서, 군단에서 내게 백엽기사 철십자장을 수여한다는 것이었다. 나는 당시의 그 소식이 단순한 위안이 아니었음을 고향에 돌아가서야 깨닫게 되었다.

날이 갈수록 나의 상태는 눈에 띄게 호전되었다. 담배 한 대를 물고 싶은 욕구를 느꼈다. 군의관은 내 폐에도 분명히 관통상이 있을 거라며 금연해야 한다고 강하게 말했다. 그러나 나는 계속 고집을 부렸다. 담배를 피우는 것으로 내 폐가 이상 없다는 것을 증명하겠다고 말했다. 만일 폐에 관통상을 입었다면 내 등 쪽의 상처로 담배 연기가 빠져나갔을 것이다. 이 논리로는 군의관을 설득시킬 수 없었지만 결국 나의 집요한 간청에 그는 나의 요구를 받아들였다.

문득 이런 내 처지에 우울한 기분이 들었다. 하필이면 내 동료들이 나를 꼭 필요로 하는 이 시점에 부상을 입은 것 자체를 납득할 수가 없었다. 게다가 내가 부상을 당한 날, 나는 대대의 공식적인 명에 의거 중대장으로 임명되었다. 나와 중대원들은 몹시 기뻐했지만 유감스럽게도 그걸로 끝이었다.

처음에 나는 '슈토르히'를 타고 독일로 갈 예정이었다. 그러나 나보다 더 급히 본국으로 돌아가야 할 장병들이 많았다. 그래서 나는 이틀만 더 중앙구호소에 있기로 했다. 매일같이 동료들이 중대에서 벌어지는 새로운 소식들을 갖고 나를 문병했다. 그들은 내게, 아이히호른 소위가 그날 밤 중대로 복귀하지 않았으며, 다음날에도 러시아군의 기만 전술에 넘어가 넓은 정면에 걸쳐 대규모의 적 전차부대가 점령한 마을을 공격했다고 한다. 당연히 그는 퇴각할 수밖에 없었다. 아이히호른은 매우 훌륭한 장교였지만 역시 경험이 부족했다. 입대 전에는 회계사로 일했으며, 자원입대 후 기갑 학교 교육을 수료하고 중대에 전입했다. 중대에서 근무한 기간도 짧았다.

동료들이 계속 전해 주었듯, 그는 힘겹게 리가의 도로까지 도달했다. 러시아군 전차들이 점령했던 곳이었다. 그야말로 '스탈린' 전차와 T-43 전차[84]들 사이를 누비고 다녔다고 한다. 겨우 단 한 대의 '티거'만이 뒤나강변의 교량에 도착했고, 그곳에서도 적의 포탄이 빗발쳤다고 한다. 이날은 우리 중대에게는 참으로 불운했던 날이었고, 이전까지 수행했

---

84 | T-34의 개량형으로 개발된 전차. 시제품이 소수 생산된 것에 그쳤으나 이후 T-34/85 개발의 바탕이 되었다. 본서를 포함 독일군의 여러 기록에 등장하는 T-43은 신형 전차 개발에 대한 첩보와 일선에서의 오인이 빚어낸 결과로, 실제로는 T-34/85를 지칭하는 것이었다.

던 전체 작전에서보다 더 많은 사상자와 실종자가 생겼다. 불타는 전차에서 탈출한 전우들은 헤엄쳐서 뒤나강을 건너서 무사히 탈출했다. 너무나 심각한 피해를 입은 우리 중대는 더 이상 전투력을 복원할 수 없었다. 니엔슈테트와 아이히호른도 부상을 입었고 새로운 장교들이 전입했다. 그러나 그들은 기존의 중대원들과 잘 어울리지 못했다. 얼마뒤 대대장이었던 슈바너 소령도 교체되었다. 신임 대대장도 다음 전투에서 완전히 패했다고 한다. 남아있던 전차들마저도 하나둘씩 여기저기로 배치되었다가 차례로 완파되고 말았다.

무거운 마음으로 나는 본국으로 향했다. 나는 레발에서 배를 탔고 — 러시아군이 이미 철도를 끊어놓았기 때문이다. — 14일 만에 독일에 도착했다. 슈비네뮌데Swinemünde에서 어느 깨끗한 열차를 구호소로 활용하는 곳으로 갔는데 이렇게 새하얀 침대 시트에 누워보는 것이 얼마나 오랜만인지 기억도 나지 않았다. '전장에서 온 군인Frontschwein'에게는 매우 과분한 대접이었다.

엠스Ems강변의 링엔Lingen에 도착했을 때 내 몸무게는 정확히 79파운드(35.8킬로그램)였다. 그때는 생각지도 못한 일이었지만 9월 말 무렵부터는 처음으로 걷기를 시도했다.

어느 날 구호소에서 한 동료가 오래전에 발행된 신문 하나를 건넸다. 거기에는 내가 1944년 7월 27일에 전군에서 535번째로 백엽 기사 철십자장을 받는다는 기사가 실려있었다.

29. 병원에서 빠르게 회복하다
Schnelle Heilung im Lazarett

병원에 있는 동안 전선과 고향으로부터 수많은 위문 편지를 받았는데 그 중에서 가장 반가운 것은 역시 중대원들이 보낸 편지들이었다. 특히 아버지처럼 너무나 다정하게 대해 주었던 우리 중대 행정관으로부터 받은 편지였다. 언제나 그를 통해 중대의 소식을 접할 수 있었다. 그 이전에 리거는 내 어머니께 매우 조심스러운 어조로 편지를 보냈다. 내가 어디서 어떻게 지내는지, 살아서 고향에 잘 도착했는지 알고 싶었던 것이다. 그 편지를 계기로 우리는 서로의 소식을 주고 받았고, 내 어머니가 당시 받았던 모든 편지를 잘 간직해 둔 덕분에 오늘날까지도 꺼내 읽으면서 행복감을 느끼곤 한다.

나는 케르셔, 크라머, 괴링과 뢰네커가 훈장을 받았는지 궁금했다. 그래서 병원에서 중대로 보낸 첫 번째 편지의 첫 마디에 그것을 물었다. 내가 중앙구호소에 있었을 때, 그들이 훈장을 받을 수 있게끔 건의했기 때문이었다. 9월 5일 리거로부터 온 답장의 내용은 다음과 같다. "괴링, 케르셔와 크라머는 아직 받지 못했습니다. 지금 중대에 그런 것에 관심을 가져주는 장교는 단 한 명도 없습니다!" 나는 즉시 대대로 편지를 보냈고, 11월 17일 드디어 기쁜 소식을 받았다. "케르셔 중사와 크라머 하사는 기사 철십자 훈장을, 괴링 상사는 대독일 십자장 금장

Deusche kreuz in Gold[85]을 받았습니다. 중위님! 이제는 근심 걱정을 내려놓으시기 바랍니다. 특별히 자랑스러운 사실은 이들이 대대에서 이런 고급 훈장을 받은 최초의 부사관들이란 점입니다."

내 몸의 회복 속도는 무척이나 빨랐다. 군의관은 내 대퇴골이 14일 간의 후송 중에 이미 붙어버려서 뼈를 제대로 맞추기가 불가능하다고 진단했다. 하지만 여전히 견인 붕대를 감고 누워 있어야 했다. 정말 정교한 물건이었다! 갖은 노력에도 불구하고 한쪽 다리는 짧아졌지만 뼈가 매우 빨리 그리고 견고하게 붙었다는 것만으로도 나는 기뻤다.

어느 날 아침, 육군 총사령부 예하 인사청의 제5과die Abteilung P 5 des OKH, 즉 보훈과에서 보낸 편지를 받았다. 내가 걸을 수 있는지, 가능하다면 총통의 총사령부에서 공식 거행되는 백엽 기사 철십자장 수여식에 참석할 수 있는지 묻는 내용이었다. 나는 답신으로 훈장을 인편에 보내줄 수 있는지 물었다. 그러자 회신은 다음과 같았다. "총통께서 직접 훈장 수여를 원하시고 일정을 미루고 있으니 제6군단 사령부에서의 대리 수여는 불가함. 총통의 총사령부에 출두 가능한 몸 상태가 되면, 행사 준비를 위해 육군 총사령부 인사청 제5과로 적시에 통보 바람." 무미건조한 편지였지만 아래쪽의 짧은 자필 인사말과 서명을 보니 매우 기뻤다. "진심으로 빠른 쾌유를 바라네! 소령 요한마이어 씀." 나는 네벨에서 그가 전사해 다시는 만날 수 없으리라 여겼다. 하지만 그 편지를 통해 그 훌륭한 장교가 다행히 아직 살아 있음을 알 수 있었다.

9월 중순경 다리에서 깁스를 제거한 뒤 처음으로 걷기를 시도했고 목발을 짚고 걷는 연습을 해야 했다. 오랫동안 침대에 묶여 있었기에 사실은 아직 해서는 안 되는 행동이었다. 그러나 나로서는 처음으로 걸어서 화장실

---

85 | 1급 철십자장과 기사 철십자장 사이 훈장으로 기사 철십자장 수여에 조금 못 미치는 전공에 수여됐다. 금장과 은장 두 등급이 있으며 주로 부사관에게 수여됐다.

에 가는 것만으로도 매우 기뻤다. 하지만 매우 쓰디쓴 경험을 하고 말았다. 목발을 짚지 않고 내 발로 아래층으로 내려가려 했고 그 순간 다친 다리로 짚으며 바닥에 나뒹굴었다. 처음에는 뼈에 약간의 통증이 느껴졌고 틀림없이 다시 부러졌을 것으로 생각했다. 게다가 군의관도 내게 이젠 다 끝났다고 '질타'하기까지 했다. 그러나 다행히 운이 좋아서 뼈에는 이상이 없었고 의무병이 나를 침대로 옮겨 주었다. 다음날부터는 한결 쉽게 걸을 수 있었다. 14일 뒤 나는 악착같이 연습한 끝에 두 개의 목발로 걸을 수 있게 되었고 다음 14일 후에는 한 개의 목발로도 걸을 수 있었다. 총사령부에 '갈 수 있는' 상태가 되었다고 보고했고 그곳으로 오라는 명령을 받았을 때 내 가슴은 뛰기 시작했다. 지금 그곳의 분위기가 어떤지 내 눈으로 직접 확인하고 싶었다. 이미 오래전부터 전쟁에서 승리할 것이라는 그들의 주장에 대해 나는 의문을 품고 있었기 때문이다.

10월 말 이동할 준비를 마쳤다. 잘츠부르크로 와서 그곳의 지역사령부에서 다음 지시를 받으라는 명령을 받았다.

이미 당시에도 열차로 이동하는 것은 쉬운 일이 아니었고 링엔에서 잘츠부르크까지의 거리도 가깝지 않았다. 내가 탄 열차가 잘츠부르크 시내로 진입할 수도 없는 상황이었다. 종착역은 잘츠부르크 교외의 작은 역이었고 나는 거기서 '단정하게' 보이기 위해 면도를 했다. 갑자기 공습경보가 울렸다. 두 명의 병사와 나를 제외한 모든 이들이 방공호로 뛰어 들어갔다. 우리는 밖에서 그 폭격기 편대를 구경했다. 아군의 엄청난 대공포 사격에도 그들은 전혀 개의치 않고 대형을 갖추어 천천히 뮌헨 방향으로 날아갔다. 하기야 당시에는 심리적인 면에서도 대공포 사격의 효과는 전혀 없었다. 잠시 뒤 그 녀석들은 갔던 길을 되돌아왔다. 맨 뒤쪽에 처져있던 비행기 한 대가 매우 낮게 날아왔다. 대공포에 피격된 듯했다. 갑자기 나는 그 폭격기의 최후를 보고 싶었다. 추측건대 그 녀석은 잘츠부르크에 폭탄을 떨어뜨리기 위해 몇 발을 남겨뒀던 것 같았다. 내가 그런 생각에 잠겨있을 때, 갑자기 그 폭격기가 내가 서 있던 곳으로부터 약 100미터 앞쪽에 폭탄 한 발을 떨어뜨렸다. 우리는 모두 진흙탕에 엎드렸고 살아있음을 확인하고는 너무나 무서워서 바들바들 떨며 그곳에서 도망쳐 나왔다. 물론 적군도 대가를 치러야 했다. 아군의 대공포탄 몇 발을 더 맞은 폭격기는 산속으로 추락했다. 안타깝게도 조금 전까지 깔끔했던 '행사용 군복'은 전선에서 이제 막 돌아온 듯 꾀죄죄하게 변하고 말았다.

그 지역사령부를 방문한 뒤 나의 추측은 서서히 확신으로 바뀌었다. 총통의 총사령부는 그곳에 없었다. 훈장 수여식은 잘츠부르크 외곽에 있는 힘러Himmler의 참모부에서, 히틀러 대신 그가 주관해서 열릴 예정이었다. 힘러는 친위대 제국지도자이자 동시에 경찰청장, 내무부장관, 국방군 및 육군 보충대 사령관을 겸했다.

어느 터널 입구에 열차 한 대가 서 있었는데 그곳이 바로 힘러의 참모부였고 적군의 공습경보가 울리면 터널 안으로 대피할 수 있게끔 되어있었다. 생각보다 경계가 허술했다. 열차 양쪽으로 경계병 두 명이 왔다 갔다를 반복할 뿐, 내가 열차에 오를 때 신분증을 확인하지도 않았다.

육군 소속의 연락장교인 어느 소령이 나를 반갑게 맞아줬다. 내빈용 객차로 나를 안내하더니 서두를 필요가 없다며, 아마도 이틀 뒤가 되어서야 힘러에게 나를 위한 행사 문제가 보고될 것이라고 말했다. 제502 전차대대 1중대장인 뵐터 중위도 바로 하루 전에 이곳을 떠났다고 했다. 그는 나보다 3개월 늦게 백엽 기사 철십자장을 받기로 결정되었으며, 역시 이곳에서 행사를 치렀다고 했다. 오늘날까지 그를 만나지 못했기에 나는 그때 그를 보지 못한 것이 너무나 아쉽다.

나는 참모부의 손님이었다. 그곳에 근무하는 장교들은 손님들이 올 때면 항상 기뻐했다. 그때만 훈장 수훈을 축하하는 접대용 슈납스를 마실 수 있기 때문이었다. 매우 엄했던 힘러 자신이 술을 입에도 대지 않았기 때문에 부하들은 감히 술을 먹을 수 없었고 그곳에서는 장군부터 소위까지 모두가 식사 시에 자신이 먹을 찐 감자 껍질을 직접 벗겨야 했다.

그 소령은 열차 내부의 부서를 돌며 소개해 주었다. 열차 안에는 깜짝 놀랄 만큼 많은 사무실이 설치되어 있었다. 물론 내가 가장 궁금했던 것은 이런 것이었다. "앞으로 전쟁이 어떻게 진행될까? 그것에 대해 여기 사람들은 어떤 생각을 갖고 있을까?" 제트 전투기와 유인 대공 로켓과 같은 수많은 최신 무기들이 등장하는 선전 영상물을 시청했다. 유인 대공 로켓의 경우, 이미 수많은 이들이 이 로켓의 탑승에 자발적으로 지원했지만, 그 중에서 일부만이 전투에 참가할 수 있는 자격이 주어졌다. 내 눈으로 그런 지원서들을 직접 보기도 했다! 다수의 폭격기들을 단 한 번에 격추할 수 있는 로켓이었다. 선전물에는 원격조종 방공미사일, 신형 독가스(타분Tabun)[86]와 레이더에 포착되지 않는 신형 잠수함들도 등장했고 전차부대에 필요한 야간투시경과 미국 본토에 도달할 수 있는 장거리 폭격기들이 개발되고 있다는 소식도 있었다.

게다가 영상에는 '핵분열'이 모형으로 표현되었는데, 당시 나의 지식으로는 핵분열에 대한 과정을 전혀 이해할 수 없었고 종전 뒤 공부를 다시 시작하면서 그제야 그때 본 것이 무엇인지 이해할 수 있었으며 이 과정에 '중수重水'가 필요하다는 것도 알게 되었다. 또한, 반역자들이 노르웨이에 있던 독일의 중수 생산공장을 폭파했고 그중 가까스로 화를 면한 화차 두 대분의 물량이 온전히 화물선으로 옮겨 졌지만, 독일로 이동하던 중 그 선박이 침몰하고 말았다고 했다. 또한, 이러한 손실로 인해 우리 독일은 최소 2년의 세월을 잃어버렸으며, 적군이 독일 본토

---

86   G계열 신경작용제의 일종. G계열 신경작용제 중 가장 처음(1936년) 알려진 물질로 농산물 작황 증진을 위해 보다 강력한 살충제를 연구하던 중 그 독성이 발견되었다. 같은 계열의 사린이 1938년, 소만이 1944년에 개발되었는데, 본서의 기술은 저자의 혼동으로 보인다.

로 들어오는 것을 막기 위해서는 우리 장병들이 동부와 서부전선에서 최소한 1년 이상 버텨줘야 한다고 주장했다. 물론 7월 20일에 발생한 총통 암살미수 사건에 관한 이야기도 있었다. 슈타우펜베르크 백작을 정확히 표현하면, 진정 유일한 '저항운동가'였다. 처음에는 훌륭한 장교로서 전선에서 열정을 다했지만, 부상을 입고 총통의 총사령부에 보직된 뒤 전쟁의 실상을 깨달았고 자신의 신념에 따라 거사를 결행했던 것이다. 그는 최일선에서 출중한 장교이자 육군에서 가장 유능한 장군참모장교 중 한 명이었다. 게다가 한쪽 눈과 오른팔을 잃었고 왼손 일부를 절단하기도 했다. 하필이면 이런 사람이 자신의 신념대로 행동했고 희생됐다는 것이 주목할 만한 점이다. 1938년부터 거사를 계획했지만, 실행에 옮길 단 한 명을 찾지 못한 이들도 있었다. 여태껏 그저 권총을 뽑아 결정적인 일격을 가할 수 있는 사람이 단 한 사람도 없었던 것이다. 따라서 슈타우펜베르크 백작이 뒤늦게 그 저항세력에 가담했다는 것은 다른 이들의 결단력이 얼마나 부족했는지 적나라하게 보여주는 사례였다.

우리 같은 최전선 군인들은 모두가 옳다고 여기는 일에 목숨을 걸었으며, 이 전쟁에 반드시 승리할 거라고 믿었다. 물론 누구도 그것을 장담할 수 없었다. 그러나 저항세력 지도자들은 자신들의 희생이 조국에 도움이 될 거라 확신했고, 뿐만 아니라 생존자들의 증언과 이들의 평전을 보면 히틀러를 적시에 제거하는 것만이 독일을 구하는 길이라고 여겼다. 전 세계 모든 군인은 전쟁에서 조국을 위해 목숨을 바치도록 요구받는다. 그 누구도 그 일이 선하고 정의로운지 또는 성공 가능한지, 그것을 위해 과연 희생해야 하는지 의문을 품지 않는다. 하지만 도대체 왜 우리가 저항세력의 거사를 이해해 주어야 할까? 그들은 적시에 그리고 대담하게 행동해야 했다. 물론 그들도 적시에 움직여야 한다는 것과 자신들의 거사와 희생만이 조국을 구하리라는 것을 잘 알았다. 전선에 있던 우리로서는 마지막 단계의 실패를 도저히 이해할 수 없다.

만약 7월 20일에 히틀러가 정말로 죽었다면 무슨 일이 벌어졌을까? 여러 해 동안 히틀러를 제거할 대안도, 기필코 성공시킬 방안도 찾지 못한 그 사람들에게 우리 독일은 어떤 희망을 가질 수 있었을까? 어떤 수단과 방법을 동원한들 이 저항세력들은 거사에 성공하지 못했을 터다! 나중에 드러났듯 연합국은 저항세력을 인정할 준비가 전혀 안 되어 있었다. 어찌 되었든 연합국 좋은 일만 하는 꼴이었다. 서방세계와 특히 충분히 그럴만했던 러시아의 증오심은 히틀러 개인이 아니라 독일 국민 전체를 향해 있었다. 얄타 회담과 이 협정의 조인 과정을 보면 충분히 알 법한 사실이다.

혁명을 원하는 이는 한 장의 카드에 모든 것을 걸어야 한다. 아니면 쿠데타를 포기하고, 육군 내에서 남몰래 불평불만하고 사보타주를 일삼는 사람들로 숨어 지내야 했다. 그런 이들은 어느 나라, 어떤 체제 아래에서건 항상 존재했고, 지금도 있으며, 앞으로도 존재할 것이다. 요즘에는 은밀히 뒤에 숨어서 불평불만과 사보타주를 했던 사람들이 전선에서 목숨을 걸었던 군인들보다 더 높게 평가받고 있다. 조국에 대한 충성심으로 최전선에서 싸운 우리 군인들은 이런 상황에 분노를 금할 수 없다. 게다가 1945년 이후부터는 저항세력에 가담했다가 살아남은 자들과 그들의 비밀을 알고 있던 자들은 매우 거만한 언행을 일삼고 있다. 만일 진정한 이상주의자라면 겸손한 자세를 견지해야 한다.

유감스럽게도 1944년 7월 20일 이후 처형된*사람들은 독일 국민을 위해 한 일이 없다. 그들 다수가 자기 신념에 따라 행동했다지만 조국을 위해 침묵을 지키며 전선에서 쓰러져간 모든 장병보다 그들이 더 존경받고 인정받는 것은 절대 용납할 수 없다. 저항세력들의 희생이 가치 측면에서 전사자들의 죽음에 비해 아래로 평가받아서도 안 되지만 분명히 그 이상도 아니다.

30. 하인리히 힘러를 만나다
Besuch bei Heinrich Himmler

마침내 제국지도자Reichsführer를 만날 시간이 다가왔다. 그 소령은 내게 힘러의 성격에 대해 재차 강조했다. 그를 만나면 거리낌 없이 무엇이든 솔직히 말해도 된다며 힘러는 누구든지 자기 생각을 자유롭게 표현하고 말해 주는 것을 좋아한다고 했다. 나 또한 그렇게 대화할 생각이었다.

힘러의 또다른 집무실은 한 빌라에 있었다. 열차의 참모부를 사용하지 않을 때는 그 빌라에 거주하면서 업무도 병행했다. 경비병이 내 서류 가방을 맡기고 들어가라고 말했는데 정작 내가 차고 있던 권총에는 전혀 관심이 없었다! 힘러의 방에 들기 직전 친위대 장교는 내게 힘러를 부를 때 — 내가 이미 아는 바대로 — '님'을 빼고 '제국지도자'라 칭해야 한다고 상기해 주었다. 또한 집무실에 들기 전 모자를 겨드랑이에 끼고 들어가야 한다고 했다. 상급자 사무실에 모자를 쓰고 들어가는 국방군의 관례와는 사뭇 달랐다. 주의 사항을 모두 확인한 뒤 그의 방문을 열었다. 힘러에 대한 이야기도 들었고 그간 친위대와 친분도 쌓았기에 그 둘에 관한 그리 큰 환상은 딱히 없었다.

나는 짤막하게 인사했다. "제502 중전차대대 제2중대장 중위 카리우스입니다. 명에 의거, 회복 후에 인사드립니다!" 보통 육군에서는 '명에 의거' 앞에 '삼가gehorsamst'라는 말을 붙였지만 여기서는 그런 용어를 사용하지 않기에 약간은 어색했다. 또한 3인칭[87]으로 부르지 않고 '당신Sie'이라고 말하기 위해서 조금은 노력이 필요했다. 이따금 특히 식사 후의 대화에서도 '습관의 힘'은 무서웠다. 하지만 그렇게 지켜야 할 잡다한 것들과 내 생각을 솔직히 표현하는 데에 신경을 써야 했지만, 머리가 아플 정도는 아니었다.

힘러는 자리에서 일어섰다. "나는 1944년 7월 27일 총통의 이름으로 귀관에게 백엽 기사 철십자장을 수여하네. 항상 총통께서는 직접 수여하시길 원하시나 이번에는 그러지 못해 미안하다는 말씀을 전하셨어. 총통께서는 몹시 급한 용무를 처리하시느라 보충대 사령관인 내가 귀관에게 백엽 기사 철십자장을 수여하고 하루 속히 건강을 회복하길 바란다는 총통의 뜻을 전달해 달라고 하셨지. 나도 진심으로 축하하네. 귀관은 육군에서 이 훈장을 받은 최연소 장교임을 자랑스럽게 생각해야 할 걸세." 힘러는 내게 다가와 악수를 하며 작은 상자에 담긴 훈장을 건네주었다. 그리고 웃으며 이렇게 말했다.

"자, 우선 건너가서 식사부터 하자고. 손님들이 기다리고 계셔. 식사를 마치면 우리 둘이 편하게 이야기할 시간이 있을 거야."

군대식으로 짧은 감사 인사를 한 뒤 나는 작은 상자를 군복 주머니에 넣었고 함께 옆방으로 가려고 했다. 그때 내 옆에서 그가 이렇게 말했다. "어이 카리우스! 그러면 안 되지. 지금 내가 귀관을 '방금 훈장을 받은 사람'이라고 소개할 거야. 귀관이 좋든 싫든 목에 훈장을 걸고 있어야지!"

그는 훈장에 붙어있는 클립을 제거한 뒤 백엽을 부착했다. 그리고는 내 가슴을 가볍게 두드리면 이렇게 말했다. "이건 자네가 직접 만든 건가? 일부 '넥타이를 매는' 부하들에게도 이걸 권해 줘야겠는걸?" 그가

---

87 | 유럽에서는 과거 군주, 황제, 고위관료를 호칭할 때 3인칭을 사용했다. 예를 들어 '황제 폐하Seine Majestät'라는 말에는 '그의seine'라는 3인칭 대명사를 사용했다.

가리킨 것은 차량용 고글에 부착된 고무띠였다. 목덜미 크기와 관계없이 목에 걸 수 있었다. 특히 셔츠를 입었을 때 매우 실용적이었다.

힘러를 싫어하는 사람들은 그를 '폭군Bluthund'이라 불렀다. 하지만 짧은 첫 만남에서 깜짝 놀랄 정도로 내게는 매우 인자하게 대해 주었다. 곧 이어질 '화기애애'한 대화를 앞두고 두려움 따위는 전혀 없었다.

우리는 식당으로 들어갔다. 그곳에는 약 15에서 20명의 남자들이 자리에서 일어서 있었다. 그는 모든 이들에게 나를 소개해 주었고 내 자리는 그의 바로 오른편이었다. 나는 일부 사복을 입은 사람들을 포함해서 그들 대부분이 장성들이라는 것을 금방 알 수 있었다. 대화 주제도 매우 흥미로웠다. 유고슬라비아로부터 호출을 받은 두 명의 친위대 장군들은 다음 단계 작전 수행을 위한 회의에 참석하러 온 사람들이었다. 그들은 그곳의 저항군들 사이에 불화가 발생했다고 말했다. 사실 오래 전부터 당시까지 세르비아인과 크로아티아인들 사이에는 상당한 적대감이 있었는데 독일 지도부가 이것을 적절히 이용했던 것이다. 우리는 한쪽에 무기를 공급해왔고 이제는 우리를 위해 그들을 동원하여 싸우게 할 의도였다.

몇몇 민간인들은 방위산업체 사람들이었다. 그들이 언급한, 현재 우리가 시급히 해결해야 할 과업은 바로 대공 방어 문제였다. 우리 도시들이 폐허로 변하고 있는 상황 때문에 일반 시민들이 공포에 떨고 있으며 이것 자체가 큰 문제라고 말했다. 나는 이 사람들의 대화를 더 오랫동안 듣고 싶었다. 나아가 전쟁을 승리로 종결지을 가능성에 관한 문제도 오로지 이곳에서 해답을 찾을 수 있을 것만 같았다.

전쟁 중이라 차려진 음식은 단출했다. 스프와 미트볼, 야채와 감자 — 손님들을 배려하기 위해 껍질을 벗긴 감자였다! — 이어서 설탕에 절인 배가 나왔다. 어쨌든 호사스러운 식사는 아니었다. 나는 내게 할당된 음식만 먹고 그만 먹으려 했다. 그러나 힘러는 육군의 중사에 해당

하는 반지도자SS-Scharführer 계급의 전령을 불러 음식을 더 가져오라고 지시한 다음, 손수 음식을 내 접시에 덜어 주었다. 그는 미소를 지으며 이렇게 말했다. "자, 카리우스 먹게나! 사양할 필요 없네. 자네는 살을 좀 찌워야겠는걸. 그래야 병원에서 빨리 퇴원할 수 있지 않겠나!" 뚱뚱한 어느 장군을 지목하며 놀려대듯 이렇게 말했다. "카리우스! 최소한 저 친구의 절반 정도는 되어야지!"

힘러는 국방군의 군복과 같은 회색빛 제복을 입고 있었다. 계급장이나 훈장도 없는 간단한 복장이었다. 나는 이런 사람이 그렇게 위험한 인물이라는 것에 다시 한번 놀랐고 전쟁 중인 나라에서 후방의 질서와 통치에 몰두하는 인간들이 인기가 없는 것은 당연하다고 생각했다. 게다가 타협을 싫어하는 사람들이기 때문이다.

이어서 커피가 나올 예정이었는데, 힘러는 이미 자신의 집무실로 가져오도록 지시했다. 거기서 그는 다른 이들과 공무상의 대화를 다시 나눴다. 그는 담배를 피우지도 술을 입에 대지도 않았다. 그는 나를 '귀한 손님'으로 대하면서 편히 커피를 마시고 담배도 태울 수 있게 배려해 주었다. 잠시 뒤 나와 하인리히 힘러는 비교적 긴 시간 동안 대화를 나눴다.

힘러가 먼저 대화를 시작했다. 나는 기억을 되살려 가능한 현실감 있게 대화의 내용을 재현해 보도록 하겠다.

힘러의 집무실은 대단히 깔끔했다. 내 기억에는 매우 넓은 방이었지만, 방 안쪽에 비스듬히 놓여 있는 큰 탁자와 반대쪽 구석에 푹신해 보이는 소파 외에 별다른 가구는 없었다. 우리는 둥근 테이블 앞의 의자에 마주 앉았다. 훗날 제3제국의 '거물'들에 대한 이야기를 나눌 때, 당시까지 그런 인물을 단 한 번도 만나본 적이 없었던 나로서는 그 순간을 떠올리곤 했다. 나는 권총을 몸에 지닌 채 약 30분간 힘러와 함께 대화를 나누었다.

오늘날까지도 그 장면이 생생하다. 대화는 매우 편안한 분위기에서 시작되었다. 힘러는 다정한 어조로 몇 마디 말을 한 뒤 이렇게 물었다. "이봐, 카리우스 중위, 전차가 곧 진부한 무기체계가 되고, 근접전투무기Nahkampfwaffe들의 발달로 없어질 것이라는 얘기에 대해 어떻게 생각하나?" 나는 내 생각을 진솔하게 표현했다. "제국지도자 동지! 저는 그 의견에 동의하지 않습니다. 아시겠지만 러시아군은 이미 오래전부터 아군 전차를 잡으려고 근접전투를 위한 특공조를 운용했습니다. 하지만 아군 전차들이 서로 엄호하고 여러 대가 함께 움직이면 적군의 특공조는 무용지물이었습니다. 게다가 아군 보병까지 투입되면 그들은 곧바로 격멸되고 말았습니다. '대전차 로켓'과 같은 근접전투무기들도 먼 거리에서는 명중률이 매우 떨어집니다. 만일 전차 승무원들이 경계를 철저히 하면 그런 특공조 사수들은 단 한 발밖에 사격하지 못합니다. 영국군과 러시아군의 경우, 전차 해치를 닫고 기동하기 때문에 그런 특공조들의 효과는 약간 있었습니다. 그러나 우리 대대에서 그렇게 파괴된 전차는 단 한 대뿐입니다. 네바강변에서 어이없게도 한 대의 '티거'가 단독으로 작전에 투입되었고 그 전차 승무원의 잘못으로 피격된 적이 단 한 번 있습니다. 게다가 근거리 경계를 위해 우리 전차의 포탑에는, 내부에서 발사할 수 있는 여섯 발의 대인지뢰까지 탑재되어 있습니다. 그러나 지금까지 저는 그걸 사용해 본 적도 없고, 사용할 필요도 없었습니다."

힘러는 주의 깊게 경청하더니 갑자기 화제를 바꾸었다. "후방 국민들의 태도에 대해 어떻게 생각하나? 자네도 지금 여기서 그런 분위기를 느꼈을 텐데."

이런 직접적인 질문에 나는 어떤 망설임도 없이, 내가 생각하고 있던 바를 매우 솔직하게 말했다.

"확실히 말씀드릴 수 있는 것은 국민들이 적군의 엄청난 공습에 지칠 대로 지쳐버린 상태라는 겁니다. 모든 사람이 이렇게 무시무시한 적군의 공습에 대항할 무기가 개발되기를 기다리고 있습니다." 잠시 말을 끊었다가 주저하지 않고 다시 말을 이었다.

"많은 사람이 일부 당원들의 허풍에 혐오감을 느끼고 있습니다. 개인적으로 저도 그렇게 생각합니다. 이들은 이미 전쟁에서 승리한 거나 다름없다고, 최종 승리가 우리 손에 있다고 말하고 다닙니다." 문득 힘러는 나를 뚫어지게 바라보았다.

"제 생각에는" 나는 거침없이 말을 이었다. "이미 너무 큰 고통을 겪은 국민이 진실을 모를 리가 없습니다. 국민들은 전세를 역전시키기 위해 힘들겠지만 계속해서 열심히 뭔가를 해야 한다는 것도 알고 있습니다. 최전선에서 출중했던, 실전경험을 지닌 장군들이 독일로 와서 국민들에게 전황을 설명할 기회를 주는 것은 어떻겠습니까? 전선의 실상을 전혀 모르고, 물론 상부의 지시겠지만 허언만 지껄이는 당원들보다 그들이 국민에게서 훨씬 더 큰 신뢰를 받고 있습니다."

나는 내심 생각했다. 내가 일부 당원들을 그렇게 비판하면 힘러가 격분할까? 그러나 그의 반응은 완전히 반대였다. 제국지도자는 매우 부드럽게 대답했다.

"나도 우리 동포들의 고통을 잘 알고 최신 방공무기의 개발을 관철하기 위해 끝까지 노력해야 한다는 기본적인 조건도 알고 있어. 조만간 단시간 내에 미군 폭격기들이 '행진'하듯 우리 머리 위를 날아다니지 못하게 될 거야. 곧 우리의 최신에 제트전투기가 투입될 거네. 일부는 유인으로 조종사가 탑승하고, 일부는 원격 조종 방식으로 표적을 타격하는 새로운 대공 로켓도 이미 실험하고 있어. 방금까지 귀관과 함께 식사했던 이들이 바로 그런 무기를 개발하는 전문가들이지. 카리우스, 귀관의 말이 맞아. 적군의 폭격을 본격적으로 차단하지 못하면 우리는 오래 버틸 수 없을지도 몰라. 그러나 내 생각에는 단시간 내에 상황은 완전히 바뀔 거야." 여기서 힘러는 잠시 멈칫했다. "물론 전제조건이 있어. 무슨 일이 있더라도 우리 전선이 앞으로 1년은 더 버텨 줘야 해. 적을 깜짝 놀라게 할 무기를, 적들의 방해를 받지 않고 완성하기 위해서는 그 1년이 꼭 필요해!" 나는 그의 말에 어느 유명한 대사가 생각났다. '복음 소리 귀에 들리긴 해도 내겐 믿음이 없어Die Botschaft hor' ich wohl, allein mir fehlt der Glaube!'[88] 그래도 나는 다시금 일말의 희망을 품게 되었다. 힘러는 계속 말을 이어 나갔다.

"귀관이 당 지도부에 대해 비판한 것에 대해서 말하자면, 나도 귀관의 생각에 동의하네. 자네가 말했지만, 전선에 있는 사람들이 최고의 지휘관들이라는 것도 알아. 나도 그들이 자진해서 그렇게 하고 싶어 한다면 거절할 생각이 없다네. 만약 우리가 이 전쟁에서 승리하면, 아니 우리는 이 전쟁에서 반드시 승리해야만 해. 어쨌든 그날이 오면, 근래에 산적한 여러 가지 난관들을 빨리 극복하게 될 것이고, 무능한 이들을 없애고는 유능한 인재들로 채워야겠지."

그는 갑자기 화제를 바꾸었다.

"자네 혹시 친위대로 소속을 변경할 생각은 없나? 우리는 젊고 유능한 인재를 찾고 있어. 자네 정도라면 몇 주 이내에 최상급돌격지도자가 될 수 있을 거야!" 내게 전차부대와 내 전우들을 떠난다는 것은 상상할 수도 없는 일이었다. 그래서 나는 곧바로 대답했다.

"아닙니다. 저는 보수적인 교육을 받아서 '조직을 배신'하는 것은 제게는 있을 수 없는 일입니다. 저는 단지 옛 중대로 복귀하고 싶을 뿐입니다. 물론 지금은 전투 현장에 나갈 수 없다는 것도 알고 있습니다. 제 생각에는 지금까지 국방군과 친위대 사이의 경쟁 관계가 모두에게 부정적인 영향을 미쳤던 것 같습니다. 육군 소속인 우리들은 전선에서 훌륭한 능력을 발휘한 친위대를 인정합니다. 그러나 친위대 부대들이 최

---

88 | 괴테의 《파우스트》 비극 제1부에 나오는 파우스트의 대사.

고의 인재들과 최고의 장비를 보유하고, 또한 언제나 특별대우를 받았다는 사실도 간과해서는 안 된다고 생각합니다. 사실 이런 이유로 다른 군이나 타 병과 사람들이 많은 불만을 품고 있습니다."

이런 말에도 힘러는 전혀 불쾌함을 표출하지 않았다.

"자네는 국방군과 친위대 사이의 경쟁 관계를 걱정하고 있군. 그것에 관해서라면 자네를 안심시키기 위해 이걸 말해 주고 싶네. 이미 오래전부터 두 군대를 통합하려는 노력들이 있었고 여전히 진행되고 있어. 그런데 말일세, 이러한 노력은 항상 고집불통인 국방군 장군들 때문에 실패하고 말았어."

나는 힘러의 이 말을 듣고서 한편으로 기뻤다. 아직도 우리 장군들에게 기개가 남아 있다는 의미였기 때문이다. 7월 20일의 사건 이후 국방군 야전부대에서도 '독일 제국 방식의 경례Deutscher Gruss', 즉 '나치식 경례'를 시행하라는 지시가 내려왔다. 나로서는 납득할 수 없는, 열 받는 일이었다. 우리 장군들이 그 지시에 단호하게 거부하길 바랐다! 우리 국방군이 친위대보다 먼저 창설되었기에 예전부터 친위대가 육군에 통합될 수도 있었다. 하지만 친위대가 국방군을 흡수하려는 여러 가지 징후들이 나타났다. 특히 힘러가 국방군 육, 해, 공군을 포함하는 전체 보충군의 총사령관이 된 것도 그 징후 중 하나였다. 이런 권력자였기에 히틀러를 대신해서 그가 내게 백엽 기사 철십자장을 수여한 것이다. 이제 힘러는 사적인 문제에 관한 대화를 시작했다. "자네, 혹시 내가 해 주었으면 하는, 개인적으로 원하는 것이 있나? 특별휴가라든지 아니면 다른 거라도?"

나는 곧장 그에게, 복귀 후에 '현역 복무에 적합'을 의미하는 'k. v.'[89]가 적힌 증명서를 받고 싶다고 부탁했다. 그리고 보충대대에서 즉시 나

---

89   Kriegsverwendungsfahig.

의 원소속 부대로 전출시켜 달라고 말했다.

힘러는 미소를 지으며 거절했다.

"카리우스, 그건 정말 안 되겠네. 앞으로 두 달 이내에 자네가 전선으로 가는 것은 허락할 수 없는 일이야. 전쟁이 끝나기도 전에 자네를 죽게 내버려 둘 수는 없지. 자네는 몇 주 또는 몇 개월간 보충대대에서 좀 더 휴식을 취해야 해. 아마 내년 초에는 부대에 복귀할 수 있겠지. 그때까지 아직 시간이 많이 남았어. 전선에 있는 자네 동료들은 항상 잘 훈련된 보충병을 원할 거고, 그들이 보충병들을 직접 훈련시킬 생각은 없을 거야."

몇 차례의 실랑이 끝에 결국 나는 서류 한 장을 받아냈다. 거기에는 나의 희망에 의해 1월 1일부로 '현역 복무에 적합'을 의미하는 문구와 함께, 내 생각에 변함이 없다면 예전에 근무했던 나의 중대로 즉시 전속되어야 한다는 내용이 쓰여 있었다. 훗날 이 문건을 매우 유용하게 사용했다.

우리의 대화는 거의 끝나가고 있었다. 힘러는 내게 잘츠부르크와 그 일대를 여행한 적이 있는지 물었다. 내가 그런 경험이 없다고 답하자, 그는 고맙게도 운전기사와 승용차를 내어주었다. 헤어질 무렵 그는 내 손을 붙잡고 이렇게 말했다. "혹시 언제, 어디서든, 무슨 일이라도 어려운 일이 생기면 곧장 내게 알려 주게. 자네의 부탁이라면 언제든, 무엇이든 들어줄 수 있어." 이것을 끝으로 나는 '분에 넘치는' 그 자리에서 빠져나왔다.

나는 그를 만나보고 너무나 깜짝 놀랐다. 이것이 힘러와의 만남을 이렇게 상세히 기술한 이유이다. 그를 만나기 전에는 패배가 기정사실이라고 생각했지만, 그의 참모부에서 대화를 나누고 나서 나는 긍정적인 방향으로 전쟁이 종식될 거라는 한 줄기 희망을 되찾게 되었다.

'제3제국'을 어떻게 생각하든 상관없이 그들이 당시 어떤 사람들이었는지는 진실하게 기술할 필요가 있다고 생각한다.

힘러가 제공해준 차량으로 나는 짧게나마 주변을 둘러보았다. 운전기사는 내게 그 일대의 관광지들을 보여주었다. 통상 '독수리 둥지

Adlerhorst'라고 불리는 베르히테스가덴Berchtesgaden에 있는 히틀러의 '찻집Teehaus'에 가보았고 오버잘츠베르크Obersalzberg도 볼 수 있었다. 유고슬라비아 국경 지역에서 전투 중인 아버지도 만나고 싶었지만 아쉽게도 정확히 어느 곳에 있는지 알 수 없었다. 만일 그 짧은 여행을 3일만 더 했더라면 아버지를 만날 수 있었을 거라는 것을 전쟁 후에야 알게 되었다. 그 당시 아버지를 만났더라면 내게는 가장 큰 기쁨이었을 것이다.

나는 훈장 수여식 이후에도 며칠간 특별 열차에 머물렀다. 그때 거기서는 전선에서 도착하는 보고서들이 논란거리였다. 특히 제4SS기갑군단장인 길레Gille 장군이 자주 전화를 걸었다. 그 군단은 새로운 전력을 보충받아 동부전선의 북부지역에서 주전선 바로 후방에 예비대로 배치되어 있었다. 특히 내게는 이 부대의 상황이 흥미로웠다. 우리는 러시아군이 이 지역에 엄청난 전력을 집결시켜 대규모 공세를 계획하고 있다는 것도 알게 되었다. 이 공세의 최종 목표는 베를린이었으며 게다가 서방 연합국은 친절하게도 진격을 멈추고 러시아군에게 베를린 점령을 양보하려고 했다.

히틀러는 '총사령관'의 명예로운 직함에 걸맞지 않은, 어이없는 지시를 했다. 그는 러시아군의 공세 직전에 기갑사단들을 북부지역에서 차출해서 남쪽으로 옮겼다. 히틀러는 이 기갑사단들로 남쪽에서 반격함으로써 러시아군 일부를 남쪽으로 퇴각시켜 전력을 분산시키려는 의도였다. 그러나 그들은 우리의 생각대로 움직이지 않았다. 우리의 기만에 러시아군이 속던 시대는 이미 오래전에 끝나버렸다. 유감스럽게도 러시아군은 아군의 상황을 정확히 알고 있었던 것이다. 어쨌든 이 사단들은 남쪽으로 이동했고 즉각 공격하라는 명령이 떨어졌다. 결과는 뻔했다. 일부는 전차 없이 보병만으로, 다른 일부는 그 반대로 보병 없이 전차로만 공격했기에 러시아군이 이를 막아내는 것은 식은 죽 먹기였다. 러시아군은 북부에서 전력을 빼낼 필요도, 그런 의도조차 없었다.

남부에서의 아군의 공격은 그렇게 종말을 맞았고 전투에 참가한 사단들은 사실상 괴멸되고 말았다.

전략적, 작전적 차원의 경험을 보더라도 길레 장군은 자신의 부대를 주전선 근처에 배치했어야 했다. 러시아군이 돌파한 후에는 더더욱 자신의 군단을 전방으로 내보내면 안 되는 상황이었다. 러시아군이 첫 번째 돌파에서 성공하자마자 그의 부대들은 적군에게 유린당했고 전 부대가 퇴각의 소용돌이 속으로 빠져버렸다. 더 이상은 손을 쓸 수 없는 상태였다. 당시 길레와 예하 부대 지휘관들은, 군단을 후방으로 더 이동시켜 예비대로 운용해야 한다고 그들 나름의 합리적인 방책을 건의했지만 받아들여지지 않았다. 만일 그 건의가 수용되었더라면 최신 장비로 무장한 그들은 분명히 러시아군의 진격을 저지했을 것이다. 이제는 러시아군의 진격을 막을 방법이 없었다. 적군의 선두부대 전차들은 이미 1월에 퀴스트린Küstrin 앞에서 그 모습을 드러냈다.

나는 잘츠부르크 인근을 둘러본 뒤 병원으로 복귀할 시간만 기다렸다. 3일 후, 베를린으로 떠나는 친위대 장교 두 명이 자신의 차량으로 나를 데려다주겠다고 말했다. 길고 지루한 열차 이동을 피할 수 있어서 내게는 반가운 일이었다. 한편으로 베를린에 있는 육군 인사청에도 가볼 좋은 기회이기도 했다. 베를린에서부터는 기차로 이동해야 했지만 그래도 좋았다. 잘츠부르크에서 뮌헨을 거쳐 베를린으로 가는 도중에 예전에 전혀 몰랐던 차량용 라디오의 진가를 깨달았다. 라디오 방송을 통해 공습경보 지역을 확인할 수 있었고 그래서 이동하면서 적군의 공습을 피할 수 있었다. 공급경보가 울리면 우리는 고속도로상의 교량 아래로 들어가 적군의 폭격기들이 사라질 때까지 대기하곤 했다.

31. 산업현장에서의 반역
Veratt am laufenden Band

우리는 뮌헨과 베를린을 잇는 고속도로를 타고 가다가 어느 분기점에서 빠져나와 로이나 공업단지Leuna-Werken[90]에 잠시 들렀다. 친위대 장교들과 공장의 고위급 기술자들 간의 회의가 있었다. 공장 설비 일부를 지하로 이전하는데 기술적인 어려움이 있었고 내 기억으로는 그 문제가 회의주제였던 것 같다.

로이나 공업단지를 방문한 것도 매우 흥미로웠다. 정유 공장은 항상 연합군 폭격기들의 주요 표적이었다. 이는 잘 알려진 사실이기도 하지만 이 정도는 충분히 납득할 수 있다. 그러나 그들이 공포감 조성을 위해 맹목적으로 도시 한가운데를, 그것도 민간인 거주지역에 폭탄을 투하한 것은 참으로 어이없는 일이다. 또한, 누구도 부인할 수 없는 사실이다. 아무튼, 나는 이 회사 간부들로부터 재미있는 사실을 듣게 되었다. 공장의 생산설비가 일부라도 가동되기만 하면 연합군 폭격기들이 나타났고 공장 가동이 중단되면 적기의 공습도 잠잠해진다고 했다. 밤낮으로 남녀 노동자들이 열심히 복구해서 정유 제품이 생산되기 직전까지는 그래도 조용했다고 한다. 하지만 공장의 기계가 작동하는 첫날이 되면 어김없이 연합군의 폭격기들이 나타나 그곳을 다시금 잿더미

---

90 | 작센안할트주에 있는 독일 최대 화학공업단지 중 하나.

로 만들어 버렸다고 하소연했다. 공장이 복구되는 정확한 시점을 적군이 예측하기는 어려웠을 것이다. 그렇다면 이 공장에 반역자가 있음이 분명했다. 모든 대책을 총동원해서 감시하고 신중히 조처했음에도 끝내 배신자를 색출하지 못했다고 한다.

엄청난 규모의 공업단지 일대에는 다수의 방공용 기구를 띄웠다. 하지만 미군 폭격기들은 대개 고고도로 비행했기에 기구는 쓸모가 없었고 대공포들도 전혀 효과가 없었다고 한다. 물론 우리 입장에서는 적 폭격기가 고고도에서 폭탄을 떨어뜨렸기 때문에 명중률이 낮다는 좋은 점도 있었다. 미군은 폭격이 성공했다고 판단할 때까지 집요하게 공격했다. 그들이 스스로 폭격의 성과를 정확하게 평가하고 있다는 점이 우리로서는 씁쓸하고도 안타까웠다.

우리가 방문한 그때가 마침 공장을 재가동하는 날이었다. 그래서 사장은 어두워지기 전에 가능한 한 그 지역을 떠나라고 충고해 주었다. 하지만 그곳을 시찰하면서 예정했던 것보다 더 오래 머물렀고 마침내 그 지역을 벗어나 고속도로에 접어들자 적기들이 나타났다. 우리는 그곳에서 들었던 것이 사실인지 알고 싶었다. 미군이 정확히 이날 폭격을 시행할 것인지 직접 눈으로 확인하고 싶었던 것이다. 그래서 근처에 있던 고가도로 아래에 차량을 세웠다. 정말 끔찍한 광경이었다. 유감스럽게도 우리 노동자들의 말이 사실이었다. 폭격기들은 싣고 온 폭탄을 그 공업단지 위에 모조리 쏟아부었고 이제는 더 이상 폭격이 필요 없을 것 같은 분위기였다. 적 조종사들은 자신의 임무를 완벽하게 수행했다. 그럼에도 불구하고 또다시 우리의 노동자들은 부지런히, 계속해서 공장 시설을 보수했다. 그러나 이런 강한 의지와 용기도 사실 무용지물이었다. 막대한 노력을 기울여 복구해도 다시금 날아온 적기들이 단 몇 분만에 파괴해버렸던 것이다. 분명 그들 중에 반역자가 존재 — 다른 곳에서도 마찬가지겠지만 — 했기 때문이었다.

32. 재앙이 다가오다
Die Katastrophe zeichnet sich ab

우리는 무사히 베를린에 도착했다. 고맙게도 차를 태워준 친위대 장교가 자신의 숙소에서 하룻밤 묵게 해주었다. 다음 날 아침 육군 인사청으로 달려갔다. 원소속 중대로 복귀하게끔 명령을 작성해 달라고 요구하려 했다. 나는 — 힘러를 만났을 때처럼 — '프리드리히 대제의 지팡이Alten Fritz-Stock'를 건물 밖에 두고 들어갔지만 그곳의 근무자들은 현재 상태로는 복귀할 수 없다고 판정했다. 그러면 나는 보충대대로 가겠다고 말했지만, 그들은 공손하게, 한편으로는 냉정하게 병원으로 돌아가라고 말했다.

나는 기차로 링엔이 아닌 베스트팔렌Westfalen의 병원으로 갔다. 나는 숙부가 병원장으로 근무 중인 그곳의 군 병원으로 옮기고 싶다고 요청했기 때문이다. 그곳의 환경이 다른 곳보다 더 좋을 것이라 생각했고 실제로도 '가족 같은 분위기'에서 지내게 되었다. 그 병원에서도 나를 환영한다는 의사와 함께 출발하기 전에 전보를 보내 달라고 요청했다. 그러나 그들이 정말 전보를 원했는지는 잘 모르겠다. 내가 도착했을 때 나를 알아보지 못했기 때문이다. 주방을 책임지던 수녀는 나를 위해 '삼층' 케이크를 구워주었고 우리는 소소한 축하 파티를 함께 했다. 두 병원에 머무는 동안 수녀들이 조리한 가톨릭 병원의 식사를 맛볼 수 있었다. 그 음식들은 병원의 환자들에게 정말 감동할 만한 수준이었다.

예를 들면 1944년 크리스마스에 모든 환자에게 닭 반 마리 요리가 제공되었다. 간호사와 수녀들은 정말 초인적인 능력을 발휘했다. 모든 병원은 환자들로 가득 차 있었다. 내 숙부도 밤낮으로 수술을 해야 했다. 병원에서 근무한 사람들에게 불만을 품었던 사람들, 부상자들뿐만 아니라 장교들도 이러한 사실을 반드시 기억해야 할 것이다!

그 지역 당원들은 어떤 방법으로든 나를 위해 주민들을 초청하여 공식적인 축하 행사를 영화관에서 열어주려고 했다. 나는 행사 자체에 관심도 없거니와 당시 전쟁 분위기에서 다른 일들로 걱정이 많은 주민들을 괴롭히기 싫다며 강하게 거절했다. 내가 이곳에 왔다고 누구도 귀찮게 하고 싶지 않다고 말했다. 결국 '영웅을 위한 환영 행사'는 어느 식당의 작은 방에서 간단하게 진행되었다. 군 병원의 동료들과 내 숙부의 친구들 몇 사람만 참석했다. 그 지역 나치 당 지도자도 수행원들과 함께 왔다가 나의 감사 인사가 끝나자 허세를 부리며 자리에서 일어섰다. 나는 감사의 인사말과 함께 전투상황에 대해서도 간략하게 설명했다.

그 사이에 적군은 우리 독일 제국의 서부 국경을 향해 점점 가까이 다가오고 있었다. 이미 12월부터 베스트팔렌에서 짐을 가득 싣고 전선 지역을 떠나는 차량들을 볼 수 있었다. 차량에 타고 있던 이들 대부분은 흥분한 상태로 이미 미군들이 그들 뒤쪽에 불과 몇 킬로미터 지점까지 와 있을 거라고 말하곤 했다. 물론 우리도 우리 나름대로 상황을 판단해 보았다. 도대체 앞으로 상황이 어떻게 전개될까? 만일 서부의 '패잔병'들이 이렇게 멀리까지 후퇴하거나 흩어져버리면 연합군이 금세 라인강에 도달할 수도 있으리라 생각했다. 그 사이에 이미 서부 지역은 완전히 무방비상태가 되어버렸다. 성탄절이 지나고 나도 잠깐 시간을 내서 어머니를 뵈러 갔다. 그리고 피난을 위해 짐을 싸는 것을 도왔다.

복귀하는 길에 나는 다시 한번 베를린에 들렀다. 다시 동프로이센으로 갈 방법을 타진해 보기 위해서였다. 그 사이에 나의 옛 중대원들이 그곳에 와 있었다. 나는 동료들에게 편지를 썼다. 걸을 수 있을 정도로 회복했고 다시 전선으로 나갈 수 있을 만큼 정신적으로도 오래전에 충분히 강해졌지만, 보충대대에서 승인해 주지 않는다고 언급했다. 12월 2일 이런 답장을 받았다. "중위님께서 그런 부상을 당하셨음에도 살아계셔서, 그리고 다음번 인구조사에도 포함되실 텐데 정말 다행입니다. 다시 언제쯤 중대에서 뵐 수 있을까요? 중위님과 다시 재회하는 것 자체가 가장 좋은 크리스마스 선물이 될 듯합니다." 나도 내 동료들과 같은 생각이었다.

한편, 인사청에서 다음과 같은 통보를 받고 너무나 안타깝고 괴로웠다. 거기 근무자들은 아군 부대들이 동프로이센에서 철수했으며, 이제는 그곳으로 갈 방법도 없다고 전했다. 그리고 내가 그곳으로 가는 것 자체가 무의미한 일이며 그 대신에 파더보른으로 전출시켜 주겠다고 말했다. 새로 창설되는 부대가 있는데 전투경험을 가진 장교들이 부족할 거라며 내가 할 만한 일이 있을 거라고 말했다.

물론 나는 크게 실망했고 파더보른으로 가기 전에 크람프니츠 Krampnitz에서 장교후보생 과정에 있던 동생을 잠깐 방문했다. 그곳에 도착했을 때, 도시가 온통 야단법석이었다. 교육 중이던 청년들이 베를린 주변의 진지에 투입되기로 결정되었고 그 준비가 한창이었다. 다음날 갔더라면 동생을 만나지 못 할 뻔했다. 바로 전날 러시아군이 벌써 퀴스트린까지 진격했던 것이다. 프롬메Fromme 대위가 그곳에 있던 가용한 훈련용 전차를 모두 끌어다가 1개 대대를 편성했다. 당시 전투를 지휘할 장교가 부족해서 만약 내가 하루만 일찍 도착했더라면 1개 중대를 맡게 되었을 것이다. 프롬메 대위와 나는 예전부터 잘 아는 사이로 그는 꽤 연배가 있고 노련한 장교였다. 전쟁 발발 전 술에 취한 상태로 어떤 지휘관과 논쟁을 벌이다가 그를 폭행한 죄로 파면당했다는 얘기를 들은 적이 있다. 전쟁이 발발하자 이 저돌적인 사내는 다시 병사로 입대하여 장교가 되었으며 이미 1941년에 기사 철십자장을 받았다.

결국, 프롬메는 퀴스트린에서 러시아군에게 베를린으로 가는 길이 아직 활짝 열린 것이 아님을 보여주었다. 러시아군 전위부대의 전차들은 괴멸당했고 오데르강 기습 도하도 실패했다.

나는 병원에서 즉시 짐을 꾸려서 명령대로 파더보른으로 향했다.

그곳의 보충대대장은 즉각 나에게 훈련 중대 하나를 맡기려 했다. 나는 그에게 300명 정도로 편성된 중대의 훈련을 감당할 자신이 없으니, 새로 편성된 전투 중대에 배치해 달라고 건의했다. 그러자 그는 불쾌한 듯했고 그때 문득 힘러가 써준 문서가 생각나서 그에게 보여주었더니 그제야 자신의 생각을 접었다. 하지만 나는 적당한 부대를 찾기까지 보직을 받지 못하고 시간만 보내야 했다.

레온하르트 대위가 지휘했던 우리 502중전차대대 3중대는 러시아로부터 적시에 철수하여 제네라거Sennelager에 머물렀다. 이 중대는 신형 '쾨니히스 티거Königstiger' 전차를 받아 전투에 투입될 준비를 하고 있었다. 나는 거기서 델차이트 상사와 정비반 요원들을 만났다. 그는 여전히 열정적으로 정비반을 이끌고 있었다. 또한, 예전부터 전투 중대에서 친했던 전우들과도 인사했다. 츠베티 상사는 이 중대의 전차장으로, 루비델Ruwiedel 소위는 소대장으로 근무하고 있었다. 그 중대는 동부전선으로 이동해 대대와 합류할 거라는 희망을 품고 있었다. 나도 옛 전우들에게 돌아갈 수 있다면 얼마나 좋을까 하는 생각을 했다. 그러나 내게 그런 배려를 해줄 마음이 조금도 없었던 보충대대장은 나의 희망을 산산조각내고 말았다.

당시에는 모든 것이 마침내 뒤죽박죽되고 말았다. 보충대대의 모든 장병은 이런 요상한 구호 속에서 살아가고 있었다.

"전쟁을 즐기자! 평화가 오면 더 끔찍할 지니! Genieße den Krieg! Der Firede wird furchtbar!"

그러한 광기와 '내가 죽은 뒤에 무슨 일이 벌어지든 상관없다.'라는 생각이 모두의 머리 속에 팽배해 있었다. 어이없는 분위기에 나는 너무 나 화가 났다. 나도 파더보른에서 오래 있으면 안 되겠다는 생각이 확 고해졌다. 나만 그런 상황에 불만을 가졌던 것은 아니었다. 그러나 상 대적으로 극소수만이 나와 같은 생각을 가졌다. 이미 그 전부터 분명한 조짐을 보였던 재앙이 서서히 다가오고 있었다.

33. 루르 고립지대
Der Ruhrkessel

제512 '야크트-티거Jagd-Tiger' 대대의 지휘관은 쉐르프Scherff 대위였다. 고맙게도 그는 나를 중대장으로 받아주었다. 그러나 부상으로 보충대대에 와 있었던 옛 중대원들을 함께 데려갈 수 없어서 매우 실망스러웠다. 할 일 없이 빈둥거리고 있는 그들을 전방으로 데려가는 것을 보충대대장이 강력히 거부했기 때문이다. 인간적인 교감이 있었고, 능력도 출중한 이들과 함께할 수 없어서 매우 아쉬웠다. 갖은 노력 끝에 옛 전우인 '루스티히'만 간신히 나의 전차 조종수로 데려갈 수 있었다.

장비에 관한 문제가 상당히 복잡했다. '야크트-티거'는 린츠Linz 인근의 장크트 발렌틴St. Valentin[91]의 힌덴부르크-공장Hindenburg-Werken에서 생산되었다. 여기 탑재되는 주포는 브레슬라우Breslau에서 제작되었는데, 문제는 러시아군이 이미 브레슬라우를 점령한 상태였다는 것이었다. 때문에 이제는 기존에 납입된 분량만큼만 전차를 생산할 수 있었고 전장에 투입할 수 있는 '야크트-티거'는 총 30대뿐이었다. 중대별로 각 10대의 전차를 수령했는데, 운용할만한 인원도 없었기 때문에 그걸로 충분했다. 마그데부르크Magdeburg에서 탄약을 생산하여 우리에게 보급해 주었는데, 총사령부는 탄약 수송부대들이 정차할 때마다 무전으로 위치를 보고받

---

91 | 오스트리아의 북부 연방주 오버외스터라이히Oberösterreich에 속한 도시.

을 정도로 우리의 작전을 중요하게 생각했다! 전차들은 화차로 파더보른까지 이동했고 중대들은 제네라거에 집결했다. 마치 우리가 독일을 구할 수 있는 '비밀 병기'가 된 듯한 느낌이었다.

전차 부품들이 빈 근처의 될러스하임Döllersheim에서 생산되었기 때문에 나는 한동안 파더보른에서 빈까지 약 1,000킬로미터에 달하는 거리를 여러 차례 왕복해야 했다. 물론 끊임없는 적기의 공습으로 야간에만 이동할 수 있었기에 결코 쉬운 일이 아니었다. 등화관제 전조등 Tarnscheinwerfer을 켜고 달렸지만, 공포에 떨고 있는 주민들과 마찰을 빚은 적도 많았다. 하지만 공습경보가 울릴 때마다 정차했다가 해제경보가 발령된 후에야 이동하는 것을 반복했더라면 어떻게 그렇게 먼 거리를 이동할 수 있었겠는가?

그렇게 이동하던 중 카셀Kassel에서는 정말 운이 좋았던 적도 있었다. 도심 한가운데에 들어섰을 때 갑자기 공습 사이렌이 울렸다. 모든 사람이 방공호로 대피했다. 나와 함께 있던 중대 행정보급관은 차에서 내려 어떻게든 벙커를 찾아 숨자고 했다. 사실 그는 옛 중대 행정보급관 리거와는 전혀 다른 사람이었다. 그러나 나는 망설이지 않고 재빨리 차량의 속도를 높여 시내를 신속히 빠져나왔다. 차량이 철길 건널목을 넘자마자 자칭 '해방군'이라는 연합군이 폭탄을 투하하기 시작했다. 다행히도 적군의 융단 폭격을 받은 우측방 저 먼 곳에서 폭탄이 터지고 있었다. 그곳은 중대 행정보급관이 차에서 내리자고 했던 그 시가지였고 이제는 완전히 잿더미로 변하고 말았다. 그 원사의 제안을 거부한 것은 참으로 잘한 일이었고 다시 내 예감이 적중한 순간이었다.

제네라거에서 이 돌격포Sturmgeschütz[92] 사격 훈련을 시행했다. 그러

---

[92] 당시 독일군에서는 야크트-티거를 구축전차Jagdpanzer로 분류했으나 본서에서는 저자의 의도를 존중하여 그대로 '돌격포'로 표기했다.

던 중 처음으로 결함을 발견하게 되었다. 전투중량이 82t이었던 '야크트 티거'는 우리가 원하는 대로 움직여주지 않았다. 두꺼운 장갑만 만족스러웠을 뿐, 기동성은 매우 좋지 않았다. 게다가 포탑(전투실)과 차체가 일체형인 돌격포였기에 주포를 표적 방향으로 지향하려면 차체를 움직여야 했다. 이 때문에 무리한 조작으로 변속기와 조향장치에 문제가 발생하는 일이 빈번했다. 하필 전쟁 말기에 이런 기형적인 전차가 나왔다는 것이 아쉬웠다. 반드시 그리고 긴급히 개선되어야 할 것도 있었다. 예를 들어, 이동 중에 8미터 길이의 주포를 지지하는 고정구가 있었는데 적과 교전 시에는 이것을 외부에서 제거해야 했다는 점이다.

이동 중에 포신을 고정하는 것은 당연히 지켜야 했다. 그렇게 하지 않으면 포신 마운트 베어링이 너무 빨리 마모되어 정조준이 불가능할 수도 있었다. 이런 결점들 때문에 전차 승무원들은 돌격포에 탑승했을 때 몹시 불안했다. 등 뒤에서 적군이 우리를 노리고 있다는 기분이 들었기 때문이었다. 우리가 안심하고 자신감을 얻기 위해서는 포탑을 360도 회전할 수 있는 전차가 필요했다.

파사우 출신이며 강한 체력과 착한 심성을 지닌 제프 모저Sepp Moser 병장은 우리 대대 3중대와 함께 러시아에서 철수하여 파더보른까지 왔다. 그는 새로 창설된 정비반 소속으로 당시 우리가 사격 훈련을 할 때 야지에 표적을 설치해 주곤 했고 그에게 일을 맡기면 모든 일이 순조로웠다.

입대 전에 맥주를 운반하는 트럭을 몰았던 모저는 정비반에서 구난트럭을 운전했다. 그는 펜을 부러뜨릴 것 같은 심정으로 편지를 간결하게 적어 보내 아내와의 관계를 끝냈다. 전쟁이 끝나고 파사우에서 제프를 만났다는 어느 전우의 말에 따르면 그는 매우 만족스러워하고 있었으며 매주 30리터의 맥주를 공짜로 얻을 수 있다고 자랑했다고 한다. 그 전우가 놀라면서 도대체 그 많은 맥주로 뭘 하냐고 물었는데 그의 대답이 걸작이었다. "내가 다 마셔버리지. 그걸로도 부족해서 더 사야 한다니까." 제프 모저는 사격 훈련 시에 나를 정성껏 도와주었다.

어쨌든 사격 훈련 중에 명중률이 너무 낮아서 모두가 이 돌격포에 욕설을 퍼붓기도 했다. 결국, 총포 정비 반장이 정비하고 난 후에야 조금 나아졌다. 포신이 너무 길어서 야지에서 짧은 거리를 기동해도 주포가 심하게 위아래로 흔들렸고 그 때문에 주포와 조준경의 지향점이 일치되지 않는다는 것을 알게 되었다. 적이 없는 곳에서도 이 지경인데 나중에 적과 조우할 생각을 하니 참으로 막막했다!

내 중대는 제1제대로 돌격포를 화차에 적재했다. 출동 전날 나는 부하들에게 다시 한번 야간 외출을 허용했고 다음 날 아침 단 한 명도 탈영하지 않고 집결한 모습을 보며 기쁘기도 하고 놀랍기도 했다. 우리의 종착역은 지그부르크Siegburg였다. 이렇게 부랴부랴 급히 서두르는 것도 어쩌면 당연했다. 미군이 레마겐Remagen 교량을 온전히 확보했고 이미 그곳을 넘었다는 사실이 알려졌기 때문이다. 엄청난 혼란 속에서도 당시 우리 모두는 임무를 완수하겠다는 생각으로 하나가 되어있었다. 어쩌면 이것만으로도 큰 성과였다!

3차에 걸친 화차 수송을 준비했다. 제네라거의 기차역에 아군 전차들이 집결해 있었는데도 연합군 폭격기가 상공에 나타나지 않은 것은 참으로 이해하기 어려운 점이었다. 어쨌든 그 덕분에 화차 적재도 계획대로 순조롭게 진행되었다. 나는 중대의 전차들이 전장에 도착하기 전에 그곳을 정찰하기 위해 퀴벨바겐으로 이동했다. 물론 저공으로 비행하는 적기 때문에 열차 수송은 야간에만 가능했다. 나는 퀴벨바겐을 타고 끊임없이 철로를 따라 왔다 갔다를 반복하며 기차가 한곳에 오래 머물지 않도록 통제했다. 우리에게는 방공부대도 없었고 우리를 귀찮게 했던 적 폭격기들이 자주 나타나 철로를 끊어버렸다. 게다가 우리 부대에는 이상한 분위기가 팽배해 있었다. 간단히 표현하면, "절대로 사격하지 마라! 아군의 위치가 발각될 수 있다."라는 것이다. 나는 밝은 대낮에 적기들이 머리 위에서 윙윙거리는 것을 보고 참을 수 없는 분노를 느꼈다. 하지만 속수무책이었다. 적은 이미 공중우세Luftuberlegenheit를 달성했고 그 결과는 정말 참혹했다.

그래서 주간에 우리 열차들은 터널이나 안전하지는 않지만 은·엄폐를 할 수 있는 산 중턱에 정차해 있었다. 우리에게는 야전 취사반도 없었다. 따라서 내가 직접 모든 일을 처리해야 했다. 중대장뿐만 아니라 필요할 때마다 운전, 보급, 수송 장교 역할까지 해야 했다. 이따금 내 부하들에게 따뜻한 음식까지 구해 주기도 했다. 군수 시설에 연료와 식량이 쌓여 있었지만, 미군에게 탈취당하거나 아니면 아군에 의해 불태워지기도 했다.

마침내 어느 날 아침 첫 번째 화차가 지그부르크에 도착한다는 소식을 듣고 나는 지그부르크로 달려갔다. 그런데 미군이 기차역 플랫폼 일대에 포탄을 사격하고 있다는 것을 알게 되었다. 정말 위험한 상황이었다.

지그부르크에서 이리저리 한참을 헤매던 중 반갑게도 과거 502 전차대대장이었던 슈미트 소령을 만났다. 그는 당시 '서부전선 기갑부대 연락참모단'을 이끌고 있었고 그곳에서 나를 보고도 그리 놀라지 않았다. 우리가 어디서 무슨 임무를 수행해야 하는지 그도 전혀 모른다고 말했다. 나는 너무나 당황스러웠다. 한층 더 기막힌 일도 있었다. 내 중대의 오토바이 전령 한 명이 의기양양한 모습으로 나타나서는 기쁜 소식이라며, 아군의 제1제대 전차들이 뒤스부르크Duisburg 역에 도착해서 하화 중이라고 전달했다. 지그부르크로 와야 할 열차가 뒤스부르크로 갔던 것이다! 도저히 있을 수 없는 일이었다! 나는 그 전령에게 지금 즉시 전속력으로 뒤스부르크로 달려가서 하화를 끝낸 열차가 출발하는 것을 막으라고 지시했다. 지금 이 시국에 전차를 다시 싣고 여기로 올 특별 열차를 어디서 구할 수 있겠는가! 그 오토바이 전령은 다행히 적시에 도착했고 열차는 다음날 밤 지그부르크 일대에 도착해 있었다.

그 사이 슈미트 소령은 연락할 수 있는 모든 주요직위자와 참모부에 전화를 걸었다. 하지만 우리 전차들이 도착하면 내가 직접 찾아가 신고해야 할 B집단군 사령관 모델 원수조차도 자신의 작전지역에서 우리를 어디에 투입할 것이지 결정하지 못한 상태였다.

나는 중대의 전차들이 도착할 때까지 한숨 푹 자고 싶었다. 또다시 언제 이런 휴식을 취할 수 있을지 장담할 수 없었기 때문이다. 침상에 다리를 뻗고 눕자마자 경계병이 와서 헬트Held 중위가 나를 찾아왔다고 전했다. 그걸로 휴식은 끝이었다! 헬트는 과거 신병교육대 시절에 내 소대장이었고 1941년 이후로 만난 적이 없었다. 옛 친구를 볼 수 있어서 너무나 반가웠고 우리는 날이 새는 줄도 모르고 이야기를 나누었다.

화차가 지그부르크에 도착했지만, 연합군의 맹렬한 포격 때문에 하화를 할 수가 없었다. 첫 번째 열차는 어두워질 때까지 어느 터널에서 대기했다가 야간이 되자 하역을 시작했다. 화차에 적재된 차륜 차량들의 타이어가 모두 터져버려 운행할 수 있는 차량은 단 한 대도 없었다. 보급품 수송을 위해 절반 정도의 차량을 복구시키는 데만 며칠이 걸렸다.

당연히 레마겐 일대를 수복하는 것은 이제 완전히 물 건너간 상태였다. 이미 미군이 독일 본토 내로 들어와 고속도로 위로 진격하고 있었기 때문이다. 이렇게 훌륭한 고속도로를 만든 장본인은 바로 히틀러였고 미군은 그에게 감사해야 할 판이었다! 만일 우리가 러시아를 공격할 때 이런 도로가 있었더라면 분명히 모스크바까지 진격했을 것이고 진창에 빠지는 일도 없었을 것이다.

내 중대는 바이에를라인Bayerlein[93] 장군 휘하에 배속되었다. 주전선의 방어진지 바로 뒤쪽에 있던 수풀 지역에 1개 소대를 배치했다. 내가

---

93 | Fritz Hermann Michael Bayerlein(1899~1970) 최종 계급은 중장. 당시에는 제53군단장이었다.

전차에 탑승할 수 있는 상황이 아니었다. 군단 전 작전지역에 전차를 한 대 한 대 분산하여 배치해 놓았기 때문에 나는 계속해서 이 소대에서 저 소대로, 이 전차에서 저 전차로, 그리고 이 연대 지역에서 저 연대 지역으로 이동하면서 전투를 지휘해야 했다. 그러나 어느 순간 루르 고립지대가 점점 축소되면서 이동 거리는 그리 길지 않게 되었다.

우리 부하들과 장교들의 사기가 얼마나 떨어져 있었는지를 깨닫게 된 사건이 발생했다. 내 부중대장은 앞서 언급한 수풀 지역에서 내 전차 승무원들을 넘겨받아 나의 '야크트-티거'를 타고 경계 임무를 수행하던 중이었다. 갑자기 내 전차 조종수 루스티히가 주전선 방향으로 뛰어서 나를 찾아왔다. 불길한 예감이 들었다. 성실하고 정직했던 그 친구는 내게 무슨 일이 있는지 보고하려 했지만 숨을 헐떡거려서 나는 일단 한숨 돌리라고 했다. 이내 그가 입을 열었고 그의 첫마디만으로도 무슨 일이 일어났는지 사태를 충분히 이해할 수 있었다. "제가 방금 제 전차장을 때릴 뻔했어요. 만일 여기가 러시아였다면 아마 그를 죽였을 겁니다!" 그는 사건의 전말을 설명해 주었다. 그의 전차는 다른 한 대의 전차와 함께 잘 위장된 상태로 수풀 지역 외곽에 진지를 점령했다. 약 1.5킬로미터 거리에서 적 전차들이 길게 줄지어 전선을 가로질러 이동하고 있었다. 루스티히는 당연히 전차장이었던 부중대장이 사격 명령을 내릴 거라고 생각했다고 한다. 교전을 하지 않는다면 그곳에 있을 이유가 없다고 생각했던 것이다. 그런데 그 녀석은 사격 명령을 내리지 않았고 이내 전차승무원들 간에 격한 논쟁이 벌어졌다. 그 멍청한 장교놈은 만일 사격을 개시하면 아군의 위치가 노출되고 적 폭격기들에게 발견될 수 있다는 이유로 사격을 금지시켰던 것이다!

요컨대 우리 주포 성능만 보면 정말 최적의 사거리였고 반면 적군은 우리 '야크트-티거'를 향해 반격도 할 수 없는 상황이었던 것이다. 그런데도 단 한 발의 전차포탄도 사격하지 않았다는 것은 분명히 문제였다.

그러나 그 멍청한 녀석이 사격 명령을 내리지 않은 것이 끝이 아니었다고 한다. 그는 몇 시간 뒤 숲을 빠져나가기 위해 전차를 후진시키라고 지시했다. 이로써 위치가 제대로 노출되었지만 당시 공중에 적기가 없어서 다행이었다. 또한, 그는 함께 있던 '티거' 전차장에게 통보도 하지도 않고 혼자서 후방으로 이탈하려 했다고 한다. 그러나 그 전차도 곧장 그를 따라왔고 이 둘은 마치 귀신에게 쫓기듯 허둥지둥 후퇴했던 것이다. 이 당시 적군은 그 어디에도 없었다! 경험이 전혀 없었고 미숙했던 두 번째 전차 조종수의 무리한 조작으로 그 전차는 기계 고장을 일으켜 더 이상 기동이 불가능했다. 그러나 이 '뻔뻔한' 중위는 이런 상황을 무시하고 혼자만 살겠다고 계속 이동했다. 그러다가 역시 자신의 전차도 똑같은 상태가 되고 말았다. 심지어 두 번째 전차장이었던 상사는 자신의 전차를 자폭시켜 버렸다고 한다.

이런 상황에서 루스티히는 전차에서 내린 후 뛰어서 내게 왔던 것이고, 이 사건을 대대에 보고해 달라고 요구했다. 사실 전쟁 막바지에 이런 일은 보고해봐야 소용없는 짓이었다. 우리 모두는 종말을 맞을 때 자신의 모습이 떳떳하게, 아니면 야비하게 비칠 지에 대해서 각자가 잘 알고 있을 것이라 생각했다. 목숨이 붙어있던 수백 명의 장병이 이곳저곳의 숲속에 몸을 숨긴 채 조용히 종말을 기다리고 있었다. 모든 부대의 사기는 완전히 땅에 떨어진 상태였다.

어쨌든 이 상황을 대대장에게 보고하기 위해 지겐Siegen에 있던 대대 참모부를 찾아갔다. 내가 지휘소에 들어서니, 모두들 내게 축하 인사를 건넸다. 우리 중대가 적 전차 40여 대를 완파했다는 소문이 돌았던 것이다. 나는 우리가 단 한 대의 미군 전차도 파괴하지 못했고 오히려 아군 전차 두 대를 잃었다고 말하자 그곳의 분위기는 싸늘해졌다. 만일 내 중대의 전차장과 승무원 중 두세 명만이라도 러시아 전역에서 함께 했던 그 친구들로 채웠더라면 그 소문을 현실로 만들 수 있었을 것이다. 나의 옛 전우들에게, '퍼레이드하듯 이동하는' 미군 전차들을 제압하는 일은 너무나 간단한 일이었다. 최근에 우리가 서부전선에서 깨달은 사실도 있다. 다섯 명의 러시아군이 30명의 미군보다 훨씬 더 위협적이었다는 것이다.

이러는 동안 우리는 완전히 고립된 것이 분명했다. 연합군의 '루르 포위망'이 완성된 것이었다.

모델 원수는 적시에 전력을 총동원해서 마르부르크Marburg 방면으로 돌파를 감행하면 포위망에서 탈출할 수 있다고 판단했다. 만일 시도했더라면 전혀 어렵지 않은 일이었다. 그러나 최고지도부의 생각은 완전히 달랐다. 고립지대에서 가능한 한 오래 버티라는 명령이 내려왔던 것이다! 우리의 철수로는 지크강Sieg을 따라 아이토르프Eitorf—베츠도르프Betzdorf—키르헨Kirchen으로 이어지는 통로였고, 첫 번째 목표는 지겐이었다. 그곳에서 한동안 버텨야 했다. 이동 중 몇 대의 전차가 고장 나는 일이 발생했다. 어린 조종수들이 아무리 강한 의지를 지녔다고 해도 이런 삼림지대를 극복하기에는 역부족이었다. 전투에 임하는 자세는 탁월했지만, 중전차를 다루기에는 역시 경험과 훈련 모두 턱없이 부족한 상태였다.

34. 혼란이 증폭되다
Das Chaos wächst

온 사방이 엄청난 혼란에 빠져있었고 도로는 차량으로 꽉 막혀있었다. 공중을 완전히 장악한 적기들은 아주 낮게 날아다니며 아군의 차량을 하나씩 하나씩 손쉽게 박살냈다. 우리 지도부는 전단지를 뿌려 주민들에게 각자 판단해서 집을 버리고 군부대를 따라 피난할 것을 권고했다. 그러나 극소수의 주민들만 피난길에 올랐다.

우리는 독일군 지도부가 신형 독가스 '타분'을 사용할 수도 있다고 생각했지만, 그들은 그런 방안을 배제한 것 같았다. 우리 독일 국민이 피해를 볼 수도 있고 이런 무기를 사용한다고 해도 전쟁 상황을 변화시킬 수는 없다고 생각한 듯했다. 대다수의 주민들은 자신의 집에 남아서 미군이 오기만을 기다렸다. 장기간 폭격으로 폐허로 만든 장본인이 바로 미군이었기에 그들이 '해방군'이라는 소문을 믿는 사람은 거의 없었다. 하지만 다들 위험과 공포가 사라지는, 돌이킬 수 없는 종말의 시간을 간절히 원했다. 물론 이곳에서는 잔혹했던 러시아군의 위협은 없었다. 동부에서는 불쌍한 우리 동포들이 어마어마한 공포 속에서 눈과 얼음을 헤치고 탈출하고 있었다.

밤낮으로 나타났던 적군의 전투기, 폭격기들의 추격 속에서도 마침내 우리는 지겐에 도착했다. 어느 날 낮 전차를 창고나 짚더미 안에 숨겼음에도 이를 찾아낸 적 전투기들의 공습에 두 대가 피격되었는데, 기동이 불가능한 상태가 되어 폭파할 수밖에 없었다. 지난 몇 주간 서부 전역의 전황은 너무나 절망적이었다. 나는 이런 일을 겪어보지 못한 전우들이 그저 부러울 따름이었다!

나는 지겐의 주둔지 인근 언덕 위에서 진지로 쓸만한 매우 좋은 지형을 발견했다. 전방에 보이는 숲을 관통하는 통로 쪽으로 사계가 양호했고 더욱이 지크강의 건너편 계곡을 따라 이어진 도로 쪽으로도 사격할 수 있었다. 우리는 이곳에서 미군이 오기만을 기다리기로 했다. 지난번 실수를 반복하지 않기 위해 이번에는 내가 직접 전차에 탑승해 있었다. 그러나 우리는 적 전차를 단 한 대도 완파하지 못했다. 주민들 중에 미군에게 동조하는 자들이 있었다. 이들이 강 건너편 비탈길에 참호를 파고 들어가 있다가 미군 전차들이 나타나자, 우리 전차포 사정거리에 들어오기 전에 멈춰 세웠던 것이다. 지금도 그때를 생각하면, 과연 다른 나라에서도 이런 일이 가능할지 의문이 든다.

나는 중대를 바이데나우Weidenau 방향으로 철수시켰고 그곳의 대전차장애물을 보호하는 임무를 맡았다. 어느 공장의 방공호를 중대지휘소로 사용했다. 한 주민으로부터, 주민들 중 일부는 적과 내통하고 있고 다른 일부는 우리에게 협조하고 있다는 것을 전해 들었다. 이곳 사람들이 전쟁에 지치고 냉담한 상태라는 것 정도는 충분히 납득할 수 있었다. 그러나 같은 동포가 우리를 배신하고 이적행위를 한다는 것은 도저히 믿을 수가 없었다. 처음에는 미군이 점령한 지역에 두고 온 물건을 가지러 가겠다는 민간인들을 내버려 두었다. 그리고 그들이 돌아오는 것을 확인하지 않았다. 이내 다음과 같은 일이 벌어졌고 나는 그제야 심각한 상황임을 깨닫게 되었다. 잠시 뒤 적 포탄이 날아왔다. 미군이 우리 전차들을 관측은커녕 조준도 할 수 없는 곳에 있었지만, 신기하게도 적 포탄은 우리 전차들이 배치된 곳에 정확히 떨어지고 있었다. 그 후로 우리는 주전선 지역에서 민간인의 이동을 통제했다.

우리 퀴벨바겐은 거의 모두 고장이 난 상태였다. 그래서 어느 날 저녁 우리는 미군 차량을 탈취하기로 결심했다. 어느 누가 이런 멋진 거사를 생각했으랴! '최전선의 전사'라는 미군 녀석들은 밤이 되면 마을의 가옥을 찾아 잠을 잤다. 이제는 감히 그들의 취침을 방해할 상대가 없다고 믿는 듯했다! 게다가 경계 초소도 하나뿐이었다. 그러나 날씨가 좋을 때만 경계병을 배치했다. 미군들은 야간전투를 좋아하지 않았다. 우리가 퇴각하고 그들이 즉각 추격하는 상황에서만 야간전투를 하곤 했다. 그러다가 우리 독일군이 기관총을 사격하면 그들은 일단 안전을 위해 공격을 멈추고 다음 날 낮에 항공지원을 요청했다.

나와 중대원 3명은 한밤중에 길을 나섰다. 몇 시간 뒤 우리는 지프 두 대를 탈취해서 복귀했다. 편리하게도 지프는 별도의 열쇠 없이 운전석 앞에 달린 레버로 시동을 걸 수 있었다. 우리가 숙영지로 복귀한 뒤 한참이 지나고 나서 미군 진지 쪽에서 총성이 울렸다. 미군이 지프를 빼앗긴 걸 알고서 공중으로 총탄을 갈기면서 분풀이를 하는 모양이었다. 밤이 더 길었더라면 우리는 파리까지도 갈 수 있었을 상황이었다.

이튿날 우리는 바이데나우 동쪽 끝자락에 있는 어느 고지를 탈취하기 위해 소규모 공격을 시도했다. 그곳을 확보한 적군이 아군 진지를 훤히 내려다보고 있었기 때문이었다. 많은 '보병' 병력이 곳곳에 있었지만, 내가 써먹을 수 있는 병력은 없었다. 그들은 이미 전투 의지를 완전히 상실한 상태였고 그들과 뭔가를 한다는 것 자체가 불가능했다! 적군들의 선전 활동이 매우 큰 효력을 발휘했기 때문이기도 하다. 또 다른 이유도 있었다. 이미 오래전부터 프랑스 지역에 주둔했던 이들이었기에 포로가 되는 것도, 미군도 두려워하지 않았다. 동부전선과는 완전히 대조적이었다. 모두가 지금의 위기를 그럭저럭 견뎌내면 된다는 생각에 사로잡혀 있었다. 더 이상 적에 대한 저항 의지도 없었다. 훗날 미군이 '포위망'을 점점 더 좁혀왔을 때, 이저론Iserlohn 근처에서 우연히 다수의 예비역 독일 군인들을 만났다. 이들은 국방군에서 전역했다는 증명서를 소지하고 있었다. 이것은 어느 교활한 지역사령관의 아이디어였고 그는 이런 식으로 미군을 속일 수 있다고 생각한 모양이었다. 그러나 미군은 고등학생부터 노인들까지 일단 모든 시민을 모조리 체포했다. 모든 독일인 배후에 전범이 숨어있다는 억측에서였다. 독일에 대한 중상모략은 우리 독일의 선전물이 표현한 것보다 훨씬 더 과장되어 있었다. 그에 대해서는 오늘날의 공포스런 이야기들과 거의 같은 수준이다.

우리는 네 대의 돌격포로 '짤막한' 전투를 감행했다. 성공에 대한 확신은 전혀 없었지만, 미군에게 아직도 전투 중이라는 사실을 각인시켜 주고 싶었다. 그들이 본 것은 오직 폐허뿐이었고 그런 광경을 보며 그들은 매우 뿌듯해하고 있는 듯했다. 우리가 싸웠던 러시아군과는 너무나 대조적인 모습이었다. 미군은 무슨 일이 생기면 그리 심각한 상황도 아닌데 놀라서 도망치기 일쑤였다. 전쟁 기간 중 내가 본 군대 중에 이런 군대는 처음이었다. 어쨌든 대체 우리가 단독으로 무슨 일을 해낼 수 있었을까? 우리는 남쪽으로 몇백 미터 진격했고 목표지점에 도달했다. 그때 나는 가옥 뒤로 급히 숨던 적 전차 한 대를 발견했다. 일단 구경 12.8센티미터 주포를 시험해 보기로 했다. 지연신관을 장착하고 그 가옥을 향해 포탄을 발사했고 주포탄의 놀라운 관통력을 내 눈으로 직접 확인할 수 있었다. 두 번째 탄으로 미군 전차를 완전히 박살 냈다. 정말 최고의 무기였지만 전쟁 막바지에 이런 것이 무슨 의미가 있단 말인가! 전차포탄이 날아다니자 미군들도 이제 정신을 차린 듯했다. 곧 우리 쪽에 엄청난 포탄들이 떨어졌고 폭격기들도 우리를 '응징'하기 위해 나타났다. 다행히도 아군의 피해는 없었다. 어둠이 밀려오자 우리는 다시 원래 진지로 복귀했다. 새로운 방어선을 점령할 보병이 후속하지 않았기 때문이었다. 안타깝게도 이동 중에 네 대의 전차 중 한 대가 폭탄에 의해 생긴 구덩이에 빠져 고장 나고 말았다.

이튿날 돌격포를 북쪽으로 철수시켜 도로를 경계하기 위해 유리한 진지에 배치하라는 명령이 떨어졌다. 자정 무렵 내 중대원들을 먼저 출발시키고 나는 퀴벨바겐으로 후속했다. 한참 뒤 내가 중대의 돌격포들을 추월하려던 순간, 엄청난 폭발음이 들렸다. 전 부대가 정지했고 돌격포 한 대가 불타고 있었다. 승무원들은 모두 풀숲으로 몸을 숨겼다. 미군 침투부대가 매복 중인 것으로 판단했던 것이다. 문득 이 상황이 너무나 의심스러웠다. 미군이 밤중에, 그것도 보병만으로 아군 전차를 공격한다는 것 자체가 불가능한 일이었다!

모두가 즉시 은, 엄폐물 뒤에서 전투태세를 갖추자 저쪽에서 서서히 모습을 드러냈다. 그들은 독일군 철모를 착용하고 있었다. 그중에는 제1차 세계대전에서 썼던 철모도 있었다. 잠시 정적이 흘렀고 내가 먼저 침묵을 깨고 독일어로 그들에게 소리를 지르자, 그 대담한 사내들은 매우 조심스럽게 우리에게 다가왔다. 우리는 이내 그들의 정체를 알 수 있었다. 바로 우리의 '최후의 보루', 국민돌격대Volkssturm 대원들이었다! 당연히 이들은 독일군의 돌격포를 본 적이 없었기에 우리를 '사악한 적군'으로 완전히 오해했고 그들 중 한 명이 용감하게도 판처파우스트Panzerfaust를 사격했던 것이다. 다행히도 우리와 그들은 일촉즉발의 위기를 무사히 넘길 수 있었다.

결국, 모델 원수는 나의 '야크트티거'들을 운나Unna로 이동시키라는 명령을 하달했는데, 나로서는 반가운 일이었다. 이곳의 사계가 불량해서 그리 만족스럽지 못했는데, 이제는 운나와 베를Werl 사이의 드넓은 개활지에서 양호한 진지를 찾을 수 있다는 희망을 갖게 되었다.

미군이 바이데나우 일대를 돌파하고 있을 무렵 우리는 굼머스바흐Gummersbach에서 화차 적재 중이었다. 열차가 출발하는 것 자체가 매우 어려운 상황이었다. 적기들이 계속해서 철도를 폭격해서 끊었고 기관차 승무원들도 열차 운행을 거부했기 때문이었다. 그래서 어쩔 수 없이 우리가 직접 기관차를 몰았다. 선발대가 조차용 디젤기관차를 이용해 철로 상태를 확인하러 먼저 출발했다. 다행히 끊어진 철로가 즉시 복구되면서 시간이 지날수록 철도 상태는 나아졌다.

만일 그들이 러시아군이었다면 우리에게 이렇게 많은 시간을 허락하지 않았을 것이다! 미군은 저항이라고 할 만한 것도 전혀 없는 이런 포위망 속의 적을 일망타진하는데 참으로 엄청난 시간을 허비하고 있었다. 만일 병력과 장비를 모두 갖춘 상태를 가정한다면 우리 독일군은 전체 '루르 포위망'을 최소 8일이면 완전히 끝장낼 수 있었을 것이다.

나는 정찰소대와 함께 최대한 신속하게 운나로 향했다. 미리 지형을 파악하여 전투하기 좋은 곳을 찾기 위해서였다. 안타깝게도 양호한 사격 진지는 많지 않았다. 동쪽에서 몰려든 적들도 이미 베를을 점령한 상태였다.

35. 이상한 지역사령관
Ein seltsamer Stadtkommandant

    우리 중대는 운나의 지역사령관에게 배속되었고 이 일대의 부대 지휘관들은 그의 명령에 따라야 했다. 그러나 자신이 마치 위대한 총사령관인 듯 행동하는 그는 예하 지휘관들에게 명령은커녕 메모지 한 장도 하달하지 않았다. 어쨌든 나는 그에게 배속 신고를 해야 했다. 그의 지휘소는 루르 고속도로Ruhrschnellweg의 남쪽, 233번 국도 서쪽 부근의 군사시설 내에 있었다. 나는 간신히 지휘소 지하갱도 입구를 찾아냈고 30개의 계단을 내려가니, 오래전 방공호로 사용된 지하실로 이어졌다. 어린 병사 한 명이 매우 진지한 모습으로 '하루 종일' 경계근무를 서고 있었다. 처음에 그는 내게 이곳이 어디인지 알려주려 하지 않았다. 그러나 내 신분을 확인하자 이곳이 사령부라고 말해 주었다. 그 초병의 안내를 받아 다시 어두운 복도를 따라가니 사령관 집무실이 있었고 문을 두드렸다. 그 방에 들어갔을 때 내 눈앞에는 믿기 어려운 광경이 펼쳐졌다.

    커다란 테이블에 지도가 펼쳐져 있었고 그 주위에 깔끔한 군복 차림의 다수의 친위대 장교들이 둘러앉아 있었다. 멋지고 깨끗했다. 그리고 모든 장교 앞에는 술잔이 하나씩 놓여 있었다. 지휘소의 모습이 참으로 가관이었다! 나는 그 자리에서 신고하고 우리 중대의 상황을 보고했다. 그러자 사령관은 마치 노련한 백전노장인 듯한 억양으로 이곳의 상황을 설명해 주었다. 그는 지도상의 지점들을 가리키며 아군이 운나 일대의 진지들을 점령하고 있다며, 자신이 얼마나 많은 병력을 지휘하고 있는지, 방어진지가 얼마나 완벽하게 구축되어 있는지 의기양양한 목소리로 이야기했다. 운나는 절대로 적에게 함락되지 않을 거라 확신했다. 물론 그는 내가 보유한 일곱 대의 '야크트-티거'도 지도상에 표시했다. 그의 말에 나는 웃어야 할지 울어야 할지 정말 난감했다. 나는 그가 말한 진지들을 이미 둘러보았는데 그곳에서는 사격은커녕 50미터 전방을 관측하기도 어려웠다. 그 진지 앞쪽에 철길 제방이 있기 때문이었다. 그래서 나도 적절한 진지를 확인해 둔 상태였다. 내가 이의를 제기하자 그곳의 '지배자'는 흔쾌히 수긍했다. "어이 젊은 친구! 자네가 적절한 지점을 찾았을 거라 믿어. 우선 동쪽과 북동쪽에서 적군이 공격할 위험이 크다네. 미군 녀석들에게 본때를 보여주자고."

나는 한껏 예의를 갖추어, "예, 알겠습니다!"라고 대답하고는 맑은 공기를 쐬기 위해 밖으로 나갈 참이었다. 내가 문을 열자, 그 어린 초병이 흥분한 표정으로 뛰어 들어와 이렇게 보고했다.

"좌표 XY 지역에 적 포탄이 떨어지고 있습니다!"

나와 그 초병은 함께 밖으로 나왔고 나는 그에게 초병으로서 임무가 뭐냐고 물었다. 그러자 그 녀석은 적군의 박격포탄 또는 폭탄이 떨어지면 즉각 보고하는 것도 자신이 맡은 임무라고 자신 있게 답변했다. '지휘관'이란 사람은 단 한 번도 밖에 나와 본 적이 없었고 나올 생각도 없었다. 중요한 일들은 그곳에서 오로지 전화 통화로만 해결했다. 우리가 동부전선에서 봤던 친위대 사람들과는 완전 딴판이었다! 그래도 한 가지는 깨달았다. 여기서는 우리 마음대로 전투를 수행할 수 있다는 것이었다. 단지 내가 모르는 사이에 그 '새'가 새장 밖으로 날아가는 것에만 주의를 기울이면 되는 상황이었다.

나는 두 대의 전차를 루르 고속도로 일대를 경계하는 데 투입하고, 나머지 전차들을 운나 북쪽 외곽, 즉 카멘Kamen 방향에 배치했다. 그 근처의 어느 가옥, 거실을 지휘소로 사용했다. 그 도시에 민간인들은 거의 남아있지 않았다. 그러나 우리가 머물렀던 가옥에는 나이 많은 할머니가 아직도 살고 있었는데 우리를 극진히 대접해 주었다. 나 또한 지휘소에 머무르지 않고 불의의 위기를 방지하고 상황을 파악하기 위해 분주하게 돌아다녔다.

다음날 벌써 적 전차들이 이곳에 나타났다. 멀리 떨어진 곳이기는 했지만, 그곳에서 시가지를 향해 포탄을 퍼부었다. 나는 내 지휘소를 떠나 '운나 요새-사령부'의 분위기를 살펴보기 위해 그곳으로 향했다. 다소 의기소침해 있던 '나폴레옹'이 나를 부르며 이렇게 말했다.

"건방진 미군 놈들! 시가지를 향해 전차포를 쏘아대고 있어. 대공포 초소에서 보고한 대로라면 적 전차들이 개활지에서 줄지어 왔다더군!" 그는 내게 대공포 초소에 올라가서 '적의 기도를 확인'해달라고 부탁했다. 그는 발목 골절로 계단을 오르기 힘들어했고 지팡이를 짚고 움직였다.

미군 전차들을 직접 보고 싶었던 나는 대공포 초소로 올라갔다. 약 2.5킬로미터 거리에서 스무 대 정도의 적 전차들이 완전히 무방비상태로 가지런히 일렬로 서서 번갈아 가며 시가지를 향해 일제사격을 하고 있었다. 나는 우리도 아직 실탄을 갖고 있다는 것을 녀석들에게 보여줘야겠다는 생각이 들었다. '대서양'까지 건너온 그들에게 극도의 공포심을 한 번쯤 느끼게 해주고 싶었다. 그들이 그런 것을 느껴봐야 고향에 돌아가더라도 최소한 실전에 대해 뭔가를 이야기할 수 있을 것 같았다. 우리 독일군이 이렇게 지독하다는 것까지 말이다!

내가 계획했던 소규모 전투에 우리의 '나폴레옹'과 함께 하고 싶었다. 발목 골절 정도는 전차 안에서 크게 문제 될 것이 없었다. 나는 지휘소로 돌아가서 그에게 함께 하자고 권유했고 물론 그도 '거절'할 수는 없었다! 루르 고속도로 일대에서 철수시킨 두 대의 '야크트-티거'를 타고 아군의 군사시설 내 동쪽의 작은 언덕에 올랐다. 적군들이 명확히 보였다. 안타깝게도 초탄을 발사한 후에야 적군과의 거리가 족히 3킬로미터나 된다는 것을 깨달았다. 우리가 정확히 조준해서 사격하는데 너무 많은 시간을 허비해버렸다. 그 사이에 적 전차들은 근처의 숲으로 숨어버렸고 물론 아군의 '우세'에 맞서기 위해 신속히 화력지원을 요청했을 것이다. 잠시 뒤 우리가 위치한 언덕에 엄청난 양의 적 포탄이 쏟아졌다. 이제는 거기서 더 이상 할 수 있는 일이 없었지만, 정중히 손님을 모신 나로서는 그분께 포탄이 작렬하는 느낌이 어떤지 보여주고 싶었다. 미군이 장사정포로 사격하고 있기에 우리 위로 직격탄이 떨어질 가능성은 거의 없었다. 생각보다 적 포탄의 심리적 효과가 더 컸다. 그 순간 우리의 위대한 '지휘관'이자 자칭 전략의 대가라던 지역사령관은 지팡이도 내팽개친 채 자기 벙커로 도망쳐 버렸다.

'야크트-티거' 쾨니히스 티거 전차의 차대를 활용한 82톤 중량의 중구축전차. 8m 길이 포신의 12.8㎝ 구경 주포에는 대적할 자가 없었다!

나는 동쪽 방면을 감시하기 위해 두 대의 돌격포를 이동시켜 군사시설 남부의 공동묘지에 배치했다. 승무원들은 수풀로 전차를 위장했다. 공중에 적군의 포병 관측병이 탑승한 '굼뜬 오리Lahme Ente'가 날아다니고 있었기에 나는 그들에게 서두르라고 지시했다. 독일군의 피젤러 슈토르히Fieseler Storch[94]와 비슷하게 생긴 그 항공기는 통상적인 전투 상황이었다면 곧바로 격추되었을 것이다. 그러나 당시 우리에게 대공포는커녕 방공무기도 없었기에 이들은 유유히 하늘을 날며 정확히 화력을 유도하고 있었다. 우리 보병들이 기관총으로 공중을 향해 몇 발을 사격했더니 그 미군 항공기는 이내 사라졌다.

루르 고립지대 전투 중에 나는 두세 번 정도 적기를 격추한 적이 있었으나 이는 순전히 우연히 명중시킨 것이었다. 그때 몇 주간 적군의 항공기들은 사실상 아군의 대공포 위협이 전혀 없는 가운데 자유로이 날아다녔다. 그 순간 '굼뜬 오리'가 우리를 발견했고 곧장 우리 머리 위로 포탄이 날아와 약 150미터 뒤쪽에서 터졌다.

내가 "빨리 전차 안으로 들어가!"라고 소리쳤지만 어린 신병들은 내 말을 들으려 하지 않았다. 그들은 전투 경험이 없어 위험하지 않다고 여겼던 것이다. 두 번째 포탄이 우리 전방 80미터 지점에 떨어졌다. 곧바로 적군의 포대 전체의 효력사가 뒤따랐다. 우리 부대원들의 한복판에 포탄 한 발이 떨어졌다. 나도 포탄이 낙하한 곳에서 수 미터 떨어져 있었지만, 매우 작은 파편에 상처를 입었다. 기적이었다! 그제야 사지가 멀쩡한 녀석들은 모두 신속히 돌격포 안으로 대피했다.

세 명의 전우가 쓰러져 비명을 질렀다. 부상이 심각했다. 내 전차 탄약수도 파편으로 등과 척추에 가벼운 상처를 입었다. 나는 중상을 입은

---

94 | 피젤러사의 단거리 이착륙기로 제식 명칭은 Fi 156. 100미터 정도 활주로에서도 이착륙할 수 있어 관측, 연락, 요인 수송 등의 용도로 널리 사용됐으며 북아프리카 전선에서 롬멜이 전선 지휘에 사용한 것으로도 유명하다.

세 명을 퀴벨바겐에 태우고 운전병을 시켜 이저론에 있는 야전병원으로 보냈다. 나는 그곳의 군의관들과 잘 아는 사이였다. 그들이 최선을 다했지만, 중상자 세 명 중 한 명은 병원에 도착한 직후 숨을 거두고 말았다. 모두 훈련 부족이 초래한 결과였다.

내가 '사령부'로 복귀하여 막 계단을 내려가려 했을 때, 인근에서 기관총성이 들렸다. 함께 있던 중사와 즉시 그곳으로 달려갔다. 군사시설의 울타리 바로 앞에서 다른 부대의 보병 한 명을 만났다. 그는 이곳에서 아군을 만난 것에 매우 놀라는 듯했다. 그의 부대는 단독으로 전투하다가 패배한 뒤 와해되었다고 말했다. 그와 함께 있던 몇몇 병력이 이곳에서 적군 정찰대와 교전을 벌였고 그 총격 소리를 우리가 들었던 것이다. 그건 그렇고 그들 중 누구도 이곳에 아군 병력이 배치된 방어 진지를 보지 못했다고 말했다.

그 '사령관'이 현재 상황을 어떻게 설명할지 몹시 궁금해진 나는 곧장 벙커로 들어갔다. 어쨌든 밤이 되었기에 미군이 진격할 가능성도, 두려워할 필요도 없었다.

그 '무리들'은 평소처럼 평온하고 느긋하게 앉아 있었다. 나는 그들에게 현재 전선의 상황에 대해 알려달라고 요구했다. 지역사령관은 매우 자신감 넘치는 목소리로 이렇게 말했다.

"우리의 원형 요새는 철옹성과 같아. 지금까지 단지 운나 북부, 카멘으로 향하는 도로상에서 교전이 있었고 그 외에는 별다른 일은 없었다네."

나는 다소 조심스럽게 그러나, 단호하게 이렇게 말했다. "사령관님께서 보유하신 예비중대를 지금 즉시 전선에 투입해야 합니다. 그렇게 하지 않으시면, 미군이 곧 이곳에 들이닥칠 것이고 그들이 자신의 상부에 이곳을 점령했다고 무전으로 보고하기도 전에 사령관님께서는 그들에게 사로잡히실 겁니다!" 그의 답변도 참으로 가관이었다. "어이 젊은 친구, 너무 걱정하지 말게!" 이런 자들이 미군을 어떻게 상대할 수 있겠는가! 그는 오히려 나를 안심시키려 했다. 나는 '최대한 정중히' 인사를 한 뒤 그곳을 빠져나왔다. 퀴벨바겐을 타고 최대한 빨리 내 지휘소를 향해 달렸다. 카멘 방면의 간선도로에서 두 대의 전차를 철수시키고 루르 고속도로 일대에 배치된 전차들에도 운나에서 즉각 이탈해야 한다고 지시하기 위해서였다. 그러지 않으면 미군에게 유린당할 수도 있는 상황이었다. 나는 233번 국도로 북쪽을 향해 달렸다. 나는 이 도로와 루르 고속도로가 만나는 교차로로 들어서기 약 50미터 앞에서 퀴벨바겐을 세웠다. 대규모의 차량 행렬이 동쪽에서 서쪽으로 이동하고 있었다.

적인지 아군인지 구별할 수 없어서 차에서 내려 조심스럽게 그쪽으로 가보았다. 역시 우리의 우려가 현실이 되는 순간이었다.

미군의 차륜 차량들과 고무패드를 장착한 궤도차량들이 운나를 지나 도르트문트Dortmund 방향으로 이동 중이었다. 그들은 아직도 이곳에 독일군이 있다는 사실을 전혀 모르는 듯했다. 이제는 아무도 그들의 진격을 막을 수 없는 상황이었다. 그토록 '견고'하다던 운나의 방어선은 대체 어디에 있단 말인가! 나의 돌격포들도 사격을 할 수 없었다. 자신들의 위치가 노출되는 것을 원하지 않았던 것이다. 나는 급히 사령부로 돌아가서 동굴 속에 숨어있던 '사령관'을 데리고 왔다. 이 놀라운 광경을 직접 보여주기 위해서였다.

다시 우리가 그 교차로 앞에 이르렀을 때, 내 돌격포들의 사격 소리가 들렸다. 그 순간 적들은 이동을 중단했고, 도로 양쪽에서는 지프들이 아군의 포탄을 회피하느라 이리저리 움직이고 있었다. 나는 운나 시가지를 향해 달리려고 했지만, 사령관은 차에서 내리겠다고 말했다. 어쩔 수 없이 나만 그곳으로 향했다. 그는 내가 지겐에서 탈취한, 큰 별이 그려진 미군의 지프를 타는 것을 몹시 두려워했다. 운전을 했던 중사가 그에게, 미군은 이 지프보다 우리 군복을 더 싫어한다고, 걱정하지 말라고 말했건만 그는 우리와 함께 지프를 타는 것을 한사코 거절했다.

이 지프는 몇 차례 매우 유용하게 쓰였다. 군단에서 지정한 내 지휘소와 작전지역으로 이동하면서 그 일대를 미군이 점령했는지 여부를 확인할 때 이 차량을 사용했다.

치열한 교전을 치른 뒤 미군 차량들은 오전 중에 시가지 동편 외곽으로 퇴각했다. 미군이 두려움을 느낀 탓에 운나 '요새'의 함락은 다시 한번 미뤄졌다. 사령관과 그의 부하들이 '용맹'해서 그런 것은 전혀 아니었다.

북쪽의 지휘소에 있던 내 부하들은 바로 근처에 미군이 있다는 것을 전혀 알지 못했다. 나는 즉시 군단으로 향했다. 이제는 상황에 따라 내가 독단적으로 행동할 수 있는 권한을 공식적으로 승인받기 위해서였다.

지금 돌이켜보면, '그때 투항했더라면 어땠을까?'라는 생각이 든다. 사실상 모든 것을 잃어버린 상태였고 군대도 더 이상 저항할 수 없는 상태였다. 그러나 우리는 모두의 희생이 헛된 것임을 인정하기 싫었고 인정할 수도 없었다. 한편으로는 적군이 조금만 더 과감했더라면 우리는 훨씬 더 쉽게 항복했을 것이다. 우리의 능력에 합당한 대우를 기대하고 있었기 때문이다. 동부전선의 전우들이 러시아군을 상대로 용감하게 버티고 있는 지금, 이 순간에 우리가 이런 '겁쟁이 병정'들에게 사로잡힌다는 것은 진정한 군인, 최전선의 장병으로서 도리가 아니었던 것이다.

나는 날이 밝기 전에 운나 시내로 들어가기 위해 군단에서 급히 복귀했다. 루르 고속도로로 진입하기 직전에 빨간색 불빛이 번쩍거렸다. 미군이 이미 이 지역을 장악한 것인가? 역시 우리는 아직도 미군의 능력을 과대평가하고 있었다. 가까이 다가가서 보니 친위대 병사가 손전등을 열심히 흔들고 있었고, 이렇게 말했다.

"여기서부터는 시내로 진입하실 수 없습니다. 대전차 장애물 설치가 끝났습니다. 최후의 한 사람까지 운나를 사수할 겁니다."

"나는 싫어!" 내 대답에 깜짝 놀란 어린 병사의 제지를 무시하고 우리는 앞으로 나아갔다. 곧 첫 번째 대전차 장애물이 설치된 곳에 이르렀다. 그러나 그 도로 좌, 우측에는 어떤 차량이라도 통과할 수 있는 공간이 있었다. 적과의 조우 없이 나는 사령부가 있던 군사시설에 도착했다. 후발대로 잔류해있던 병사가 반가운 소식 하나를 전했다. '사령관'이 몰래 도주했다는 것이었다. 앞서 그는 총통의 총사령부에 이런 무전을 보냈다고 한다. "운나는 완전히 포위되었음. 최후의 1인까지 운나를 사수하겠음. 총통 각하 만세!" 상부에서 새로운 명령이 하달되어 운나에 주둔했던 부대들은 이저론에서 재집결해야 했다.

나의 돌격포들도 철수하여 남쪽의 인근 마을로 이동했다. 여기서 우리는 아직도 전쟁 중임을 실감했다. 어느 미군 전차부대 때문에 골치 아픈 일을 겪었다. 나는 재빨리 '야크트-티거' 한 대를 마을 동쪽 어귀에 진지 점령시킨 뒤 그곳을 확인하기 위해 직접 퀴벨바겐을 운전해 작은 언덕에 올랐다. 이미 적군은 233번 국도상에 도달해 있었고 나무 아래에 다섯 대의 전차도 보였다. 아군과는 600미터도 안 되는 거리였다. 나는 재빨리 돌격포 중 한 대를 끌고 왔다. 그들에게 충격을 주어 우리가 건재하다는 것을 과시하고 싶었다.

이 '야크트-티거' 전차장은 전투 경험이 전혀 없었던 원사였다. 그는 자신이 적들을 모조리 제압하겠다고 장담했다. 나는 그에게 도보로 언덕 위로 올라오라고 지시했다. 은밀하게, 빈틈없이 처리해야 했다. 적군의 배치를 보여주고 사거리까지 알려 주었다. 마치 훈련장에서 하듯 그저 계획대로 움직이기만 하면 완벽하게 해낼 수 있는 것이었다. 그 원사는 전차로 돌아갔고 나는 그곳에 남아 상황을 관측했다.

하지만 불운하게도 그 원사는 치명적인 실수를 저질렀다. 그가 언덕에 거의 도착하자 주포를 오른쪽으로 돌리기 위해 시동을 걸었던 것이다. 엔진 시동 소리를 들은 미군들은 분주하게 움직이기 시작했다. 두 대의 적 전차는 줄행랑을 쳤지만 다른 세 대는 포격을 개시했다. 적 포탄들은 그 원사의 차체 정면에 명중했고, 그는 단 한 발도 사격하지 못했다. 이 정신 나간 녀석은 대응 사격을 하기는커녕, 고지에서 이탈하려는 듯 차체를 180도 회전시켰다. 측방이 노출되자 미군 전차의 포탄한 발이 명중했고 그 '티거'는 곧바로 화염에 휩싸였다. 미군은 다시 포탄을 퍼부었다. 여섯 명의 승무원 중 단 한 명도 살아남지 못했다. 아마도 서로를 꽉 붙잡고 있었기 때문이었을 것이다. 근본적으로 교육 훈련이 부실하면 최상의 장비도 무용지물이며, 최고 수준의 전투 의지도 소용없다는 것을 보여주는 사례이다.

36. 종말을 맞이하다
Dem Ende entgegen

국민돌격대도 방어선을 이탈해 시내로 퇴각했다. 우리 진지에서 그들이 퇴각하는 모습이 잘 보였다. 그들도 이 전쟁이 이미 끝났다고 생각한 것이다. 루르 고속도로 위에는 미군 병력을 태운 기다란 차량 행렬이 도르트문트를 향해 유유히 진격 중이었다. 포대경으로 바라보니 여성들과 여자아이들이 손을 흔들며 '해방군'을 맞아 주었다. 갑자기 곳곳에 백색 깃발이 걸렸고 조금 전까지만 해도 황량했던 도시는 다시 생기가 넘쳤다. 문득 '독일의 노래Deutschlandlied'[95]의 가사가 떠올랐다. "독일의 여성들과 독일의 신의… Deutsche Frauen, deutsche Treue,…"[96] 다른 이들이 백기를 내걸든 어쨌든 우리 군인들과는 전혀 상관없는 일이었다! 우리는 조국에 대한 충성 맹세를 어길 수 없었다. 똑같이 비겁한 사람이 될 수는 없었다.

어느 보급품 창고에서 나는 연료를 받아내려 협박까지 해야 했다. 보급소 관리관이었던 중사는 매우 완고하게 자신만의 '규정'을 들이대며 연료 불출을 거부했다. 그래서 나는 이렇게 호통쳤다.

---

95 | 독일 국가. 〈독일의 노래Deutschlandlied〉는 약칭이며 정식 곡명은 〈독일인의 노래Das Lied der Deutschen〉이다.

96 | 〈독일인의 노래〉 2절 도입부 가사. 본래 3절까지 있으나 현재는 1, 2절을 제외하고 3절만을 공식 가사로 사용한다.

"귀관! 신분증을 내놔! 나의 남은 전차부대가 이동하지 못한 것이 누구 책임인지 모델 원수께 보고하겠네!"

곧바로 엄청난 양의 휘발유를 받았다. '루르 고립지대'가 완전히 없어지기 전까지 사용하고도 남을 만큼의 양이었다. 적기의 위협에도 불구하고 우리는 무사히 부대로 복귀했다. '치고 빠지는' 전투를 계속 수행했다.

'포위망'은 이미 좁혀질 대로 좁혀졌는데, 그 덕분에 아군의 통신망은 대체로 원활했다. 이전 몇 주 동안, 모델 원수와 예하 사단 사이의 통신은 거의 두절되다시피 한 상태였다.

우리가 앞서 사용한 지휘소는 철길 바로 옆에 있던 어느 가옥이었다. 우리는 그 집 마룻바닥에서 숙영했는데, 어느 날 밤 천지를 진동하는 엄청난 폭발음을 듣고 잠에서 깨어났다. 당연히 우리는 적기의 폭격으로 생각했지만 사실 그것은 독일군의 열차포Eisenbahngeschütz[97] 소리였다. 북쪽을 향해 우리 머리 위로 최후의 포탄을 날려 보냈던 것이다. 적기가 출현하기 전에 우리도 몸을 숨겨야 했고 열차포도 터널 속으로 사라져 버렸다.

적과 마지막으로 교전할 즈음, 온 마을 전체가 나서서 휴전과 함께 항복을 선언하는 장면을 직접 목격했다. 동부전선에서 싸웠던 우리로서는 도저히 상상할 수 없는, 그동안 소문으로만 들었던 일들이 실제로 벌어지고 있었다.

우리는 비교적 넓은 지역을 지키고 있었고 무슨 일이 있더라도 가능한 오랫동안 그곳을 확보하라는 명령을 받았다. 이 지역이 그만큼 중요했고 이곳을 포기하면 '루르 고립지대' 전체가 붕괴할 것이기 때문이었다.

---

97 | Krupp 28-센티미터-Kanone 5 (E), 통칭 크루프 K5로 추정된다.

미군은 더 이상 싸울 생각이 없는 듯, 경계를 풀고 느긋하게 전차를 타고 도로를 따라 마을로 들어왔다. 우리가 선두 전차 두 대를 완파시키자, 이내 적군은 사라졌다. 이에 이 마을의 병원장이 씩씩거리며 내 앞에 와서는, 왜 사격을 하냐며 우리에게 심한 욕을 퍼부었다. 병원 천장까지 환자들로 꽉 찼고, 민간 가옥에도 부상자들이 가득했다. 그 병원장은 마을 전체가 마치 거대한 야전병원이라고 말했다. 이제 모든 것이 분명해졌다. 이곳에서는 절대로 전투를 계속할 수 없었고, 철수해야만 하는 상황이었다. 내가 이곳을 포기하면 '고립지대'가 결국 붕괴한다는 것을 알고 있었지만 어쩔 수 없는 노릇이었다.

하지만 나는 미군과 협상을 해 보기로 결심했다. 중사 한 명을 데리고 적진을 향해 출발했을 때, 나는 가슴 한구석에 이상한 기분이 들었다. 러시아에서의 기억 때문이었다. 거기에서는 '적십자' 표식 따위는 아무 의미가 없었다. 그러나 여기서는 양측이 부상자들을 돌보기 위한 이유로 휴전이란 것도 가능했다.

함께 간 중사도 근심이 가득했다. 내게 계속 말을 걸면서 이 사태에 대해 걱정했다. 그러나 모든 것은 순조로웠다. 전차에 타고 있던 미군 한 명이 우리를 보고는 뛰어내렸다. 그 모습을 보고 우리는 다소 안심했다. 그는 나를 자신의 전차부대 지휘관에게 데려갔고 그 곁에는 유대인 통역관이 있었다. 물론 첫 번째 질문은 이것이었다. "너는 친위대 소속인가?" 그는 확실히 무장친위대원들이 전부 잔인한 학살자라고 생각하는 듯했다. 나는 먼저 친위대가 아니라고 그를 안심시킨 뒤 우리 기갑부대원들이 친위대보다 훨씬 먼저 군복에 해골 모양의 표식을 부착했다는 것을 말해 주었다.

내가 우리의 요구사항을 제시하자 협상 대표로 뽑힌 미군 소위 한 명과 우리는 독일군 군단으로 향했다. 차 안에서 그는 단 한마디 말도 하지 않았다. 나는 그에게 어느 전차연대 소속이냐고, 그의 소매에 새겨진 숫자가 연대의 부대 번호인지 물었다. 그의 대답은 간단했다. 그 자신도 내게 어디 소속인지 묻지 않았다며 답변을 거부했다. 전적으로 맞는 말이었다. 그러나 미군은 전장에서도 부대 번호가 새겨진 전투복을 입는다는 것에 조금은 놀랐다. 우리는 전쟁 중에 이런 표식들을 모두 제거했기 때문이다.

군단 사령부에서 모든 조건을 논의했고 우리의 철수를 승인했다. 우리도 부상자들을 위험에 빠뜨릴 필요는 없었다. 한편 그 미군 장교는 우리 장군이 권했던 담배도, 하물며 음료도 거절했다! 이들은 왜 우리를 그토록 두려워했던 것일까?

우리가 이 도시를 이탈하는 동안 미군들이 그곳을 접수하는 절차들이 명확히 결정되었다. 휴전 기간도 확정되었다. 내게는 마치 축구 경기의 하프타임 같았다.

그 소위를 복귀시키고 미군 전차부대 지휘관과 헤어지려는 순간, 그는 내게 커피 한잔을 함께하자고 권했다. 내가 거절하자 그는 섭섭해하며, 대체 우리가 왜 계속 싸워야 하냐고 물었다. 나는, 군인으로서, 장교로서 그에 대한 설명은 필요 없다고 대답했다. 그는 내게, 머지않아 우리가 함께 공동의 과업을 수행하려면 병력이 필요할 거라며, 내 부하들을 잘 보살피라고 당부했다. 이는 장차 러시아에 대한 공동의 행동을 암시하는 듯했다. 나는, 이 말을 듣고, 서방의 적국들이 이성적인 사고로 독일에 대한 증오심을 거둘 수 있으리라는 실낱같은 희망을 품게 되었다. 최전선에 있는 적국의 군인들이 그런 생각을 갖고 있었지만, 유감스럽게도 이런 일은 정치가들의 몫이었다.

내가 전차에 올라 그 지역에서 벗어나자마자, 포로수용소에 갇혀있던 러시아인들이 뛰쳐나와 마치 짐승들처럼 독일 주민들을 못살게 굴고 민가와 가게들을 약탈하기 시작했다. 나는 다시 미군들에게 가서 질서를 바로잡아 달라고 요구했다. 그들은 이내, 내가 전혀 생각하지 못한 방식으로 사태를 정리했다. 러시아군 포로들은 다시 철조망으로 둘러싸인 수용소에 갇혔다. 이런 과감한 조치를 보고 나니 우리가 항복하면 서방 연합군이 동쪽으로 진격하길 바라는 기대가 더욱 확고해졌다.

이틀 뒤 나는 예전에 입원한 병원이 있던 마을에 이르렀다. 모든 것이 예전과는 전혀 다른 상황이었다. 아직 포로가 되지 않은 병사들이 이곳으로 몰려와 이곳은 마치 일종의 군사지역 같았다. 아무도 그곳을 지켜야 한다고 생각하지 않았다. 우리 부대는 작은 숲속에 있었고 우리 정비반은 아직도 마지막 남은 전차들을 정비하고 있었다! 미군이 마을로 들어왔다는 소식이 들어왔다. 우리는 돌격포의 포신을 폭파시켰다. 나는 마지막으로 중대원들을 집합시켰다. 그 마지막 회합에서 내가 어떤 기분이 들었는지, 그리고 전우들이 헤어질 때 모두의 표정이 어땠는지, 지금도 말로 표현할 수가 없다. 몇몇은 포위망을 뚫고 탈출하려 했다. 그러나 우리는 모두 포로수용소에서 다시 만났다.

모델 원수는 뒤스부르크 부근의 숲에서 스스로 목숨을 끊어 포로가 되는 것만은 면했다. 그토록 탁월한 지휘관에게 참으로 비극적인 일이다! 그도 이런 패배를 막을 수는 없었다. 이런 훌륭한 군인이 자살을 선택하여 러시아행을 거부했다는 것은 다른 한편으로 다행스러운 일이다. 만일 포로가 되었다면 분명히 러시아로 끌려갔을 것이다. 그는 살아남아서 조국이 패망하는 것을 보고 싶지 않았던 것이다.

37. 때로는 이교도보다 못한 기독교인들도 있다!
Die Heiden sind oft die besseren Christen!

최후의 순간까지 우리는 동부전선의 상황을 듣고 싶었다. '황금 새장 goldenen Käfig'이라는 병원에 있을 때 독일 정부의 마지막 방송을 들을 기회가 있었다. 동부전선에 있던 우리 전우들이 러시아군을 저지하기 위해 여태까지 끈질기게 싸우고 있다는 소식에 매우 기뻤다. 하지만 그들의 헛된 희생이 안타까울 따름이었다! 미군은 엘베Elbe 강에서 진격을 멈췄다. 이로써 미군과 함께 러시아군에 맞설 수 있을 거라는 희망도 물거품이 되고 말았다. 미군에게 동부로의 진격은 너무나 간단한 일이었지만 우리 군이 얼마나 간절히 원했던 일이었는가! 모든 부대가 준비를 갖춘 상태였고 미군은 그저 보급지원만 해주면 되는 일이었다. 그들에게는 위험부담이 전혀 없는 예방전쟁을 수행할 마지막 기회를 날린 셈이었다. 독일에 대한 증오에 눈이 멀어 있던 서방 연합국들은 우리 독일을 응징하고자 악마와 손을 잡았다. 독일을 없애버리고자 했던 연합국의 유일한 공동의 목표가 달성되었던 것이다. 정확히 말하면 미국은 이 전쟁에서 승리한 것이 아니었다. 그들이 개입하기 전에 이 전쟁의 승부는 결정된 상태였다. 그들에게는 단지 평화를 깨뜨릴 선택지만 남아있었다.

히틀러의 사망이 공식화된 뒤 되니츠Dönitz가 라디오 방송에 등장했다. 우리 장교들은 군의관들과 함께 장교 식당에 모였다. 우리는 다시 한번 군복을 갖춰 입었고 이것이 마지막이라는 것을 깨달았다.

　며칠 뒤 미군의 지시로 병원에 머물던 환자들은 포로수용소로 이송되어야 했다. 나는 경상을 입은 어느 중령과 함께 자진해서 가겠다고 통보했고, 다른 여섯 명의 장교들과 함께 수감되었다. 이제야 나는 전투 중에 소문으로만 듣던 미군 장병들의 실체에 대해 알게 되었다. 그들이 보유한 무기와 장비의 성능은 매우 좋았다. 이를 통해 미군이 매우 신속히 '군인'을 양성해냈다고 하더라도 우리가 경험한 미군의 장교들과 병사들의 행동은 그다지 좋지 못했다. 그들은 우리와는 그 어떤 것도 함께 할 수 없는 사람들이었고 오로지 잔혹한 선전물 속의 존재로 우리를 평가하는 사람들이었다.

　전쟁에서는 패자들뿐만 아니라 승자도 인간적인 숭고함이 필요하다. 우리는 적군에게서 이러한 숭고함을 전혀 느끼지 못했다. 당시 승전국들은 어떻게 해서든 자신들이 우리보다 낮지 않다는 것을, 아니 오히려 더 나쁜 사람들이라는 것을 보여주려고 하는 듯했다!

　수천 명 정도였던 우리를 어느 운동장에 집결시켰다. 그래서 다리를 뻗고 드러눕기도 어려웠다. 아군 부대들이 식량을 가득 실은 트럭들을 갖고 왔음에도 우리에게 식량을 나눠주지 않았다. 미군은 트럭들을 전복시키고 식량을 불태워버렸다! 설상가상으로 한 방울의 물도 주지 않았다. 우리가 폭동을 일으키겠다고 위협하자 몇 명의 병력에 작은 물통 하나를 가져가도록 조치해 주었다. 기다리던 물통이 도착하자, 모두가 조금씩 마실 수 있게 질서를 잡겠다고 한 소령이 나섰지만 허사였다. 나이 든 병사들은 그의 통제를 잘 따랐다. 하지만 그곳에 수감된 민간인들은 소령의 통제를 거부했고 마치 성난 짐승들처럼 물통을 향해 달려들었다. 결국, 물통의 물을 쏟는 바람에 모두가 단 한 방울도 마시지 못했다!

　며칠 후, 야전병원을 완전히 비워야 한다는 지시에 의거하여 우리가 있던 곳에 이제 막 팔과 다리를 절단한 환자들이 이송되었다. 붕대 같은 것도 없었다. 우리는 아쉬운 대로 전우들을 돕기 위해 이불과 겉옷을 찢어서 상처를 묶어 주었다. 실상을 그대로 표현하면, 그들은 짐승처럼 죽어 나갔다. 우리는 그들의 죽음을 그저 지켜볼 수밖에 없었다!

야간에는 조금만 움직여도 생명의 위협을 느낄 정도였다. 화장실에 가려고 해도 미군이 총격을 해댔다. 그들이 정해놓은 선이 있었는데, 세 명의 동료가 그 선을 넘지 않았는데도 미군의 총탄에 그들이 죽어 나가는 것을 내 눈으로 직접 목격했다. 이런 자들이 바로 인간의 존엄성을 우리에게 가르쳐 주겠다는 '해방군'들이었다. 그들의 포로심문은 훨씬 가관이었다.

그들은 우리 중 일부를 끌어다가 아무것도 모르는 것에 대해 진술하라고 강요했다. 아래로 갈수록 좁은 구덩이를 파고 그 안에 포로들을 집어넣은 뒤 자신의 '범죄행위'를 자백할 때까지 서 있게 했다. 회유를 목적으로 어떤 이들은 날카로운 쇳조각 위에 무릎을 꿇고 앉아야 했다. 독일군도 레마겐, 크로이츠나흐Kreuznach, 란다우Landau 또는 여타의 친위대 수용소에서 만행을 저질렀고 특히 악명높은 말메디 학살 Malmedy-Prozess도 마찬가지다. 결국, 이런 일들 때문에 미군의 강제수용소 감독관들이 자신의 행동을 정당화했을 수도 있다.

그래도 내 운명은 괜찮은 편이었다. 나는 초췌한 내 외모 때문에 곧 풀려났다. 나는 민간인 복장을 구해 입고, 직업을 농업 견습생이라고 밝혔다. 의사였던 내 삼촌의 주소를 기록했다. 그래서 뜻밖에 병원에서 자유인의 신분으로 풀려날 수 있었다. 삼촌과 나는 몹시 기뻤고 아직도 포로 신분이었던 군의관들은 나를 부러워했다.

이제 나의 전쟁은 정말 끝난 상태였다. 새로운 인생을 시작해야 했다.

38. 저자 후기
Nachwort

    누군가는 생생한 기억을 글로 남기기 위해 전쟁 이야기를 쓴다. 누군 가는 무슨 일이 있었는지 알기 위해 다른 사람의 기억을 읽는다. 무엇 보다도 젊은이들이 그런 독서를 통해 공부하고, 지휘통솔, 교육훈련과 무기체계에 관한 교훈을 얻기를 진심으로 바란다.

    제2차 세계대전이 끝난 지 벌써 65년 이상이 흘렀다. 많은 이들이 이렇게 묻는다. 전쟁의 양상이 근본적으로 변하지 않았는가? 당시의 사건들에서 지 금도 배울 것이 있는가? 핵·생물학·화학 무기가 완전히 새로운 전쟁 양상을 만들어냈다면 과거의 교리와 군사적 원칙들은 더 무용지물이 아닌가?

    이미 지난 세계대전에서 인류는 무기체계를 발전시켜 점점 더 강력 한 대량 살상 능력과 대도시 파괴 능력을 갖추게 되었다. 핵·생물학·화 학 무기는 전쟁 수행의 새로운 계층적 수준을 만들어냈다. 한쪽이 이런 무기들을 사용하면 상대도 같은 수준의 무기로 대항하게 된다는 위험 이 있다. 그러나 다행은 어떤 국가도 자멸을 원치 않기에 공포의 균형 이 유지되리라는 것이다. 어쨌든 지각 있는 사람들이라면 다음과 같은 문제를 제기해 봐야 한다. 이미 현존하는, 안전하게 보관되어 있는 핵· 생물학·화학 무기의 폐기만도 큰 문젯거리이며 그것도 수십 년이 걸릴 지도 모르는데 어째서 모든 산업국은 계속해서 새로운 핵·생물학·화학 무기를 생산하고 있을까? 이미 잘 알려진 과거 사례들을 살펴보자.

• 핵무기A-Waffe

히로시마와 나가사키의 시민들은 여러 세대에 걸쳐 유전적 질환에 시달리고 있다. 핵무기 사용이 그 원인이었다.

• 생물학무기B-Waffe

영국 해안의 어느 섬[98]에서 양들을 대상으로 강력한 탄저균 실험을 시행했고 오늘날에도 그 섬에 사람이 들어가는 것 자체가 불가능하다. 영국은 함부르크에 탄저균을 투하하려고 했다!

• 화학무기C-Waffe

베트남에서 삼림을 고사시키기 위해 다이옥신이 사용되었다. 오늘날에도 미국과 베트남에서 이것의 후유증들이 어떤 결과를 초래할지 전혀 예측할 수 없다. 이미 오래전에 베트남전 참전 미군들의 치료와 보호에 관한 법률이 가결되었다는 것만으로도 벌써 상황의 심각성이 부각되고 있다.

※ 모든 핵무기 보유국은 핵·생물학·화학무기의 피해자 현황과 핵과 다른 무기의 실험 횟수까지도 의도적으로 비밀에 부치고 있다.

베를린 훔볼트Humboldt 대학의 일반생물학과 교수인 야콥 제갈Jacob Segal 박사는 오늘날 생물학전 수행을 위해 AIDS 바이러스를 인공적으로 생산할 수 있다는 가설을 내놓았다. 즉 비스나 바이러스Visna virus[99]의 유전

---

98 | 스코틀랜드 북부 그뤼나드섬Gruinard Island에서 1942년에 실시했다.

99 | 면양과 산양에서 발생하는 메디-비스나병의 병원체. 동물 RNA 바이러스의 일종으로 만성진행성 폐렴과 뇌척수염을 일으킨다.

인자와 인간의 HTLV-1 바이러스[100]의 재조합을 통해 인간에게 치명적인 바이러스를 생산할 수 있다는 것이다. 물론 이것이 현재는 가설일 뿐이지만 저명한 생물학자가 연구를 통해 그 가능성을 제시했다는 사실만으로도 우리에게 시사하는 바가 크다. 생화학 무기를 사용할 권한을 가진 것은 생물학자나 화학자, 물리학자가 아닌 정치가들과 군지휘관들이다. 하지만 그런 무기를 만들어내는 과학자들도 그에 대한 책임을 져야 한다. 따라서 이제는 그런 미친 짓거리가 중단되기를 바랄 뿐이다. 그리고 그런 사람들의 공명심과 물질적 욕망을 그들의 양심이 억누를 날을 기대한다.

나는 동서 양 진영의 고위급 군인들이 핵·생물학·화학 무기를 사용하게 되면 그 지역에서는 부대 지휘가 끝장난다는 사실 정도는 명확히 인식하고 있다고 생각한다. 그곳에서는 단지 전상자들의 구호와 병력을 재편성하는 활동만 수행될 것이다. 전장에 핵무기가 사용되면 작전의 지휘 자체가 불가능할 것이다. 나는 정치 및 군사 지도자들이 이 사실을 인정하기를 바란다. 전장이 핵·생물학·화학 무기로 오염되면 최하급 지휘자들은 최악의 상황에 봉착할 것이다. 다양한 핵·생물학·화학 작용제들의 효력은 수일 후에 나타날 수도 있다. 군인들이 이런 무기에 피해를 입으면 당장은 전투에 참가할 수 있다고 해도 즉시 치료를 받지 않으면 생존할 가능성이 매우 줄어들 것이다. 중대장들의 경우 '어차피 다 죽어버릴 부하들과 함께 왜 전투를 계속해야 하는가?'라는 생각이 들 수도 있다. 상급지휘관들과 마찬가지로 병사들의 심리적 고통은 상상을 초월할 것이다! 물론 핵·생물학·화학 무기로 오염된 곳으로부터 멀리 떨어진 지역에서 전쟁이 계속될 수도 있다. 핵·생물학·화학 무기가 많이 투입될수록 정상적으로 부대를 지휘할 수 있는 가능성은 줄

---

100 | 사람 T세포 림프 친화 바이러스. 수혈이나 주사기 공유, 성관계를 통하여, 또는 출산이나 수유 과정에서 전파되며 백혈병이나 림프종을 유발한다.

어들고 이런 무기들을 사용하지 않을수록 재래식 전쟁 양상이 더 많이 나타날 것이다. 그리고 이런 전쟁은 근본적으로 1939년에서 1945년까지 유럽에서 벌어졌던 전쟁과 거의 차이가 없을 것이다. 현대적인 재래식 무기의 성능과 효과, 장비, 전장에서의 부대의 조직, 편성방식들은 계속해서 발전하고 있다. '제병협동전투'의 속도는 더 빨라지고 있으며 무기체계는 더 강력해지고 기술은 더욱 복잡해지고 있다. 오직 그대로인 것은 인간뿐이고 아니 오히려 더 나약해지고 있다. 그래서 나는 확신한다. 핵·생물학·화학 무기의 영향을 배제하거나 사용하지 않는다면 인간을 지휘하는 기본원칙, 나아가 시공간적 차원에서 무장한 부대의 기동과 운용의 기본원칙은 거의 변하지 않을 것이다. 이것을 간단히 표현하면 우리 선조들은 전략Manövrieren[101]이라고 칭했다. 결국 부대를 지휘하는 데 그리고 장비 내부에서 과도하게 컴퓨터를 사용하는 것은 최전선의 장병들에게 또다른 심리적 스트레스가 될 수도 있다. '명령 하달방식Sattelbefehle'[102]에 관한 주제들이 우리가 살았던 제2차 세계대전 시절보다 오늘날에 더 논란이 되고 있다. 당시에는 이미 임무형 전술이 명령형 전술을 대신했다. 프랑스와 러시아에서 승리할 수 있었던 원동력이었다. 지위 고하를 막론하고 컴퓨터가 고장나야만 자신도 뇌를 갖고 있음을 깨닫고 그제야 생각하기 시작하는 군인은 어떠한 전쟁에서도 승리할 수 없다. 따라서 절대로 컴퓨터에 지휘를 맡겨서는 안 된다.

이러한 관점에서 제2차 세계대전에서의 교훈들은 충분한 가치가 있다. 오늘날에도 깊이 연구하고 명심하고 지속 발전시킬 만한 유익한 것들이다.

---

101 | '술책, 책략을 부리다'라는 의미이나 현대적인 의미로 '전략'이라 번역했다.

102 | 말 안장에 앉아서 하달하는 '단편 명령'을 의미하나 한국어로 적절한 표현이 없기에 의역했음을 밝힌다.

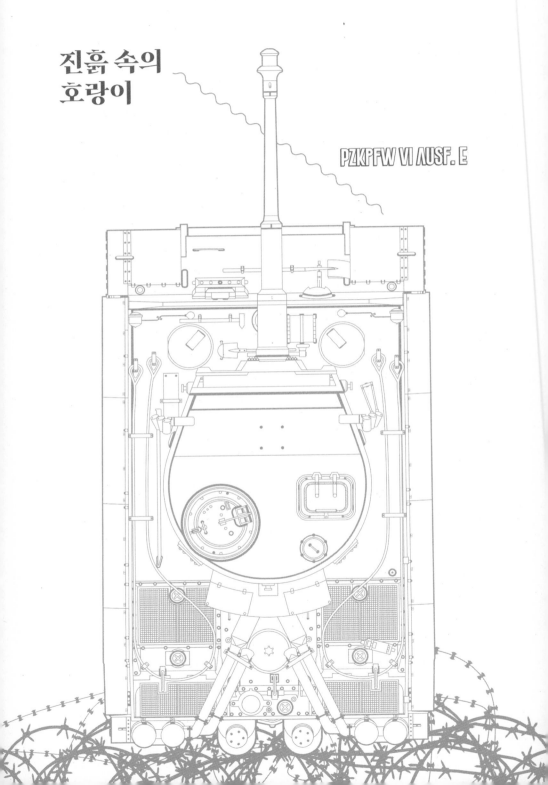

진흙 속의
호랑이

PZKPFW VI AUSF. E

부 록

OTTO
CARIUS

TIGER IM
SCHLAMM

C a r i u s , Lt.   O.U., den 24.3.1944
2./Schw.Pz.Abt.502

        Gefechtsbericht für die Zeit vom
             17.3.1944 bis 21.3.1944

                                                17.3.1944:

Am 17.3.1944 9.00 Uhr setzte das Trommelfeuer zur Vorbereitung
des erwarteten russischen Großangriffs auf dem ganzen Ab -
schnitt der 61.Inf.Div. ein. Ein Schwerpunkt war zunächst
nicht festzustellen. Meine 2 Tiger standen als Reserve für
Gren.Rgt.162 1000 m westlich Chundinurk. Um 9.30 Uhr kamen
zunächst 10 Mann, dann eine 3.7 cm Flak auf 12 to Zugmaschine,
ferner in Reihe 20-30 Mann von Chundinurk nach Westen an mir
vorbei ohne Waffen während des Trommelfeuers. Ich fragte einen
von den Leuten, ob sie von den Ruinen kämen und als ich hörte,
dass beide Ruinen und das Gehöft von uns geräumt und zer -
schlagen seien, trat ich sofort an. Befehle von oben bekam
ich keine mehr, da alle Leitungen durch das Trommelfeuer
gleich zerschlagen und unterbrochen waren. Ich fuhr flüssig
gleich bis zum Gehöft durch und ließ den 2.Wagen nach links
etwas ausholen. Ich sah sofort, dass der Feind schon in Btl.-
Stärke auf der Pläne nördlich Bahndamm Lembitu war und 1 Panzer
südostwärts Kinderheim fuhr. 5 weitere T 34 fuhren in schnel -
ler Fahrt nördlich Bahndamm Richtung Rollbahn nach Norden.
Abwehrwaffen waren keine mehr vorhanden, da auch die Sturmge-
schütze nach Norden abgefahren waren. Nur das MG.am rechten
Flügel der Div.Feldherrnhalle war liegengeblieben und nahm
auch am späten Vormittag das Feuer wieder auf. Der T 34 süd -
lich Kinderheim machte, als er uns anfahren sah, sofort kehrt,
überholte mich in Richtung Lembitu und wurde auf kürzeste
Entfernung abgeschossen. Die 5 T 34, die auf Rollbahn zu -
fuhren, wurden auch in einigen Minuten abgeschossen und 5 Pak
am Bahndamm vernichtet. Auf der Pläne wurde der größte Teil
der russ.Infanterie nunmehr im Gegenstoß vernichtet und die
alte H.K.L. an Ruinen wieder erreicht. Gehöft und Ruinen wurden
dann auch bis zum Einbruch der Dunkelheit feindfrei gehalten
gegen alle weiteren feindlichen Angriffe und hätten nur wieder
besetzt werden müssen. Um 10.30 Uhr gab ich schon an Oblt.v.
Schiller durch, dass keine Infanterie mehr da war. Diese Mel-
dung wurde danach zu falsch erklärt, bis ich dann um 17.00 Uhr
persönlich nach Kinderheim zum Rgt.Gef.Stand fuhr und veran -
lasste, dass einige Leute gesammelt und in die alten Stütz -
punkte befohlen wurden. Um 13.40 Uhr griff der Russe erneut
in Btl.Stärke auf Abschnitt Lembitu nach halbstündiger Vor -
bereitung schwerer Waffen mit Panzerunterstützung an. Die
H.K.L. wurde von meinen Panzern (um 11.00 Uhr war mir ein
3.Wagen zugeführt worden) gehalten und der Angriff unter
hohen Verlusten für den Feind abgeschlagen. 5 T 34, 1 KW I
wurden vernichtet. Unsere Artillerie unterstützte mich nicht,
da keine V.B. mehr da waren. Um 15.15 Uhr stellte sich der
Feind erneut in Rgt.-Stärke südlich Bahndamm bei Lembitu
bereit. Da meine Munition sehr knapp geworden war und man
noch mit mehreren Angriffen rechnen mußte, ließ ich durch
Oblt.v.Schiller das Feuer der Heeresartillerie auslösen auf
eingeschossene Sperrfeuerräume bei Lembitu. Das Feuer kam

nach ca 20 Minuten und lag so gut, dass die Bereitstellung
vollkommen zerschlagen wurde. Der Russe trat erst wieder
in Btl.Stärke mit Panzerunterstützung um 16.15 Uhr an und
wollte unter allen Umständen die Stützpunkte nehmen. Um
17.00 Uhr war der Angriff,unter hohen Verlusten für den
Feind, abgeschlagen. Der Russe hatte nichts erreicht. 3
weitere T 34 wurden bei Lembitu abgeschossen. Nach diesem
vergeblichen Angriff des Russen ließ ich 2 Tiger an den
Ruinen stehen und fuhr selbst zum Rgt.Gef.Stand, da von
höherer Stelle um 16.00 Uhr erneut durch Oblt.v.Schiller
behauptet wurde, die Ruinen seien von uns besetzt. Erst
durch mich erfuhr Major Maase die Schweinerei am Morgen
und suchte daher nun einige Leute zusammen. Da dies lange
dauerte, mußte ich mich bei Dunkelheit, um vor Nahkampf -
trupps sicher zu sein und Schußfeld zu haben, von den Ruinen
etwa 200 m absetzen. Nur am Gehöft blieb 1 Tiger. Dieses
wurde auch bis zum Eintreffen der 10 Mann um 21.00 Uhr frei-
gehalten und wurde einfach wieder besetzt. Weitere 25 Mann
bildeten eine Linie in Höhe Strasse Pirtsu-Auwere. Der Russe
unternahm während der Nacht keine Angriffe mehr, besetzte nur
ohne Widerstand beide Ruinen. Um 21.30 Uhr fuhr ich zu meinem
Stützpunkt zurück, um zu versorgen. Um 12.00 Uhr wurden mir
noch 2 Tiger nach Kinderheim als Reserve geschickt. Ich
brauchte sie aber nicht einzusetzten.
Vernichtet: 14 T 34, 1 KWI, 5 Pak 7.62 cm.

                                              18.3.1944:

Um 5.00 Uhr trat ich mit 16 Mann Infanterie zum Gegenan -
griff auf Ruinen von Pirtsu aus an. Nach kurzem Vernichtungs-
feuer aller 3 Wagen auf westliche Ruine, rollte ich auf die
Ruine vor, die 8 Mann besetzte Ruine. Schwerer wurde der
Angriff auf die ostwärtige Ruine, da sie von 40 Mann besetzt
war und nah am Bahndamm lag. Der Russe verteidigte sich
äusserst zäh und verbissen. In der Ruine hatte er während
der Nacht 5 Pak 7.62 cm aufgebaut, die gleich vernichtet
wurden, ferner 1 4.7 cm Flak und 2 7.62 cm kurz. 2 T 34,
die aus Ruine Lembitu zum Gegenstoß antraten, wurden ver -
nichtet. Um 5.45 Uhr setzte starkes Granatwerfer- und Art.-
Feuer schweren Kalibers ein. 4 Infanteristen fielen aus und
von dem Rest konnte die Ruine nicht besetzt, vor allem nicht
gehalten werden. Ich ließ, um weitere Ausfälle auch an Pan-
zern zu vermeiden, den Angriff abbrechen, brachte die Ver -
wundeten zurück und fuhr zum Stützpunkt. Die ostwärtige
Ruine wurde auch an den folgenden Tagen dem Russen belassen.
Der Russe ließ 30-40 Tote an der Ruine liegen.
14.45 Uhr trommelfeuerartige Vorbereitung schwerer Waffen
auf Ruine, Gehöft und Pläne nördlich davon. 15.00 Uhr
Gegenangriff des Russen auf Ruine und Gehöft mit Panzerunter-
stützung in Komp.-Stärke. Angriff wurde abgeschlagen und
2 T 34, 1 T 60 abgeschossen.
Vernichtet: 4 T 34, 1 T 60, 5 Pak 7.62 cm, 2 7.62 cm kurz
(J.G.), 1 4.7 cm Flak.

                                              19.3.1944:

12.00 Uhr nach Art.- und Granatwerfervorbereitung Angriff
auf NS-Strasse bei 39.9. 6 T 34, 1 KWI, 1 T 60, 1 Pak 7.62 cm
vernichtet. 16.00 Uhr Gegenstoß von 33.9 nach Süden. 17.00 Uhr

1 T 34, 18.00 Uhr 1 T 34 vernichtet, 19.00 Uhr alte H.K.L.
wieder erreicht.
Vernichtet: 8 T 34, 1 KWI, 1 T 60, 1 Pak 7.62 cm.

20.3.1944:

5.15 Uhr russ.Angriff in Komp.-Stärke bei Lembitu. 6.30 Uhr
abgewehrt. 1 T 34 vernichtet. 11.45 Uhr Angriff in Komp.-
Stärke bei Lembitu. 12.30 Uhr abgewehrt und 1 T 34, 1 4.7 cm
Pak abgeschossen.
Vernichtet: 2 T 34, 1 4.7 cm Pak.

21.3.1944:

3.00 Uhr wurde mittlere Ruine vom Russen genommen. 4.45 Uhr
Gegenangriff mit 10 Mann Infanterie auf mittlere Ruine.
6.20 Uhr Ruine fest in unserer Hand. 2 Pak 7.62 cm ver --
nichtet.
8.30 Uhr Ruine wieder geräumt. 4 Mann tot, 6 Mann getürmt.
12.05 Uhr wurden Funkgeräte mit Tiger nach Gehöft gebracht,
da das dortige ausgefallen war. Zu Fuß unmöglich gewesen.
Bei 33.9 2 T 34 vernichtet.
16.30 Gegenangriff auf mittlere Ruine. 17.00 Uhr Lage wieder
hergestellt. Ein Wagen festgefahren. Beim Bergen des Tigers
durch Granatwerfervolltreffer beschädigt und 1 Mann ver --
wundet. Sonst ging die Bergung gut vonstatten.
Vernichtet: 2 T 34, 2 Pak 7.62 cm.

22.3.1944:

10.00 Uhr Angriff bei 33.9. 2 T 34 abgeschossen. Angriff
wurde abgewehrt.
Vernichtet: 2 T 34

Carius, Lt.

2./s. Pz. Abt. 502

카리우스 소위   1944년 3월 24일
제502중전차대대 2중대

1944년 3월 17일 ~ 1944년 3월 21일 간의 전투 보고서
                                              1944년 3월 17일:

　　예상대로 러시아군은 제61보병사단의 전 지역에 대한 대규모 공격을
준비 중이었고 1944년 3월 17일 09:00경, 엄청난 포병 화력을 동원한 공
격준비사격을 시행함. 최초에는 주공 지역을 판단하는 것 자체가 어려
웠음. 내가 지휘한 두 대의 전차는 제162보병연대의 예비로 춘디누르
크Chundinurk에서 서쪽으로 1,000미터 떨어진 지점에 위치했음. 적군
의 공격준비사격이 시행되는 동안, 나는 09:30경 아군 병력 열 명이 춘
디누르크에서 서쪽으로 향해 걸어가는 모습을 보았음. 이어서 구경 3.7
센티미터 대공포가 12톤 구난 차량에 견인되어 지나갔고 그 후에는 무
기를 소지하지 않은 20~30여 명의 병력이 같은 방향으로 이동하는 광
경을 목격했음. 나는 그들 중 한 명에게, 폐가에서 철수하는 것인지 물
었음. 두 가옥과 농장[1]이 적 포탄에 파괴되었고 잔류한 아군이 없다는
답변을 들은 우리는 즉시 그곳으로 이동했음. 적군의 포격으로 통신선
이 모두 파괴 및 절단되어 상급부대의 명령을 수령할 수 없는 상태였
음. 나는 즉시 농장으로 이동했고 나와 함께 했던 2호차를 좌전방 일대
에 진지점령시켰음. 이미 1개 대대 규모의 적군이 철길 제방 북쪽의 렘
비투 일대의 개활지에 있었고 전차 한 대가 고아원 남동쪽에서 기동
중이었음. 다섯 대의 T-34 전차가 철길 제방에서 북쪽의 주기동로 방
면으로 신속히 이동 중이었음. 아군 돌격포들이 북쪽으로 철수했기 때

1　│　제12장의 요도를 참조.

문에 적군을 저지할 무기가 전혀 없었던 상황이었음. 펠트헤른할레 사단의 우측익 진지에 기관총을 보유한 일부 병력들이 남아 있었고 이들도 오전 늦게서야 사격을 개시했음. 고아원의 남쪽에 있던 T-34 한 대가, 우리를 본 후 방향을 바꿔 렘비투 방향으로 달려왔고 이에 우리는 사거리 내에 들어온 그 전차를 완파했음. 주기동로로 달려가던 다섯 대의 적 전차들도 몇 분 내에 완파시켰고 철길 제방에 있던 대전차포 다섯 문도 파괴했음. 그후 우리는 역습으로 개활지에 있던 러시아군 보병들 대부분을 제압했고 폐가들이 있던 이전의 주전선을 회복했음. 이어 계속된 적군의 공격을 격퇴시켜 야간이 될 때까지 적에게 농가와 폐가를 지켜냈음. 이제는 다시 병력을 투입하기만 하면, 투입해야 하는 상황이었음. 나는 이미 10:30에 폰 쉴러von Schiller 중위[2]에게 이곳에 보병이 없다는 것을 보고했으나 나중에 확인해 보니 전달이 잘못된 상태였음. 그래서 17:00경에 내가 직접 '고아원'에 위치한 연대 지휘소로 가서 몇 명의 병력을 모아 거점에 투입시켰음. 13:40에 러시아군은 다시금 대대 규모로 렘비투 지역에서, 30분 간의 공격준비사격 후 전차부대의 지원 아래 공격을 재개했음. 우리 전차들(11:00에 전차 한 대가 내게 증원되었음.)은 주전선 수비에 성공했고 적군은 큰 피해를 입고 퇴각했음. 우리는 다섯 대의 T-34 전차와 KV-1 한 대를 파괴했음. 아군의 포병 전방관측소V.B. Vorgeschobener Beobachter가 없었기 때문에 포병의 화력 지원을 받지 못했음. 15:15에 적군은 렘비투 근처의 철길 남쪽에서 연대급 규모로 공격을 재차 준비 중이었음. 우리에게는 탄약이 부족했고 추가적인 적군의 공격들을 감안해서 쉴러 중위를 통해 렘비투 일대에 육군 포병대의 집중적인 차단사격을 해줄 것을 요청했음. 아군의 포탄은 약 20분 후에 떨어졌고 적의 공격준비진지를 완전히 초토화시켰음.

2 | 본문에서 폰 X 중위로 표기된 인물의 실명.

러시아군은 재차 16:15에 전차부대 지원 하에 대대규모 병력을 투입하여 공격했고 어떻게해서든 그 거점들을 확보하려 했음. 17:00경, 적군은 큰 피해를 입고 퇴각했음. 러시아군이 얻은 것은 전혀 없었음. 우리는 렘비투 일대에 출현한 T-34 전차 세 대를 완파했음. 16:00경, 폰 쉴러 중위의 말에 따르면, 상급부대에서는 우리가 이 폐가들을 지켜야 한다고 지시했다고 함. 그래서 적군의 공격을 격퇴한 후 나는 두 대의 티거를 그 폐가 일대에 배치시켜 놓고, 직접 연대 지휘소로 향했음. 나는 하제Haase 소령에게 이날 아침부터 상황이 엉망이었다고 보고했고 그제야 상황을 제대로 인식한 그는 몇 명의 병력을 끌어모았음. 병력을 소집하는데 시간이 다소 오래 걸렸기에, 나는 어둠 속에서 먼저 복귀해서 폐가로부터 200미터 떨어진 지점에서 진지를 점령했음. 이 보병부대의 안전과 사계를 확보할 목적이었음. 그 농장 일대에는 한 대의 티거만 남게 된 상황이었음. 21:00경, 열 명의 병력이 도착할 때까지 그곳을 지켰고 그들은 간단히 그곳을 점령했음. 추가적으로 25명의 병력이 피르츄-아우베레Pirtsu-Auwere거리 위쪽에 방어선을 형성했음. 러시아군은 야간에 더 이상 공격을 감행하지 않았지만, 저항 없이 단지 두 개의 거점을 확보하고 있을 뿐이었음. 21:30경, 나는 재보급을 위해 나의 거점으로 복귀했음. 24:00경, 내가 예비대로 사용할 수 있는 두 대의 전차가 고아원 지역으로 전개했으나 그 전차를 투입할 소요는 없었음.

전과 : T-34전차 14대, KV-1전차 1대, 구경 7.62센티미터 대전차포 5문.

1944년 3월 18일:

05:00경, 나는 16명의 보병 병력과 ☒티르츄[3]의 폐가를 탈취하기 위해 역습을 시행했음. 서쪽 폐가를 향해 3대의 전차 모두 짧은 일제 사격 후 그곳으로 돌진했고 8명의 병력으로 그 폐가를 점령했음. 동쪽의 폐가를 탈취하기 위한 공격은 한층 더 어려웠음. 적군 40여명의 병력이 그곳에 배치되어 있었고 철길 제방과 근접해 있었기 때문이었음. 러시아군은 완강하게 저항함. 야간에 적군은 구경 7.62센티미터 대전차포 다섯 문을 배치했고 이를 발견한 우리는 이들을 완전히 제압했으며 추가로 구경 4.7센티미터 대공포 한 문과 구경 7.62센티미터 단포신 대전차포 두 문도 식별하여 완전히 파괴했음. 두 대의 T-34전차가 렘비투의 폐가에서 반격을 했으나 우리가 이들도 완파했음. 05:45경, 적군은 우리를 향해 박격포와 중포병을 이용해 포격을 가했음. 아군 보병 4명이 부상을 입었고 나머지로는 그 폐가를 탈취할 수 없었고 무엇보다도 향후 적군의 공격을 막아낼 수도 없었음. 나는 추가적인 병력손실과 또한 전차의 피해를 방지하기 위해 공격을 중단하고 부상자들을 데리고 거점으로 복귀했음. 그 다음 며칠 동안 동쪽의 폐가는 러시아군이 장악한 상태였음. 그 폐가에 있던 러시아군도 30~40명의 사상자가 발생하는 손실을 입었음.

14:45경, 적군은 중포병으로 폐가와 농장 그리고 그 이북의 개활지에 공격준비사격을 시행했음. 15:00경, 러시아군은 폐가와 농장을 목표로, 전차부대의 지원 하에 보병 중대 규모로 역습을 감행했지만 아군이 이를 격퇴시켰고 두 대의 T-34전차와 T-60전차 한 대를 파괴했음.

---

3 | 1944년 3월 17일자 보고서에는 'P'로 시작하는 '피르츄'로 표기했으나 다음날인 18일자 보고서에는 타자기로 작성한 문서의 'P'를 지우고 'T'로 수정하여 '티르츄'로 표기했다.

전과 : T-34전차 4대, T-60전차 1대, 구경 7.62센티미터 대전차포 5문, 구경 7.62센티미터 단포신kurz (J.G.) 2문[4], 구경 4.7센티미터 대공포 1문.

1944년 3월 19일:

12:00경, 적군은 야포와 박격포로 공격준비사격 후, NS-도로 상의 33.9지점 일대에서 공격을 개시했음. 아군은 T-34전차 6대, KV-1전차 1대, T-60전차 1대, 구경 7.62센티미터 1문을 파괴함.

16:00경, 아군이 33.9지점에서 남쪽으로 역습을 개시하여, 17:00에 T-34 1대, 18:00경에 T-34 1대를 파괴하고 19:00경에 이전의 주전선 일대를 회복함.

전과 : T-34전차 8대, KV-1전차 1대, T-60전차 1대, 구경 7.62센티미터 대전차포 1문

1944년 3월 20일:

05:15경, 러시아군이 중대 규모로 렘비투 일대를 공격함. 06:30경 적군의 공격을 격퇴시키고 T-34 한 대를 완파함. 11:45경, 적군이 중대 규모로 렘비투 일대를 공격함. 12:30경에 이를 격퇴시키고 T-34 한 대와 구경 4.7센티미터 대전차포 한 문을 완파함.

전과 : T-34 2대, 구경 4.7센티미터 대전차포 1문.

---

4 | ОБ(OB)-25 M1943 76mm 연대포로 추정된다.

03:00경, 가운데 폐가가 러시아군에게 피탈됨. 04:45 경 아군은 10명의 보병과 함께 그 폐가를 탈취하기 위해 역습을 개시함. 06:20 경 그 폐가를 확보하고 구경 7.62센티미터 대전차포 두 문을 완파함.

08:30경, 해당 폐가를 재차 피탈당함. 아군 보병 4명 사망, 6명은 퇴각.

12:05, 농장에 설치한 무전기가 고장나서 티거를 타고 무전기를 갖다 주었음. 도보로는 불가능했음.

33.9 지점에서 두 대의 T-34를 완파함.

16:30에 가운데 폐가로 반격, 17:00에 탈환함. 아군 티거 한 대가 자력 기동이 불가능했고 구난 중에 적 박격포탄이 명중하여 승무원 한 명이 부상을 입음. 그 외에는 이상 없이 구난이 시행됨.

전과 : T-34 2대, 구경 7.62센티미터 대전차포 2문.

1944년 3월 22일:

10:00 경 적군이 33.9지점 일대에서 공격을 시행했지만 아군이 T-34 두 대를 완파, 공격을 격퇴함.

전과 : T-34 2대.

서명 : 소위 카리우스, 제502중전차대대 2중대

OTTO CARIUS
TIGER IM SCHLAMM

Die Gruppe Carius wird durch die Abt in ihrer Sicherung bei RIMSAS und
TILTU-SLOBODA eingewiesen und erhält dann vom II.A.K. den Auftrag, (ge-
gen 1700 Uhr) nördlich des LIKANANKA-Abschnittes in nordostw Richtung
über KLOCKI bis DUBLENIEKI aufzuklären und den vorübergehenden Schutz
der von DÜNABURG nach Norden führenden Eisenbahn für dort noch rollende
Transportzüge zu übernehmen.
Beim Vorfahren und Einweisen seiner Panzer stößt Lt Carius auf einen
B.Krad am Nordausgang der Ortschaft KOKONISKI auf feindl InfSpitzen
und plötzlich auftauchende Partisanen. Er wird mit MPi und MG beschos-
sen und dabei schwer verwundet. 2 vorfahrende Tiger nehmen den schwer
verwundeten Lt Carius und seinen Fahrer auf und vernichten im raschen
Vorstoß feindl Inf. Bei Eintreten der Dunkelheit werden die 4 Tiger,
die nun von Lt Eichhorn geführt werden, bis auf den LIKANANKA-Abschnitt
bei TILTU-SLOBODA zurückgenommen. Im Laufe der Nacht wird ihm zunächst
1 Kp, dann ein ganzes Btl Sicherungs-Inf aus DÜNABURG mit Lkw zugeführt,
die die Sicherung des Abschnittes übernimmt.

> Erfolge: 17 Feindpanzer abgeschossen,
> zahlreiche Inf und schwere Waffen vernich-
> tet.
>
> Pers.Verl.: Ritterkreuzträger Lt Carius schwer ver-
> wundet
> 1 Mann schwer verwundet.

25.7.44: Lage bei der 290. I.D. und Einsatz der 2.Kp:

Die zwischen dem II.A.K. (290. I.D.) und dem I.A.K. entstandene Lücke zwi-
schen MALINAWA und VISKI hat der Gegner zum Heranführen neuer Inf und Pan-
zerverbände ausgenutzt. Auf Befehl der 16. Armee soll am 25.7., nachmittags,
ein Angriff der 290. I.D. nach Norden und durch Teile des I.A.K. von VISKI
nach Süden entlang der Straße DÜNABURG-ROSITTEN zur Schließung dieser Lücke
geführt werden.
Hierzu wird das GrRgt 503 in Zusammenarbeit mit StGesch und 5 Tigern unter
Führung von Lt Nienstedt um 1530 Uhr zum Angriff auf Malinawa angesetzt.
Die Tiger können diesen Angriff zunächst nur durch Feuer vom Südufer des
LIKANANKA-Abschnittes bei SILACIRSI unterstützen, da die Straßenbrücke
bereits vor 2 Tagen gesprengt wurde. Nach Erkundung einer westl gelegenen
Furt, die für Tiger gerade noch passierbar ist, begleitet Nienstedt den
Angriff des GrRgt bis zum Südrand des Ortes, kann dann jedoch nicht weiter
vorfahren, da einer seiner Panzer an einer schwachen Brücke einbricht. Die
Inf erreicht nach harten Kämpfen und hohen Ausfällen durch feindl Inf
und Granatwerferfeuer den Nordrand von MALINAWA. Um MALINAWA finden am
25.7., abends, wechselvolle Kämpfe statt. Der Russe macht mehrere Gegen-
stöße, die zum großen Teil abgeschlagen werden. Hierbei vernichtet Nienstedt
2 Panzer und 3 s.Pak.
Bei Lt Eichhorn hat sich die Lage am 25.7. wie folgt entwickelt:
Im Laufe der Nacht ist russ. Inf über die Eisenbahn bis an die DÜNA heran-
gekommen und hat den nördl der LIKANANKA liegenden Ort AUSGLIANI besetzt.
Hiergegen sind Teile des SichBtl angetreten, ohne jedoch den Ort säubern
zu können. Um 1400 Uhr werden starke Panzergeräusche aus nördl Richtung
festgestellt. Sie lassen darauf schließen, daß der Gegner GUT LIKANA an
der DÜNA besetzen will, um die Rollbahn DÜNABURG-KREUZBURG für seinen
weiteren Vormarsch zu benutzen, evtl auch über die DÜNA nach Westen über-
zusetzen.

*Auszug aus dem Einsatzbericht der
Abteilung.*

대대는 카리우스 부대Gruppe[1]에 림사스와 틸투-슬로보다 간의 경계임무를 부여함. 또한 (17:00경에는) 제2군단으로부터, 클로키를 경유하여 북동부 방향으로 두블레니키까지의 리카난카 지역의 북부를 정찰하고, 그 일대로 이동하는 수송 열차들을 보호하기 위해 일시적으로 뒤나부르크로부터 북쪽으로 이어진 철도를 온전하게 확보하라는 임무를 수령함.

카리우스 소위는, 전차 부대를 인솔하여 이동하던 중 코코니스키 KOKONISKI 마을의 북쪽 외곽에서 적군의 전초에 배치된 보병부대와 갑자기 나타난 저항군과 조우했음. 그는 적군의 권총탄과 기관총탄에 중상을 입었음. 선두에 있던 두 대의 티거가 중상을 입은 카리우스 소위와 운전병을 구출했고 신속히 돌진하여 적군을 제압했음. 야간이 되자 아이히호른 소위가 지휘한 네 대의 전차가 틸투-슬로보다 일대의 리카난카 지역까지 회복했음. 그날 야간에 최초에는 1개 (보병) 중대가 그 지역에 투입되었으며, 나중에 뒤나부르크에서 트럭으로 수송된 대대가 그곳의 경계작전을 인수했음.

전과 : 적 전차 17대 완파, 다수의 적 보병과 중화기를 격멸
아군 인명 손실 : 기사 철십자 훈장 소지자 카리우스 소위와
병사 1명 중상

---

[1] 팀, 분대, 반 등의 의미이나 여기서는 '부대'로 번역했다. 전투단은 대대급 이상 부대에서 편조 시 사용하는 용어이다.

부록: 전투보고서 2   385

1944년 7월 25일 : 제290보병사단의 전황과 제2중대 전투 :

아군의 제2군단(제290보병사단)과 제1군단 사이에, 말리나바와 비스키 사이에 간격이 발생했고 적군은 새로운 보병과 전차부대를 이곳에 투입시켰음. 제16군의 명령에 따라, 이 간격을 없애기 위해 7월 25일 오후, 제290보병사단은 북쪽으로, 제1군단의 일부는 비스키로부터 뒤나부르크-로시텐 간의 도로를 따라 남쪽으로 공격을 시행함.

이를 위해 제503보병연대는 돌격포와 니엔슈테트 소위가 지휘하는 티거 다섯 대와 함께 15:30에 말리나바를 목표로 공격을 개시함. 이틀 전에 도로 상의 교량이 이미 폭파되었기 때문에 티거 부대는 실라치르시 일대 리카난카 지역의 남쪽 강변에서 전차포 사격지원 정도만 가능했음. 지형정찰을 통해 하천의 서쪽에 티거가 통과할 수 있는 여울을 발견한 후, 니엔슈테트는 그 지역의 남쪽 외곽까지 보병연대와 함께 공격을 했으나, 거기서부터는 더 이상 진격이 불가했음. 전차 한 대가 부실한 교량을 통과하다가 교량을 무너뜨렸기 때문임. 적군 보병의 저항과 박격포 사격으로 아군 보병도 많은 피해를 입었고, 혹독한 전투 후 아군 보병은 말리나바 북쪽 외곽에 도달했음. 7월 25일 저녁 무렵에는 말리나바 일대에서 치열한 교전이 벌어졌음. 러시아군은 수차례 반격을 시도했지만 아군이 격퇴시켰음. 이 전투에서 니엔슈테트는 적 전차 두 대와 대전차포 세 문을 완파했음.

7월 25일 아이히호른 소위가 지휘했던 부대의 상황 :
야간에 러시아군 보병은 철길을 통해 뒤나강변에 도달했고 리카난카 북쪽의 아우스글리아니 마을을 점령했음. 아군의 경계부대 일부가 그에 대항해서 반격을 시도했으나 그 마을 내의 적군을 완전히 소탕하지는 못했음. 14:00경 북쪽에서 전차 부대가 기동하는 소리가 들렸음. 이를 근거로 적군의 기도는 뒤나강변의 구트 리카나를 점령하려는 것이라 추론함. 이는 서쪽으로 계속 진격하기 위해 뒤나부르크-크로이츠부르크 간의 주기동로를 이용하려는 목적이며 또한 뒤나강을 너머 서쪽으로 진격하기 위한 것임.

대대 전투보고서 발췌본

-18-

Besitzzeugnis

Dem

Otto C a r i u s , Unteroffizier
(Name, Dienstgrad)

1.Komp./Panzer Regiment 21
(Truppenteil, Dienststelle)

ist auf Grund

seiner am   8. Juli 1941   erlittenen

ein maligen Verwundung oder Beschädigung

das

Verwundetenabzeichen

in   S c h w a r z

verliehen worden.

Abt. Gef. Stand , den 2. August 19 4 .

_____
(Unterschrift)

Oberstleutnant u. Abteilungskommandeur
I. /Panzer Regiment 21
(Dienstgrad und Dienststelle)

훈장증

오토 카리우스, 하사에게
[성명, 계급]

1중대 / 제21 전차 연대
[병과, 부서]

1941년 7월 8일에 입은
1회 부상을 근거로

전상장
흑색장을 수여합니다.

사령부, 1941년 8월 2일

폰 게르슈트로프 Von Gerstorff
[서명]

제21전차연대 / 1대대장 중령
(계급 및 부서)

IM NAMEN DES FÜHRERS
UND
OBERSTEN BEFEHLSHABERS
DER WEHRMACHT
IST DEM

Leutnant Otto C a r i u s
2. Kompanie/Sehw.Panzer-Abteilung 5o2

AM 2o. 8. 1942

DIE MEDAILLE
WINTERSCHLACHT IM OSTEN
1941/42
(OSTMEDAILLE)
VERLIEHEN WORDEN.

FÜR DIE RICHTIGKEIT:

Major u. Abt.-Kdr.

총통과

국방군 총사령관의

이름으로

소위 오토 카리우스에게
2소대장 / 제502중전차대대

1942년 8월 20일에

1941/42년 동계 전투 메달을
(동부 메달)
수여합니다.

예데Jahde
대대장 소령

Im Namen des führers
und Obersten Befehlshabers
der Wehrmacht

verleihe ich

dem

Feldwebel C a r i u s, Otto

1o./Panzer – Regiment 21

das
Eiserne Kreuz 2. Klasse

.....Div..Gef..St....., den .15. September 19...42

(Dienstsiegel)

Generalmajor und Divisionskommandeur.

(Dienstgrad und Dienststellung)

총통과
국방군 총사령관의
이름으로

중사 오토 카리우스에게
10중대 / 제21전차연대

2급 철십자장을
수여합니다.

사단 사령부, 1942년 9월 15일

뒤베르트Düvert
제20사단 사단장 육군 소장
[계급 및 부서]

Im Namen des führers
und Oberſten Befehlshabers
der Wehrmacht

verleihe ich

dem

Leutnant Otto C a r i u s
2./s.Pz.Abt. 5o2

das
Eiſerne Kreuz 1. Klaſſe.

Div.Gef.Stand ,den 23. Nov. 19.43

Generalleutnant und Kommandeur
der 29o. Jnfanterie-Division

(Dienſtgrad und Dienſtſtellung)

총통과
국방군 총사령관의
이름으로

소위 오토 카리우스에게
2중대 / 제502중전차대대

1급 철십자장을

수여합니다.

사단 사령부, 1943년 11월 23일

하인리히Heinrichs
제290보병사단장
육군 중장
(계급 및 부서)

Besitz=Zeugnis

Dem .... Leutnant   C a r i u s ....
(Dienstgrad, Name)

2.Kompanie/Schwere Panzer-abteilung 502
(Truppenteil, Dienststelle)

ist auf Grund seiner am 8.7.1941
10.12.1942 .... erlittenen
2.12.1943

.... drei -maligen Verwundung oder Beschädigung

das

Verwundetenabzeichen

in .... Silber .... verliehen worden.

O.U. ...., den 15. 12. .... 194 3

Im Auftrage

(Dienstsiegel)

.... (Unterschrift)

Major u. Abt.-Kdr.
(Dienstgrad und Dienststelle)

훈장증

카리우스 소위에게

(성명, 계급)

2중대 / 제502중전차대대

(부서, 병과)

1941년 7월 8일, 1942년 12월 10일, 1943년 12월 2일에
입은 3회 부상을 근거로

전상장
은색장을 수여합니다.

주둔지[1]에서, 1943년 12월 15일

다음의 위임으로

예데

(서명)

대대장 소령

(계급 및 부서)

---

1 | O.U.(Ortsunterkunft) 군의 숙영지, 주둔지를 의미한다.

VORLÄUFIGES BESITZZEUGNIS

DER FÜHRER
HAT DEM

Leutnant C a r i u s
Zugführer 2./s.Pz. Abt. 502

DAS RITTERKREUZ
DES EISERNEN KREUZES
AM 4.5.1944 VERLIEHEN

HQu OKH, DEN 10. Mai 1944

OBERKOMMANDO DES HEERES
I.A.

GENERALLEUTNANT

임시 훈장증

총통은

카리우스 소위에게
2중대 소대장/제502중전차대대

기사십자 철십자장을
1944년 5월 4일에 **수여합니다.**

육군 최고 사령부 1944년 5월 10일

육군 총사령관
부르크도르프Burgdorf
육군 중장

Der Oberbefehlshaber
der 18. Armee
—

A. H. Qu., den ....6. Mai 1944................

Herrn

        Leutnant C a r i u s
        Zugfhr.2./s.Pz.Abt.502

        Zur Verleihung des Ritterkreuzes des
Eisernen Kreuzes spreche ich Ihnen meine herz-
lichsten Glückwünsche aus. Auch für die Zukunft
weiterhin alles Gute und reiche Erfolge.

                J. V.

                Loch

        General der Artillerie.

제18군 사령관

1944년 5월 6일

카리우스 소위
소대장 / 2중대 / 제502중전차대대

귀관의 기사 철십자장 수장을 진심으로 축하함.
앞으로의 활약을 기대하며
행운이 함께하기를 기원하겠음.

근배謹拜

로흐Loch
육군 포병 대장

Der Generalinspekteur
der Panzertruppen

H.Qu.OKH
~~Berlin W 35~~, den 6. Juni 1944

Herrn

Leutnant   C a r i u s

Zgfhr.2./s.Pz.Abt.502

    Zu der hohen Auszeichnung, die Ihnen vom
Führer am 4.5.44 verliehen worden ist, spreche ich
Ihnen meine aufrichtigsten Glückwünsche aus.

         Heil Hitler !

Guderian

기갑병과 총감

육군 총사령부
베를린 W35, 1944년 6월 6일

카리우스 소위
소대장
2중대 제502중전차대대

1944년 5월 4일에 총통으로부터 고위 훈장을 수여받게 된 것을
진심으로 축하함.

히틀러 만세!
구데리안Guderian

BESITZZEUGNIS

DEM .... L e u t n a n t ....
(DIENSTGRAD)

.... O t t o   C a r i u s ....
(VOR- UND FAMILIENNAME)

.... 2./schwere Panzer-Abteilung 5o2 ....
(TRUPPENTEIL)

VERLEIHE ICH FÜR TAPFERE TEILNAHME

AN ..25.. EINSATZTAGEN

DIE ᵢᵢ. STUFE ZUM
PANZERKAMPFABZEICHEN
IN SILBER

.....O.U., den 15. Juli 1944.....
(ORT UND DATUM)

....
(UNTERSCHRIFT)

Major und Abteilungs-Kommandeur
(DIENSTGRAD UND DIENSTSTELLUNG)

훈장증

소위(계급) 오토 카리우스 (성명)에게
2중대 / 제502중전차대대 (병과)

25일 간의 출격에 용맹하게 참여한 것에 대하여

제2급 전차돌격장
은색장을
수여합니다.

주둔지에서 1944년 7월 15일
(장소 및 일시)

슈바너 Schwaner
(서명)

대대장 소령
(계급 및 부서)

Fernspruch - Fernschreiben - Funkspruch - ~~Blinkspruch~~

Durch die Nachr.-Stelle ausfüllen

Nachr.-Stelle	Nr.	Befördert				
		an	Tag	Zeit	durch	Rolle
1./N.158	310 668/31					

Vermerke:

Angenommen oder aufgenommen

++0735/HDAX/FU/668131/BACH/HEGXC+
++0735/HDAX/FU/668131/BACH/HEGXC+

Abgang	+AN/HERRN/LT/+OTTO/CARIUS///SCHW/+PZ/+ABT/+502//
Tag: 28.7.	+AN/HERRN/LT/+OTTO/CARIUS///SCHW/+PZ/+ABT/+502//
Zeit: 0120	
Dringlichkeit: ==FFR==	F. H. Bm.
	Fernsprech-Anschluß:

1 ++DG/+ H D A X / FU 668131// H D M X C 13386 //
5 W N O F 1859 // 28/+7/+44/0120///
9 IN-DANKBARER-WUERDIGUNG-IHRES-HELDENHAFTEN-EINSATZES-IM-
13 KAMPF-FUER-DIE-ZUKUNFT-UNSERES-VOLKES///VERLEIHE-ICH-
17 IHNEN-ALS- 535/+SOLDATEN-DER-DEUTSCHEN-WEHRMACHT-DAS-
21 EICHENLAUB-ZUM-RITTERKREUZ-DES-EISERNEN-KREUZES/+///
29 +ADOLF-HITLER///F/+H/+QU/+27/+JULI/1944+++

F.d.R.

전보

수신자/ 소위/ 오토/ 카리우스
제502/ 중전차/ 대대

우리/ 국민의 미래를/ 위한/ 영웅적/ 분전에/ 감사를
/표하며/귀관에게/ 독일/ 국방군/ 535번째/ 백엽/ 기사
/철십자장을/ 수여함///

아돌프-히틀러/// 총통/ 총사령부/ 1944년 / 7월/ 27일

Der kommandierende General
des XXXXIII. Armeekorps

O. U., den 31. Juli 1944

Herrn

Leutnant Otto C a r i u s ,

s. Panzer-Abteilung 502.

Zur Verleihung des Eichenlaubes zum Ritterkreuz des
Eisernen Kreuzes wünsche ich Ihnen herzlich Glück und hoffe,
daß Sie sich dieser hohen Auszeichnung bald völlig genesen
erfreuen können.

Heil Hitler !

General der Infanterie.

제43(XXXXIII) 군단장

주둔지 / 1944년 7월 31일

친애하는

소위 오토 카리우스
제502중전차대대

본인은 귀관의 백엽 기사 철십자장 수훈을 진심으로 축하하며,
속히 건강을 회복하여 수훈의 기쁨을 누릴 수 있기를 희망함.

히틀러 만세!
로체Lotze
육군 보병 대장

Der Chef des Generalstabes
des Heeres

HQu., den 7. August 1944

Herrn
Leutnant C a r i u s
Fhr.Tigerkp.s.Pz.Abt. 502

Zu der erneuten hohen Auszeichnung, die
Ihnen vom Führer am 27.7.44 verliehen worden ist,
spreche ich Ihnen meine aufrichtigsten Glückwünsche
aus.

Heil Hitler !

육군 총참모장
최고사령부

8월 7일 1944년

친애하는
카리우스 소위
중대장 '티거' 중대 제502중전차대대

귀관이 7월 27일부로 총통으로부터 영예로운 훈장을 수여받게
된 것에 대해 진심으로 축하하는 바임.

히틀러 만세!
구데리안Guderian

BESITZZEUGNIS

DEM .... **Leutnant d.Res.** ....
(DIENSTGRAD)

.... **Otto Carius** ....
(VOR- UND FAMILIENNAME)

.... **2.Komp./schw.Panz.Abt.502** ....
(TRUPPENTEIL)

VERLEIHE ICH FÜR TAPFERE TEILNAHME

AN ... **50** ... EINSATZTAGEN

DIE III. STUFE ZUM PANZERKAMPFABZEICHEN
IN SILBER

Abt.Gef.Std., 1.9.1944
(ORT UND DATUM)

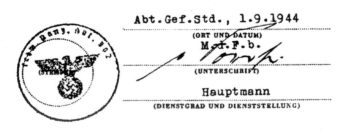

M.d.F.b.
(UNTERSCHRIFT)

Hauptmann
(DIENSTGRAD UND DIENSTSTELLUNG)

훈장증

예비군 소위

(계급)

오토 카리우스에게

(이름 및 성)

2중대/제502중전차대대

(병과)

50일 간의 전투에 용맹하게 참여한 것을 치하하여

제3급 전차돌격장
은색장을
수여합니다.

대대 지휘소 1944년 9월 1일

(장소 및 일시)

폰 푀르스터von Foerster(서명)

대위 (계급 및 부서)

BESITZZEUGNIS

DEM

Leutnant Otto C a r i u s
....
(NAME, DIENSTGRAD)

2./schw.Pz.Abt. 5o2
....
(TRUPPENTEIL, DIENSTSTELLE)

IST AUF GRUND

8.7.41, 9.12.42, 2.12.43,
SEINER AM 2o.4.44 u. 24.7.44 ERLITTENEN

fünf MALIGEN VERWUNDUNG – BESCHÄDIGUNG

DAS

VERWUNDETENABZEICHEN.

IN G o l d

VERLIEHEN WORDEN.

Lingen/Ems , DEN 11.Sept. 194 4

Reserve-Lazarett Lingen/Ems

(UNTERSCHRIFT)

Oberfeldarzt u. Chefarzt
(DIENSTGRAD UND DIENSTSTELLE)

훈장증

소위 오토 카리우스에게
(성명, 계급)

2중대/제502중전차대대
(병과, 부서)

41년 7월 8일, 42년 12월 9일, 43년 12월 2일,
44년 4월 20일 및 44년 7월 24일에 입은
5회의 부상을 근거로

전상장
금장을 수여합니다

링엔/엠스, 1944년 9월 11일
링엔/엠스 예비군인병원

하르트만Hartmann
(서명)

군의관 책임자 및 수석의
(계급 및 부서)

Lieber C a r i u s !

Zur Verleihung des Eichenlaubes zum Ritterkreuz des Eisernen Kreuzes durch den Führer darf ich Sie als Chef der Ordensabteilung im Oberkommando des Heeres aufrichtig beglückwünschen.

Damit Sie auf kürzestem Wege in den Besitz Ihrer Auszeichnung kommen, bitte ich Sie, nach Wiederherstellung Ihrer Gesundheit ins H.Qu.OKH zu kommen. Von hier aus erfolgt dann die Meldung beim Führer. Eine vorherige Rückfrage über den Zeitpunkt der Abreise nach hier ist jedoch über das stellv. Generalkommando erforderlich.

Mit den besten Wünschen für Ihre baldige Genesung

Heil Hitler !

Ihr

Heesemann.

대령 헤세만
육군 인사청 제5과

육군 총사령부 1944년 8월 10일

친애하는 카리우스 소위에게

육군 총사령부 보훈과 과장으로서 귀관이 총통으로부터 백엽 기사 철십자장을 수여받게 된 것을 알리게 되어 진심으로 기쁘게 생각함.

귀관이 가급적 빨리 훈장을 수여받을 수 있도록 건강을 회복하는 대로 육군 총사령부에 출두하기 바람. 귀관은 이후 여기서 총통 사령부로 출두하게 될 것임. 단, 귀관이 이쪽으로 출발할 일시에 대해서는 지역 사령부와 협의하여 조정하기 바람.

귀관의 쾌유를 기원하겠음.

히틀러 만세!
헤세만

Oberkommando des Heeres   H.Qu.OKH., den 12.September 1944
  PA/P 5 a 1.Staffel

                    Herrn

                Leutnant C a r i u s ,

                    Reservelazarett L i n g e n /Ems
                        Teillazarett Bonifatius.

        Da der Führer sich die Aushändigung des Eichenlaubes selbst
vorbehalten hat, ist eine Übersendung der Auszeichnung über das Stellv.
Generalkommando VI.A.K. nicht möglich. Sobald Sie in der Lage sind sich
beim Führer melden zu können, wollen Sie dies dem OKH/PA/P 5 1.Staffel
rechtzeitig mitteilen, damit von hier aus die Meldung veranlasst werden
kann.

Mit den besten Wünschen für baldige Genesung, Heil Hitler!

I.A.
Johammeyer
Major.

육군 총사령부 인사청 보훈과

육군 총사령부 12일 9월 1944년

소위 오토 카리우스
링엔/엠스 예비 군인 병원
보니파티우스 병원

백엽 기사 철십자장의 수여권은 오직 총통 각하께만 있는 관계로 제6군단 사령부를 통해 송부하는 것은 불가함. 현재 귀관은 단독으로 신속히 총통께 출두해야만 하는 입장임. 보훈과에서도 관련 상황을 상부에 보고를 할 수 있도록 가능한 속히 육군 총사령부 인사청 보훈과로 연락을 주기 바람.

귀관의 쾌유를 기원함! 히틀러 만세!

소령 요한마이어

Sehr geehrte Frau Carius!

Sie werden ein wenig erstaunt sein aus fremder Hand einen Brief zu erhalten. Den Grund hierzu werden Sie aus folgenden Zeilen ersehen.

Vom Lazarett oder Ihrem Sohne Otto haben Sie hoffentlich schon erfahren, daß er schwer verwundet wurde Ende Juli. Um Sie mit meinen Zeilen nicht zu erschrecken habe ich etwas länger gewartet. Ich bin der Hauptfeldwebel der Kompanie, bei die Ihr Sohn, immer allseits beliebter und bewunderter Leutnant Carius, zugehörig war seit einundhalb Jahren. Vor allen Dingen möchte ich Ihnen, hochverehrte Frau Carius, zu einem derart bewährten Sohn meine herzlichsten Glückwünsche übermitteln. Besonders Sie als Mutter können und werden stolz sein. Leider wird diese Freude erheblich betrübt durch die schwere Verwundung, die uns unseren verehrten Leutnant für immer entzog. Er war nicht nur uns Unteroffizieren, sondern auch den Kameradschaften der Kompanie und darüber hinaus, ans Herz gewachsen. Wir alle wünschen, daß seine Gesundheit wieder weitgehend hergestellt wird. Alle hatten wir uns gefreut in ihm unseren nächsten Chef zu finden, doch spielte uns das Schick-

...sal einen bösen Streich. Nur die Erinnerung bleibt uns an diesen beispielhaften jungen Offizier, dem die Kompanie ihre größten Erfolge zu verdanken hat. Ganz besonders wird er in den Herzen seiner mit ihm zusammenarbeitenden Kommandanten und mir weiter leben, denn ein rückstegrüßiges kameradschaftliches Verhältnis herrschte zwischen uns.

Da wir bis heute noch keine Nachricht über den Gesundheitszustand und den Aufenthalt Ihres Sohnes weder von ihm selbst, noch vom Lazarett haben bitte ich Sie, verehrte Frau Carius, Ihrem Sohne bei sich bietender Gelegenheit im Namen des Unteroffizierskorps die aufrichtigsten und herzlichsten Glückwünsche zur Verleihung des Eichenlaubs, sowie die Wünsche zur baldigen Genesung zu übermitteln. Echte Freude rief diese Auszeichnung bei uns hervor, wird doch unsere Kampfstaffel auch ein wenig dadurch beleuchtet. Desgleichen bitte ich Sie Ihrem verehrten Herren Gemahl meine Anerkennung und Glückwünsche mitzuteilen zu wollen. Er hat als Soldat gewiß auch seine helle Freude an seinem Sohne.

Sollte ich Sie mit meinen Zeilen irgendwie belästigt haben, dann bitte ich um Verzeihung. Unbekannterweise grüße ich Sie als Ihr ergebenster

Sepp Kieper.

제프 리거 원사가 저자의 어머니에게 보낸 편지

라트비아, 1944. 8. 18
친애하는 카리우스 부인!

낯선 사람이 편지를 보내드려 조금 놀라실 수도 있으실 겁니다. 제가 이렇게 편지를 드리는 이유를 아래에서 설명드리겠습니다.

혹시 중앙구호소나 당신의 아드님으로부터, 그가 7월에 중상을 입었다는 소식을 들으셨을 것으로 생각됩니다. 당신이 놀라시지 않기를 바라는 마음에서 저는 조금 더 기다렸다가 이 글을 드리게 되었습니다. 저는 부대원들로부터 존경과 신뢰를 받았던 당신의 아들, 카리우스 소위와 지난 1년 반 동안 함께 지냈던 중대의 행정보급관 원사 제프 리거입니다. 무엇보다도 먼저 이렇게 훌륭한 아드님을 두신 카리우스 부인께 진심으로 감사의 인사를 드리고 싶습니다. 특히나 그의 어머니로서 매우 자랑스러워 하시리라 믿습니다. 이러한 기쁨도 잠시겠지요. 안타깝게도 그가 중상을 입어서 매우 슬프실 겁니다. 그 부상으로 우리도 훌륭한 카리우스 소위와 헤어지게 되었답니다. 그는 우리 부사관들에게 뿐만 아니라 중대의 모든 병사들과 상급자들에게도 매우 소중한 사람이었습니다. 우리 모두는 그가 하루라도 빨리 회복되기를 늘 기도합니다. 우리 모두는 그가 다음 중대장이 될 것으로 생각하고 동고동락할 기대에 부풀어 있었지만 운이 따르지 않아서 몹시 섭섭하게 생각합니다. 솔선수범으로 지휘했던 청년 장교인 당신의 아드님 덕분에 우리 중대가 큰 승리를 거둘 수 있었습니다. 우리 모두에게는 그런 기억만이 남아있습니다. 특히 그는 함께 했던 모든 전차장들의 가슴 속에 영원히 남아있을 겁니다. 우리 사이에는 훌륭하고 끈끈한 전우애가 있기 때문입니다.

최근까지 아드님의 건강상태와 어디에 체류 중인지에 관한 소식이 없고 중앙구호소에서도 그에 대한 소식을 알 수 없습니다. 그래서 친애하는 카리우스 부인께 부탁드립니다. 이 편지를 통해 부사관단의 이름으로 아드님의 백엽 기사 철십자 훈장 수훈을 진심으로 축하드리며 또한 빠른 쾌유를 기원합니다. 이 훈장을 받았다는 것은 우리 전투 중대에도 큰 힘이 되고 또한 큰 기쁨입니다. 동시에 친애하는 당신의 남편께도 감사와 축하의 인사를 전해 주시기 바랍니다. 남편께서도 군인으로서 아드님을 자랑스럽게 생각하실 겁니다.

편지글의 행간에 혹시나 불쾌하신 점이 있다면 부디 용서를 구합니다. 저를 잘 모르시겠지만 저는 당신의 헌신에 최고의 경의를 표합니다.

제프 리거Sepp Rieger 드림.

Zweibrücken, 29. 8. 44.

Sehr geehrter Herr Rieger!

Heute erhielt ich Ihren lt. Brief vom 18.8, für den ich Ihnen herzlichst danke. Sie sind mir nicht unbekannt, da Sie mein Sohn, der Sie sehr schätzt, schon oft erwähnte und Sie mir vergangenes Jahr auch seinen Ring zustellten.

Im Lazarett in Lingen / Ems diktierte mein Sohn, der infolge der Schwächung durch den Blutverlust und wegen des Streckverbandes, der ein Aufrichten des Oberkörpers unmöglich macht, nicht selbst schreiben kann, bald nach Einlieferung je einen Brief an seinen Kommandeur und die Kompanie; diese beiden Briefe werden inzwischen ihr Ziel wohl erreicht haben. Die Gedanken unseres Ältesten weilen stets bei den Männern seiner Kompanie, mit denen er sich in echter Kameradschaft verbunden fühlt, da sie ja alle schönen und schlimmen Stunden so lange Zeit mit ihm teilten. Sein größter Schmerz ist es ihr jetzt fern sein zu müssen, jetzt ans Bett gefesselt zu sein,

während seine Leute in hartem Kampfe stehen. Wie stolz ist
er auf sie alle, auf die er sich jederzeit unbedingt verlassen
konnte, und wie sorgt er sich um das Geschick jedes einzelnen!
Seine Wunden waren, als ich ihn neulich besuchte, schon ziem-
lich gut verheilt mit Ausnahme des Oberschenkeldurchschusses,
dessen Heilung dürfte wohl zu seinem großen Leidwesen längere
Zeit in Anspruch nehmen und das Bein wird verkürzt bleiben.
Aber das ist weiter nicht schlimm, blieb er uns doch am Leben.
Im allgemeinen ist sein Befinden zufriedenstellend und Ver-
pflegung und Betreuung im Lazarett lassen nichts zu wünschen
übrig.

Für die Glückwünsche danke ich Ihnen, dem Unteroffiziers-
korps und all seinen Männern herzlichst. Ihre lb. Zeilen, die von
der Anhänglichkeit an unseren Sohn Zeugnis ablegen, bereiteten
mir eine ganz besondere Freude. An meinen Mann werde ich die
Glückwünsche sofort weiterleiten.

Ich hoffe, daß es Ihrer lb. Frau u. Ihrem Kinde den Verhält-
nissen entsprechend gut geht. Von meinem Sohne erfuhr ich seinerzeit,
daß sie leider ausgebombt wurden.

Ihnen persönlich, dem Unteroffizierskorps, sowie allen
Angehörigen der Kompanie in diesem schweren, erbitterten Ringen
um den Bestand unseres geliebten Vaterlandes von Herzen Solda-
tenglück wünschend,
grüßt Sie und alle Ihre Kameraden aufs beste
Ihre Luise Carius.

저자의 어머니가 제프 리거에게 보낸 답장

츠바이브뤼켄, 1944. 8. 29
친애하는 리거씨에게!

8월 18일에 보내주신 귀한 편지 너무나 감사히 잘 받았습니다. 제 아들도 당신을 무척 소중하게 생각하고, 지난해에 아들이 보낸 편지에 당신을 자주 언급했습니다. 또한 당신이 제게 그의 반지를 보내주셨잖아요. 그래서 저는 당신이 어떤 분인지 잘 알고 있습니다.

링엔에 위치한 구호소에 있는 제 아들은 출혈로 인해 몸이 허약해진 상태이고 상체를 곧게 펴지 못하게 붕대를 감고 있어서 직접 글을 쓸 수 없는 상태입니다. 그래서 제가 편지를 받아쓰는 상황이고 이곳에 온 직후에 대대장님과 중대에 보낸 편지는 아마 지금쯤 도착했으리라 생각합니다.

저희 맏아이의 마음은 아직도 중대원 여러분과 함께하고 싶어 하며, 기쁜 순간이나 힘든 순간을 모두 함께했기에 진정한 전우애를 느낀다고 합니다. 지금 그에게 가장 힘든 것은 중대원들과 떨어져 있고, 그의 부하들이 힘든 전장에 있는 동안 자신은 침대에 누워 있어야 한다는 것입니다. 그는 절대적으로 신뢰할 수 있고 모두들 탁월한 능력을 가진 당신들을 무척이나 자랑스럽게 여기고 있습니다. 제가 최근에 문병했을 때 본 그의 상태는 대퇴골 골절을 제외하고는 꽤 회복 속도가 빠른 편입니다. 안타깝지만 그의 회복에는 아마도 오랜 시간이 필요할 듯하고 다리 길이가 조금 짧아질 듯합니다. 하지만 그렇게 나쁜 편은 아니랍니다. 살아 있는 것만으로도 얼마나 다행인지 모릅니다. 그의 건강도 괜찮은 편이고 병원의 음식과 의료진에 대해서도 더 이상 바랄 게 없을 정도로 만족하고 있습니다.

당신과 부사관단 여러분들, 모든 동료분들께서 축하해 주심에 진심으로 감사드립니다. 제 아들을 생각해주시는 당신의 귀한 말씀들을 읽으면서 저는 큰 기쁨을 느꼈습니다. 남편에게도 곧바로 축하 인사를 전하도록 하겠습니다. 제 아들에게 들었는데 당신의 가족이 적군의 폭격에 집과 재산을 잃었다고 들었습니다. 당신의 사랑스런 아내와 아이들이 이런 전쟁 상황에서도 잘 지내기를, 저도 기도하겠습니다.

사랑하는 조국의 생존을 위해 어렵고 힘든 전투를 치르시는, 당신과 부사관단 그리고 중대원 모두에게 무운이 함께 하길 진심으로 기도하겠습니다. 모두에게 안부 전해주시고 부디 건강하세요!

당신의 루이자 카리우스Luisa Carius 드림

역자 후기

이제 다섯 번째 졸역이다. 번역을 할수록 더 큰 부담과 어려움을 느낀다. 나의 글을 쓰면 내 생각이 틀렸다는 비판으로 끝이지만 누군가 내 생각에 관심을 표명하는 것 자체가 고마운 일이기도 하다. 하지만 외국어로 된 남의 글을 우리말로 옮기는 작업은 정말로 부담스럽다. 저자의 머릿속으로 들어가서, 문장 하나마다 저자가 생각하는 것이 무엇인지 고민해야 하고, 저자의 생각과 다른 표현으로 번역했을 경우, 엄청난 비난을 받을 수 있어서다. 지금까지 내게 그런 상황이 없었다는 것은 참으로 다행한 일이다.

지난 네 번의 졸역과 이번 졸역은 사뭇 다르다. 먼저 누군가 번역했던 책을 재번역하는 작업이었기 때문이다. 《진흙 속의 호랑이》는 2012년에 영어판을 이동훈 역자가 번역하여 출간된 책이다. 그는 영문으로 '번역'된 책을 중역했고, 많은 논란이 있었다는 것도 익히 알려진 사실이다. 물론 그런 논란에 대해서는 언급하고 싶지 않다. 독일어 원서의 번역을 의뢰받았을 때 나는 한동안 망설였다. "왜 다시 번역을 해야 하는가? 특히 이동훈 번역가에게 누가 되지 않을까?"라는 의구심과 우려가 들었다. 하지만 독일어본을 읽고서 첫 번째 의문은 완전히 풀렸다. 다시 번역해야 할 필요성이 충분히 있었다. 그리고 두 번째 우려가 문제였지만 이동훈 역자는 흔쾌히 수용해 주었다.

단언컨대 본서는 2012년의 책과 제목만 같을 뿐 전혀 다른 책이다. 따라서 다시 번역, 출간한 의미는 충분하다. 이전 번역본을 접한 독자라면 다른 점을 쉽게 발견할 수 있을 것이다. 번역 과정에서 별도 표시를 하고 대조를 해가며 작업했는데, 200여 곳 넘는 부분이 완전히 달랐다. 영서 자체가 오역이거나 전혀 다른 책이었기에 역자에게 비난의 화살을 돌릴 필요는 없다는 것이 내가 내린 결론이었다. 이동훈 역자에 대한 논란은 종결되었으면 한다.

　　이제 오토 카리우스에 대한 이야기를 하고자 한다. 그는 분명히 에리히 폰 만슈타인이나 하인츠 구데리안, 그리고 《롬멜과 함께 전선에서》의 저자인 한스 폰 루크와는 전혀 다른 유형의 인물이다. 그에게 국제관계와 국내정치, 군사전략 및 작전술에 관한 지식은 전혀 없었고, 현실 정치에 대해 조금 언급한 부분이 있었지만 어디까지나 야전의 초급간부 수준에 지나지 않았다. 오토 카리우스는 병으로 시작, 초급장교에 이르기까지 전차승무원, 전차장, 소대장, 중대장 임무를 수행한, 최하급 제대에서만 전쟁을 경험한 인물이다. 그는 우리에게 당시 상황을 마치 그림으로 보여주듯 상세하게 설명해주며, 소대장, 중대장으로 솔선수범, 진두지휘를 실천한 그의 글 속에는 전투지휘, 상황조치, 인간적인 측면 등 상당한 교훈이 담겨 있다. 그가 2015년 1월 24일에 사망하기 전에 독일에서 한 번쯤 만나봤어야 했는데 그러지 못해 개인적으로 무척 아쉽게 생각하고 있다.

　　지금 이 순간에도 우크라이나에서는 치열한 전투가 벌어지고 있다. 그곳의 군인들 모두 오토 카리우스와 그의 부대원들처럼 생명의 위협을 느끼면서도 조국을 위해 총을 들고 있을 것이며, 한편으로는 평화로운 세상을 갈구할 것이다. 우크라이나와 러시아의 군인들에게도 평화의 그날이 오기를 기대해 본다.

　　끝으로 이토록 좋은 책의 번역을 의뢰해주시고 출간해주신 블루픽의 원종우 사장님께 감사를 표한다. 그리고 원서의 부록에 포함된, 필기체로 되어 읽기 어려웠던 저자 어머니와 중대 행정보급관의 편지를 손수 인쇄체로 바꿔 준 국방어학원 라헤타 선생님, 그리고 이 책의 부록 번역을 맡아준 김진호 중사에게도 감사의 인사를 전한다. 김진호 중사는 독일어를 구사하고 번역을 할 수 있는 한국군의 유일한 부사관이며 특히 티거를 비롯한 제2차 세계대전 당시의 장비와 소부대 전투사례, 전차부대 운용에 대해서 만큼은 감히 한국군 내 최고의 전문가라고 생각한다. 그의 도움이 없었다면 완성이 불가능했을 수도 있기에 공역자로 이름을 올렸다. 또한 약 1년이라는 짧은 시간 안에 책 한 권을 번역할 수 있었던 것은 기존의 역서가 있었기 때문이기에, 재작업을 흔쾌히 동의해준 이동훈 씨에게 감사드리며, 끝으로 본서의 완성도를 높이는데 조언을 해준 육군대학 전략학처의 신의철, 장찬규 중령에게도 감사의 마음을 표하고자 한다.

만일 이 졸역에도 오역이 있다면 이는 전적으로 본인의 책임임을 분명히 하며 실수를 겸허히 받아들이고 다른 누군가가 바로 잡아주기를 기대한다. 아무쪼록 이 졸역을 통해 우리 국군의 초급장교들과 초급부사관, 병사들이 많은 것을 느꼈으면 하는 바람을 가져 본다.

자운대에서 역자가

찾아보기

<하>